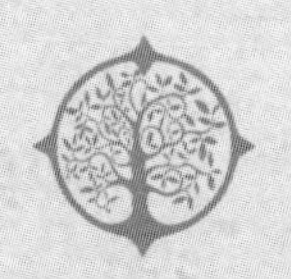

中西环保哲学

冯沪祥 ◎著

北京大学出版社
PEKING UNIVERSITY PRESS

图书在版编目(CIP)数据

中西环保哲学/冯沪祥著. —北京：北京大学出版社，2016.6
ISBN 978-7-301-27152-0

Ⅰ.①中… Ⅱ.①冯… Ⅲ.①环境科学—伦理思想—对比研究—中国、西方国家 Ⅳ.①B82-058

中国版本图书馆CIP数据核字(2016)第113779号

书　　名 中西环保哲学
Zhongxi Huanbao Zhexue
著作责任者 冯沪祥　著
责任编辑 闵艳芸
标准书号 ISBN 978-7-301-27152-0
出版发行 北京大学出版社
地　　址 北京市海淀区成府路205号　100871
网　　址 http://www.pup.cn
电子信箱 minyanyun@163.com
新浪微博 @北京大学出版社
电　　话 邮购部62752015　发行部62750672　编辑部62752824
印 刷 者 北京大学印刷厂
经 销 者 新华书店
650毫米×980毫米　16开本　25.75印张　382千字
2016年6月第1版　2016年6月第1次印刷
定　　价 68.00元

中国大陆初版序言

“环境保护”与“生态保育”，如今已是整体人类的共同课题，也是全球超种族、超国界、超意识形态的共同责任；因为“我们只有一个地球”，不容继续破坏，更因为“我们要为后代子孙保留纯净空间”，不能贻祸子孙。所以，如何加强环保意识，如何落实保育工作，便成为新时代全人类的重要使命。

环顾世界各国传统哲学，中国哲学里充满环境保护与生态保育的丰沛智慧，儒家说的“天人合一”，道家说的“与物成春”，佛家说的“万物平等”，均可成为今后全世界环保运动的最好哲学基础，并为全人类环保成果提供重大贡献；只可惜，以往的中国哲学界未能将之扣紧现代需要而申论阐扬，以至丰富的中国环保哲学阐而未发，甚至中国当代民众（包括两岸）本身，均对之视而不见，导致环保问题日渐严重。

笔者有鉴于此，所以特将近年拙作《环境伦理学》再整理之后，交付人民文学出版社在大陆出版发行。本著作不仅为海峡两岸相关著作的第一本，亦为国际学术界研究中西环保哲学之第一本，因此颇具原创性与独特性，对整体人类环保与文化均甚具参考价值，所以曾经荣获英国国际名人传记研究中心颁赠“1995 年世纪学术成就奖”，并荣获美国国际名人传记研究院颁赠“1995 年世界学术名人奖”。今谨以此作为对神州大地的庄严献礼，亦作为对促进两岸文化交流的真诚心意。

为了配合中国大陆读者的兴趣，本著作更名为《人、自然与文化》，尚请各界高明指正。若能因此提升锦绣河山的环境品质与生态保育，则何止是中国人民之幸，更为中华民族后代子孙之福了！

冯沪祥

1996 年 1 月 5 日

于“中央大学”

中国大陆再版序言

1991 年,作者在台湾出版拙著《环境伦理学》,副题为“中西环保哲学”,在海峡两岸是第一本环保哲学著作,因为包括中国哲学内的环保思想,并与西方环保哲学比较研究,所以也被公认为全球第一本。

如今,匆匆二十年过去了,“环保意识”已经成为世界共识,诸如“我们只有一个地球”“留给子孙一个纯净空间”“尊重自然”“自然万物均为生命”等等,已经成为很多先进国家的共同理念。

回顾当时世界潮流,最早是由联合国在 1972 年召开第一次“人类环境会议”,通过“人类环境宣言”(Declaration on the Human Environment),并在“共同信念”的第 1 条明白指出:“人类有权可保持尊严和福祉的生活环境,享有自由、安全及充足的生活条件的基本权利,并且负有保护和改善这一代和将来世世代代环境的严肃责任。”

然而,当时各国代表却忽略了,上述两段话其实隐藏着先天的内在矛盾;因为人类若自认有权可保持“尊严和福祉的生活环境”,并享有“自由、安全及充足的生活条件的基本权利”,则如何能保证“保护这一代和将来世世代代环境”?

尤其,权利无止境,人类本身自认的“有权”,其权限有多大?如何规范?其“自由”又如何制衡?而且,物欲也无止境,要到如何程度,才算“充足的生活条件”?如何程度才算“尊严和福祉的生活环境”?

换句话说,如何既能保持人类生活环境、有合理的尊严与福祉,却又不致伤害自然环境?

如果“人”与“自然”生存互动的分际不清、分寸不明,如何能保护和改善这一代的环境,保证不会伤害环境?如果对这一代都无法明确保证,又如何保证“将来世世代代”的环境?

凡此种种,都是重要问题。简单地说,如何在“经济发展”与“环境保护”中取得平衡?

联合国当时的会议没有明确答案,也没有清楚的准则。

另外,对于如何将环境保护的“严肃责任”纳入生活,具体实行?

联合国当时只做了宣示性内容,也没有提供任何答案。

这些问题未能解决的主因,在于那时仍然很少有人对环保的哲学基础,进行深入与系统的研究。

然后,到了1987年,"世界环境与发展委员会"也发表了重要宣言"我们共同的未来"(Our Common Future),其中点出了一个重要的新观念——"永续发展",强调其重要原则是"既可满足我们现今的需求,也不损害后代子孙满足他们的需求",终于触及了关键的核心问题。

然而,该宣言中仍然没有明讲,如何在人类本身永续发展的同时,又能兼顾自然环境,让两者能相辅相成,并存并进,不会相反相害?

该宣言的缺点,同样在于缺乏环保的哲学基础,尤其未能了解中华文化五千年的丰富哲学中蕴涵了极高明的环保智慧,足以让世界各国都关心的环保问题找到深厚而完备的哲学基础。

上述由西方先进国家主导的世界环保会议,为什么会产生同样的缺点?主要仍然因为西方哲学传统向来缺乏环保理念。

例如,西方从希腊柏拉图"理型论"(Theory of Form)开始,就将世界一分为二,为了推崇上界(理念界),不惜轻忽下界(自然界);到了近代科学主义,为了征服自然,掌控自然,只重"机械主义"(Mechanism),而轻忽了"机体主义"(Organism)。但环保所需的哲学基础,正是物物相关、环环相扣的机体主义!

针对西方这项缺点,中国哲学提供了极好的药方。例如《易经》"旁通"(若译成英文,则为extensive connection)的"机体主义",就代表了生生不息、物物相关、环环相扣、旁通统贯的机体观,这与今天全球所需要的环保哲学,是完全相通的!

另如儒家的"万物含生论"、道家的"万物在道论",以及大乘佛学的"广大和谐论"(如华严宗的世界观),也都是根治今天环境问题的最佳药方!

换句话说,中国哲学丰富的环保理念,非常值得西方先进国家学习,中国哲学也可为世界环保哲学做出重大贡献!

有鉴于此,笔者认为很有必要撰写一本涵盖中国哲学特色的环保作品,并能与西方环保哲学加以比较研究。因此撰写之前,曾经特别到美国东西两岸著名大学以及书店,广泛搜集西方环保新作;当时就曾发现,西方很多具有仁心与远见的杰出学者们,都不约而同地提出,对万物生命均应予以尊重;这与中国哲学所说"万物并育而不相害,道并行而不相悖"(中庸)、"民胞物与"(张载)、"众生平等"(佛学)等观念,均能殊途同归,彼此相通,所以更应相互整合,彼此切磋,发展出更丰富的环保哲学,适合全世界共同借镜!

例如,西方著名生态保育者彼得·辛格(Peter Singer)在1975年就曾经发表《动物解放》一书,认为动物也应享有与人类相同的平等权利,所以人类应该停止残酷杀害的行为,而且应该提倡"动物解放伦理学"(Animal Liberation Ethics),便是一明显例证。

另如,美国文豪马克·吐温(Mark Twain)很早也曾指出,他非常反对在动物身上进行"活体解剖"。他说:"活体解剖对人类会产生什么样的利益,我并没有兴趣去了解,但我反对活体解剖,是因未经动物的同意,却对它们强加痛苦。对我来说,这种做法已经足够反对,无需更多证据。"

另外,英国大文豪萧伯纳也曾本其良心,公开批评对动物的"活体解剖",他称这是一种"暴行",并且指出,虽然这被称为"医学研究",但其中的暴行本质,并未减少。(Atrocities are not less atrocities When they occur in laboratories and are called medical research.)除此之外,俄国文豪托尔斯泰(Leo Tolstoy)同样曾经强调:"人们如果自认,为了本身各种利益,有权夺取生物生命,或者危害它们生命,那人们的残忍,将会永无止境。"(What I think about vivisection is that if people admit that they have the right to take or endanger the life of living beings for the benefit of many, there will be no limit for their cruelty.)

前述他们三人,都是闻名世界、在历史上不朽的大文豪,因为他们有文学家的敏锐心灵,足以体恤万物生命,所以更能深具不忍之心,坚决反对杀害动物生命。

另如近代心理学大师荣格(G. Jung)也曾针对活体解剖,沉痛指出:"当我在大学中修医学课程时,发现活体解剖真恐怖、真野蛮,而且完全没有必要性!"

此外,印度圣哲甘地(Mahatma Gandhi)也指出:"活体解剖这样的罪行,是黑暗罪行中最黑暗的,他们公开对抗上帝意旨,及其平等的被造者。"

再如，伟大的美国总统林肯，很早也曾提出：“我赞同动物均有权利，就如同人类均有人权一样，这也正是扩充仁心完备之道。”当林肯说出“扩充仁心”，其悲悯的精神，正与宋大儒张载所说“大其心以体天下之物”，完全相通，并且相互辉映！

另如美国“国家公园之父”约翰·缪尔（John Muir）更曾进一步地扩大立论：“以往我们总被告知，世界为人类而存在，但事实并非如此；为什么人类不能自知只是这个伟大世界的一小部分？总要自我膨胀，自认可以凌驾其他万物？”

再如在1983年，美国加州柏克莱大学（UC Berkeley）出版汤姆·李根（Tom Regan）的名著《动物权利：个案研究》（*The Case For Animal Rights*），其中明确宣称：“所有动物均为平等”（All animal are equal），同样也是秉承此种仁心。

到了1986年，美国普林斯顿大学（Princeton University）曾出版保罗·泰勒教授（Paul Taylor）的名著《尊重自然》（*Respect for Nature*），更加明确地扩大不忍人之心，及于一切万物，形成“不忍万物之心”；这就与阳明先生所说“仁心”相同；因为根据阳明先生，做人要做大人，大人就是具有“合天地万物为一体”之“仁心”！

因此，今天世界各地的人们，若能多多立志，推广这种仁心，才能成为真正全心保护自然的“大人”！

另外，全球气候反常，天灾频传，也已造成人类生存的极大威胁，更是如今世界公认的环境破坏恶果；所以2012年12月31日，中央电视台曾经回顾当年各国反常天气，进而指出“极端气候”今后恐将“常态化”；这势必形成未来全球人类的共同恶梦！

事实上，联合国早在1992年通过“联合国气候变化框架公约”，欧盟等国并于1997年邀约其他很多国家，在日本共同签订“京都议定书”（Kyoto Protocol），于2005年正式生效。随后，2009年12月，各国再于哥本哈根检验成果，召开“全球气候会议”。虽然整体效果未尽理想，但人们已深知气候反常、全球暖化、温室效应、冰山溶解、节能减碳、保护森林等等问题，已经成为普世关心的国际问题。

因此，欧盟在2010年发表“我们的未来，我们的选择”（Environment 2010：Our Future，Our Choice），列出四大努力目标：“处理气候调适”“降低生物多样流失”“减少环境对健康的伤害”，以及“自然资源与废弃的永续管理”,堪称为全球环保踏出了具体而正确的一大步。

所以,在全球的普世价值之中,“环境正义”(Environmental Justice)如今已经成为世界各国有识之士的共识;在 1995 年,西方有识之士曾经推进“环境正义运动”,正如学者布莱恩(B. Bryant)在该年就曾编印名著《环境正义:议题、政治与解答》(*Environmental justice: Issues, Politics, and Solutions*);用广义的内容,定义“环境正义”。

相形之下,哈佛大学名教授约翰·罗尔斯(John Rawls)在 1970 年出版的名著《正义论》虽然公认很有创见,但在 2013 年代,已经显得过时,因为其著作中完全没有谈到“环境正义”,也未分析人们对“环境”应有的“正义”原则。

凡此均可反证,环境伦理、环境正义、环境公平等新观念,正在迅速而全面地受全球所重视!

然而,在这全球共同重视环保运动的氛围中,同样仍有一项根本的最大缺憾——那就是对环保的哲学基础,缺乏足够认知,仍然多半停留在分析环境破坏的表象,或者探讨如何亡羊补牢,却对整体危机背后的哲学根源,以及如何根治,缺乏完备的研究与了解。如此便会流于“头痛医头,脚痛医脚”,以致延误从整体抢救自然环境的时机!

尤其,当代西方很多环保学者的理论,固然也言之成理、持之有故,但毕竟仍在摸索塑形之中,比起中华文化上下五千年的丰富环保哲学,显然相形失色,显得单薄脆弱。

所以,如何将当代西方环保思潮与中国环保哲学结合,做出比较研究,进而整合发扬?如何将中国哲学的环保智能与现代环保问题结合,形成世界环保哲学的丰富养分?确应成为今后全世界重要的研究课题!

笔者在二十多年前,就已预知有此需要,并鉴于此项工作的重要性与紧迫性,不揣学浅、抛砖引玉,出版了本著作,凡五十万言,敬请各界高明多予指正。

拙作出版之后,承蒙海内外中西相关学者专家重视,很多大学以此作为教材,并且承蒙英国“国际名人传记中心”颁发“世界杰出著作奖”,中国大陆人民文学出版社更是率先以行动表示认同,于 1996 年出版简体字版。当时因为出版社怕“环保”二字对大陆读者比较陌生,所以书名暂时改为“人、自然与文化”,副题仍保持“中西环保哲学”。

然而,经过二十年后,原先的主编告诉笔者,他很后悔,当初没有直接用“环保”这题目,因为这才能够更加提醒各界,要警惕生态与环保危机,以致中国大陆很多宝贵的自然景观,以及珍贵的文物古迹,不幸已遭到破坏,有些抢救措施已嫌晚。

至于空气污染,如今更已到了空前的严峻程度,全世界十大污染的城市中,中国大陆居然占了七个,以致中国大陆领导班子在十八大之后,把“生态”“环保”均列为今后重大课题,2013 年 1 月的《人民日报》并公开呼吁:“美丽中国,从健康呼吸开始!”

凡此均可证明,生态环境保护是项刻不容缓的工作!因而,如何加强“中西环保哲学”的研究与推广,同样也成了很紧迫的重要工作!

2013 年,北大出版社杨书澜编审懔于本项工作的紧迫性与重要性,认为很有必要再出版本书,所以笔者特别遵嘱,增订新资料后重新交付再版,以满足海内外广大读者需要。

笔者在此要对人民文学出版社与北大出版社编辑们的厚爱表示由衷感谢,也要对多年来关心环保哲学的学者与读者们表达诚挚谢忱!若能因为中西环保哲学的推广,更加促成中华锦绣河山的完整保护,并能增进世界的环保成果,相信,那何止是中华民族之福!也是世界各国之幸了!

作者

冯沪祥

2013 年 3 月 12 日,植树节

原　　序

“人与人”应如何相处，是人类伦理学的重要课题，“人与自然”应如何相处，则是“环境伦理学”的重要课题，这是西方近十年才逐渐兴起的学问，却是今后整体人类命运休戚相关的极重要学问。

“非洲之父”史怀哲(Albert Schweitzer，1875—1965)曾经语重心长地警告世人，对于这项重要工作：

> 人类已经失去了能力，既不能前瞻未来，也不能防患未然。他将在毁灭地球中同时灭亡。[①]

史怀哲这段话看似危言耸听，其实却深具苦心。

卡森女士(Rachel Carson)早在1962年就曾出版《寂静的春天》一书，指出因为人对自然长期而严重的破坏，很多地方连“鸟都不叫”“河都去世”，因而自然必定会“反击”。[②]如今匆匆又已过了将近三十年，放眼全球生态破坏与环境污染的情形，竟然更加恶化，更加复杂，如果人们再不能共同合作，长此以往，史怀哲的预言，恐将真正不幸而言中！

因此，西方“生态保育之父”李奥波(Aldo Leopold，1887—1948)很早就曾提醒世人，应视地球为“同一社区”。唯有人与自然和谐共存，视物我为一体，在此“地球村”中，人人深具“生态良心”，尊重自然，互助合作，才能真正开创共同的光明！

这种呼声充分证明，生态保育与环保的工作，应该超越种族、超越国界、也超越意识形态。不独在西方，即使苏联也于1990年出版一部名著，呼吁世人共同《拯救我们的地球》(*Save Our Earth*)，因为——“我们只有一个地球”！[③]

整体而言，地球需要拯救、生态需要保育、环境需要保护，如今均已经在全球形成共识。然而，另外还有一项更重要的问题，那就是：如何做？

迄今为止，从科技方面加强环保工作，还算比较容易，世界先进国家也有近二十年的经验。然而,如何从学理方面加强环保的哲学基础——“环境伦理学”,俾能深植人心,赋予环保工作更为深厚的动力,至今却仍然是一门亟待开发的新学问。

西方很多环保人士,均能了解此中问题的重要性与迫切性,因而近年来,一直在努力摸索中。但是因为西方传统哲学,长期以来缺乏环保精神,甚至一直以征服自然、破坏环保为主流思想,因而,这在西方等于要重新建构环保哲学,一切从头开始,极为辛苦与艰难。所以,虽然他们有相当敏锐的省思与环保心得,但至今却仍然很缺乏深厚而完备的环境伦理学。

相形之下,中国哲学却深具环保的思想传统,不但对于人与自然的关系,一直肯定应以和谐互助为主——不像西方多半只以征服自然、役使万物为主,而且一直肯定“天人合一”“物我合一”,乃至于“合天地万物为一体之仁心”。像张载《西铭》更肯定应以孝敬父母的心情善待地球,此其所谓“乾为父,坤为母”,堪称最早也最高明的“地球环保哲学”。凡此种种丰盛的环保思想,在中国传统哲学内比比皆是,因而也正是当今建构全球性“环境伦理学”的最佳借镜。

尤其,中国哲学不论儒、道、释、新儒家,均共同肯定大自然中万物含生、物物相关,而且旁通统贯、圆融无碍,因而形成了深值重视的“机体主义”(Organicism)。这种“机体主义”的环保精神,也正是当今西方环保人士所梦寐以求的共同理想!

所以,综合而言,中国哲学深具环保的深厚传统,而当代西方又深具环保的实务经验,两者各有千秋。因此,今后如何透过比较研究,促使两者互通有无,加强合作,共同为全人类开创光明,乃成为极为重要也极为迫切的神圣工作!

笔者懔于此中工作的重要性与紧迫性,所以不揣学浅,特别以此专题,作为近年研究重点。先在“中央”大学哲学研究所开设相关课程,并将授课讲义整理成书,以期本书能成为国内第一部完整的“环境伦理学”著作,并能透过中西比较研究,弘扬中国环保哲学的特性,促进国际学界的应有重视。

所以本书架构,系先做整体性的评论,因而在第一与第二章,分论“环境伦理学的现代意义”,以及“环境伦理学的基本问题”。然后从现代眼光申论中国环保哲学,所以在第三、四、五、六章,分述儒家、道家、大乘佛学与新儒家的环境伦理学。紧接着再评论西洋环保思想，因而在第七、第八章分述西洋传统与现代环境伦理思想的特性。最后则以整体性与前瞻性眼光，在第九章总论今后环保运动的方向。

扼要而言，本书宗旨，在于结合中国传统哲学与现代环保问题，建构东西方均迫切需要的环境伦理学；并从中西哲学的比较研究，评述西方环境思想之优点与缺点，作为今后东西方互补互济的重要参考。

唯因个人才疏学浅，所以仍祈各界高明能不吝指正，多多赐教。若能因为本书的抛砖引玉，而更开启仁人志士对"环境伦理学"的研究风气，从而增进今后环保工作与功效，则何止是一人一地之幸而已！

美国"国家公园之父"约翰·缪尔（John Muir，1849—1914）有一段名言，极为中肯：

> 大自然对人心，不但可以治愈，也有鼓舞与激励人心的功能。[④]

美国老罗斯福总统（Theodore Roosevelt，1859—1919）在其自述文中，就曾经明确提到，热爱大自然，对其一生"心中的欣悦，具有无穷的助益"！[⑤]

另外，印度圣雄甘地（MK. Gandhi，1869—1948），也曾经极为中肯地指出：

> 一个国家的道德是否进步，可以从其对动物的态度中看出。[⑥]

凡此种种，均可看出，人们对自然与万物是否能够尊重，正是今后衡量一个国家道德是否进步的标准，也是衡量今后整体人类文明程度的标准，此中影响，实在既深且远，人人均不能再予轻忽！

因而，深祈本书之作，多少可以唤醒人心：重新亲近大自然，尊重大自然，从而保护大自然，真正促使人与自然能够和谐共进。如果人人均能有此体认，重新省思人对自然的应有态度，进而以尊重生命的心境爱护大自然，那何止是自然之幸，同样是人类之福！

本著作之完成，经由"中央"大学哲研所三位研究生石慧莹、朱柏熹与游惠瑜的费心整理与誊稿，也应在此特表感激之忱。

先师方东美先生学贯中西，一生以弘扬中国哲学为己任，尤其以对弘扬中国哲学"机体主义"的贡献极大。所以笔者在撰写本书时，经常念及方师的风范与教诲，对其多年的督促与期勉，尤其念兹在兹，不敢或忘。谨以本著作之完成，敬献方师在天之灵，以示心中永怀纪念之忧。

另外,方师生平专心学术工作,有关生活起居均由师母照料,方师母高芙初教授不但本身在台大等校培育英才很多,而且她含弘厚重的坤德,正是中国文化所说"大地如慈母"的最佳精神典范,多年以来,同样深受各期学生的共同敬重。本书初版印行之际,方师母已逾八旬高龄,因病长期住医院中,此中国大陆版印行时,方师母已经仙逝,所以,也谨以本书强调回馈大地的精神敬献给方师母,以示心中真诚景仰之意。

是为自序。

1991 年 3 月 29 日原版序
1996 年中国大陆版增订

附　注

① 参见 Rachel Carson,《寂静的春天》(*Silent Spring*), Houghton Mifflin Co., Boston, 1981 年印行第二十五版,扉页。

② 同上书,尤其可参考第八、九、十五章。

③ Mikhail Rebrov, *Save Our Earth*, tran. by Anatoli Rosenzweig, Mir Publishers, Moscow, 1990, pp. 168—175.

④ Peter Browing, *John Muir In His Own Words*, Great West Books, Ca. 1988, p. 64.

⑤ TheodoreRoosevelt, *Wilderness Writings*, Gibbs M. Smith Inc, Salt Lake City, 1986, p. 292.

⑥ Wynne-Tyson, *The Extended Circle*, Paragon House, N. Y., 1989, p. 92.

目　录

序论：环境伦理学的核心精神

一

人类应该如何对待自然？如何看待万物？人与环境之间，如何才算是“善”的态度？凡此种种，如今已成为很重要的一门学问。这种把“伦理学”应用在环境问题的学问，便称为“环境伦理学”（Environmental Ethics），亦即全球共同瞩目的环保哲学。

近代西方之所以产生环保问题，主要原因即在其传统哲学惯常以“征服自然”的思想立身处世，并且常以“二分法”的对立眼光，看待人与自然。因此在近代工业化之后，开始出现种种恶果，例如：空气污染、大地反扑、气候异常等等，如今愈演愈烈，人类深受其害，才开始后悔与反省。

中国因受工业化的影响，同样也面临此项严重问题，今后必须早日警觉、尽快解决，才能确保锦绣中华避免同遭厄运。

近年北京与很多大城市的雾霾，便是明显例证。政府必须用大力整顿，才能出现“APEC 蓝”与“阅兵蓝”；然而庆典一过，雾霾照旧。充分说明，如何保护环境是今后很紧迫的问题。正如习近平总书记所说，“如何为建设美丽中国创造更好生条件”[①]、“为子孙后代留下天蓝、地绿、山清的生产生活环境”[②]，已成为全民的共识与庄严的使命。

拙作意在根据西方国家近年来的环保经验，分析当代环境伦理学的缘起与理念，同时弘扬中国传统环境伦理的现代意义，以增补西方之不足；其宗旨在透过中西环保哲学比较研究，盼能对于今后整体人类——不论东方或西方，提供完整的环境伦理学理论基础，从而有助于全球尊重自然、爱护生态、并且保护环境。

中华文化长久以来，本以“天人合一”为优良传统，强调人与天地万物为一体之仁心，所以很能兼天地、备万物，深具“尊重自然”的悲悯之心，也极具“万物含生”的慧见。只因近代以来，一部分人士崇洋媚外、盲目仿效“科学主义”,反而漠视这种中华文化传统美德。展望今后,非常需要重新复兴这种中华文化传统美德,并且结合现代社会需要,弘扬其中发人深省的时代启示。

综合而言,今后人类面对环境危机,最重要的救赎之道,便是及早警觉:“我们只有一个地球。”因而全球人类,应不分国籍,不分种族,共同以“地球村”的一员自勉,并且共同携手合作,加紧维护环境。

否则,人类不断自作孽的结果,只有像孟子所说:“天作孽,犹可违,自作孽,不可活!”③

根据中国哲学的仁心与悲心,人类应跳出本身自我中心的观点,真正扩大胸襟,从“大其心”的仁者情怀善体万物,然后才能看出,一切万物其实均有其内在的生命意义与价值,不论表面多卑微,也自有其平等的生命尊严,不能任意加以抹杀。

所以,孔子在平日生活中,“钓而不网、戈不射宿”④,就代表他能将仁心扩及于水中的鱼及天上的鸟,因而决不滥钓与滥射。

前者正如同今天国际环保共识,不能以流刺网捕捉鱼类,后者更代表对鸟类绝不狡诈偷袭,这些都很能尊重野生鱼类与鸟类生命,并能将人道精神扩充相待,同样深符今天环保的基本精神。

另外,孟子也曾强调:“数罟不入洿池,鱼鳖不可胜食也,斧斤以时入山林,林木不可胜用也。”⑤此中重点是不要滥钓或滥砍,并非矫枉过正,完全不砍不钓,而置民生于不顾。

所以儒家一贯强调的礼节,礼中应有“节”也就是应符中庸之道,否则便成为过犹不及。这对当今环境伦理也深具启发意义——环保不宜太过,否则便会形成另一种极端的毛病。

此外,孟子也曾清楚强调:“万物皆备于我”⑥,明白代表其能“备万物为一体”的心灵。

他并曾指出,“君子所过者化,所存者神,上下与天地同流”⑦,更清楚点出了“兼天地而并进”的生命气象。正因他能如此“兼天地,备万物”,所以能充分尊重万物生命,并且必能维护自然环境。凡此种种,正是当今亟须弘扬的环境伦理精神!

再如荀子;虽然他具有“戡天役物”的思想,但他也并非盲目的征服一切自然。所以他也曾明白强调“君子大心,则天而道”,同样呼吁人们要能扩大心胸、效法天道。基本上,仍然深具儒家包容万物、尊重生命的精神。

先秦儒家这种尊重万物生命的传统,到了后代儒学,仍然一脉相承,并能发扬光大。此所以在《中庸》,也曾明白认为:

> 万物并育而不相害,道并行而不相悖,小德川流,大德敦化,此天地之所以为大也。[8]

这一段名言,明白点出今天生态保育最基本的共识:“万物并育而不相害,道并行而不相悖”。所以人类一定要能善体此种精神,然后才能尊重万物各自独立平等的内在价值,并且尽心加以维护,从而尽力帮忙彼等充分实现内在潜能。

此即《中庸》所谓:“能尽人之性,则能尽物之性”,然后才能共同“赞天地之化育”,并且更进一步“与天地参”! 这种恢宏开阔的胸襟与气象,正是当今环保教育最需提倡的精神修养,也是西方环保人士一再呼吁的共同理想,的确深值共同弘扬于世界!

到了新儒家张载,在《西铭》更曾明白强调,应以孝敬父母的心情,善待天地。此即其所谓“干称父、坤称母,予兹藐焉,乃浑然中处,故天地之塞,吾其体,天地之帅,吾其性,民吾同胞,物吾与也”[9]。

这种胸襟与仁心——能以奉养父母一般的孝心,感恩天地,并以民胞物与的精神、善待万物,同样堪称当今最感人的环境伦理精神;甚至可说独步全球,在西方任何哲学都很罕见!

另外,张载还曾强调:“大其心则能体天下之物”“圣人尽性,不以闻见梏其心,其视天下,无一物非我”(《大心篇》)。正因为他完全肯定物我一体,所以才能做到爱物如爱我。他能把爱护环境万物的伦理,分析得如此精辟与深刻,可说与当今最新的环境伦理完全能会通互映!

后来到阳明先生,在《大学问》中,更进一步肯定,“大人者,以天地万物一体者也,其视天下犹一家,中国犹一人焉。”这种精神,肯定“天地万物与人原为一体”“风雨露雷,日月星辰,禽兽草木山川土石,与人原是一体”,更是如今强调“尊重自然”最重要的护生仁心。至于其“视天下犹一家,中国犹一人”更如同当今“地球村”的最新观念,尤其深值大家体认,进而共同弘扬!

二

在西方文明中,本来也有上述同样的环保精神,与中华文化完全相通。

例如,英国诗人华兹华斯(William Wordsworth,1770—1850)就常透过生机灿溢的诗境,赞叹大自然的神奇奥妙。以下一段"诗中有哲"的名作,便很能表现此等精神特色:

> 走上前吧,带着一颗同情的心,仔细观察自然,领略大自然的无穷生命。[10]

此地所说"一颗同情的心",正是中国哲学所一再强调的"仁心"。由此充分可见,中国哲人的仁心,在西方诗人的"诗心"中,很能相通契合。

事实上,将这种仁心所代表的悲悯精神,更加扩充到人类以及万物,在西方大文学家与艺术家之中,也能找到很多相关例证。

例如,俄国人道主义大文豪托尔斯泰(Nikola Tolstoy, 1828—1910)便曾明白强调:

> 一个人若激励自己迈向宗教生活,第一项禁律,便是不能伤害动物。[11]

这种"不杀生"的精神,也正是尊重万物生命的根本要义。西方凡是真正具备这种人道精神的文豪,都很能充分弘扬此一重点。

这也正是英国大文豪萧伯纳(George Bernard Shaw,1856—1950)所说:

> 对一切万物生命,最大的罪过并不是憎恨它们,而是觉得它们的生命无所谓,这才是不人道的本质。[12]

换句话说,真正的人道,不但对人应待之以仁,对动物植物,同样均应待之以仁。事实上,这就是中国所说"大其心"的精神。就此一点而论,西方很多诗人心灵,因其敏锐多情,反而很能相通。

除此之外,另如法国大文豪雨果(Victor Hugo,1802—1885)也曾明确强调此等精神:

> 首先，人与人之间，应以文明相待，这项工作已经相当进步了。然而，人与自然之间，也应以文明相待，这项工作至今却仍一片空白。[13]

此所以文艺复兴时，大画家达·芬奇（L. Davinci，1452—1519）很早便曾指出：

> 人类真不愧是百兽之王，因其残暴超过一切百兽。我们是靠其他动物的死亡才生存的，我们真是万物生命的坟场！[14]

因而，当代西方思想家赫胥黎（Aldous. Huxley，1894—1963）曾经明白批评："近代人类不再将自然视成神圣，而且自认为可以对其为所欲为，如同自大的征服者与暴君一样。"[15]因此，他曾经同时呼吁西方有识之士，"若论人与自然的伦理传统，我们便须回到中国的道家。"

赫氏对道家所强调的"平衡""无为"等精神深深表示赞叹；对于"道无所不在"的心胸，尤其钦佩不已，曾一再称颂。由此再度可以看出，东西方真正伟大心灵，很有相通之处。这种相通之处，正是今后推动环保工作，最应重视与弘扬之处！

除此之外，赫氏有句名言，非常中肯：

> 真正的进步，是慈悲心的进步，其他一切进步均仅属次要。[16]

另外，史怀哲很早也曾经提醒世人，要能警惕"伦理学上的虚无主义"（Ethical Nihilism），以及"伦理学上的无所谓主义"（Ethically indifferent knowledge），都会腐蚀人类活力，污染人性良知[17]，的确非常语重心长。就此而言，中国哲学的环境伦理思想，更深深值得世人重视与发扬！

尤其，这种伦理学上的"无所谓"，更会造成人心冷漠，尤其造成人性麻木，的确深值大家警惕与惊醒！

所以，印度当代圣雄甘地曾经明白指出：

> 我希望不仅对所有人类认同为兄弟手足，也要对一切万物众生均有此认同，甚至包括在地上匍匐爬行的小东西。[18]

这种胸襟与精神，正是张横渠所说"民胞物与"的同样心境。另外，即使首倡"进化论"的达尔文（Charles Darwin，1809—1882）也曾强调：

> 对于所有万物生命的关爱，乃是人类最可贵的属性。[19]

所以，当代力倡生态保护的绿色和平哲学，有一段名言，也深值肯定：

> 这一个简单的字眼——“生态学”，却代表了一个革命性的观念，与哥白尼天体革命一样，具有重大的突破意义。哥白尼告诉我们，地球并非宇宙中心，生态学同样告诉我们，人类也并非这一星球的中心。生态学并告诉我们，整个地球也是我们人体的一部分，我们必须像尊重自己一样，加以尊重。所以我们必须感同身受一般，去为万物生命着想。[20]

我们从这一段内容中能够看出，当代最新生态学的宗旨，与中国哲学“机体论”很有根本相通之处，尤其可以看出，不论从最新的生命科学观点，或最高的生命哲学观点来看，均能在最高的统会处旁通互摄，这也正是今后环保工作最需弘扬的重要精神！

三

环境伦理学的中心思想，如果用一个字来简要说明，就可以说是一种“机体主义”（Organism），而这正是中华文化的核心精神！

综合而论，现代环境伦理学的研究主题有三：如后所述，但从中华文化的沃土中，均能找到重要的根源与养分。

1. 人对自然的理念：从“广大和谐”的理念看待自然，而不是用对立的态度破坏自然；

2. 人对万物的看法：从“同情体物”的心情看待万物，而不是用征服的态度役使万物；

3. 人对众生的态度：从“一往平等”的态度看待众生，而不是用轻视的态度驾凌其上；

综观中国儒家、道家、佛学、新儒家，或者西方最新的环保思想，都可以说殊途同归，共同在强调这种机体主义。

今后重要的，就是结合中国哲学传统固有的机体主义，以及西方环保思想最新领悟的机体主义,共同旁通统贯;再以超越东西方地域的恢宏胸襟,共同为人类建构完整的环保哲学,那才是整个人类与自然万物之幸!

事实上,“机体主义”的积极意义,正是针对环境伦理学前述三大课题所提供的理论基础,所以深值得东西方共同发扬光大:

1. 针对人对自然的理念,要以“生生不息”之理相对待,此即前述“广大和谐”的精神;

2. 针对人对万物的看法,要以“旁通统贯”之理相对待,此即前述“同情体物”的精神;

3. 针对人对众生的态度,要以“化育并进”之理相对待,此即前述“一往平等”的精神。

事实上,中华文化内儒、道、释三家的自然观,虽然各有不同特性,但就“尊重自然”“保护环境”而言,却完全是相通的机体主义。

首先,就儒家而言,“自然”充满盎然生意,人类透过“天行健”的体悟,即可启迪“君子以自强不息”的精神,进而肯定人类在此道德宇宙中,不能任意破坏宇宙自然的浩然生机,否则即成为破坏道德的小人!

另就道家而言,“自然”更是充满陶然美感,所以庄子强调,“圣人者原天地之美,而达万物之理”[21]。进而肯定人类在此宇宙中,绝不能任意破坏宇宙的优雅之美,否则即成为破坏艺术的鄙人!

再就佛家而言,“自然”充满灿然光明,所以华严强调“处处都是华严界,个中那个不毘卢。”强调一切万物均为法满世界,进而肯定人类在此光明境界中,不能任意残害宇宙的庄严宝相,否则即成破坏宗教的罪人!

西方著名环保学者史东(Christopher D. Stone)在 1972 年就曾强调:

> 我现在很慎重地呼吁,我们应该把法律性的权利赋予森林、海洋、河川,还有其他一切的“自然万物”,也就是真正把自然环境视为一体。[22]

这段话的精神,与中国哲学里“思天地万物为一体”的自然观,完全不谋而合! 因为中华文化内所谓“天地万物”,就包括了史东所说的森林、海洋、河川，以及其他一切自然万物；如果人心能够将天地万物视为浑然一体、休戚与共，那才能算是尊重自然的最佳精神！

另外，环保先驱柯罗奇（Joseph W. Krutch）早在1954年，也曾强调：

> 对整个自然界的岩石、土壤、植物与动物来讲，我们本是一体的，但我们却缺乏对它们的爱心、感觉与了解。[23]

这一段也明显与阳明学说相通。因为阳明先生特别强调："合天地万物为一体"之仁心，在此就完全相近。尤其，中国人说"麻木不仁"，在此深具警惕意义。它代表人心如果对自然万类缺乏爱心、缺乏感觉、缺乏了解——一言以蔽之，就是对自然万物生命"麻木"，那就是"不仁"！

另外，当代西方"生态保育之父"李奥波（Aldo Leopole）早在1948年，也曾强调：

> 大地的伦理学，在扩大生命小区的领域，以包括土壤、水、植物、动物。整体而言，包括大地。[24]

这一段话，明白肯定土壤、水、植物、动物——亦即整个大地自然万物，都应包含在生命的领域之内，明显正是中国哲学机体主义内"万物含生"的基本精神。

此外，美国"国家公园之父"缪尔更早在1867年就强调：

> 我们是多么褊狭与自私，对其他万物缺乏同情心，尤其是对其他所有的万类，我们对它们应有的权利，更是何等的茫然麻木！[25]

他能如此将仁心同情扩充到动物，并扩充到大地、山岳、岩石与河流等天地万物，正是阳明先生极重要的中心主张。所以阳明先生在《大学问》中，很早就曾强调："盖天地万物与人原是一体，其发窍之最精微处，是人心一点灵明。风雨露雷、日月星辰、禽兽草木、山川土石，与人更是一体。"

阳明先生所说的仁心，不只涵盖了动物植物（禽兽、草木），也包括了"石川土木"，甚至还上下兼备天地，涵盖了风雨露雷、日月星辰，真正做到孟子所说"上下与天地同其流"，并体认"万物皆备于我"的精神。此中恢宏的胸襟,确实深值东西方共同重视与力行!

四

非洲之父史怀哲(Albert Schweitzer)曾经在1923年语重心长地提醒世人:

> 从前若有人认为有色人种也是人,我们应以人道待之,会被当作愚蠢;但如今这已是广被接受的真理。然而,今天若有人认为所有万物均有生命,也应以合乎情理的伦理待之,仍会被认为太夸张。[26]

史怀哲在六十多年前所提的问题,至今仍然存在。

换句话说,在一百多年以前,欧美国家还普遍有种族歧视,那时连对"人类"的生命都不尊重(只因肤色不同),更何况对"物类"!

如今,历经少数民族与有色人种的奋斗努力,人类总算相当程度改进,打破此等歧视,对"人"权平等有相当改进。但另外仍然有一种普遍的"种族歧视"——亦即歧视人"类"以外的所有"物种"族群,包括"动物权"(animal rights),甚至"植物权",乃至"矿物权"。

叔本华可说是西方近代少数深具环保意识的哲人。所以他曾经明白批评,西方基督伦理把动物置之度外,因为"动物被排除在哲学伦理之外,也不受法律保护"。如此就会造成"人们可以把动物拿来做活体解剖,可以狩猎、奔驰、斗牛、赛马,而且可以在动物拖拉整车石块的挣扎中,仍然将它鞭打至死!这是多么可耻的行为!"[27]

因此,叔本华曾经痛切指出:

> 众所皆知,低等动物在欧洲,一直被不可原谅地完全漠视。大家一直装作动物们没有权利。他们告诉自己,人们对动物的所作所为与道德无关(与他们所说的道德语言也无关),因而我们对动物都没有责任。这真是令人痛恨的野蛮论调![28]

然而,中国哲学家在此却极具慈悲仁心,所以儒、道、释各家都肯定:人与天地万物均为一体,所以应有"不忍人之心",乃至"不忍物之心"——当任何动物或植物、矿物受到伤害时,人类均应有感同身受的同情与悲悯。

美国普林斯顿大学泰勒教授(Paul W. Taylor)曾在1986年出版《尊重自然》(*Respect for Nature*)一书,其中有很多理念,均与中国哲学家的“机体主义”精神相通,深值东西方共同努力推动。今谨扼要归纳比较研究如下:[29]

1. 泰勒特别强调,万物各具“内在价值”(The Concept of Inherent Worth)的观念[30],并以“生命为中心”(Bio-centric Outlook)的观点看待自然,因而强调人类应尊重大自然的生命与价值,这与中国哲学“万物含生”的精神非常相通;

2. 泰勒并把整个世界看成“互相依存的重要体系”(The Natural World as a System of Interdependence)[31]。这与中国哲学“旁通统贯”的自然观,肯定自然万物涵融互摄、彼是相因,尤其能够互通。

3. 泰勒该书特别以“尊重自然”做为终极态度(Respect for Nature as An Ultimate Attitude)[32],也就是强调以平等心尊重自然界一切众生,并与万物众生,在和谐之中共同创进,这也正是中国哲学肯定人与天地万物“化育并进”的根本精神!

由此足证,东西方仁人志士在仁心高明处,均能相融互通!

另外,近代西方环保专家贝尔(Ernest Bell)也曾从教育着眼,明白指出:“教育的核心,不应在数学、科学或语言上——虽然它们多有所明,但真正重要的,则应在品德的熏陶,以去除人心中的凶性,培养同情心与正义感。”[33]因此,贝尔清楚地强调:“为达到此目的,最好的教育,便是保持赤子之心,并且从亲近动物、爱护动物的童心做起。大部分孩童都有此自然天性,只要时加鼓励与指导,便可养成良好的仁心——然而很多却因后来未受到适当的鼓励与指导,却失去了这份赤子之心。”[34]

在中国,著名的艺术家丰子恺一向强调“同情心”的重要,其六册《护生画集》堪称极为生动的环保教材。因此他也曾经强调:

> 艺术家的同情,不但及于同类的人物而已,又普遍及于一切生物、无生物。犬、马、花、草,在美的世界中,均成有灵魂而能泣能笑的活物了。[35]

在中国哲学内,道家生命精神最接近艺术家,因而极能肯定“物我一体”,此即庄子所说“天地与我并生,万物与我为一”。[36]

儒家生命精神,则接近道德家,因而同样极能肯定“合天地万物为一体”之“仁心”;这两者的共同通性,都是同情心,其中最能具体表现的人,则为赤子童心。此所以孟子强调“大人者,不失赤子之心”!

所以,今后环保教育,除了应该加强民众环保知识之外,最重要的,就在加强这种物我一体的“同情心”,最有效的方法,即在从儿童开始加以鼓励,并且充分激发民众们的“赤子之心”。

凡此种种,均可看出,中西哲学在“环境保护”“尊重自然”“物我一体”等等方面,本有极相通的智慧;这种智慧,正是今后人类身为“地球村”的一员,无论肤色、性别、年龄,人人都值得认知的拯救地球良方,同时也是人人均应身体力行的环保成功之道!

附　注

① 习近平《谈治国理政》,外文出版社,2015 年版,第 207 页。

② 同上书,第 211 页。

③ 孟子《公孙丑章》上,第四章。

④ 孔子《论语·述而篇》,第二十六章。

⑤ 孟子《梁惠王》,第三章。

⑥ 孟子《尽心篇》上,第四章。

⑦ 孟子《尽心篇》上,第十三章。

⑧ 《中庸》,第二十九章。

⑨ 张载《西铭》。

⑩ William Wordsworth,“The Tables Turned”,引自 Wynne-Tyson, *The Extended Circle*, Paragon House, 1989. N. Y. P. 446.

⑪ Ibid, p. 376.

⑫ p. 325.

⑬ Ibid, p. 131.

⑭ Ibid, p. 65.

⑮ A HUXLEYM, Ibid, p. 135.

⑯ Ibid.

⑰ Albert Schweizer, *The Philosophy of Civilization*, N. Y. 1915, pp. 2—12.

⑱ Ibid, p. 92.

⑲ Ibid, p. 107.

⑳ Ibid, p. 62.

㉑ 庄子《知北游》。

㉒ Ibid, p. 121.

㉓ Ibid, p. 3.

㉔ Ibid, p. 55.

㉕ Ibid, p. 3.

㉖ Ibid, p. 199.

㉗ A. Schopenhauer, "On The Basis of Morality", Quoted from *The Extended Circle*, ed by. J. Wynne-Tyson, Paragon House, 1988, p. 310.

㉘ Ibid, p. 308.

㉙ Paul Taylor, *Respect for Nature* , Princeton University Press, Parts 2—3.

㉚ Ibid, p. 71.

㉛ Ibid, p. 116.

㉜ Ibid, p. 90.

㉝ Quoted from *The Extended Circle* p. 13.

㉞ Ibid.

㉟ 《丰子恺论艺术》, 台北丹青图书公司, 1988 年再版, 第 131 页。

㊱ 庄子《齐物论》。

第一章　环境伦理学的基本问题

绪　　论

研究任何一门学问，首应探讨其基本问题。例如“哲学”的基本问题，为形上学、知识论、伦理学、理则学等问题，所以各大学哲学系多将此等列为必修课。如果更深一层细分，如伦理学的基本问题，即在探讨“善”的有关问题，美学为探讨“美”的基本问题，知识论为探讨“真”的基本问题，凡此种种，均代表做学问首先应扣紧基本问题，才能研究有得。

因此，科学哲学家库恩（Thomas Kuhn）有句名言：“能否扣紧基本问题研究，才是学问能否进步发展的成功关键。”[①]的确至为中肯。

那么，环境伦理学的基本问题是什么呢？个人认为，首应分析环境伦理学的研究主题，弘扬相关的中心思想，并且就其中方法论寻得共识，从而建立完整的架构体系。因而，准此立论，笔者认为，环境伦理学的基本问题可从三方面分析。

一、环境伦理学的研究主题：

1. 探讨人对自然的应有理念，亦即“自然观”的问题。
2. 探讨人对万物的应有看法，亦即“万物论”的问题。
3. 探讨人对众生的应有态度，亦即“众生观”的问题。

二、环境伦理学的中心思想：

笔者认为，一言以蔽之，可用弘扬“机体主义”（Organicism）为代表，并根据此学说结合东西方共同互通之处。

三、环境伦理学的应有共识：

1. 环境保护与经济建设并重。
2. 环保教育与法治行动并重。
3. 人文环境与自然环境并重。

以下即从上述架构分别申论。

第一节　环境伦理学的研究主题

环境伦理学的研究主题有三，本节即特别分析这三大主题所包含的范围，并扼要说明人们应有的正确态度：

一、人对自然的理念：应该用“广大和谐”的理念看待自然，而不是用对立的态度破坏自然。

二、人对万物的看法：应该用“同情体物”的心情看待万物，而不是用征服的态度役使万物。

三、人对众生的态度：应该用“一往平等”的态度看待众生，而不是用轻视的态度驾凌其上。

本节重点，在以具体例证说明，如果破坏了这三项原则，将会造成怎样的伤害，俾能以学理结合实际，阐明环境伦理中三大主题的重要性。至于中外各家有关思想，将在以后各章申论。

一、人对自然的理念

人对自然的理念，如果不能用“广大和谐”的精神相处，将会形成任意破坏或污染，其影响将极为重大。本段特扼要举出自然界三种最切身的例证说明，那就是：“空气”“水”以及“海洋”环境的污染。

（一）空气污染。

空气污染又可以分成好几种形态，以下特再分项说明。很多人生活在自由空气中，既忽略了自由的可贵，也忽略了空气的重要。“自由”属于政治哲学的范畴，本文暂且不论，然而空气却属于大自然中必须保护的第一对象，我们不能不深深关心。

根据医学资料显示，一般而言，一个健康的成人若不吃饭还可以活五星期，不喝水只能活五天，但是若不呼吸，可能活不过五分钟。由此深切可见，空气对人类的重要性。

空气既然如此重要，当然要保护其清新、不受污染，因此，环境保护首先应注意的课题，就是能充分了解空气污染的因素，然后才能共同警惕，一起防范并加消除。

以下即根据有关专家资料，分述空气污染的相关种类以及防治之道：

第一种是粒状污染物。

这一类包括无毒的颗粒——如尘埃，但却可能掺带有毒气体进入体内，而产生危害。另一种则在本质上便是有毒的——如金属熏烟。

例如燃烧金属形成的“戴奥辛”，便被称为世纪之“毒”，再如烧煤或铅的工厂，排放的铅微粒，都会透过空气粒状污染，造成相当程度身体伤害。

第二种则是气状的污染。

这一类看不到但更可怕。很多工厂燃烧重油或柴油，都会排放大量二氧化硫，因其在空气中能氧化成三氧化硫，并与水结合成某种硫酸物，刺激呼吸系统，便会破坏排列在系统上的细胞。

另外还有一氧化碳，这是一种窒息性气体，为空气中最多的污染物；这多半来自机车废气，或炼焦工厂、家用瓦斯泄漏等。人体若大量吸入，一氧化碳即取代氧而与血红素结合，造成全身各组织氧的减少，乃至头晕与神志不清，甚至中枢组织受损而死。

还有就是氮氧化物以及碳氢化合物，主要来源为机车、火力电厂及工厂锅炉，另如已知的致癌物质——如苯、氯化烯等，在职业卫生上，均应郑重注意。

针对以上各种空气污染，如今国际上制定了一种“空气污染指标”(Pollutions Standard Index，简称 PSI)，将实际所测的污染物浓度换算为“0 到 500 的指数”，以具体说明污染程度。

根据台湾相关资料显示，台湾空气污染程度超过 100 PSI 的比率，以 1985 年最好，仅占 13.72%，但到 1989 年 3 月时，却又高达 34.21%，超过一倍，今后发展更值得注意保持。[2]

第三种则是噪音。

从空气品质来说，噪音也可说是一种相关的环境破坏。噪音的定义，可从下列五项标准来看，基本上殊途同归，都有重要的参考价值：

第一项定义，是美国职业安全卫生署所订，“为声音大至足以伤害听力者。”

第二项定义，是日本专家的界说，“会引起生理障碍、妨害交谈、声音太大而音色不美者。”

第三项定义，王光得教授称之为“凡会引起生理、心理上不愉快之声音，会妨害谈话、思考、休息、睡眠之声音等均是。”

第四项定义，凡“超过 90 分贝强度而持续 8 小时之声音”均应称为噪音。

第五项定义，则为“声音超过管制标准者”。

在声音分析中，图书馆是最安静的，为 40 分贝；住家则是 50 分贝；电话铃响是 80 分贝；公共场所为 70 分贝，公车拥挤的街上是 90 分贝，在机场附近住所，飞机的起升与降落则是 120 分贝。

人若生活在噪音中，明显会造成精神的烦躁与精神上的不安，这也是以往农业社会明显没有的现代病。

还有第四种空气污染，就是酸雨。

这种污染被称为“20 世纪的环境隐形杀手”[③]，也是以往农业社会所未曾见。这不论对森林、湖泊、土壤，都有很大危害，甚至对一般建筑、石雕都会破坏腐蚀。究其根本原因，则诚如环保专家所说，实为人类“咎由自取”。因为各式各样的废气，在空气中浮动，透过日光能的催化，转变成多种氧化物，遇到水气，便形成“硫酸”或“硝酸”等多种污染物，通称为“酸雨”，在无形的方式下便默默地腐损大地万物。

这种情形，尤以燃烧化石燃料，或发电厂释出二氧化硫和氮的氧化物更为严重。这些气体进入大气和水蒸气结合，便形成腐蚀性的硫酸和硝酸，降水下来，便成典型的酸雨。这个名词同时也用在含有酸性的雪、霰和雹。不仅对水中生物、植物有害，也能腐蚀一般建筑物的表面设施，所以真正成为“隐形杀手”，尤其值得大家警惕。

另外，还有第五种空气污染，则是“臭氧层”被破坏。同样是以往农业社会闻所未闻。

什么是“臭氧层”呢？臭氧（O_3）是一种具有刺激性气味、略带淡蓝色的气体，与氧分子（O_2）非常近似。大气中约有 90% 的臭氧存在于地球平流层中（亦即离地面 15 至 50 公里之间），另外在平流层的较低层中（地面 20 至 30 公里），为臭氧浓度最高的区域，即为“臭氧层”。

臭氧层因为可以吸收阳光中大部分的紫外线，以此屏障保护地球表面生物，不受紫外线侵害，所以对所有自然万物均有极大护卫作用。

早在 1974 年，两位美国科学家便提出警告，一系列的化学合成物质——氟氯化合物（CFC），由于其化学性质相当稳定，所以其分子要上升到平流层才会分离，而此时其中所含氯，将会释出，明显地破坏臭氧层！[④]

那么，臭氧层一旦被破坏，会对人体及环境有什么影响呢？根据专家研究，一旦地球表层失去臭氧层保护，紫外线便增加照射，直穿而入地球万物，这就至少会造成以下 8 种毛病：

(1) 人类皮肤癌罹患率的增加。
(2) 免疫系统受抑制。
(3) 人类白内障罹患率增加。
(4) 农作物减少。
(5) 水中生态系统受破坏。
(6) 加速室外塑胶之老化。
(7) 加速地面臭氧之产生。
(8) 气候影响及“温室效应”，间接造成海平面的上升。

美国人造卫星“雨云”(Nim bus)七号曾在南半球上空拍摄地球表面臭氧分布状况。其中搭载有观测大气中臭氧的装置，并在每天制作全世界臭氧分布图。深值警惕的是，从 1985 年后，便显示南极上空臭氧已经明显减少，活像臭氧层“开了孔一般”，到了 1987 年，中间更形成一个空洞，可以看出臭氧层已经明显破坏了 50%！到了 2013 年，更是已经不堪闻问！

这也就是说，南极臭氧层原先的重大功能——可以挡住过多的紫外线——从 1985 年即被破坏了 50%。因而今后人类如果再不觉醒，明显将会加速上述多种毛病！

所以，“联合国环境委员会”(UNEP)早在 1985 年于维也纳召集 28 国签订了《维也纳条约》(*Vienna Convention*)，特别强调应大力保护臭氧层。到了 1987 年 9 月 16 日，更于加拿大蒙特利尔举行国际会议，明确签订了《蒙特利尔破坏臭氧层物质管制草约》(*Montreal Protocol on Substances that Deplete the Ozone Layer*)，特别管制足以排放氟氯化合物(CFC)的物质。

就一般民众而言，可以身体力行地采取措施，即避免购买使用氟氯碳化合物的东西——例如，不买以此为发泡剂所制成的塑胶和纸产品，不买以 CFC 为动力的喷雾罐，和其他含有 CFC 之非必需的产品，并且避免过度在太阳底下曝晒，经常使用防晒油保护皮肤等等。

另外,第六种空气污染,则是地球的"温室效应"。

温室中的玻璃能接收太阳的辐射线,并阻止室内的红外辐射线向外散发,再加上温室内对流受抑止,所以可使室内温度高于室外大气温度。

因为地球外围的大气层含有二氧化碳和水汽,兼有吸收与反射功能,能吸收地球表面散射的辐射长波,并使一部分重新辐射回地面,使地球和大气增热,比起没有大气层时的温度要高,这与温室中玻璃的效应相似,所以称之为"温室效应"。

科学家认为,因矿物燃料的燃烧,使二氧化碳浓度增大,会产生上述温室效应,所以导致了长期气候变化。

部分科学家更认为,世界各地汽车排放的废气等污染,日渐加强了温室效应,使全球气候上升,造成极地冰块融化与海洋平面上升。如果再不加以遏止,更会导致全球气候反常。

大自然中,除了"空气"之外,"水"也与我们密切相关,更是我们生存的重要条件。因而,水的污染同样会造成许多重要危害,以下也特再一一分析。

(二) 水的污染,包括河川污染、饮用水污染,以及间接农业养殖业的用水污染,通通会影响人类生活与健康。

根据台湾早在1990年时所做统计,光就河川污染而言,"台湾主要河川21条,共长2092公里,其中未(稍)受污染者占67.3%,轻度污染占9.3%,中度污染则占10.4%,严重污染则占13%。"[5]换句话说,除去未(稍)受污染的部分,即有30.7%受到不同程度的污染,约占全部主要河川的三分之一,若以上、中、下游三段而论,比例上已经有其中一段完全受到污染,到了2013年,很多污染更加严重,这是何等令人触目心惊的现象!

至于饮水用水的相关水库中,根据同样资料,"有水库资料可供详估之21个中,优养化严重者5个,应加注意者3者,水质尚可者7个,清洁者6个。"[6]

所谓"优养化"(Eutrophication)代表一种因污染而老化的现象,因为污染性有机物,以及营养元素的积聚,会使原先清澈碧绿的水库和湖泊,从"贫养湖"变成"中养湖"乃至"优养湖",犹如人类因营养过多,而提前老化,往往在短短几年内结束生命,所以又被称为水库的

"癌症"。

根据资料,当时(1990)台湾21个水库中,"尚可"及"清洁"者,勉强为13个,剩下八者则有不同程度的污染(甚至有5个已达"优养化严重"),整个有问题的水库比例高达38%,不可谓不严重,因其代表超过三分之一的水库已有污染,也可说超过三分之一以上人口所用的水源水库已受影响,到2013年,仍未大力改进,同样令人必须严加警惕![7]

另外,废污水的产生量,"每日7575000千立方公尺,其中市镇污水占59%,工业废水占36%,畜牧废水占5%"[8]。这些来自四面八方的废污水,同样以各种形态在腐蚀大家的生活空间,并破坏各种自然环境,农业养殖业用水直接间接受此影响,加上各种污染所及,在在均会为害人们健康与农渔民生计,深值正视。

还有,在台湾五个主要港湾中,"严重污染者为基隆港及高雄港,水质尚可者为台中港,清洁者苏澳港及花莲港。"[9]也就是说,5个之中有两个"严重污染",高达40%,而且是最为重要的两个港口!这就很清楚地反映,有关环保工作实在到了刻不容缓的关头!

事实上,有关各种水的污染,情形日渐严重,不仅中国台湾如此,全球多数国家皆然。因此,今天已经有很多专家建议,对于河川中的鱼类尽量不要吃鱼皮,以免可能因污染而影响病变。如日本因为向来爱吃生鱼片,虽然经过芥末消毒,但仍有很多国民罹患胃癌,其比例甚至高居全球第一,中间很可能有相当影响。诸如此类警讯,的确深值有识之士共同努力,及早全面改进!

(三)有关水的第三种污染,则是海洋环境的污染。

我们把海洋也列入自然环境的保护对象,其原因在于从整个地球看,海洋的面积超过陆地的面积,海洋本身对于整个人类的气候、生态以及生活环境,都有很大的自然调整作用。另外,海洋本身的海中生态也有莫大的重要价值,一旦海洋受到污染或海底生态受到破坏,对人类生存的自然环境同样会影响重大。

像希腊最早的哲学,就是从面临碧蓝的海水开始沉思。所以柏拉图强调哲学是从"惊奇"(wonder)开始,另如古希腊很多神话,也跟海洋密切相关。从这个角度也可看出,海洋环境对人类的文明发展,有相当重要的影响。

近代西方开始有人将世界文化粗略地列分为“海洋文化”与“大陆文化”,这当然有过分简化的毛病,不过由此也可看海洋环境对人文社会有一定的影响,确实不能抹杀。因此,综合而言,海洋一旦受到污染破坏,同样会连带影响人类生活与文化,深值重视与研究保护。

首先,我们应探讨海洋环境受到污染的来源。

其中最重要的当推河川污染。人们把垃圾丢到河里或工厂把废物排放到河里,造成河川污染,河川夹杂着污染物再流到海洋,就造成海洋污染。

海洋污染若在近海,会影响到近海的捕鱼业,因而会回过头再影响我们每天所吃的海产鱼类虾类。由此可见,不但淡水鱼会受影响,连近海鱼类也会受到污染影响。

海水的另一种污染,则是核能厂的温排水放流,这尤其会造成海底生态如珊瑚礁的破坏。

事实上,如果海底的珊瑚礁会被破坏,那其他的海底生态也很可能受到影响。诸如此类问题,的确深值重视,并且加强保护。

对海洋污染的测量,有一定的客观标准。基本上是以海水中生化含氧量的多少来显示有机物所造成的影响。海水中若含有重金属,或者放射性、硝酸盐乃至硫酸盐,则可显示无机物的影响。

换句话说,无机物与有机物都会造成海洋污染,其影响不但对于各种鱼虾海产造成污染,也会影响人类胃肠的健康,更会影响海洋的生态与资源。

扩而充之,海洋污染还会妨碍海洋渔业的活动,乃至渔民生活的品质。尤其海底层的广阔天地中,更有很多重要而珍贵的生物与生态,都会受到无可估量的伤害,这些也直接间接影响到海洋环境的品质,乃至整体的生态环境,以及人类的生活环境,深值警惕与防治。

综合而言,以上三大项污染——空气、水与海洋,都是大自然被人类污染最明显的例证,也是人类切身最易感受的公害,各种资料显示,如果整体大自然失去平衡,人类再不能以和谐态度爱护自然,尊重自然,影响程度将更大更深,所以今后再也不能轻忽了!

另外,随着人类环境被破坏的严重性愈来愈大,如今“气候反常”也已成为近来全球共同关切的议题。因此,美国布隆德兰报告(Brundtland)早在1987年分析《我们共同未来》时,就曾强调“永续发展”的重要性,并定义其内容为“人类确保当今所需,不至于危及未来子孙所需”的能力。然而,因为人类破坏环境所造成的全球暖化与气候反常,经常扩大了天灾严重程度,如今全球各地几乎都曾饱受台风、洪水、海啸、干旱等自然灾害之苦;这同样提醒世人,今后必须更积极地抢救饱经摧残的环境,否则大自然的反扑会愈来愈重!如果再不警惕急救,则现在这一代的生存都遭受各种自然灾害,更遑论永续发展与经营了!欧盟与多小岛联盟有鉴于此,曾经奔走各国,在1997年协调通过了“京都议定书”(Kyoto Protocol),要求相关国家在2012年前,将温室气体排放量减少到1990的标准,便是一项具体环保措施,虽然效果未尽理想,但已踏出重要一步,今后仍需各国有识之士,继续努力,才能真正达到“永续发展”的目标。

二、人对万物的看法

有关人对万物的看法,我们也可分析三项重要污染,作为应予正视的重要问题,从而落实尊重万物、爱护万物的应有认识。

这三项就是:1. 工业的污染,2. 农业的污染,3. 土地的滥垦。

第一项,就工业污染而言,对天地万物明显会造成重大损害与影响,这也是以往在农业社会所未曾有过的问题。

工业污染常见的有刺激性气体,例如处理废铅工厂所排的废气,就会造成人类呼吸道辛辣刺痛,不但对人类有刺激性,对附近相关动物、植物都会有害,而形成真正“公害”。像新竹有些化工厂,或高雄有些工厂,废气废水处理不当,都会造成同样情形。这不只影响人类,也同样影响附近万物。

另外,工业污染包括金属中毒,像“铅中毒”便是严重问题。根据报载,1990年三月间,基隆有家金属公司,因为长期的制造铅污染,造成附近幼稚园的儿童受损,甚至智力受到影响。这种污染直接影响民族幼苗,伤害实在太大了!这种情形不但会影响儿童的智力,同样也可能影响其他万物的生育,因而形成“慢性凶手”,甚至隐形杀手,特别值得警惕,这同样也是以往农业社会前所未见的情形。

工业污染不仅如此,此外还会形成职业性的皮肤病,与地域性的传染病。像台湾南部的乌脚病,公害患者到了后来整个脚都变成黑色,最后不能不硬生生锯掉,其悲惨可想而知。至于影响附近生态与万物更同样难以估计。诸如此类的污染公害,凡是有同情心与人性者,相信都应共同努力,加紧防范,以切实救治!

上述各项工业污染,可说都是"现代病",从前在农业社会均无从产生。因而,身为现代社会的工业家或实业家们,其职业良心与社会公德便很重要。他们在投资工业产品之前,必须同时投资防止污染的设备,然后才能真正去除污染,赚钱赚得心安。

以往因工业规模小,还没有工业污染问题,但如今各种工厂数量增多,工业生产的副作用——污染公害,已从量变到质变,直接影响到人体与万物生态,所以再也不能忽视。因此,今后正确因应之道,一方面工业界应主动将环保设施列入成本之中,形成应有的基本公德,另一方面政府也有责任严加督导,维护民众有"免于污染"的自由。唯有如此,才能尽量保持纯净的生活空间。否则,各种公害既影响人类,也影响万物,再也不容掉以轻心!

第二项,除了工业污染会影响万物与生态之外,农业污染也有同样的情形。以下特举明显的几项例证说明。

首先就是"戴奥辛",这种污染公害的来源,是因为一些与农产品相关的杀虫剂、氯化物或垃圾堆,在燃烧之后会有剧毒,所以产生重大的危害。这种戴奥辛毒害的程度很惊人,所以又被称为"世纪之毒",它不但足以破坏呼吸系统,还会侵蚀神经系统,而且会破坏大地万物,为害之大,不能不加警惕!

除了戴奥辛之外,农业污染另外一个著名的例子,就是1985年间的"多氯联苯事件"。根据当时评估,大约三千多人直接间接受到伤害。其原因就是很多土壤中受到农药影响,含有多氯联苯,因而生长的农产品受到污染,以致造成肝脏功能、免疫系统、甚至生殖系统的多种伤害。但这还仍然属于能够看得到的有形伤害,至于其他大地万物因为不能申诉而未曾评量的伤害破坏,更是无法估计。

另外,近年来,也有环保人士发现在米里含有过量的镉,这会造成人体直接间接的伤害。换句话说,有些农产品,虽然本身看起来只是个物质——例如米看起来只是一项物质,土壤、杀虫剂也都是物质——表面看似没有生命,但若其本身受到污染,便会成为一种可怕的病源,回过头来就会大大影响人类的生命,乃至大地万物的相关生命。所以我们对于农产品污染所造成的严重性,也应充分体认与警惕。

尤其早在1990年9月21日《联合报》就曾记载:由于酸雨会造成农作物的不正常生长,甚至造成枯萎,所以扬希台风过后,台湾竹北市的复耕蔬菜,因遭酸雨腐蚀,两三天后便出现枯萎而悉数损毁。这是该市历来首见的酸雨,除造成地方上的震撼外,也显示农村环境正因工业化而逐渐受到污染,到了2013年,这问题也到了不容忽视的地步!

由此可见,现代社会因为工业快速发展,千奇百怪的公害影响都会出现,这正是大自然万物遭到形形色色污染的结果。所以,今后我们再也不能只将万物看成是没有生命的物质,而应切实以"尊重生命"的态度善待爱护,否则在物物相关的情形下,均会直接间接影响人类生命与整体生态,这也是深值人类共同警惕与努力的重大课题。

第三项,除了工业、农业的污染外,我们还应正视对大地的尊重,这也是另一重要课题。

大地看起来好像没有生命,但若对大地缺乏尊重,不断加以滥垦、腐蚀,或毒化,则不但整个水土保持都会受影响,所有大地生态也会受到扭曲。一旦水土保持受到影响,一场大雨来临,立刻会引起水灾,一旦大地生态受到扭曲,同样会造成环环相扣的连续效应,最后受害者均仍是人类与大地万类!

尤其,大地是孕育自然各种生命不可忽视的根源。如果大地土壤受到污染,那么从土壤里生长的农产品立刻会受到影响,像稻米、小麦等相关食品,如果受到严重污染后,其对人们生活与万物的伤害,显然极为深远。

另外,水土保持更是维系人们生命的重要凭借,尤其土地资源的再生过程很缓慢,远不及人类破坏的速度,所以特别值得人们警惕。生态学家史蒂文生曾说:"我们都是脆弱太空船上的乘客,靠有限的水土来维生,因此我们乘客要共同来维护这脆弱的船。"[10]这一段,可说语重心长,深值大家有此体认。唯有共同维护大地与水土免于各种破坏,才能真正让此脆弱的太空船不致崩离解体。

综合而言,天灾人祸常是影响大地与水土保持的祸首。因此,人们对于天灾当然只能尽人事以预防,但对于人祸,却一定要能全力以公德为重,才能尽量避免破坏生态环境。

三、人对众生的态度

所谓“众生”，不仅是讲人类全体生命，同样也讲世界上一切生命——包括一切大小动物、植物、矿物等。根据环保精神，不论珍奇的或卑微的，一切众生均应有其生命意义与价值，甚至如岩石荒地，也应视同具有生命尊严与内在价值。

因而，准此立论，至少有以下四个重点值得重视：

1. 对林业的保育。因为树林看起来没有生命，其实却深具雄厚的生命力，不能任意破坏。

2. 对渔业的保育。也就是对海洋中各种生物与植物，均应特别保护彼等生命与生态。

3. 对野生动物的保育。也就是对深山荒野或穷乡僻壤中的野生动物，均应特别做好野生保育工作。

4. 防止核子污染的问题。也就是透过对核子相关的知识，切实防治其对一切众生可能的危害。

首先，针对林业保护而言，我们首先要注意到，原始森林不能受到人为的砍伐，也不能受到松鼠之类的自然危害。

我们若以中国大陆为例，便知道林业滥砍的严重性。

根据可靠资料，多种林业损害都很惊人。今特举荦荦大者说明如下：[11]

> 1. 福建的副热带常绿木蓄积量，一向高居全国第一。在1949年还有17800万立方公尺，到了1980年只剩下8900万立方公尺，损耗率高达50%以上。
>
> 2. 海南岛在1949年的造林面积还有25.7%，但到1982年，急速降为7.2%，损耗率更在70%以上！
>
> 3. 四川省与云南省，从1949年到1985年，四川省林地已减少30%，云南省更减少45%。
>
> 4. 东北大兴安岭森林蓄积量原占全国40%，但因滥砍与火灾，受到大量破坏，在1949年到1987年之中，就有11亿立方公尺木材伐采，但新生量只有6亿立方公尺，以此破坏速度来看，后果真是不堪设想！

> 5. 根据1983年统计年鉴显示，大陆现存森林覆盖率为12.5%，这与世界平均的31.3%相去甚远，甚至一半都不到，深值忧心与警惕！
>
> 根据报载，目前大陆森林面积正以每年13300平方公里速度下降！如此下去再过几十年，则一切可以采伐的森林将被砍光，农业生态将更为恶化，不能不令人触目惊心！

这种情形到了2013年，问题仍然非常严峻！事实上，不只中国的林业深受破坏，世界各地也都有程度不同的破坏。因为林业具有调整气候与吸收落尘等功能，所以林业破坏，不只代表生态被伤害，同样代表对人类生活环境的破坏，这也是深值今后警惕的重大课题。

除了林业外，渔业与野生动物的破坏，也是众所皆知的危机。尤其"动物在集体屠杀后，很难再起死回生，一旦绝了迹，更是人力无法挽回的"。

根据西德慕尼黑大学著名环保学者，也是西德自然保护联盟主席的殷格哈教授（Prof Walfgang Engelhandt）资料，鲸鱼在渔业中，生态被破坏得极为严重。"光是在1960年到1970年之间，被捕杀的鲸鱼便高达607000只之多"，因而他感叹：[12]

> 再这样下去，世界上所有的鲸鱼，便将因其本身所具有的莫大经济价值而绝迹了。

另外鳄鱼亦然，殷格哈指出："由于另一项流行的玩意儿：女用鳄鱼皮包、皮鞋等，几乎使全世界的鳄鱼都遭到了生命威胁。"

还有，因为人类本身的虚荣心，结果"世界上所有有花斑的猫科动物，尤其是虎、豹、猎豹、豹猫以及美洲豹等，都受到了威胁，因它们美丽的皮，可制造各种皮大衣及套装等，为制一件豹皮短大衣，便得杀死五到七只豹！"

以往，可能一般人看到一件豹皮短大衣，只觉得很新奇，然而却没有想到，这可是杀死五到七只豹的间接帮凶！另如印度，"在40年前还有40000头老虎，如今只剩了不到2500头"。至于肯亚犀牛亦然，在1969年尚有18000头，到1986年却只剩下500头！

有关象牙更是如此，1983年的销售高达九百公吨，是"20世纪以来最高记录"，其中每一颗象牙，也都代表一头大象30年生命的灭绝，再加上很多富豪之家装饰用的虎头或兽皮地毡，凡此种种例证，到了2013年更加严重，不胜枚举，深值大家警惕，再也不能疏忽了！

那么，应该如何防治呢？殷格哈教授首举捕鲸为例，强调：

> 我们要想有效地保护动物，唯有靠国际立法，不断地监视法律之执法，才能达到目的。

因此，诸如国际渔业禁止使用流刺网，禁止捕杀鲑鱼，而各种野生保护协会一再强调的禁令，都是深值人们加强了解的内容，唯有大家共同认知，加强执行，才能真正达到成效！

另外，本文在此也应特别讨论核子试爆污染的问题。

日本的长崎与广岛，曾经遭受原子弹的轰炸，受害最为明显。当然，究其原因，仍因日本军阀率先发动侵略战争，其残忍的杀戮行为令人发指，否则也不会被美国投两颗原子弹“以战止战”，促使日本提早投降。然而，我们若从人道观点看，也不能忽略核子污染对众生的伤害。

尤其当时原子弹为十六千吨，还不及今天任何最小核弹头的百分之一。根据统计，1985年全球核子弹药约有100亿吨，其杀伤力与破坏力，足以无数次地破坏整个地球，造成无以评估的重大损害！

根据荷兰大气科学家柯真（P. Crutzen）与美国化学家白克斯（J. Birks）的论文，核子武器的最主要威力还在于“烟与尘”，亦即一旦核子战争爆发，地球就进入“核子冬天”，其影响力，远超过核子弹本身的杀伤力。此时“地面昏暗，不见天地，长则连月不开，地面气温降至冰点以下。这种急速冷冻效果，不出数日就可彻底摧毁农业，瘫痪生态，造成遍地的严重大饥荒”。[13]因此其直接影响，便是全球五十亿人口中将有四十亿人口因饥寒交迫而死亡！

这两位科学家论文发表于1982年，那时正值美苏两强相互核武竞赛的热潮。今天我们当然很庆幸看到，俄国总统戈尔巴乔夫1990年6月4日在美国访问时，曾经在史丹诺大学演说，强调“冷战已结束，这场战争无人胜利。”因此他期望“以敌对为基础的联盟应尽数退位，俾建立新的联盟，致力于消除饥饿、疾病、贫穷与毒品”。我们深深期望今后人类能够永远抛弃核子战争的恐惧，并将一切聪明才智能专注于建设性的民生与环保大业。

另外，对于核子电厂，我们也应该同时了解其正反两面的利弊。

因为它一方面具有和平用途的贡献，但另一方面仍有可能会造成污染。因此，针对这项两难问题，便需要真正深入而客观的评估，才能正确地做出决策，并服众人之心。

今天全世界约有至少四百所以上的非军事性核子炉运转，提供了全球15%的电力，其中固然发生过美国三哩岛事件，以及俄国乌克兰切尔诺贝利核能厂的意外事件，但其对整体电力的贡献也不能抹杀。因此，如何能同时兼顾电力成长与核子安全，一方面不必因噎废食，另一方面也能在安全上昭信公众，相信乃是今后极为重要的工作。

第二节　环境伦理学的中心思想——机体主义面面观

中西环境伦理学的中心思想，如果用一个词来简要说明，就可以说是一种"机体主义"(Organicism)。

综观中国儒家、道家、佛学、新儒家，或者西方最新的环保思想，都可以说殊途同归，共同在强调这种"机体主义"。所以本段要特别就此"机体主义"，申论其中主要观点。

方东美先生在《生生之德》一书中，曾将机体主义分成消极的三种特性，以及积极的三种特性。很值得首先引述，并加阐论。

消极方面有三个重点：[14]

> (一) 否认可将人物对峙，视为绝对孤立系统。
>
> (二) 否认可将宇宙大千世界化为意蕴贫乏之机械秩序，视为纯由诸种基本元素所辐辏拼列而成者。
>
> (三) 否认可将变动不居之宇宙本身压缩成为一套紧密之封闭系统，视为毫无再可发展之余地，并无创进不息、生生不已之可能。

换句话说，机体主义就消极意义而言，就是否认可以从呆滞、机械或封闭的观点来看大自然万物。事实上，这也正是否认西方近代某些科学唯物论(Scientific Materialism)、机械唯物论(Mechanical Materialism)，乃至"化约主义"(Reductionism)的毛病，也否认西方哲学从希腊以来惯用"恶性二分法"(viciousbifurcation)的方法。

根据中国哲学，真正高明而正确的环境伦理学，应遵循"机体主义”为中心观点。“机体主义”这一名词，最早由方东美先生在二十年前首先提出，他用来说明中国各主要哲学对自然的看法。如今二十年后，在很多西方环境伦理学的最新论著中，却不约而同地提到这项观念与用语，充分可见“人同此心，心同此理”的会通之处。用庄子的话来说，正可说是东西方哲人“相视而笑，莫逆于心”的精彩之处。

今后重要的当是结合中国哲学传统固有的机体主义，以及西方环保思想最新领悟的机体主义，共同旁通统贯，彼此互助。并以超越东西方地域的恢宏胸襟，共同为人类建构完整的环保哲学，那才是整个人类与自然万物之幸！

除了上述三种消极的意义外，方先生也曾指出积极的意义三种如下：[15]

> 1. 统摄万有、包罗万象，而一以贯之，当其观照万物也，无不自其丰富性与充实性之全貌着眼，故能“统之有宗，会之有元”，而不落于抽象与空疏。这也可称为“生生不息之理”，也就是在自然万物之中领悟生生不息的生存现象，并肯定“大自然”的本质，乃是弥纶万有的生命。其自然观既不偏于唯物，也不偏于唯心，而是统摄两者的万物含生论。
>
> 2. 对宇宙万象认为“处处都有机体统一之迹象，可在万物之中发现，诸如本体之统一、存在之统一，乃至价值之统一……等等”。这也可称为“旁通统贯之理”，也就是视宇宙万象之中自成和谐的统一，看似纷然杂陈，其实井然有序，物物相关，环环相扣，深具机体的统一性。
>
> 3. 对大自然的众生，能体认其中“感应交织，重重无尽，如光之相网，如水之浸润，相与浃而俱化，形成一在本质上彼是相因、交融互摄、旁通统贯之广大和谐系统”。这也可称为“化育并进”之理，正是机体主义最为深奥高明之处。由此更可以证明中国哲学肯定人类应该“合天地万物为一体”的精神，如此兼天地、备万物而并进，正是当今环保思想最主要的中心信念！

事实上，机体主义以上这三项积极意义，也正是针对环境伦理学前述三大课题所提供的慧见，深值我们发扬光大：

> 1. 针对人对自然的理念，以“生生不息”之理相对待，此即前

述"广大和谐"的精神。

2. 针对人对万物的看法,以"旁通统贯"之理相对待,此即前述"同情体物"的精神。

3. 针对人对众生的态度,以"化育并进"之理相对待,此即前述"一往平等"的精神。

事实上,这三种原理以及内涵的精神,正是中国哲学最重要的特性,今天就环保而言,也堪称最值得弘扬的哲学思想。

此所以方东美先生曾经强调:

> 讨论"世界"或"宇宙"时,中国哲学不执着于其自然层面而立论,仅视其为实然状态,而是要不断加以超化。对儒家而言,超化之,成为道德宇宙。对道家而言,超化之,成为艺术天地。对佛教而言,超化之,成为宗教境界。自哲学眼光旷观宇宙,至少就其理想层面而言,世界应当是一个超化的世界。[16]

换句话说,儒、道、释三家的自然观,虽然各有不同特性,但就尊重自然、保护环境而言,却完全是一致的。

因此,就儒家而言,"自然"充满了盎然生意,人类透过"天行健"的体悟,即可启迪"君子以自强不息"的精神,进而肯定人类在此道德宇宙中,不能任意破坏宇宙自然的浩然生机,否则即成为破坏道德的小人。

另就道家而言,自然更是充满陶然美感,所以庄子强调,"圣人者原天地之美而达万物之理。"[17]进而肯定人类在此宇宙中,绝不能任意破坏宇宙的优雅之美,否则即成为破坏艺术的鄙人。

再就佛家而言,自然尤充满灿然光明,所以华严强调,"处处都是华严界,个中那个不毗卢"。强调一切万物均为法满世界,进而肯定人类在此宗教境界中,不能任意残害宇宙的庄严宝相,否则即成破坏宗教之罪人。

所以,综合而言,中国哲学不论儒、道、释,均充满机体主义的精神与心灵,以下各章将会分别申论。现在特对此机体主义的三项原则,从西方最新环保思想中,印证其中会通互融之处。

第一,机体主义代表一种以"生命为中心"的自然观,也就是肯定大自然中生生不息之理,西方当代很多环保学者的主张,于此正可说是不谋而合。例如,德维(Bill Devall)与雷森(George Lessions)曾在1985年共同强调“深度生态学”的特性,便与中国哲学极能相通:

> 深度生态学并不只从零碎局限的眼光看待环境问题,而系加以超化,以建立广大悉备的哲学性世界观……。其基本深义即在肯定以生命为中心的平等性,认为所有在此地球上一切万类都有平等的生存权利、平等的发展权利,乃至于平等的机会,以充分自我实现其潜能。⑱

这一段精神与中国哲学的自然观可说完全吻合。因为中国哲学对自然的看法,绝不只从表面的零碎现象去看,绝不只成为封闭、僵化的唯物观,而能用“万物含生”的精神加以超化,并肯定自然一切万有均有平等的生命价值,乃至生存发展的平等权利,从而共同形成一个生生不息、广大悉备的哲学性世界观。这也正是当今西方“深层生态学”的论点,两者可说完全不谋而合。

另外,甚至对于看似没有生命的岩石,当代西方环保学者也强调应予重视,这也与中国哲学精神极为神似。像美国学者怀特(Lynn White)在1972年有段名言,便深值重视:

> 人类对待岩石,是否有伦理的责任,对差不多的美国人来说,因为受到基督教传统的影响,会认为这个问题毫无意义。但是若有一天,这种问题对我们不再看来荒谬,那我们才算觉醒,应改变价值观以解决日渐严重的生态危机。真希望还能来得及!⑲

换句话说,应该有一天,更多的人们体认到,即使岩石也有其生命的尊严、内在的价值、甚至独立的灵性,不容任意摧毁。这不但正是儒道两家“物我合一”的最高境界,也是大乘佛学所称“顽石点头”“无情有性”的精神,深值重视并加弘扬。

中国大乘佛学道生大师(374—434)因为深通庄子哲学,深信“道无所不在”之理,所以在大般涅槃经未译成之前,即肯定人人皆有佛性,不但万物皆有生命,甚至顽石也有生命,连谤佛者也都有佛性。这在当时本来被一些小乘人士认为荒谬;结果大般涅槃经译出后,果然肯定一切自然众生皆有佛性,连顽石也不例外!相传道生云游四海弘道,到杭州虎跑山讲法,果然池中顽石为之点头。因此直到现在,杭州还有“生公讲道,顽石点头”之说;笔者在1990年9月里亲访杭州虎跑山时,即曾亲闻此说,并亲见相传“生公讲台”与池中顽石。虽然这只是一则民间传说,却都寓有深刻的环保启发。

因为,人们一旦对顽石都能尊重,并加爱护,当然,对其他一切万物也都能尊重,中国文化这种同情体物的精神,足以大其心,甚至涵盖顽石,正是环保的最高境界!

除此之外,史东(Christopher D. Stone)在1972年也强调:

> 我现在很慎重地呼吁,我们应该把法律性的权利赋予森林、海洋、河川,还有其他一切的“自然万物”,也就是真正把自然环境视为一体。[20]

这段话的精神,与中国哲学里“天地万物为一体”的自然观也完全不谋而合。所谓“天地万物”,就包括了史东所说的森林、海洋、河川,以及其他一切自然万物,如果都能够将天地万物视为浑然气体,休戚与共,那才能算是尊重自然的最佳精神!

另外,到1980年,斐突拉(Jooeph Pethulla)便曾更进一步指出:

> 在美国的生态保育法案,透过法律观点,以保护美国境内一切非人类的万物,可以有法律上的权利,以特别保障它们的生命与自由。[21]

换句话说,这是透过具体方法,真正落实“万物含生”的中国哲学——不但要立法保障万类生命,也要立法保障它们的自由,促使它们能充分自由地生活,也能充分自由地发展,能与人类一样,同时具“免于匮乏的自由”以及“免于恐惧的自由”。这种努力,足以将中国传统的护生哲学,结合现代具体的法治行动,可说是今后环保工作的最佳模式。

另外,克罗奇(Joseph W. Krutch)早在1954年,也曾强调:

> 对整个自然界的岩石、土壤、植物与动物来讲,我们本是一体的,但我们却缺乏对它们的爱心、感觉与了解。[22]

这一段也令我们立刻联想到阳明学说,阳明先生特别强调“合天地万物为一体”之仁心,在此就极为相通。尤其中国人说“麻木不仁”,在此也深具警惕意义。它代表如果对自然万类缺乏爱心、缺乏感觉、缺乏了解——一言以蔽之,就是对自然万物生命“麻木”,那就是“不仁”。

程明道先生即认为,以“手足痿痹”比喻“不仁”,“此言最善名状”。因为手足一旦麻木,便感觉不属于自己,人类若感觉其他万物生命不属于自己,与自己无关,便是同样的麻木不仁。这种真切的警语,实在深值我们醒悟体认!

另外,当代西方“生态保育之父”李奥波(Aldo Leopold)早在1948年,也曾强调:

> 大地的伦理学,在扩大生命社区的领域,包括土壤、水、植物、动物。整体而言,包括大地。[23]

这一段话,明白肯定土壤、水、植物、动物——亦即整个大地自然万物,都应包含在生命的领域之内,正是中国哲学“万物含生”的基本精神,深值作为今后东西方环保工作的重要共识。

另外布罗克威(Allan R. Brookway)1973年也曾提道:

> 自然世界的神学,肯定所有非人类世界,都有存在价值,这种神学宣称一切非人类与人类都一样,具有内在的平等价值。当人类自以为是地改变岩石,破坏森林,污染空气、水源、土壤,或杀害动物的时候,实际上与谋杀人类的罪过完全一样。[24]

这一段宣言,也明白强调一切万物均有不可磨灭的生命价值,并且具有与人类同样的内在价值,如果人类任意破坏,便如同任意谋害人类一样罪恶。这种“万物含生”“一往平等”的生态神学,不但是中国传统哲学一再强调的精神,如今也正是西方环保专家极力呼吁的理念,真正深值大家共同弘扬,尽早力行!

第二,中国哲学“机体主义”的第二项原理,就是“旁通互摄”的原理。

前述机体主义的第一项原理是“万物含生”,现在第二项则肯定“万物互通”,认为万有的生命都能相互感应会通。因此人类应该有此慧心认定,千山万水皆有情,一草一木皆含生,而且整个大化流行均能在宇宙生机之中相互旁通。如此肯定万物旁通互摄,充满盎然生机,乃是中国哲学“机体主义”的另一项思想特色。

以下即同样引证当今西方环保思想与此不谋而合之处。

美国环保学者菲立普(Wondell Phillips)早在1859年就已经认为,人类生存在大自然中,“就好像一滴水融入无尽的民主海里”[25](We are lanched on the ocean of an unchained democracy)。

这个比喻——一滴水融入大海,代表人与自然万物不但互相交融,而且互相含摄,彼此旁通而又互动。这里情形也正像《华严经》所说,犹如“世界海”中的一微尘,但却能在佛光点化之下形成华藏世界,充满金光,而且交融互摄,此即所谓“于此莲华藏,世界海之内,一一微尘中,见一切法界”。也就是一即一切,一切即一,深值体认其中相通之道。

尤其菲立普别具慧心地称之为“民主海”,代表其中一切万物均一往平等,各具同样尊严,犹如民主之中人人平等,而且人格尊严均为相同,这也正是中国机体主义的重要特色,深值重视。

另外,著名美国“国家公园之父”缪尔(John Muir)早在1867年也曾语重心长地提醒世人:

> 以往我们总被告知,世界是为人类而存在,事实并非如此,为什么人类总要自我膨胀,自认为可以驾凌其他万物?[26]

事实上,这正是经由同情体物的精神,所产生一往平等的心灵,因此不但能为万物着想,而且能够超越自我中心的片面立场,以超然的整体眼光旷观世界万物。此即《华严经》所谓“圆满光明,遍周法界,等无差别”。因而才能用此“无量神通”的同情心,“调伏一切众生”,进而悲悯、护持一切众生,绝不会再有自傲自私的心理,这也正是当今环保修养的最胜义。

此所以缪尔早在1867年就强调:

> 我们是多么褊狭与自私,对其他万类缺乏同情心,尤其是对其他所有的万类,我们对它们应有的权利,更是何等的茫然麻木![27]

缪尔本段沉痛的省思,在提醒人类必须要能超脱自我中心,抛弃本位主义,真正扩大心胸,将心比心,设身处地地为万类生命着想。唯有如此,跳出自我,融入大自然,才能如道家所说,去除一个小我的我执,真正体认“道通为一”的精义。缪尔在此的慧心与悲心,基本上也正是中国哲学所说“大其心”以同情体物的旁通精神。

只可惜,缪尔此等精神苦心并未受到应有重视。因而一百多年后,另一位环保学者布劳尔(David R. Brower)在1971年,才再次呼吁世人:

> 我肯定地相信,所有其他万类,应该具有与人一样权利。[23]

换句话说,人类一旦去除我执,便能放旷慧眼,体认世间一切万类,不论形态大小,均有同样价值,也均有平等的生存权利。此即庄子所说“各适其所适”的深义。

在中国哲学中,不但张载明白强调“大其心则能体天下之物……其视天下,无一物非我”,大乘起信论也清楚地强调“体大,谓一切法,真如平等,不增灭故”。凡此种种精神与胸襟,正是今后环保教育中极重要的精神素养。

另外,科罗拉多州立大学罗斯东教授(Holmes Rolston)在1975年也曾谓:

> 我们在此所要呼吁的,是扩大价值观,俾使大自然不再只是附属于人的“财产”,而能与人类同体共生共荣。如果我将“人”的价值普及化,将会发现,其过程从外邦人、异乡人、婴儿、孩童、黑人、犹太人、奴隶、女性、印第安人、犯人、老人、疯人、残障者……等等,中间进步是如何缓慢!生态伦理学就在质问,我们是否应对每一个生命体的内在价值也均应予以充分肯定?[29]

罗斯东教授在此先回顾,人类以往在尊重各种弱势团体的人权运动中,历程是如何艰辛而缓慢,花费了很多心血与时间。然而他仍然肯定地呼吁,今后更应扩而充之,针对一切万物的内在价值,予以充分肯定,并用以往同样的爱心与毅力来爱护万物。事实上,这也正是张载所说“民胞”及“物与”的精神,对一切人类均同样尊重,此即“民胞”;更对一切万物均同样爱护,此即“物与”。此中胸襟与情怀,的确深值世人体认,并尽早普遍力行。

尤其,张载在《大心篇》说得很好:“世人之心止于闻见之狭”,圣人尽性不以闻见梏其心,所以才能从大处看,从高处看,也从深处、远处看,从而能与一切万物皆同其情,并肯定一切万类生命皆具重要的内在价值。这种大其心以体认“物我合一”的胸襟,正是今后东西方环保教育中的极佳典范。

到 1987 年,傅洛曼(Dave Foremem)曾进一步指出:

> 我们必须扩大我们的生命社区,以包涵自然一切万物,这些存有——不论四脚的、有翼的、六脚的、根生的或能飞的……等等,它们都有内在价值,完全不必依附人类而存在。[30]

从这一段话中,我们更可以看出,东西方哲人殊途同归之处。傅洛曼在此强调,一切自然万物均有平等的生命价值,也有同等的内在尊严,事实上,这也正是中国大乘佛学中所说的菩萨心灵与精神。此所以《华严经》明白强调:

> 所有众生种种差别,所谓卵生、胎生、湿生、化生,或有依于地、水、火、风而生住者,或有依空及诸卉木而生住者,种种生类、种种色身、种种形状、种种相貌、种种数量、种种名号……等无有异,菩萨如是平等,饶益一切众生。

《华严经》在此很生动而周全地涵盖了一切自然万类,最后明白指出,以上种种万类,不论形状、相貌、数量、名号……种种有何不同,但其根本生命价值均“等无有异”,一往平等。菩萨以此广大同情精神看待一切万物,并且维护饶益一切众生,真正可说是今后环保工作最重要的效法对象。

另外,辛格(Peter Singer)在 1981 年也曾强调:

> 我们正在努力扩大道德圈,以涵盖非人类的动物。然而,在所有英语世界的哲学系中,动物在伦理学上的角色,仍然是一个争议很大的题目。我们正迈向道德思考第一个充满动力的新阶段,这个新阶段会成为扩大伦理的最后一个阶段吗?或者我们最后可以更加超越动物,甚至也能涵盖大地、山岳、岩石与河流?[31]

实际上,上述这种精神——将仁心同情不但扩充到动物,也扩充到大地山岳、岩石与河流等天地万物,也正是阳明先生极重要的中心主张。所以他在《大学问》中很早也曾强调:

> 盖天地万物与人原是一体,其发窍之最精微处,是人心一点灵明。风雨露雷、日月星辰、禽兽草木、山川土石,与人更是一体。

阳明先生所说的仁心,不只涵盖了动物植物(禽兽、草木),也包括了"石川土木",甚至还上下兼备天地,涵盖了风雨露雷、日月星辰,真正做到孟子所说"上下与天地同其流",并体认"万物皆备于我"的精神。此中恢宏的胸襟,确实深值重视与力行!

事实上,中国历史上祭天的精神气象,于此便很接近。此所以在北京天坛中,除了正殿"祈年殿"根据《尚书》经典供奉"皇矣上帝"外,两边配殿更分别祭祀"风雨露雷"与"日月星辰"。而且中间正殿顶上为蓝顶,象征蓝天,亦即"天人合一"之意,所奏音乐则为"中和诏乐",颂扬人与自然广大和谐的关系,寓意均极深远。

笔者在1990年夏天曾经亲访天坛诸殿,驻足良久之后,深感中国此种传统宗教祭祀背后的种种精神,实寓有深厚雄伟的宇宙观,与生动和谐的环保观,深值世人真切体认,共同弘扬。

这种天人合一的精神特色,即已进入中国哲学"机体主义"的第三项原理,也就是"化育并进"之理。这代表人心在充分扩大后,足以兼天地、备万物,因而在大化流行之中,可以体认无穷弥漫的生机,并纳入生命创进的过程中,充分拓展人与万物生命意义与价值。

中国哲学多半肯定天、地、人三才并进,人能顶天立地,参赞化育,并与自然万物和谐互助,一起迈向宇宙最高的价值理想。这种哲学精神气魄极大,在西方也颇为罕见;当代英美第一大哲怀海德因对中国哲学颇有研究,其名著《历程与实在》(*Process and Reality*)中的历程哲学,便与《易经》与《华严》哲学很能相通。

当代西方环保思想能够有此精神气魄的并不多。不过,他们另外从民主政治人权平等的体认,肯定一切万物也应有平等权利,从而强调人与万物应互助并进,却仍然有殊途同归之处,同样深值引述与阐扬。

首先,例如辛得·格莱(Gary Snyder)在1972年即明白宣称:

> 一种最高级的民主已经来临了,它把所有的动物与植物都视同人类一般……因而都应在政治权利讨论中有其一席之地与声音代表。针对这种情形,我们如果认定:"权力应赋予一切人类",那么动植物也应包括在内。[32]

这一段话明白强调在民主政治中，所有人均一律平等，因而在政治事务中均应有其代表性与发言权。以此扩而充之，动物、植物既然与人同样平等，自然也应考虑进去，而在宇宙化育中能够参与并进。唯有如此，才算真正落实对万物的尊重，从而对万物应有的生命权利也充分加以保护，这才是“最高级”的民主。这一点引申了民主的精义，并将“参与权”（participation）与“代表权”（representation）具体提出，深具启发意义，很值得借镜与参考。

另外，罗札克（Theodore Roszak）在1978年也曾强调：

> 我们总算可以认定：自然环境也是一种被剥削的无产阶级，就像工业革命之后被压迫的黑奴一样……所以大自然也应该有它天赋的自然权利。[33]

根据罗札克的看法，工业革命之后，19世纪欧洲社会产生了早期的资本主义，因而无产阶级被压迫。如今，也有另外一种工业社会下的压迫，那就是“大自然”，它同样可视为被剥削的对象，正如同当年的无产阶级一样。中间不同的是，大自然并不会讲话，无法申诉。只不过，长期累积下来，正如同《寂静的春天》（*The Silent Spring*）书中所说，大自然也已经开始用各种无言的抗议，展开对人类的绝地大反攻。

因此，针对这种情形，我们更应以积极而理性的环保工作尽早唤醒人心，共同改进以往对自然的压迫。唯有如此，才算真正把自由、平等、博爱的人道精神扩充到万物，也才算真正把万物一视同“仁”。佛经中曾称“一切法平等，无有差别，是诸法实相义”，在此也可说极能相通。

另外，非洲之父史怀哲（Albert Schweitzer）曾经在1923年语重心长地提醒世人：

> 从前若有人认为有色人种也是人，我们应以人道待之，会被当作愚蠢，但如今这已是广被接受的真理。然而，今天若有人认为所有万物均有生命，也应以合乎情理的伦理待之，仍会被认为太夸张。[34]

史怀哲在六十多年前所提的问题，至今仍然存在。换句话说，在一百多年以前，欧美国家还普遍有种族歧视，那时连对“人类”的生命都不尊重(只因肤色不同)，更何况对“物类”。如今历经少数民族与有色人种的奋斗努力，总算相当程度地打破此等歧视，对“人”权平等有相当改进。但仍然有另一种普遍的“种族歧视”——亦即歧视人“类”以外的所有物种族群。这种错误，其实与从前的种族歧视本质并无两样。重要的是，我们何时才能有此警觉，并真正以行动改进呢？

在1960年，伍茨特(Donald Worster)曾强调：

> 从独立宣言到美国黑奴解放，已有八十七年空档，宣言里认为不可分割的自决权利，已经成为不可抗拒的力量，证明杰佛逊在一七一六年所说正确：它是一项不证自明的真理。……现在，则轮到大自然争取自由解放的时候了。[35]

这段话明白肯定，不但一切人类均应享有“不可分割的自决权利”，连一切万类众生也应享有。这不仅是不证自明的真理，而且是不可抗拒的力量，正如同大乘佛学大般涅槃经中所肯定，一切万类不论有情或无情，都同样能享受佛性，因而都有平等的尊严，也都应有同样的权利。由此我们也再次可以看出中西相通之处。

到1984年，美国野生动物保护协会更明白指出：

> 我们保护野生动物者，今天可能被认为如同解放运动者一样的激进，然而我们希望，一百年之后，人们会惊醒地发现，人类今天对待动物是何等的恐怖——正如同从前的人们，对待奴隶是何等的恐怖！[36]

早在1990年4月23日，《联合报》便曾引述伦敦《泰晤士报》的一篇文章，明白提醒人们，不论人类所吃、所穿、所接触的，都可能直接间接来自动物的牺牲；而其结论是：“人类是地球上所有动物的最大天敌！”[37]到了2013年，形势更加恶化！

> 其实，人类不只是地球上所有动物的最大“天敌”，还可能是“最大公敌”，因为，人类所吃的多半来自动物，已被认为理所当然，甚至身上所穿、家中装饰，也有不少都来自珍奇的动物。

所以该文曾举例指出，人类将一货柜一货柜垃圾丢到北极，不但迫使北极熊竟日在垃圾中拾荒，而且更明显侵占原有的生态环境。另外澳洲居民视袋鼠为疫类，鼓励射杀，去皮后的残骸成堆载往野外弃置，也明显造成对地球生态之伤害。

人类因为自私，还会豢养多种动物，以便作为活体解剖之用。《泰晤士报》曾经指出，这些实验的人，“基本上若不是相信此举是必要的邪恶，便是17世纪哲学家笛卡儿的信徒。”因为，在笛卡儿的观念中，动物没有灵魂，过的只是一种全然没有知觉的生活。

叔本华可说是西方近代少数深具环保意识的哲人。所以他曾明白批评西方基督伦理把动物置之度外，因而“动物被排除在哲学伦理之外，也不受法律保护”。如此造成“人们可以把动物拿来做活体解剖，可以狩猎、奔驰、斗牛、赛马，而且可以在动物拖拉整车石块的挣扎中，仍然将它鞭打致死！这是多么可耻的行为！”[38]

另外，叔本华更曾经痛切地指出：

> 众所皆知，低等动物在欧洲，一直被不可原谅的完全漠视。大家一直装作动物们没有权利。他们告诉自己，人们对动物的所作所为与道德无关（与他们所说的道德语言也无关），因而我们对动物都没有责任。这真是令人痛恨的野蛮论调！[39]

然而，中国哲学家却不如此认为，基本上所有儒、道、释都肯定：人与天地万物均为一体，所以应有“不忍人之心”，乃至“不忍物之心”，任何动物受到伤害时，均应有感同身受的同情与悲悯。

事实上，古希腊在先苏格拉底时期，也还有一些哲学家深具此等心灵。此所以毕达哥拉斯（Pythagoras）就曾明白指出，“动物与我们同样都得天独厚地具有灵魂。”因此他很感叹：

> 天哪！把另一个血肉之躯吞入我们自己血肉之躯中，是多么邪恶的事情，把其他肉体塞入我们贪婪的肉体，以增加肥胖，把一个生物害死，以喂食另一个生物，都是多么邪恶的事情！[40]

只可惜，西方文化的鼻祖——古希腊人虽然少数有此体认，但后来只如同凤毛麟角，并不多见。否则西方人士若能多数有此同情，便对西班牙的斗牛运动应重新评估，英国人历二百五十年之久的猎杀野狐运动也应反省。有时人类要猩猩穿上冰鞋表演绝技，也都是“人类剥削动物的丑陋表现”，如同从前役使奴隶表演绝技一般，同样不当。

当然,在中国也有同样情形。中国先哲民胞物与的精神,以及不忍人、不忍物的悲悯心胸,在后代子孙中似乎也遗忘了很多。以致产生各种不当的大吃习惯。有的甚至号称天上飞的、地上跑的、水中游的,除了飞机、火车、轮船不能吃外,其余一律可以下肚!这基本上便是残害众生万物的粗鄙行为。尤其如吃老虎肉、猴脑、蛇胆、鹿角、娃娃鱼等,更是野蛮之至,与中国先哲的教诲完全相反,更与中国"文明大国"形象完全相违背。所以实在也应及早改进,重新加强环保教育,那才真正不愧礼义之邦,也才不愧先哲之后!

此所以环保工作与保护动物,并不只是东方人或西方人的责任,不论东方或西方,均曾犯下长期的错误,因而今后均应透过环保教育,共同及早猛省改进才行!

泰国的布颂·勒克古(Boonsong Lekague)是一位备受推崇的博物学家。他曾经强调其所以 79 岁高龄仍然工作不懈,便是因为绝不放弃任何希望。"但是",他说,"恐怕太迟了!"[41]

因此,今后即使亡羊补牢,我们也应尽快以赎罪的心情,加紧对野生动物的保护才行!

事实上,人类这种惊醒与觉悟,也正是佛性的起源,此所以"佛"(Buddha)即代表"觉者",而"菩萨"(Buddhi—satra)更代表悲智双运,同时具备慧心与悲心。

因此,《华严经》中曾强调,不只要"救护一切众生,利益一切众生,安乐一切众生",还要"哀悯一切众生,成就一切众生,解脱一切众生,摄受一切众生,令一切众生离诸苦恼,令一切众生普保清净,令一切众生皆调伏,令一切众生入般涅槃。"[42]

这种胸襟充满慈悲与仁心,中西方均完全可以相通。这不但是当年林肯总统解放黑奴的动力,也应是今后环保工作爱护自然众生的最重要动力。林肯解放黑奴,堪称兼具智慧、仁心与勇气;今后保护自然、救护众生,同样也需兼具这种"智、仁、勇"的精神。相信,"智者、仁者、勇者"的综合,也正是今后环保人士所应共同深具的正确形象!

"绿色和平组织"(Greenpeace)在 1979 年便曾指出,西方近代的人本主义,完全以人为本,这固然系因为中世纪以后平衡神本的需要,然而过分地强调人本,就会把万物当成只为人来服务,因而人就会破坏环境、生态与自然景观。所以很多美国学者呼吁:

> 人本的价值系统必须被超人本的价值所取代，也就是说，所有的动物、植物，都应在法律上、道德上与伦理上同时被考虑。而且从长远来看，不论人们是否喜欢，今后凡继续破坏及污染大自然者，终必受到大自然的强力反攻。[43]

事实上，如前所述，被长期污染的大自然，已经发动了各种反攻，因此我们必须及早反省从前"人本主义"的理念才行！

扼要来说，西方所谓"人本主义"，本系针对中世纪"神本"的反弹，其优点固然重新以人为本，其缺点却是否定了神，将人与神对立，因而成为断头截源的思想。久而久之，就成为《易经》所说"上不在天，下不在田"的困境[44]；所以远不如中国儒家"人文主义"的博大高明。

因为，中国儒家的人文主义，肯定"通天地人之谓儒"，一方面肯定人的尊严与价值，足以顶天立地，另一方面却并不否定天地，而是人对天地能参赞化育，和谐并进，形成"天人合一"的最高境界，这就远比西方否定天的"人本主义"高明。另如道家强调域中有四大，"道大、天大、地大、人亦大"，也是同样肯定天地万物与人同样伟大，并强调可以共同和睦并进。凡此种种，便深值西方人本主义者与环保人士多多借鉴参考。

另外，综合而论，笔者认为，还可进一步透过比较研究，对"机体主义"的特性说明如下：

1. 它超越"人本主义"：因为西方的人本主义，造成万物向人低头，为人役使。但"机体主义"则不然，机体主义既肯定人类尊严，但也绝不贬抑万物，而是强调人与万物相互平等，并且涵融互摄，形成充满生命的大有机体。

2. 它超越"自然主义"：因为自然主义只是把自然当成表面实然的现象，然后顶多只认定它有客观的存在，但并不承认普遍具有生命的意义，更不承认内在的独立价值，也就是只停留在"现象"屡次，而未能直探其"本质"，更未肯定整体万物的相互关系。但机体主义，却是以充满生机与融通的眼光看待一切自然，因而足以肯定万物含生，而且物物相关，形成整体和谐的统一。

3. 它同时超越"唯心论"与"唯物论"：因为它既不是只以表面的物质眼光看自然，视之为化约的物质世界，也不是只以抽象的心灵眼光看自然，视之为蹈空的虚幻世界，而是以充满生命的眼光看自然，视之为充满灿烂生机的大化流行。其中不但有饶富情趣的感情世界，同时也有充满生趣的生命世界，乃至于充满创化的价值世界。

换句话说，机体主义可以说是一种贯通“天、地、人”的人文主义，虽然肯定人为天地之心，但并不因此而贬抑天地自然，而能肯定天地人三才并进，圆融会通。这种机体主义不但对人文的伦理启发极为深远，对环境的伦理影响同样重大，深值东西方今后共同弘扬与力行！

第三节 环境伦理学的应有共识

一、深层生态学的共识

挪威著名生态学家奈斯博士（Arne Naers）是奥斯陆大学哲学教授，同时钻研科学、伦理学及生态学，并因首创“深层生态学”（Deep Ecology）而著称于世。其“深层生态学”不但在西方极为新颖，对于西方轻视自然的传统思想，也具有革命性的改进，因此极能吻合中国传统哲学的自然观，并且正与典型的“机体主义”极能相通。

《大自然》季刊曾经将其理念与西方一般的生态学列表比较如下，也深值重视：

一般生态学	深层生态学
1. 自然的庞杂多样，对人类而言，是一项有用的资源。	1. 自然的庞杂多样，有其自存实在的价值。
2. 对人类有用的东西，才有所谓价值。	2. 以人类价值为主的传统，是一种偏见。
3. 保护植物种属，是为了保存基因，以为人类农耕育种及药材使用。	3. 保存植物种属，是为了该种植物自身存在的价值。
4. 公害防治如果妨碍到经济成长时应减缓。	4. 公害防治的价值超过经济成长。
5. “资源”泛指能为人类所用者。	5. “资源”泛指能为万物所用者。
6. 发展中国家的人口激增威胁到生态平衡。	6. 过多人口威胁到生态体系固属实，唯工业国家人们之消费行为，对环境危害尤烈。

另外,针对生命的本质,奈斯博士也曾经归纳出八点“深层生态学”的基本共识,其中很多均与中国哲学的特性不谋而合,非常值得体认。今特扼要分述如下:[45]

1. 地球生生不息的生命,包含人类及其他生物,都具有其自身的价值,这些价值不能以人类实用的观点去衡量。

2. 生命的丰富性与多样性,均有其自身存在的意义。这里所说的“意义”,并不能够完全用文字来解释,因为大自然生生不息的力量,每一种生命存在的价值,均不能够用狭隘的观点加以定位。

3. 人类没有权力去抹杀大自然生命的丰富与多样性,除非它威胁到人类本身的安全及基本需要。

4. 目前人类文化与生命的繁衍,必须配合人口压力的减少,才能趋于平衡,而其他生命的衍生也是如此。

5. 目前人类对其他的生命干扰过度,而且有愈来愈糟的趋势。

6. 政策必须作必要的修改,因为旧的政策一直影响到目前的经济、科技及基本的意识形态,使得结果成为现在这个样子。

7. 生活品质的诉求,应该优于物质生活水准的诉求。生活水准的富裕,不能确保生活品质的好坏。

8. 凡是接受前述说法的人,有责任不论直接或间接,促进现状的进步与改善。

诚如《大自然》季刊专文所说,奈斯博士的上述重点,“再次提醒一些我们中国人本来就拥有的气质”。尤其在人人追求物质生活的今天,“我们好像忘记了我们的老祖宗,在几千年前就有了这种民胞物与、爱屋及乌的观念,更有着亲亲而仁民,仁民而爱物的胸襟。”因而,“深度生态学”对中国人来说,不但不应该轻忽,更应该是深值复兴与弘扬的重点!

另外,在1990年,美国著名环保专家诺曼(Juin Nollman)也出版了《精神的生态学》一书,全书宗旨均在呼吁人们“重新与大自然联系”(Reconnecting with Nature),[46]可说完全是同样的精神;尤其诺曼一直致力于促进人类与野生动物的对话,并担任“物种沟通协会”的创办人。他能够视万物为有生命、有灵性,甚至可以沟通,更可说与中国哲学完全不谋而合。至于他视地球如同慈母,著有《大地慈母的讯息》(*Mother Earth News*)[47],尤其与中国张载视"乾为天,坤为地"很能相通。凡此种种,可说均同属"深层生态学"的信念,深值今后共同弘扬与推广!

二、中西机体主义的共识

美国普林斯顿大学的泰勒教授(Paul W. Taylor)曾在1986年出版《尊重自然》(*Respect for Nature*)一书,其中有很多观念均与中国哲学的"机体主义"精神相通,深值作为东西方共同努力推动的共识。今特扼要归纳比较如下:[48]

> (一)泰勒特别强调万物各具"内在价值"(The Concept of Inherent Worth)的观念[49],并以"生命为中心"(Bio—centric Outlook)的观点看待自然,因而强调人类应尊重大自然的生命与价值,这与中国哲学"万物含生"的精神便非常相通。
>
> (二)泰勒并把整个世界看成"互相依存的重要体系"(The Natural World as a System of Interdependence)[50]。这与中国哲学"旁通统贯"的自然观,肯定自然万物涵融互摄,彼是相因,尤其能够互通。
>
> (三)泰勒该书特别以"尊重自然"作为终极态度(Respect for nature as an ultimate attitude)[51],也就是强调以平等心尊重自然界一切众生,并与万物众生在和谐之中共同创进,这也正是中国哲学肯定人与天地万物"化育并进"的根本精神。

另外,泰勒在书中明白将"机体主义"作为看待整个大自然的中心思想,并且特别强调以生命为核心,因而整体自然能够构成和谐的统一。这种理念明白揭示其环保的中心思想为"机体主义",更与方东美先生所称中国哲学的中心思想为"机体主义",可说完全不谋而合了。

除此之外,泰勒在书中并曾特别否认人类对万物有优越性,认为人类绝不能驾凌于万物之上。凡此种种,均与中国哲学所强调的"同情体物""一往平等""物我合一"完全相通。至于他认为人类伦理与环境伦理应平衡并重,形成一种"结构性的对称"(The structural symmetry between human ethics and environmental ethics)[52],基本上也正是中国哲学所强调的"中和"精神,深值东西方共同重视。

三、解决环保方法的共识

当前在中国台湾,因为经济发展及工业化的问题,近来已经发生不少的严重污染事件,同时也产生了高昂的环保抗争意识,诸如杜邦设厂在鹿港的争议、新竹李长荣化工厂污染事件、高雄林园围厂事件、五轻石化厂所受后劲居民的抗争以及核能四厂在台北县顶订地的争议等等,均说明,今后环保的预防工作以及污染问题的解决模式,深切需要及早建立。

今后放眼未来的环保,相信唯有以理性与和平为方法,在法治与公义基础上共同克服困难,才能迈向更为理想的境地。因此,大家应以何等方法面对日增的环保问题,当是各界均应具备的共识。以下即以此扼要申论相关原则:

(一)环保工作与经济发展应该平衡并重。
(二)环保教育与法治行动应该平衡并重。
(三)人文环境与自然环境应该平衡并重。

因为有关环保方法与原则极为重要,所以谨特分别说明如下:

(一)环保工作与经济发展平衡并重

美国环保委员会主席德兰得在1990年6月8日曾经发表最新的环保报告。其中强调,以往很多人误以为经济发展与环境保护一定是相互对立的,然而根据其新经验,两者其实大可"相辅相成"。尤其工业发展,只要充分做好"对空气、水及土壤"的防治污染,便极能并重发展。这一段话可说是以事实为根据,为两者的平衡并重提供了极佳的例证。

那么,应该如何落实才能寻到环保与经建的平衡点呢?个人认为,以下三项基本原则或可作为共识参考:

1. 经建过程中,应将防治环境污染的技术与投资列入成本,并切实定期自我评鉴,然后再由政府环保单位依法评鉴。其中政府的公营事业与公共建设尤应以身作则,将污染降到最低,至少符合国际标准,再以此带动民间工业重视环保的风气。

2. 有关国计民生必需的经济建设,容易引起民众疑虑污染者,应一方面加强说明与沟通,以耐心与诚心,真正取得民众的认同,另一方面应以决心与细心,切实做好防治污染工作,再以务实态度坦然接受有关监督,以昭公信,并表现应有的民主风范。

3. 有关必须保护的地区,以及濒临绝种的动植物,尤应及早调查,切实建立正确资讯,并透过法令与预算,完成生态保育的制度,从而真正落实力行。

以上各项,同时也赖以加强民众教育与执法决心,然后才能共同完成环保工作。因而环保教育与法治行动同时也应平衡并重。此即第二项原则的重要性。

(二) 环保教育与法治行动平衡并重

根据问卷调查,台湾民众有关正确的环保意识仍然并未普及,有关正确的环保知识更为缺乏,尤其很多厂商企业的环保良知仍有待加强。因此,个人认为,充实环保教育,落实法治行动,乃是今后极重要的方法,其中又可特别注重以下三项重点:

1. "预防胜于治疗",这句名言同样适用于环保,亦即在环境遭受破坏之前先要警觉预防。

我们若以台湾南部水坝为例:与其在饱受附近养猪人家排水污染后再花费大笔经费去除水坝中污质,当然不如先以有限的经费辅助养猪人家转业或迁移,彻底去除污染源。这种"正本清源"的方法,才是真正有效率的防治之道。

2. "权利与义务应平等并重",工业发展亦然,不能只享权利,不尽义务,因而在使用天然的空气、水及土壤之余,便应有义务与责任防治可能的污染,以免造成公害。

因此,今后任何企业家,均应将"防治污染"看成与"研究发展"同样重要,并拨列固定预算,以示具体向社会负责。尤其防治污染是为了公益,所以凡能绩效优良者,政府即应加以表扬奖励,凡未达到标准者,则应不定期抽查,予以处分,如此赏罚分明,才能更得民心。

3. "环境保护,人人有责",因而政府与社会各界,均应加强此等全民参与的环保教育,所有民众本身也应随时注意身体力行。

此中情形,具体而言,"检举污染,人人有责""举手之劳,可做环保”，凡此种种观念，均深值加强，然后才能真正伸张公德心与正义感，并培养尊重自然、爱护万物的国民性。唯有如此，才能共同维护“免于污染的自由”，并进而塑造一个有尊严、有美感、“富而好仁”的理想环境。而这种工作同样是“今天不做，明天便后悔”！

要之，环保教育与法治行动同样重要，这正如同在今后现代化社会中，儒家伦理与法制精神同样重要，缺一不可。唯有如此，同时重视内在伦理与外在法治，两者充分结合，齐头并进，才能共同促成未来环保工作的成功！

（三）人文环境与自然环境平衡并重

本项所要强调的重点是，所谓“环境”，不只讲有形的自然环境，同时也应指无形的人文环境——也就是不只讲物质生活，同时也应讲精神生活。唯有如此平衡并重，才能真正开创有理想更有意义的生活品质。

准此立论，以下也谨特申述具体的落实方法。

1. 城市要乡村化，乡村也要城市化。

所谓“城市乡村化”即充分作好“绿化”工作，不但都市计划要注意绿地保留，住家环境也要能充分美化。例如一些先进国家，在公共建设通过预算时，通常也必定会通过一笔经费，作为室外绿化以及室内购置艺术品之用。如此整体成为制度，自然能够美化整个城市，促使工作环境温馨而有人性，这也正是广义的环境保护工作。

根据统计资料，各大城市若以每人所占平均绿地面积，则应在三十至四十平方米之间，才算符合清新与优美的国际标准。若以世界各地大都市为例，在 1990 年合格者有伦敦（30 平方米）、华盛顿（45 平方米）、莫斯科（40 平方米）、华沙（78 平方米），不合格者有柏林（26 平方米）、巴黎（仅 8.4 平方米），至于北京更仅有 7.08 平方米[53]，杭州虽有西湖名胜，然绿化成绩每人平均还不到二平方米！整体而言，到 2013 年，全球各大城市绿化情形仍未大力改进！凡此种种，均深值各地共同警惕改进！

至于所谓“乡村城市化”，一方面系指在农村中应改进各种硬体设备，俾使家家均能享用现代化生活用品；而另一方面同时也应保持乡村清新的环境，并在精神上保持淳朴风气以及亲近自然的特色。

综合而言，“乡村”与“城市”应互通有无，相辅相成，才是理想目标。这正如同"心物"合一,"城乡"也应合一,才能达成两者融会互摄的境界,而不应截然二分,造成城乡悬殊的差距。这也是今后环保工作必须重视的要点,否则不但城市会日渐丑陋,乡村也会遭受污染,形成双方共同受到伤害。

事实上,中国传统建筑一向注重"环山抱水",气象万千,也一贯重视"虚实相生",配合自然,此中不但代表极为深邃的建筑美学,也蕴涵极为高明的环境美学与环保哲学,所以非常值得深入体认与借镜。

例如中国的园林建筑渊远流长,深具启发意义。汉武帝时期,即开始融合儒家与道教方士之说,在宫廷中以人工方法开辟园林,除开辟太液池外,并置蓬莱、方丈、瀛洲诸山,象征东海神山,因而"在模仿自然山水的基础上,又注入了象征和现象的因素"。[54]其余园林艺术在各朝代历经演变,均迭见高潮。然其中的一贯精神,都在使庭院之内展现自然山水之美,以此具体而细微地表现中国人热爱自然生命的特性。

笔者曾在苏州参观"拙政园",由此民间第一大园林中,很能看出精心设计的山水之美,以及人与自然融合为一的精神意境。名建筑家汉宝德出版《中国的园林》一书时,也曾特别以哲学性的"物象与心境"为题,这代表中国人透过园林物象,足以反映亲近自然的空灵心境,从而到达心物合一、物我合一、天人合一的境界,可说颇能得其中三昧[55]。这种举世无双的精神特色与内在寓意,的确深值体认与发扬。

2. 物质环境与精神环境并重。

当今先进国家除了以经济指标表示国民物质生活品质,同时也重视文化指标,以表示国民的精神生活品质,这就是深值我们今后重视的关键。

所谓文化指标,一般应包括平均每人每年用多少经费买书?每个家庭花多少经费在买书?每人平均每年买多少书?音乐人口共有多少?平均每天多少人进出图书馆、博物馆、音乐厅、戏剧院等?除此之外,也包括最畅销的著作、音乐、电影,其品位水准如何?今后更应加入环保因素,以评估每人平均绿地为多少,生态认知为多少?环保知识为多少?对动物态度为如何?对自然态度为如何?凡此种种,整体综合而论,才能掌握一国人民文化水准之大要。

根据相同资料，在台湾以往所做的“社会统计”中，文化项目常成为最弱的一环，因此有关方面预计，今后将以更多的文化指标作为共同努力目标，其中包括“文化环境、文化资产、文化经费支出、文化活动、伦理与信仰以及文化素养”等六大类，可见精神生活的品质也已经成为有识之士的共同关怀，深值今后落实力行。

尤其，根据世界银行资料，台湾平均每年约有一万五千美元“国民平均”所得，但奢靡的风气很盛，因此表面看似很有钱，却大多花费在吃喝玩乐或色情赌博等地方，形成典型的“暴发户文化”，这种精神生活的贫乏，实在深值我们警惕！

韦伯（Max Weber）曾经强调，一个国家，一旦精神建设与物质建设不能并重，则物质建设的成果，很可能回过头来腐蚀原先的精神动力，到最后会造成物质建设也逐渐崩溃。历史上甚多此种教训，其中吉本所著的《罗马帝国兴亡史》更是明显例证。

由此充分可见，今后我们应如何及早加强文化建设，提升精神灵性，乃是全民极重要的当务之急。

另外，若从广义的环保眼光来看，今天一般所说能源危机或空气污染，往往只看到有形的部分，却忽略了无形的能源危机——缺乏民气与活力，也忽略了无形的空气污染——价值观的环境污染，凡此种种，也都是今后深值同时重视的要项。唯有如此，同时改进精神环境与物质环境，才能同时提升有形国力与无形国力，那才是真正谋国建国之道！

3. 小我环境与大我环境同时并重。

目前部分民众因为本位主义与自我中心影响，因此只要电，但不要发电厂，只制造垃圾，而不要垃圾场，形成明显的只重小我，而忽略大我。这就需要通过教育与法治同时沟通与改进。

卢梭曾经分析，自由共有三种，一是“本能的自由”，二是“公民的自由”，三是“道德的自由”。真正的民主法治，即是牺牲某些“本能的自由”，共同遵守“公民的自由”，甚至可以更加舍己为人，达到“道德的自由”；环保之道可说也是如此。

换句话说，真正公平而正确的环保之道，应该一方面尊重小我的生活环境（例如应尊重小我的隐私权），但同时也应该注重大我的生活环境，俾能让所有小我相互尊重，虽然各自牺牲某些本能自由，但能共同让大我得益。要能达到此种目标,每一小我便要同时为其他小我与大我着想,而不能一味只想到自己,或认为任何公共设备"均不要盖在自己后院",同时也不能只顾到自己方便或享受,而忽略了对他人及公德的伤害。

明显例证之一,便是公共场合不宜抽烟。即便个人有再大烟瘾,但为顾及公共场所的空气不受到污染——也就是为顾及公德心的存在,只有自我忍耐与节制,或到专门的抽烟地方,此即小我与大我的并重。

除此之外,每个人对家庭本身的环境固应负责维护,同时也应对社区公共环境共同维护,不能只顾到个人家庭四周的环境,而对众人社区的公用地任意破坏。相信,唯有人人均能心存大我,为他人着想,才能真正共同保护大我环境。

另外,个人的环保习性,除了应充分做到不乱丢各种废弃物、不破坏自然景观草木以及不污染公共环境卫生外,更应随时以道德勇气纠正他人乱丢废弃物、破坏自然景观草木或污染公共环境卫生。唯有如此,每个人既有智慧判断生态保育,也有仁心尊重自然生命,更有勇气制止或检举一切破坏环境之举,才是真正环保运动的"智"者、"仁"者与"勇"者,这也才是真正理想的现代环保公民!

四、环保教育的共识

扼要而言,"环境权"已被今天全世界公认为基本人权之一,罗斯福总统从前曾强调"免于恐惧、免于匮乏"的权利,今后民众,正如郝柏村先生所说,还应有"免于污染的权利"。所以在环保教育上,均深值政府与民众有此共识,然后才能共同努力,一起完成!

此所以联合国早在1972年于瑞典首都斯德哥尔摩即曾召开人类环境会议,通过《人类环境宣言》,其后并订每年6月5日为"世界环境日",这与1970年所设立的"世界地球日"同样代表国际上对环境问题的重视。

"世界环境日"的订定,其主要目的有四,1990年6月5日的《民生报》便曾扼要论述,也深值大家体认其中精神,作为今后环保教育的共识:

1. 唤醒世人重新反省人和自然的关系，扬弃过去那种以人为万物主宰、甚至鼓励征服自然的想法，而建立顺适自然、珍爱地球的新伦理。

2. 要大家明白，保护环境是每个人的责任，俾此唯一可供人类生存的空间能继续适合于人类居住，但此目标并非哪一个部门单独可以达成，必有赖于政府、民间组织、企业界和每一个人均有体认，共同来分担此一艰巨的责任。

3. 让人人明白，保护环境是包含所有部门：立法、行政、工程、科技、经济、社会、教育、文化，以及我们自己的生活方式等一切环境整合的工作。

4. 希望大家透过环境教育，而知道环境之所以遭到破坏，是多种原因作用的结果，故而每一个人都有责任。是人类的观念和生活方式破坏了环境，所以，要保护环境，就要从改变以往的错误观念和不当的生活方式着手。

综合而言，“世界环境日”的精神，乃是要提醒全世界人类：为了地球，也为了自己，人人均应珍惜地球的种种恩赐！

实际上，这也正是中国张载所说“乾为父，坤为母”的精神，提醒人们要能以孝敬父母的心情，珍惜地球的恩赐，并且尽心加以回报，这是全世界独一无二的环保哲学。所以值此全世界亟须建立完整的环境新伦理，以共同尊重地球之际，中国哲学尤其深具责无旁贷的环保教育使命！

事实上，早在 1988 年年底，美国著名的《时代》周刊“风云人物选”(Planet of the Year)便曾经特别以“濒临绝灭的地球”(Endangered Earth)作为当年的风云人物，其用心就在于再度提醒世人注重环保的工作，也可说深具环保教育的苦心与慧心。

该刊曾经用五项严厉的字眼形容现今居住在地球上的人类——“贪婪”“无知”“短视”“自私”以及“苛虐”[56]，的确可说语重心长，寓意深远。

因此，《时代》杂志当时便邀请 10 个国家，33 位学者专家，共同集会三天，讨论地球未来。最后建议四大课题，分别以“种源保育”“人口控制”“毒性废弃物”及“节约能源”对世界各国呼吁，深值作为今后保护地球的教育共识：

(一) 种源保育

1. 设置组织及教育方案,使全世界每一个人都能认识基因繁杂的重要性,及种属消失是不可挽救的损失。

2. 建立综合国土计划,使开发保育携手并进。

3. 协助热带雨林所有国,设立不砍伐的利用计划。

4. 环境检讨应列于国家重要施政检讨中。

5. 增加保存基因相关事业之基金。

(二) 温度变化

1. 增加二氧化碳放出者之税金。

2. 增加如太阳能等替代能源之研究经费,并研究更安全的核能发电设备。

3. 帮助落后国家建立热效益较高的发展设备。

4. 全球联合的大规模绿化种植计划。

5. 发展以废弃物转换为沼气能源之计划。

(三) 垃圾废弃物

1. 增加垃圾税及毒性物质处理费,加强不当垃圾处理之处罚。

2. 鼓励资源回收,垃圾分类,及奖励生产可回收使用者。

3. 化学及毒性物质应有更严谨的毒性及致癌性试验。

4. 禁止海洋倾倒。

5. 禁止垃圾输出。

(四)人口问题

1. 将人口控制教导每一个成人。

2. 增加妇女教育及就业机会,以利人口政策宣导。

3. 教育有宗教禁忌者自然节育法。

4. 研究更新更有效之节育法。

另外,1980年“国际自然及天然资源保育联合会”(IUCN)、“联合国环境计划组织”(UNEP),以及世界野生生物基金会(WWF)曾经共同完成“世界自然保育方略”(World Conservation Strategy),被称为“世界性的自然保育经典工作”。其中对“自然保育”曾定义如下：

人类利用生物资源时,经由适当的经营管理,使其对现今人类产生最大而持续的利益,同时保持其潜能,以满足后代人们的需要与期望。[57]

这一段定义,固然有其保育自然的正面意义,但若进一步深究其宗旨,便知仍未跳出人类自我中心的功利主义立场,所以文中不但强调要对"现今人类产生最大而持续的利益",而且还要满足"后代人们的需要与期望"。由此来看,今后若要真正做到视万物为平等的价值,仍然有赖不断宣扬正确的环保观念才行。就此而言,中国先哲的重要精神,实在深值及早弘扬与推广!

在1988年4月,美国著名的生态保育大师乔治·谢勒博士——他同时是国际野生动物保育负责人——曾经到香港访问。他对自然保育工作的几项原则,很有见解,值得引述,作为自然保育的共识:[58]

1. 自然保育问题,主要是文化与社会方面的问题,而不是科技问题。

2. 只有在当地居民支持自然保育的情形下,保育措施才能成功。

3. 世界上可能设立的保护区面积总和,最多也不会超过地球上总面积百分之三,因此,除非我们能保护保护区以外的动物、原野,世界上生物的庞杂度一定会大量减少!

4. 在保育方面的奋斗,是没有胜利可言的,我们的努力只能使失败暂缓产生。因而,我们必须永不松懈地注意与追踪有关动物或栖地的状况,以便随时采取必需的保护行动。

这几段话,语重心长,尤其提醒人们,保育工作,没有胜利,"只能使失败暂缓产生",[59]更加令人触目惊心。不过,笔者认为不用太悲观,如果今后环保教育均能从根做起,并真正广为宣扬中国先哲的精神,促使更多人们能够体认万物含生、物物相关,以及物我合一等信念,进而身体力行,相信人与自然众生仍能真正和谐并进,而那正是自然保育工作的真正胜利!

因此本文最后,针对环保教育的方法,愿特别强调一项根本共识,即——一切环保教育,均应从儿童开始;即使对成人教育,也应以唤醒其童心为重点。

此中原因,一方面因为赤子童心最能亲近自然,二方面因为赤子童心最能关爱动物,三方面则因为童心本身最为纯真无邪,因而也最能与自然合而为一。

此所以早在孟子,即曾强调,“大人者,不失赤子之心”;而老子也明白指出,人心应归根复命,“复归于婴儿”。甚至极具批判性的尼采,其精神三变,也是由骆驼、狮子,而复归于“婴儿”。凡此种种,均在提醒人们,“不失赤子之心”,不只是人生哲学的名言,也是环保教育的名言!

另外,近代西方环保专家贝尔(Ernest Bell)更曾明白指出:

> 教育的核心,不应在数学、科学或语言上——虽然它们多有所明,但真正重要的,则应在品德的熏陶,以去除人心中的凶性,培养同情心与正义感。[60]

因此,贝尔清楚地强调:

> 为达到此目的,最好的教育,便是保持赤子之心,并且从亲近动物、爱护动物的童心做起。大部分孩童都有此自然天性,只要时加鼓励与指导,便可养成良好的仁心——然而很多却因后来未受到适当的鼓励与指导,却失去了这份赤子之心。[61]

著名的艺术家丰子恺一向强调“同情心”的重要,其六册《护生画集》堪称极为生动的环保教材。他也曾经强调:

> 艺术家的同情,不但及于同类的人物而已,又普遍及于一切生物、无生物。犬、马、花、草,在美的世界中,均成有灵魂而能泣能笑的活物了。[62]

换句话说,透过这种艺术的同情心,更能体认“物我合一”的境界,“美”与“善”在此也结为一体。而此两项,透过儿童的“真”,更形成浑然互通,“真、善、美”于焉更能浑然合一。

此所以丰子恺明白认为:

> 这里我们不得不赞美儿童了。因为儿童大都是最富于同情的。且其同情不但及于人类,又自然地及于猫犬、花草、鸟蝶、鱼虫、玩具等一切万物。他们认真地对猫犬说话,认真地和花接吻,

> 认真地和人像玩偶玩耍,其心比艺术家的心真切而自然得多!他们往往能注意大人们所不能注意的事,发现大人们所不能发现的点。所以儿童的本质是艺术的。[63]

更进一步看,我们可以说,儿童的本质不但是艺术的,也是环保的。艺术与环保在“物我一体”中完全融合互通。

丰子恺对此说得很好:

> 我们画家描一个花瓶,必将其心移入于花瓶中,自己化作花瓶,体得花瓶生命力,方能表现花瓶的精神。我们的心要能与朝阳的光芒一同放射,方能描写朝阳,能与海波的曲线一同跳舞,方能描写海波。这正是“物我一体”的境界,万物皆入于艺术家的心中。[64]

中国哲学内,道家生命精神最接近艺术家,因而极能肯定“物我一体”,此即庄子所说“天地与我并生,万物与我为一”。[65]至于儒家生命精神则接近道德家,因而同样极能肯定“合天地万物为一体”之“仁心”,而这两者的共同通性,都是同情心,其中最能具体表现的人,则为赤子童心。

所以,今后环保教育,除了加强民众环保知识之外,最重要的,就在加强此种物我一体的“同情心”,而最有效的方法,即在从儿童开始即加以鼓励,并充分激发民众们的“赤子之心”。

相信,只要所有儿童能从小受到环保教育,而所有大人也都能永保赤子之心,则人人均可成为环保尖兵,处处均可发挥环保仁心,那才真正是环保成功的根本之道!

附 注

① Thomas Kuhn,“The Structure of scientific Revolution”, N. Y., 1982, p. 15.

② 资料据 1990 年 4 月 23 日《自立晚报》引述内容。

③ 有关“酸雨”进一步说明,请见《大自然》季刊,1986 年 2 月 25 日出版,第 100 页。

④ 有关“温室效应”,合众国际社曾以特稿说明. 呼吁世人警觉。详情请参 1990 年 4 月 23 日《自立晚报》。

⑤ 简又新《意识、共识与环保》,1990 年台北市初版,第 9 页。

⑥ 同上书,第 10 页。

⑦ 同上书。

⑧ 同上书,第 9 页。

⑨ 同上书,第 901 页。

⑩ 《大自然》季刊,1988 年 8 月出版,第 92 页。

⑪ 《大自然》季刊,1988 年 10 月 25 日出版,第 107 页。

⑫ 引自《大自然》季刊,1986 年 2 月 25 日出版,第 105 页。

⑬ 引自《大自然》季刊,1986 年 8 月 25 日出版,第 100 页。

⑭ 引自方东美先生《生生之德》,台北黎明公司,1987 年四版,第 284 页。

⑮ 同上书。

⑯ 同上书,第 287 页。

⑰ 庄子《知北游》。

⑱ Quoted from R. F. Nash, *The Rights of Nature*, The University of Wisconsin Press, 1989, p. 121.

⑲ Ibid, p. 87.

⑳ Ibid, p. 121.

㉑ Ibid, p. 161.

㉒ Ibid, p. 55.

㉓ Ibid, p. 55.

㉔ Ibid, p. 87.

㉕ Ibid, p. 33.

㉖ Ibid, p. 33.

㉗ Ibid, p. 3.

㉘ Ibid, p. 3.

㉙ Ibid, pp. 3—4.

㉚ Ibid, p. 4.

㉛ Ibid, p. 121.

㉜ Ibid, p. 3.

㉝ Ibid, p. 13.

㉞ Ibid. p. 199.

㉟ Ibid, p. 199.

㊱ Ibid, p. 199.

㊲ 引自 1990 年 4 月 23 日《联合报》中译内容。

㊳ A. Schopenhauer, "On The Basis of Morality", Quoted from *The Extended Circle*, ed. by. J. Wynne-Tyson, Paragon House, 1988, p. 310.

㊴ Ibid, p. 308.

㊵ Ibid, p. 260.

㊶ 引自《大自然》季刊, 1986 年 2 月 25 日出版, 第 107 页。

㊷ (唐)李通玄《造论》, 台北新文丰出版社, 1977 年初版。

㊸ R. F. Nash, *The Rights of Nature*, p. 161.

㊹ 《易经》, 乾文言传。

㊺ 引自《大自然》季刊, 1990 年 1 月 25 日出版, 第 114—115 页。

㊻ 同上书, 第 119 页。

㊼ Jim Normoan, *Spiritual Ecology*, Bantam Books, 1990, Chap 2 & 6.

㊽ Paul Taylor, *Respect for Nature*, Princeton University Press, Parts 2—3.

㊾ Ibid. p. 71.

㊿ Ibid, p. 116.

51 Ibid, p. 90.

52 Ibid, p. 41.

53 诸葛阳编著《生态平衡与自然保护》, 台北淑馨出版社, 1990 年出版, 第 192—193 页。

54 彭一刚《中国古典园林分析》, 中国建筑工艺出版社, 1986 年出版, 第 1 页。

55 汉宝德《物象与心境——中国的园林》, 台北幼狮出版公司, 1990 年出版, 第三章曾经专论"道家对中国园林的影响", 深值参考。

56 《时代》周刊, 1988 年 12 月号。亦可参《大自然》季刊, 1989 年 1 月 25 日出版, 第 3 页。

57 《大自然》季刊, 1986 年 5 月 25 日, 第 12 页。

58 引自《大自然》季刊, 1988 年 8 月 5 日出版, 第 55 页。

59 同上书。

⑥⓪ Quoted from *The Extended Circle*, p. 13.

⑥① Ibid.

⑥② 《丰子恺论艺术》,台北丹青图书公司,1988 年再版,第 131 页。

⑥③ 同上书,第 131—132 页。

⑥④ 同上书,第 131 页。

⑥⑤ 庄子《齐物论》。

第二章　儒家的环境伦理学

绪　　论

本章宗旨,在根据儒家思想,阐论其对三项环境伦理主题的见解:

一、人对自然的理念;

二、人对万物的看法;

三、人对众生的态度。

在进入主题之前,本文拟先引述方东美先生一段话作为引言。因为,这是一个统贯性的通论,言简而意赅,非常重要:[①]

> 中国人顶天立地,受中以生,相应为和,必履中蹈和,正己成物,深契"非彼无我,非我无所取"之理,然后乃能尽生灵之本性,合内外之圣道,赞天地之化育,参天地之神工,完成其所以为人之至德。

事实上,方先生在这里特别强调的"中国人顶天立地,受中以生",正是中国人所以称"中"的重点所在,而且正因"受中以生,相应为和",所以一定"履中蹈和""正己成物"。这也就是中国文化特别强调"中和"的道理。而这个"中和"道理,不但是中国哲学很重要的中心思想,对环境伦理学也有同样重要的启发,深值我们重视。

尤其,方先生所强调,中国文化深契"非彼无我,非我无所取"之理,此处"彼与我"的关系,就可以当做"自然与人"的关系,代表没有自然就没有我,而没有我,对自然也就无所取。因此方先生才说:"乃能尽生灵之本性,合内外之圣道,赞天地之化育,参天地之神工,完成其所以为人之至德。"这在环境伦理学上特别深具重要寓意。

本文所讲的儒家,基本上指先秦的原始儒家,包含了孔子、孟子、荀子。文中主要以孔子为重点,并且特别以《易经》哲学为主要根据。因为孔子在《论语》中,基本上是讲人间世的学问,重点放在人与人的关系。但在《易经》中,则是以究天人之际为主,其重点在论述人与天地自然的关系,所以更为切合本文需要。

另外,本文还会旁及《中庸》《大学》与孟子等。至于荀子,则会在最后一节专门说明。因为荀子看似与孔、孟不完全相同,其实仍然殊途而同归,最后仍有基本相通的地方。所以,本文将荀子放到最后,再做总结归纳。

以下即先针对环境伦理的三项基本问题,逐一分析儒家看法。首先提纲挈领,说明各项重点:

一、人对自然的理念:若用一言以蔽之,儒家可以称为“万有含生论”。

二、人对万物的看法:简明扼要地说来,儒家可以称为“旁通统贯论”。

三、人对众生的态度:同样一言以蔽之,儒家可以称为“创进化言论”。

如果用西方学术用语来说,则可用英文表达如下:

一、人对自然的理念:“万有含生论”,可以称之为“Bio-cen-tric cosmology”,也就是以生命为中心的宇宙论,或者以生命为中心的自然观。

二、人对万物的看法:“旁通统贯论”,可以称之为“Inter-de-pen-dent world-view”,也就是内在相互依存的世界观。

三、人对众生的态度:“创进化育论”,可以称之为“Value—centric ontology”,也就是以价值为中心的本体论。

以下即逐一分析与申论。

第一节　对自然的理念

我们首先分析第一项——儒家对自然的理念。

本文在此段将特别强调,最能够表现儒家“以生命为中心”的自然观,主要即表现在《易经》。

很多人讨论儒家,却不懂《易经》,这就造成很大缺憾,甚至有些人认为《易经》哲学与儒家无关,这更如同面对宝山却视而不见,既矮化了儒家,也扭曲了《易经》。

那么何以证明《易经》哲学是儒家的宝典?[②]

首先,这可以从论语所强调的“孔子晚而好《易》,韦编三绝”看出。这说明孔子晚年之后,非常喜欢《易经》,因此反复研读,并赋予哲学性解释,而与弟子共同完成“文言传,系辞传、彖传、象传、序卦传、说卦传”等“十翼”。其用功的程度,连竹简中串连的皮革都为之磨断三次,可见功夫之深,所以绝对不能加以忽视。

另外,太史公司马迁在《史记》的《仲尼弟子列传》中,讲得也很清楚。孔门七十二弟子中有位叫商瞿的,号子木,正是孔子亲授《易经》的传人。但在《论语》中,却从头到尾未见此名字。由此也可证明,《论语》基本上是以记载孔子晚年之前的言行为主,若要更进一步探讨孔子晚年更成熟与更博大精深的智慧,则应同时研读其赞《易》的成果。

孔子传《易》,由商瞿继承,到第八代是杨何,第九代为司马谈,第十代则正好是司马迁。[③]正因为司马迁是第十代传人,所以,才能把《易经》的传承脉络讲得清清楚楚。

事实上,孔门六艺之中,对诗、书、易、礼、乐、春秋的传承,只有《易经》这个脉络最明确。这一方面因为秦始皇焚书坑儒的时候,《易经》被当做卜筮之书,所以没有烧掉;另外也因为,正好传到司马迁的父亲,并且再传到司马迁自己,因而,他在《孔子世家》与《太史公自序》中才对此交代得极为清楚,也才会强调他作《史记》是“究天人之际”,透过史学而弘扬孔学。否则如果只是平铺直叙说历史,则何必另讲“究天人之际”,由此也充分可见司马迁深受《易经》哲学精神影响之处。

换句话说,司马迁是透过孔门在《易经》中所述天人之际与变易之道,得到启发,进而通古今之变,成一家之言,因此他可以说是孔门在史学上的传人。另外,后来作《文心雕龙》的刘勰(彦和),全书首先强调“宗经”“原道”,完成中国最有系统的文学批评巨著,同样可以说是孔门在文学理论与文学批评上的传人。

所以,对孔门的传承,并不一定要在哲学上来传,不但透过史学、文学可以,甚至透过书法艺术也都可以。像王羲之被称为“书中之圣”,正如同孔子被称做“道统之圣”,两者在精神上很能相通。因为,王羲之的字体最大特色就是表现“中和”气象,所以能够阴阳并济,形神并备，而且骨肉均匀，深具中和的雍容气象。此所以项穆称颂道："道统书源，匪不相通。尧、舜、禹、周，皆圣人也，独孔子为圣之大成，史、李、蔡、杜，皆书祖也，唯右军为书之正鹄。"[④]王羲之（右军）便可说透过书法而传承孔门的中和气象。

换句话说，我们不能很褊狭地认为，因为孔子基本上是哲学家（他晚年曾自称"哲人"），便一定只能从哲学界、思想界传承。孔学既浩瀚又亲切，不论透过史学界、文学界、书法界，甚至日常生活，通通可以传承与发扬。

就此而言，透过环保，同样可以弘扬孔门思想与精神。重要的是，要讲儒家的环境观，《易经》便是绝对不能够忽略的重要经典。

很多人不懂《易经》，便不能真正算懂得孔子，当然也不能真正体认孔子的环境观。因为，孔子曾说"假我数年，五十以学《易》，可以无大过矣"[⑤]。他在五十岁以后对《易经》花了很大的工夫研究，到七十三岁才过世。我们若研究一位思想家，对他晚年最成熟的部分却看不懂，怎么能算真正了解呢？

像很多人误认为儒家代表"保守"，或者代表"复古""守旧"的形象，这都完全错了，其根本原因便是因为不懂《易经》哲学。《易经》中的思想，基本上完全代表一种生生不息、日新又新的创造精神。所以，方先生曾经称儒家为"时际人"（Time-man）——也就是能在时间之流中向前不断开创的人[⑥]，孔子被称做"圣之时者"，也正代表他很能把握时代脉动，切中时代需要，温故知新并创造不已。这种精神特色怎么可能是保守、复古、守旧的呢？

尤其，如果谈到"人与自然"的关系，则《易经》哲学正是一种很生动的机体主义。儒家在《易经》哲学中所肯定的生生之理，不但"弥纶天地"，而且周乎万物而"道济天下""曲成万物而不遗"[⑦]，其"万物含生论"很能拯救西方自然观"干枯唯物论"的毛病，也正是当今环保工作所亟须的哲学基础！

但是，我们如果对《易经》哲学不能了解，那就很难中肯地了解儒家的环境观。由此可见，很多人只把孔子的言行录《论语》，当做唯一或主要的教材，这是很不够的。

当然，这并不代表《论语》不重要。笔者所要强调的是，了解儒家一定要能"贯串群经"，才算真正如实地了解。至少，《论语》一定要和

《易经》哲学结合起来研究,才能更有系统地了解儒家“天人合德”的自然观。

尤其《易经》十翼,可说正是孔门综合研究易经哲学的成果,虽然并非成于一人,也非成于一代,但明确为孔门的代表,殆无疑问,所以,我们绝对不能轻忽。

近代很多人把十翼只看成是汉朝以后的作品,这是错误的。十翼里面,除了杂卦传的部分内容,因为代代口授相传略显驳杂外,其他绝大部分都是纯正的儒家思想,跟道家并没有什么关系,有人把它当做道家,甚至道教思想,都明显是错误。

为什么呢?

因为根据《周礼》所述,《易经》本来共有三种版本,也就是“归藏易”“连山易”以及“周易”。三种版本的最大不同,即“周易”第一个卦就是乾卦,而乾卦正代表了一种阳刚进取的生命精神,这不但充分代表儒家阳刚之美,也充分代表儒家开创的精神。至于“连山易”,则以艮卦为主,艮代表山,象征阻碍,“连山”即代表克服重重困难的哲学意义。另外,“归藏易”则以“坤”元为主,坤代表大地,象征万物归之于大地,也藏之于大地,代表一种归根返本的哲学意义。

在三种版本中,目前仅存的就是儒家所传《周易》。《周易》前两个卦为“乾”“坤”,又称“乾坤并建”,代表生生创造之德,最后一个卦则是“未济”,这代表了《易经》从开创到最后,都以创造不已为特性。所以“殿之以未济”,正象征生生不息,创造精神永无止境!

换句话说,虽然在形式上,《易经》六十四卦总要有一个最后的卦,但是,这最后一个卦的卦名却叫做“未济”,而且各爻正是以一阴一阳相互迭生,充分代表了“一阴一阳之谓道”的精神。整个《易经》,更象征一种开创不已、生生不息的开放体系。

这种开放体系,正代表儒家对自然的理念,能够视自然为普遍流行的大化生命,而且肯定整个宇宙生命不断地向前开创,无止无尽。此所以《易经・系辞》中称,“乾坤,其易之门户邪”,就是这个道理。代表如果要进入《易经》的宝藏,就必先经过“乾”“坤”这个门户。乾代表大生之德,坤代表广生之德,合起来就叫作“生生之谓易”!

因此,如果只用一句话来代表《易经》哲学,那就是“生生不息”、创造不已的哲学。它把整个自然界,都看做是一个生生不已的大生命体,这是一种了不起的精神,也是今天环境伦理学最应具备的认知。

方先生曾把"生生"的英文翻译成"creative creativity"[⑧],代表整个宇宙的本质,就是一种"创造性的创造力",这与当今英美世界第一大哲怀海德(A. N. Whitehead)的"历程哲学"(Process Philosophy)可说不谋而合,两者均在强调整个自然充满生命力,而整体宇宙创进的历程,正是一种生生不息的历程。

孔子在《易经》十翼中,特别以《文言》传申论乾元与坤元所象征的宇宙生生开创精神,方先生称此为"宇宙发生论",代表儒家对整个宇宙天地创生的看法。其中肯定"元者,善之长也,亨者,嘉之会也,利者,义之和也,贞者,事之静也"[⑨],以此强调生命元气的淋漓发挥,才是众善之长,也才是其后一切"亨、利、贞"的根本动力,这在今天环保哲学中,尤具重大的启发意义。

孔子及其弟子除了在《文言》传中,展现出"宇宙发生论"外,在《彖传》中更展现出一种"以生命为中心的本体论"。方先生用英文表示,即为"A Bio-centric Ontology"。此所以甚至连自然界的"云行雨施,品物流形"都被认为充满生命活力,也都是"乾道变化"的结果。其中并且特别强调,自然万物的生命发展,必应求其平衡和谐,各正性命。此即乾彖中所称:"乾道变化,各正性命,保合太和,乃利贞。""太和"即是广大和谐,儒家以此作为万物利贞之道,更与当今环境伦理中所强调的生态平衡与和谐并进,完全能够相通呼应。

另外,孔门十翼中,《象传》在各卦均是以"君子"或"先王"作发语词,则可称为"以价值为中心的众生观",方先生用英文称之为"A Value-centric View of Life"。更代表孔门视整个自然不但充满生命,而且充满内在价值,这也正是当今环境伦理学极为重要的信念——肯定一切万物均有内在价值,而且可与人类一样具有平等价值。

《易经》中所推崇的"君子""大人"或"先王",均充满这种胸襟情怀,不但肯定天人合德,物我互融,而且极能尊重自然,甚至还常向自然哲理学习——例如乾元象传即为"天行健,君子以自强不息",坤象即为"地势坤,君子以厚德载物",再如谦象"地中有山,君子以衰多益寡"。凡此种种,均能以大自然为师;不但绝不破坏,而且非常尊重,甚至以之为师,这种精神更是当今环保与生态保育极值效法之道。

换句话说,孔子把自然界,绝不只看成一个干枯、僵硬的庞然大物而已。而是把整个大自然看成有生命、有活力,并且有充分意义与价值的大有机体。所以,《系辞》传中才会说"生生之谓易",而且"成象之谓乾,效法之谓坤",这种机体主义的自然观,对今后环保哲学非常具有启发意义。

除此之外,《易经》十翼中,最重要的《系辞大传》,则可称为"机体主义的哲学总论"。这是孔子及其门生用一种机体眼光综观自然万物,不但肯定万物含生,而且肯定物物旁通,尤其强调万物众生各有尊严与价值。此其所以用"天、地、人"三才之道,旁通统贯整体六十四卦,除了本卦之外,并同时重视"错"卦、"综"卦、"互"卦、"变"卦,再从其中的"错、综、互、变",体认出宇宙万物圆融互通,均具生命价值之理。此其所谓"范围天地之化而不过,曲成万物而不遗,通于昼夜之道而知,故神无方而易无体。"[10]亦其所谓"一阴一阳之谓道,继之者善也,成之者性也。"[11]

另外,《易经·系辞》中也明白讲"易与天地准,故能弥纶天地之道",代表这种"生生之谓易"的生命活力,贯注在整体天地万物之中,无所不在,无所不注,因此才能"与天地准",并且能够弥纶天地,弥漫宇宙,充塞于自然万物之中。这种大化流行的哲理,代表整个自然界都充满生命的创造力,此其所谓"天地设位而易行乎其中矣。成性存存,道义之门。"[12]既然"生生之谓易",而"易"又行乎天地之中,即代表"生生"之德充满于整个天地之中。所以,我们直可称之为典型的"万有含生论",这正是当今环保哲学最重要的中心信念!

尤其,孔子在《易经·文言》传中讲得更清楚:"大人者,与天地合其德。"

大人是什么呢?

大人就是可以顶天立地,和天地共同贯融合一的精神人格!以往很多人误解"天人合一",误以为这个"天",只是科学上的意思,那就变成只是氧气和氮气,人跟它有什么好合一的?实际上,《易经·系辞》传中讲得很清楚,"天地之大德曰生",天地之大德就是"创造",也就是能开创"生机",并以此生机弥漫一切万物,充塞一切众生。所以,人生的重要意义与生命价值,就在能够体认天地中这种大生机,进而效法天地,以此为中心主宰,并且关爱万物,能以仁心普及众生,然后才能真正顶天立地，参赞天地化育而并进，这就是孔门所称的“大人”！

简单地说，人之所以能为大人，正是因为能够贯通天地之中这种活力与生机，并能身体力行，从而与万物融通为一，形成天地人“一脉同流，三极一界”的精神。

由此充分可见，孔子的生命气象可说是非常磅礴雄伟的，孔子的胸襟更是非常恢宏辽阔的。近代部分人只把孔子看成在人间世的一位“好好先生”而已，那只能说是小化与矮化孔子的错误。

像孔子仁学中的“仁”字，就不仅仅讲人跟人的关系，同样也讲人跟自然的关系，更讲人跟万物的关系。我们只有深刻了解《易经》之后，才能充分体认此中博大精深的道理。此所以后来儒家到清朝戴震讲得也很清楚，什么叫做仁？“生生而条理之谓仁”[13]，这就完全是从《易经》里面得来的精神。

儒家对自然的看法，从其美学中也看得很明显。

所以《文言》传中，除了明白指出乾元的精神为“刚健中正，纯粹精也”外，更进一步明白地强调，“乾始，能以美利利天下”。这代表只要能弘扬乾元的阳刚创进精神，就能掌握雄健之美，从而以充满干劲的冲力与锐气，为天下谋福利。这种活跃创造的生命精神，以龙最能象征代表，所以《文言》传紧接着说，“时乘六龙以御天也。”像这种“利天下”的胸襟，正是深厚的仁心表现，所以《乾・文言》又说：

> 君子体仁足以长人，嘉会足以合礼，利物足以和义，贞固足以干事。君子行此四德者，故曰乾，元亨利贞。

简单地说，这四德的根源，都在“体仁”，也就是能够体会自然万物均内在含生之理，所以人们应该帮助自然万物生存发展。不但以此“长人”，并且同样以此“长物”，这正是当今保护万物、关爱自然的重要仁心。唯有如此“利物”，才能合乎公义，并且行事中正，这就是《文言》中所说：“利物也以和义，贞固也以干事！”

孔子在《易经》中特别强调“乾”元的雄健精神，这种阳刚之美，到了孟子就更加清楚。所以孟子注重“浩然之气”，将这种至大至刚的雄健精神，表现得淋漓尽致。后来在书法美学中，更表现为笔力雄浑、充满劲道的特性，中国历史上以柳公权的雄劲风格最能代表。另外，在雕塑美学方面，同样展现为真力弥漫、劲气充周的特点。在园林美学方面，则表现为充满机趣、气韵生动的意境，凡此种种，通通可说是从《易经》里面发展出来的精神特性。

我们对此有所体认之后，再看《中庸》里面的一句名言，就更具深刻意义。

《中庸》里面曾经指出：

> 天地之道，可一言而尽矣！[14]

这是很重要的一句名句。代表整个天地之道——也就是整个自然界——其本质，可以用一句话道尽。这正如同孔子所强调“吾道一以贯之”，这种一以贯之的话，就很可以代表儒家自然观的本质。

那么，这是哪一句话呢？天地之道可以用哪一句话讲尽呢？

> 其为物不贰，则其生物不测！[15]

根据《中庸》，整个天地之道，最重要的就是一心一意，诚心诚意！若能如此精诚专注，则能“生物不测”。这一种创生万物的活力功能，足以源源不竭，无穷无尽，并且足以到达难以测量、难以预测的地步！正因为其创造动力难以测量，所以天地之中更充满了生生不息的机趣，因此本段最后明确强调，“天地之道，博也、厚也、高也、明也、悠也、久也”。

这充分证明，儒家对自然的看法，完全视之为一个博厚高明的大生命体，更看成是一个悠久雄浑的大有机体！这也正是当今环保哲学最重要的“机体主义”精神！

怀海德曾经在《创进中的宗教》(*Religion in the Making*)一书中强调，宗教精神就是一种“专注的诚恳”(A penetrating sincerity)[16]，这也正是“为物不贰”的精神，一旦能够如此专注诚恳，自能发挥神奇莫测的宗教力量，形成“生物不测”的创造动力。这也正与中庸所谓“至诚如神”不谋而合。[17]

事实上，怀海德的宗教精神与传统基督神学不尽相同，后来演变成“历程神学”(Process Theology)，倒是与儒学很接近。其中所强调的参赞化育历程，更充满了圆融和谐的机体主义精神，很能与儒学互通辉映，所以也同样深具环境伦理学上的启发意义。

当代西方研究儒学的一代宗师，哥伦比亚大学狄百瑞教授(T. de

Bary)也曾经特别指出,因为儒家非常强调“尊重生命”的人道态度,其深情真诚直可与天感通,所以孔学很可称为“宗教性的人文主义”(religious humanism)[18],的确非常中肯。虽然他在分析儒家“人权”观念时,尚未讨论对“物权”的看法,然其已能扣紧儒家上通天心的尊生论,进而申论儒家广大同情心的恕道,堪称相当难得。

事实上,《中庸》在二十二章曾经有一段非常精辟的文字,将儒家贯通天地人与万物的精神,发挥得极为淋漓尽致,深值重视:

> 唯天下至诚,为能尽其性;能尽其性,则能尽人之性;能尽人之性,则能尽物之性;能尽物之性,则可赞天地之化育;可以赞天地之化育,则可以与天地参矣。

什么叫作尽其性?用今天的心理学名词来讲,就是“自我实现”(Self-realization),也就是能充分完成生命的潜力。“尽物之性”的“性”,并不是性情的“性”,而是“生命”的意思,代表能把万物生命的潜能,充分完成实现。这也再次证明儒家视自然万物充满生机的特性,并以充分实现万物生命的潜能为最高理想。

换句话说,精诚所至,连金石都能开,这种至诚所产生的创造动力,足以“尽人之性”,并能进一步“尽物之性”。代表除了要充分完成人类的生命潜能外,也要能充分完成自然万物的生命潜能。一旦有了这种信心与决心,就绝不会斫丧自然,更不会破坏生机,而且必定能够尊重自然万物的生命,并且帮助万物的生命潜力都能充分拓展完成。唯有如此,才算真正参赞天地之化育,到达“天地人”浑然合一的境地。这真正可说是极为深刻而高明的环保哲学!

根据孔门,整个天地的化育功能,就是要让天地间一切自然万类,都能够充分拓展各自生命潜力。事实上这也正是当今西方环保人士极重要的一项主张——视同宇宙为“以目的论为中心的大生命体”(Teleological center of life)。[19]东西方哲人于此可说完全相通,共同肯定整个宇宙绝不是在毫无目的下任意运转,更不是毫无生命的任意拼凑。人们唯有真正体认宇宙化育一切万物生命的庄严目的,共同参赞并进,才算真正顶天立地,能与天地合一。

所以,汉儒扬雄也曾经简明扼要地指出,什么叫作儒?一言以蔽之,“通天地人之谓儒”。扬雄的整体学说虽然无甚可观,但这一句话却极为中肯。因为它明白点出了能“通天地人的”这种人绝不是小人，也不是只具表面物理意义的人，甚至不只是生物意义上的人，而是有生命价值，有生命尊严，更有生命理想，在宇宙中可以顶天立地的“大人”！

这种能够“与天地合其德”的大人，才叫作“儒”。他不但能效法天地的生生之德，不断提升自己，把自己的生命意义，从物理层次、生理层次一步一步提高，更可以把客观的物质世界与生理世界，同样以“大其心”，赋予生命意义，不断超化提升，共同形成充满庄严意义的生命世界。这种“万物含生论”，正是当今环境伦理学中，非常重要的精神所在。

所以，早在《礼记》中，就曾经强调：“人者，天地之德，阴阳之交，五行之秀气也。”这里所称“天地之德”即可说与“天地合其德”相通。代表人并非扁平动物，而是足以顶天立地，并能以天地之心体认一切万物均有生命，这对当今环保哲学尤其具有重大的启发意义。

另外，我们在此深值注意，“通天地人”并不代表人可以驾凌万物，成为天地的“主宰”，那就变成西方想以人征服万物的错误观念，或单薄的人本主义，将人与神对立起来。如此以人为中心的本位主义，既会贬抑上天，也会抹杀自然。到最后，只突出“人”，而将万物都看成人的奴隶，反而最容易破坏自然万物。这也正是西方近代环保问题的病源之一，深值警惕以及改进。

在中国儒家哲学中，所肯定的是“人文主义”，而非单薄的“人本主义”，也就是既能肯定人的生命，也同样肯定天地万物的生命，共同以平等心与价值感看待一切自然万物。所以对一切万物，均能赋以同样的生命价值与尊严，肯定人与天地万物是并行互助的，其中间是一种和谐并育的关系，既不冲突，更不相害。此即《中庸》所说的名言：“万物并育而不相害，道并行而不相悖。”[20]《易经》所谓天地人的三才之道，正是此种深意，这也正是当今生态保育极重要的哲学基础，深值重视与弘扬。

另外，《礼记》里面也同样讲，“人者，天地之心，五行之德也，故圣人作则，必以天地为本。”根据儒家，人之效法天地，最重要的，是效法天地之中广大和谐与生生不已的精神。所以才能成为“天地之心”，成为参加天地之中生生化育的共同创造者，而不会成为破坏生态保育的罪人。

因此,方东美先生曾经用三个英文名词,将“天、地、人”在宇宙创生中的角色,表达得非常真切。[21]

首先他把“天”称为“creator”,作为所有万物的重要“创生者”,此即《易经》所谓“大哉乾元,万物资始,乃统天”,[22]这是宇宙发生论很重要的启发,代表所有自然万物都由乾元发其端,一切自然万类也都从乾元开始,因而也都贯注了乾元所代表的纯粹生命力。所以乾元可以“统天”,正代表“天”象征一种充满劲道的生命原动力。

另外,“地”则是帮忙天的,是顺承天的,所以方先生称之为“Pro-creator”,这就相当于坤元的象征意义,此即《易经》中所谓“至哉坤元,万物资生,乃顺承天”。[23]正因为坤元象征大地,而自然万物一切生命的滋养成长,也都从大地开始,顺承了天所象征的生命原动力,再加以补助滋养,所以可称为“辅生者”(Pro-creator)。

那么,人类是什么呢?人叫作“co-creator”,可说是效天法地的“合作者”,通常我们称“合作”为 co-operation,代表“共同运作的人”,在此尤具启发意义,代表能够共同参赞天地,与天地合作,以共同促进宇宙创进,才是真正的“人”。

方东美先生曾经将此等哲理用图形加以说明,深值重视:[24]

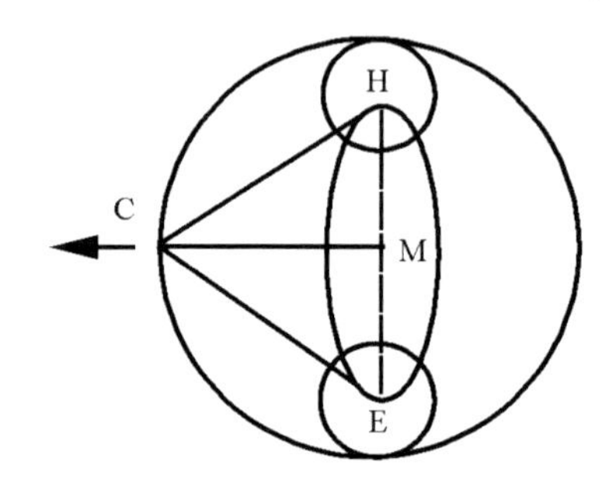

在上述圆形之中,人(M,象征 Man)是天地之心,人在宇宙中间顶天立地,所以上面一个圆圈是天(H,象征 Heaven),底下一个圆圈是地(E,象征 Earth)。人身处天地之中就是要效法天地,体认宇宙自然生生不息之理,进而化为本身中心主宰,身体力行,向前开创!

所以,值得注意的是,这三个中心点,一定需要共同贯通合作。因此从 H 到 M 到 E 形成同一连线,这就是“通天地人”的意义,象征一定要能够“同心”协力，然后才能立人极，通天极，把整个宇宙的创生过程，在时间之流中，不断往前面推动！

本图整个圆形即象征宇宙生命（C，即 Cosmos），在上面的就是天，在下面的则是地，人在其中脚踏实地，仰望上天，体认天地之中生生之德的启发；然后，三种力量共同融贯，往前创造，即形成广大和谐而又充满生机活力的宇宙创进景象！

这种能够贯通天地的人格，是儒家自勉的精神人格，也正是当今环保最需要的精神修养。在这一种精神修养中所看的天地自然万物，自能充满无限生香活意，整个大化流行更充塞着生生不息、欣欣向荣的契机与生意，能有这种体认，还会不尊重自然、不爱护万物生命吗？

从前部分人士讲儒家，容易划地自限，只限于讲《论语》；如此便多半只能探讨人与人的关系，而忽略了人与自然的深厚关系。所以方先生在此透过《易经》，申论儒家的自然观，特别值得今后发扬光大。

另外，针对儒家心目中人与天的关系，方先生也曾经用一句话说明，非常重要，那就是用宗教的名词，称之为“万有在神论”。[25]其特色仍在深具“机体主义”的精神，同样深具环保的启发。

根据方先生的看法，中国上古宗教含藏一套饶有机体主义精神之宇宙观，不以人生此界与超绝神力之彼界为两界悬隔，如希伯来或基督教所云。此外，人生界与客观自然界亦了无间隔，因为：

> 人与自然同为一大神圣宏力所弥贯，故为二者所同具。神、人与自然（天、地、人）三者合一，形成不可分割之有机整体。[26]

这种“万有在神论”，肯定神力遍在万有，贯注一切自然万物，所以自然界林林总总的万类生命风貌乃能“保合太和”。这正与当今“深层生态学”的主张完全相通。

另外，此说也肯定人生的意义与价值乃在“升中于天”，尊重自然万有生命的神圣性，因而人生的种种境界也才得以同时提升，与自然万有一体并进，这也正能吻合当今环境伦理学中最重要的精神修养！

我们若把这种“万有在神论”放在世界性的比较宗教学来看，则更能彰显其对今天生态保育的重要启发，以及在环境保护上的重要意义。今特综合方先生的比较研究，扼要申论如下：[27]

第一，它与“自然神论”不同。后者因为主张神乃超越世界，因而人类容易只重神,不重自然,如此只重上界,不重下界,明显会忽视在此世的环境生态保育。

第二,它与"位格神论"也不同。后者因为多少限制神的万能性,而将神圣实有化约成一个人格神,终而不免沾染过多的拟人化意味,对其他自然万有的神圣性,却容易视而不见,这也并非环境伦理应有之道。

第三,它与"尊一神论"又不同,亦即与以色列民族所信仰的部落神不一样。后者因为长期颠沛受苦,所以企望强有力的一神为救世主,但因过分突出本身苦难,而忽略对现实自然界的欣赏与肯定,这便不如"万有在神论"足以肯定天地自然之大美。

第四,它与古印度的"交替主神论"(kathenotheism)也不同。后者为四吠陀时期所崇奉,把一些自然现象看成各有神灵,可以交替互换,但因并非肯定整体万有均为神力贯注,所以仍不如"万有在神论"能充分并周全地尊重自然生命。

综合而言,中国的"万有在神论",对自然一切万有,均视同与神性和合并生,因而对天地万物、名川大山等,均视为神性庄严的宝相,此方先生所谓,对天地山水之物"可视为天地大美、崇高庄严之象征,乃是神性之显相于具体者,令人观赏赞叹不已。"[28]凡此种种,很明显都能尊重天地万有生命,保护自然环境与生态。

西方当代环保名家约翰·缪尔(John Muir)曾经同样赞叹:"上帝从未创造丑陋的山水,所有阳光照耀之处都非常亮丽优美。"[29]此中精神,可说完全相通。

当然,所谓"万有在神论",乃现代学术名词,如果用儒家的话讲,不一定用"神"的字眼,我们或可称之为"万有在'生'论",若用道家的语言,则可称"万有在'道'论",但其中精神宗旨均为相同互通。

换句话说,这种论点肯定生命无所不在,弥纶一切万有,因此整个宇宙都是大生命体。若用道家说法,即"道无所不在"[30],整个自然界一切万物,都是道的具体显现。这种哲学对当今生态环保而言,正是最深刻、也最完整的理论基础。

这种精神到了孟子,就将此贯串天地、顶天立地的精神,称为"浩然之气"。一方面强调足以"上下与天地同流"[31],另一方面肯定物我合一,"万物皆备于我"[32],究其根本源头也是传承于《易经》。

或有人问,如果《易经》对儒家很重要,为什么没有见到孟子提起过?

事实上,如果我们深入分析孟子的思想精神,而不是只从字面去看,便知孟子的哲学思想很能阐扬《易经》的生命精神,只不过并未在字面上提到《易经》而已。

其中第一个重要证明,便是孟子所说“生于忧患,死于安乐”。这种“忧患”意识最早即从《易经》里来。所以孔子很早就在《易经·系辞》传中提过,“作《易》者,其有忧患乎?”孟子那种“正人心,息邪说”“舍我其谁”的精神气概,正是从忧患意识所激发出的文化使命感。另如后来司马迁所强调,“《诗》三百首,大抵皆圣贤发愤之作。”乃至范仲淹所说:“先天下之忧而忧”,都可说是从不同领域共同发扬忧患意识。其中的共同根源均来自《易经》,他们虽未明用《易经》之名,却显然均承自同一生命精神。

另外一个更重要的论证,就是孟子所讲的浩然之气:“配义与道,至大至刚,沛然莫之能御。”[33]这种“至大至刚”的生命精神,也是来自乾元的精神,此即《文言》传中所谓“大哉乾元,刚健中正,纯粹精也”,而且“时乘六龙以御天也,云行雨施,天下平也。”在《易经》中,不论对云行雨施或大化流行,都用最为矫健的六龙,象征乾元盎然生动的创造精神。而且乾元六爻皆阳,这种阳刚进取的精神旁通万物,统贯一切,最能象征“至大至刚”的雄浑生命力。这种盎然乾元到孟子,即称为浩然之气。到文天祥更明白称为“正气”。

此所以文天祥写《正气歌》时,前言首先引述孟子所讲的“浩然之气”,然后开宗明义即强调:“天地有正气,杂然赋流形。”这种精神在环境哲学中也同样深具启发意义。

根据孔子看法,天地有“生气”,这代表一种万物含生的自然观,而天地有“正气”,更代表宇宙间有一种正大光明的价值观。如此一来,即将看似没有生命的自然,不但赋以积极的生命性,而且赋以崇高的价值感。这在当今环保哲学当中,正是极为重要的一项中心理念。

因此,哲学界前辈梅贻宝先生晚年就曾经把《正气歌》译成英文,并推崇《正气歌》很能代表中国高明而独特的自然观。

因为,西方人士如果只用纯粹的科学唯物论观点看天地自然,就很难想象什么叫“天地有正气”。在他们看来,天地自然界只有一般物理现象与化学成分,哪有什么“正气”可言?若用这种唯物观点,当然对中国哲学肯定天地万类均含生很难理解,不但对中国哲学以生命为中心的宇宙观不懂,也不懂中国哲学以价值为中心的自然观,这就形成当今环保的一大心灵障碍。

相形之下,文天祥《正气歌》,可说甚能代表儒家精彩的“万物含生论”:

> 天地有正气,杂然赋流形,在上为日星,在下为河岳,于人曰浩然,沛然塞苍冥!

本段首先肯定,“天地有正气”,就代表绝非只以唯物眼光看天地;然后又讲“杂然赋流形”,代表这种正气,除了顶天立地之外,更贯注于万物,弥漫一切大化流行之中,所以才能万物含生,无所不在。另外,“在上为日星,在下为河岳”,代表连天上的日星,与地上的河流、山川,通通都分享了宇宙大生命的趣机与正气。而能够浩然同流,充分可见万物含生的精神。

换句话说,根据文天祥的看法,绝不能把天体的运行、各种日星,乃至于整个地球,只看成是没有生命的庞然大物,也不能把山川河流与一切万物,都当成是僵化呆板的物质,而应充分体认天地之间正气充满全宇宙,融贯各生命,并且,“于人曰浩然,沛然塞苍冥”!

文天祥肯定,这种雄浑刚健的生命劲气,足以普遍深入到人类内心,以及一切自然万物,因而不但人类有内在的浩然之气,扩而充之,一切万类也有浩然生气,所以我们均不能任意轻视与破坏。这种精神上承孟子,很能代表儒家盎然的自然观与凛然的价值观,在当今生态保育中,同样深具重要的启发意义。

综合而言,“正气”首先肯定宇宙本质生气勃勃,盎然充满真力,另外同时强调宇宙目标堂堂正正,灿然充满光明,绝非任何褊狭邪道所能及。前者肯定以生命为中心的自然观,后者则强调以价值为中心的环境论,可说均根源于《易经》的精神。尤其这种“正气”包含了生气、中气与正道之意,绝非任何外国文字从字面所能翻译——如果用英文从字面译,即成“right air”,无人能懂——所以此种“正气”堪称中国文化极为独特的精神特色,深值共同体认与弘扬!

一般人如果不懂这种万物含生、浩然同流的自然观,就很难懂孟子下面这段话：

君子所过者化，所存者神，上下与天地同其流！

孟子这句话，首先肯定整个天地自然都是一种动态的大化流行，没有一处不含生意，也没有一物不含生机，因此他认为君子的生命精神，应该提升到与天地同其流。

此地所说“与天地同其流”，同的是什么流呢？简单地说，就是“生命之流”，代表这种大化流行的雄浑生机，普遍融贯于万物之中。所以人类要能参赞其中，才能提升生命境界，也才能真正伸展仁心，体悟天地万物合为一体之道。孟子曾经强调“万物皆备于我”，也正是此意。这些对当今环境伦理学都同样深具启发意义。

尤其，孟子所说“所过者化”，这个“化”代表“浃化”宇宙生机，然而应该如何“过”呢？人们如果只用唯物的呆滞眼光去看自然，便同样很难理解。事实上，这一段如果用现代心理学来讲，则正可称为一种心灵上“创造性的转化”(creative transformation)。这代表一方面肯定，一切万物都是大化流行的生命体。另一方面也肯定，内心灵性足以透过修持养气，而充满生命浩气，然后可以大其心以体物，与外在大化生命浩然同流，并充分融贯互映。

因此，这种精神既含超越性(transcendental)，也含“内在性”(immanent)，既能体认“天人合一”，也能领悟“物我合一”，在环保哲学上，深具重大意义。

事实上，这也很接近大乘佛学所说的，“以菩提与般若相映”。菩提代表生命的内在光明，人人可以提升灵性，激发生命之光，一旦到了最顶点，便足以与最高的智慧(般若)含摄互映，体悟一切万物均充满生命，也深具平等价值，因而形成佛法充满万物之中的“法满”世界。

一旦人们能够真正拥有这种精神修养和智慧仁心，当然对整个大自然，就必定不会轻易去破坏，对所有的万类存在，更不会去任意斫丧，而一定能诚心诚意地善加爱护与保育。所以这种“万物含生论”，堪称当今极为重要的环保哲学。

总而言之，在原始儒家之中，“通天地人之谓儒”，将天地人合为一体，绝不是一句空话，若用现代环保眼光来看，这正代表能把天地间一切动物、植物、山川河流等，都看成和自己生命合为一体，同样重要。

唯有如此，才能真正产生爱物如爱己的仁心精神，而这正是环境保护最重要的动力与修养。

根据儒家精神，每个人均应发挥这种天地之心——也就是仁心，对整个大自然付出同样的尊重与关心，并以此爱护自然界一切万物。否则，破坏天地万物就等于破坏自己的生命。这与当代最新的环保思想，更可说完全是不谋而合，所以的确深值重视与弘扬光大！

第二节 对万物的看法

根据中国文化，人对万物的看法是什么呢？方东美先生在《生生之德》中，曾经有一段话，简明扼要，甚为中肯：

> 同情交感之中道，正是中国文化价值之模范。[34]

换句话说，中国文化以一种“同情交感”的中道精神看待万物，这正是当今环保哲学中极为重要的核心理念。

方先生对于这种“中道”，还曾提到五个例子说明，也深值重视：[35]

《周礼》六德之教，殿以中和，是第一个例证。

另外，第二个例证，诗礼乐三科在六艺中，原本不分，所以诗为中声之所止；乐乃中和之纪纲；礼乃防伪之中教，在《周礼》《礼记》中都叙述甚详，重点都在强调“中和”二字。

第三个例证，则是中国建筑美学，强调环山抱水，得其环中，以应无穷，形成园艺和谐之美，这同时也代表了人对万物的看法。

第四个例证，则是讲绘画，不论位置，向背，阴阳，远近，浓淡，大小，气脉，源流出入界划，信乎皴染，隐迹之形，气韵生动，断尽阂障，灵变逞奇，都是强调：“无违中道，不失和谐”。

第五个例证，则是讲中国的文学，中国各体文学，“传心灵之香，写神明之媚，音韵必协，声调务谐，劲气内转，秀势外舒”，因而不论是音韵、声调、气势、旋律、脉络、文心与意趣，通通是要“一一深回宛转，潜通密贯，妙合中庸和谐之道本。”

以上种种，均充分说明，以同情交感为主的“中道”，乃是中国文化的重要特色。事实上，这也正是儒家的基本精神。《中庸》第一章就强调“致中和，天地位焉，万物育焉”，就是同样精神，这种“中和”之道对促进今后生态平衡,万物化育,均有重要启发。

以下即本此特色,来分析中国儒家对万物的看法。

扼要来说,儒家以同情交感看待万物,也就是一种“旁通统贯”的道理。“旁通”在英文里面叫做“extensive connection”,也就是说人们只要能大其心,把心灵拓展出去,充分同情体贴万物,就可以感受到,不但人人彼此相通,连物物也都是彼此相关。

从前,胡适之先生曾经引述易卜生而强调:社会上每个人和其他的人,其实都是直接间接相关的。例如一个人吐一口痰,看起来对别人没有影响,但这痰中间总有细菌,经过日光蒸发,融入空气里面,再由风带动这空气,就会被别人吸进去,从而影响其他人的健康。

类似这种例证,说明社会上不但人与人之间相关,扩而充之,宇宙间物与物之间也都相关。此即生态学上所称的“生命圈”(life cycle)。其中包括各种循环旁通,如“水循环”“地质循环”“生物地质化学循环”(如磷的循环,碳、氢、氧的气体循环、氮循环)、“水生生态系统”等等。

若用佛学的话来讲,这就代表一切万物,直接间接都有彼此的“因果”互通关系,只是程度、时间不同而已。若用儒家的话来讲,这正是“旁通”的道理。

这个“旁通”二字在《论语》中找不到,甚至在四书中都找不到,但在《易经》中,却清清楚楚提到:“六爻发挥,旁通情也。”[36]孔子在说明易卦的构成时,更明白指出:“……引而伸之,触类而长之,天下之能事毕矣!”[37]充分说明,儒家对天下能事与万物“引申”“触类”“旁通”的深刻体认。

此中原因,即系孔子所传《易经》,主要传给商瞿(子木)。商瞿身为孔子优秀的七十二个弟子之一,但在整部《论语》中却并没有他的名字出现。他是出现在《史记》的《仲尼弟子列传》中,并在《太史公自序》中,由司马迁很清楚地交代了孔子传授《易经》的一系列脉络。

这就充分说明,《论语》里面所记载孔子的言行,多半是孔子在五十岁或晚年之前的内容。至于他晚年的智慧,以及更加成熟之后的学问心得,主要表现便在《易经》中。此亦孔子自己所说:“加我数年,五十以学易,可以无大过矣!”

所以,通称孔子“作春秋,赞周易”,这个“赞”,用现代的语词来讲，就是“评论”（comment）的意思，亦即发表心得与观感之意。因为，《易经》的符号系统在孔子之前已经存在，而易卦里面简要的卦辞、爻辞也已经都有了。孔子主要的工作，就是把这些符号系统，以及卦爻辞的系统，赋予哲学性的说明，因而能够展开成为通天地人的学问。

在这通天地人的《易经》中，孔门极重要的贡献，便是整理出《易经》整个六十四卦，广大悉备的旁通系统，此中意义极为重要，对于环境保护与生态保护的启发，尤其极为深远。

例如，《易经》所谓“乾坤并列、阴阳相索”，这“相索”就代表互相依存、补足的重要观念。另外，“引而申之”“触类而长之，天下之能事毕矣。”这种对万物“触类”“引申”的观念，形成“范围天地之化而不过，曲成万物而不遗”的体认，也正是典型的“机体主义”精神。后来华严宗所说的“圆融无碍”，与此就很相通，都属于环保哲学中重要的核心信念：万物“旁通”。

什么叫作旁通？方先生在《生生之德》中，曾经弘扬儒家在《易经》中的万物旁通观，其中明确指出：

> 成卦之后，比而观之，凡两卦并列，刚柔两两相孚者，谓之旁通。[38]

所谓两两“相孚”，就是两两“互补”。像乾元（☰☰）跟坤元（☷☷），各爻均为两两相孚，这就叫作“旁通”。也就是说，乾元各爻中凡是阳爻部分，到了坤元即以阴爻对应互补。同样，坤元各爻中，凡是阴爻部分，到乾元都以阳爻对应。

另外，比如成语“否极泰来”中，“否”与“泰”均为《易经》卦名，表面看来似为否卦☰☷，其实“否”中就已经隐含有“泰”（☷☰）的因素，为什么呢？因为只要把否卦里面，凡属阴爻的部分都改成阳爻，阳爻的部分都变成阴，它就变成泰了。这不但说明，否与泰互相依存之理，也充分说明，危机中又隐含转机的生生不息之理。像这种否泰互补相孚，而又互为因果的哲理，也正是生态保育中的重要道理，在道家即所谓“福祸相依”，均为环保哲学中的重要理念。

再如，儒家在《易经》中，也一再提醒世人，要能常常戒惕警慎，时时刻刻提高警觉，胜不骄，败不馁。因为胜败也是相互依存的旁通关系。此所谓“谦受益，满招损”。[39]

因此,《易经》六十四卦中,唯一“六爻皆吉”的就是谦卦,而谦卦的卦象就是“山在地下”(䷎)。试想,全天下哪有山在地下的情形?山明明在地上,却能自居其下,这就叫作“谦”!如此以自然景象来象征人生哲理,在整个《易经》中,几乎处处可见,这也是一种从自然万物旁通人生的哲理,由此也可看出人与自然万物的亲切关系。

此即《易经·系辞》中所谓:“圣人设卦观象,系辞焉而明吉凶。”其具体方法则为“仰以观于天文,俯以察于地理,是故知幽明之故。”[40]这也充分证明,儒家很重视观察天地自然,并从中弘扬人与自然之间互相旁通的关系。

乾	坤	旡妄	升	解	家人
震	巽	讼	明夷	蒙	革
坎	离	遯	临	涣	丰
艮	兑	遘	復	困	贲
泰	否	同人	师	小过	中孚
大壮	观	履	谦	蹇	睽
需	晋	屯	鼎	渐	妹
大畜	萃		过	旅	节
小畜	豫	益	恒	咸	损
大有	比	筮嗑	井	既济	未济
夬	剥	隨	蛊		

(注:凡两对并列,刚柔两两相孚者,谓之“旁通”。)

易经“旁通”图示

那么,整部《易经》的六十四卦,到底怎样旁通?方东美先生在

《易的逻辑问题》中分析得很清楚。其中六十四个卦,可以分成三十二组旁通的系统,充分代表“易与天地准,故能弥纶天地之道”,而整个天地之道,一言以蔽之,则为旁通之道。此即文言传中所说“六爻发挥,旁通情也”。下图即依此旁通原则,重新排比六十四卦。[41]

这种“旁通”之理,对于人跟人之间的启发,就是能够设身处地,为他人着想;此即论语所说的“忠恕之道”,也就是“己所不欲,勿施于人”。[42]这正是孔子一以贯之中心的思想,不仅对于人与人相处,极具启发,对于人与自然万物相处,也同样深具启发。

所以,当代西方思想家赫胥黎(Aldous Huxley,1884—1963)便曾经提醒世人:

> 人们应该了解中国儒家的训诫:“己所不欲,勿施于人。”这句话不仅只对人类而言,同样可以用于动物、植物,以及万物身上。[43]

这种精神表现在《大学》里面,就是“絜矩之道”,能够从各个方面都将心比心,以感同身受的心情尊重他人,此即所谓:

> 所恶于上,毋以使下;所恶于下,毋以事上;毋恶于前,毋以先后;所恶于后,毋以从前;所恶于右,毋以交于左;所恶于左;毋以交于右。此之谓絜矩之道。

换句话说,絜矩之道,若用实例说明,就是如果厌恶上司对自己的态度,那就不要以同样态度对待下属;如果厌恶下属对自己的态度,那也不要以同样态度事上。如果厌恶前面人的态度,就不要以同样态度待后面的人。如果厌恶后面人的态度,就不要以此态度对前面的人。相同情形,如果厌恶右边人态度,就不要以此待左边的人;厌恶左边人的态度,就不要以此对待右边的人——唯有如此,从四面八方、前后左右,都能设身处地,从各个不同角度为他人着想,才是真正絜矩之道。这不但是真正同情体贴他人之道,也同样才是真正对万物同情体贴之道。

因为,“絜矩”的根本字义,代表“衡量”一个“矩形”,而矩形的平衡与对称,即象征彼此要能尊重,在平等的原则下分工合作。这种絜矩之道,应用在企业管理上,正是如今美国和日本很重要的管理哲学。应用在环境保护中,则同样为深具“旁通”启发的环保哲学。

我们若从管理哲学来看，这就如同在一个高科技的公司内，行政人员跟科技人员，本来各有所长，也都彼此相需，但若彼此均以本位主义排斥对方，相互对立，甚至彼此抗争，那就一定造成整体失败。所以，此时就必须要能相互尊重，分工合作。此中道理，正好比两组平行线——一组彼此平行，代表平等的“分工”，相互尊重对方本行；另外一组与此垂直的平行线，则代表相互合作，互敬互重，这就形成“互助”的哲学基础。这也正是任何公司均应遵从的成功管理之道！（如图）

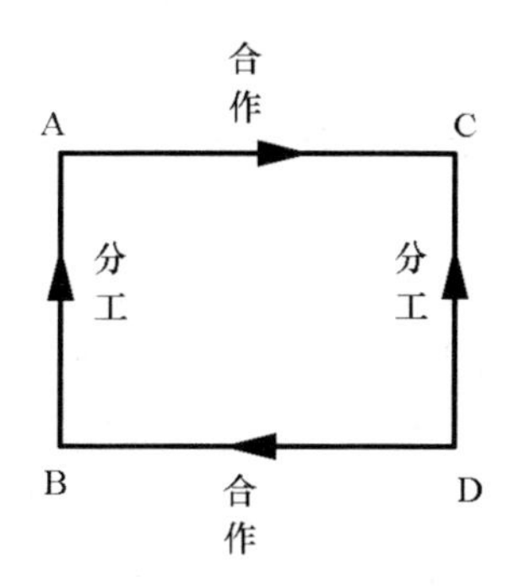

在上图中，AB 与 CD 平行，分别代表科技人员与行政人员应平等并行，各守分际，亦即相互“分工”。

另外，AC 与 DB 则代表互索互动，互助合作，进而形成整体的团结与进步。

因此，在当今美国最新的管理哲学中，便有一个专有名词，叫作“矩阵组织法”（matrix organization），代表以上图的矩形组织，充分分工合作，互敬互重。其根本哲学基础正是来自儒家的“絜矩之道”！

尤其，这种“絜矩”之道最重要的精神，是能将整体组织视为生动灵活的有机组织，而不是呆板僵化的无机组织，因而均能以生命眼光与平等精神相待，所以，这同样可以引申到人与自然万物的关系，代表同样能尊重万物生命，并且设身处地对其同情体贴，因而对于万物，便绝不会任意轻视破坏，并能真正和谐互助，共同迈进，这即可称为“矩阵的机体主义”（matrix organicism）。

换句话说，若以上图为例，我们也可根据《易经》中所称“引申”“触类”与“旁通”，应用在“人”与“自然万物”的关系。此时 AB 为人类，CD 为自然万物，同样代表应该相互尊重，彼此体谅，从而分工合

作,共同促成宇宙生命的和谐并进,这就形成了“物我合一”的机体主义。(如下图所示)

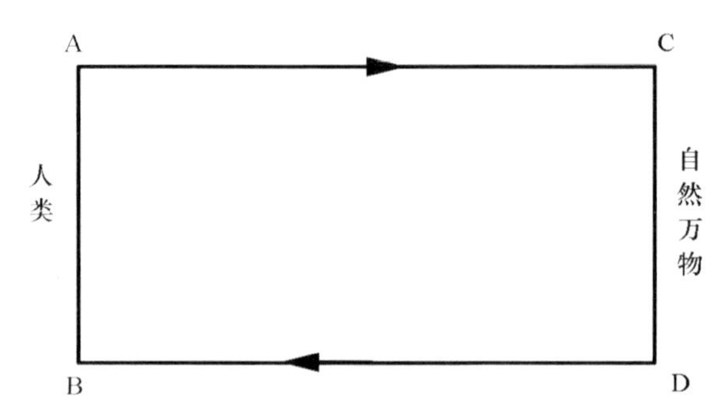

上图中,AB 代表人类,CD 代表自然万物。两者平行,正代表中庸所说“万物并育而不相害,道并行而不相悖”,两者互通(如 AC 及 BD),则更代表同情感应、彼是相因的旁通精神。

所以,扼要来说,儒家的“忠恕之道”与“絜矩之道”,不但很能正确处理人与人的关系,同样也可扩大成为人对自然万物的应有正确态度。也就是说,除了“己所不欲,勿施于人”外,同样应有“己所不欲,勿施于物”的精神。如此扩充到人与万物的关系,即是保护万物的最重要精神。另外本此同样精神,我们也可说,“己所不欲,勿施于天”“己所不欲,勿施于地”,这也正是保护地球、保护臭氧层,乃至保护阳光、空气、水与大地等等的重要哲理。凡此种种,不但具体表达了儒家“天人合一”“物我合一”的精神,也正是当今环保生态保育的最中心理念。

当代西方著名环保学者万达生(Wynne-Tyson)曾经搜集全世界著名哲学家、文学家、科学家、艺术家等相关环保的名言,编成《扩展的生命圈》(*The Extended Circle*)一书。其中对孔子引述的只有一句,[44]那就是:“己所不欲,毋施于人。”我们由此一方面可以看出外国学者多半深知此语的重要性,但另一方面也可看出,西方学者对中国哲学所知太少,这就有赖中国哲学界今后多加弘扬了。

尤其,儒家这种“忠恕”之道与“絜矩”之道,如果我们追寻其中的共同根源,仍然是《易经》中的“旁通”之道。综合而言,这三者,本身便形成一以贯之、足以统合的融贯精神。

那么,这"统贯"是用什么来"统"？又如何来"贯"呢？简单地说,就是用"生生之德"统贯一切万物,也以"生生之德"融贯一切万物。

换句话说,万物中间互相旁通之理,主要就是靠"生命"来贯串统合,其中万物相关的根本关键,也是通过"生命"而旁通,而天地一切万物本身形成一个大生命体,其中整体架构的统会,又是靠"生命"来统贯。所以不论纵而统之,或横而通之,整体宇宙都是洋溢着充沛互通的生命力,这就充分代表儒家对万物的看法,所以才能够真正尊重万物,爱护万物。

当今生态学的最大特色,就是肯定一切万物共同构成互通的"生命圈",儒家在此可说完全不谋而合,因而也正是今后环保工作中最迫切需要的哲学基础!

总而言之,"旁通统贯"之理,乃是构成《易经》六十四卦的根本道理,当其作为方法论,乃是一套周密的逻辑演绎系统,从"易有太极,是生两仪,两仪生四象,四象生八卦""三才而两之",到"四营而成易""十有八变而成卦",形成非常严谨的数学架构。若作为宇宙论,更代表以生命为中心的自然观,此所以第一卦为"乾"元,代表大生之德,到最后一卦更殿以"未济",充分宣畅宇宙生生不息之理。

另外,若再就形上学来讲,则《易经》哲学更是一种强调生命动态创进的历程哲学。同时,也代表一套价值哲学,以宇宙生命广大圆融和平中正为中心,阐明"至善"观念的起源及其发展,此即所谓"形而上者之谓道",而且"一阴一阳之谓道,成之者性也,继之者善也。"

这一种以生命为中心的宇宙论,乃至于以价值为中心的形上学,应用到各种伦理上,便具有极为重大的启发。

尤其,这里所说,阴阳互助并进的伦理学,到后来更发展成为阴阳互济的"太极图",其中黑白并非截然二分,而是"阴中有阳,阳中有阴",充分代表阴阳相需互索、交融旁通的精神,这种精神除了适用人与人的关系外,同样适用于人与自然万物的关系,因而也正是当今环境伦理学中最重要的哲学理念!

方东美先生在《哲学三慧》里面,曾经弘扬中国哲学几项重点精神,作为伦理学上的特色。事实上,其中前三项所代表的儒家精神,[45]也很可应用于环境伦理学。因而本文将进一步,申论其对生态保育与环境保护的重要启发。

一、一往平等

儒家肯定一切万物均含生，而且，不论大小生命都是同样的生命，所以彼此都有共同的平等性。

换句话说，人的生命固然可贵，但是小兔子、小白鸽，甚至小蚱蜢、小蚂蚁的生命，也都同样可贵。一株红桧木的存在固然重要，一株小草花的生命也同样重要。珍贵的飞禽走兽固然重要，一般小鸟、小鱼的生命也同样的重要。因此根据儒家，均应站在尊重生命的立场，用平等心一视"同仁"，没有大小之分。也唯有如此，才是真正"同"万物为一体的"仁"心。

法国近代哲人伏尔泰（F. M. A. Voltaire，1694—1778）生平非常推崇孔子儒学，因而其思想也很受影响，应用在生态保育与环境保护上，更常呼吁人类多发挥悲悯之心。此其所以强调：

> 人类本性中，有种悲悯之心，可以扩展开来，……说真的，如果没有广包一切的仁心，哲学家之名就没有什么了不起的。[46]

此处所说的"悲悯之心"，正是儒家所说仁心，伏尔泰认为应该"扩展开来"，"广包一切"，更代表要用平等心一视同仁，充分可见东西哲相通之处。

根据此中同样精神，史怀哲也曾明白指出：

> 人类除非能大其心，扩展其悲悯精神到所有万物，否则他将永远得不到和平。[47]

另外伏尔泰也曾明白强调："如果有人认为动物只是机械，不需要了解与感觉，那是多么贫乏与可怜的心灵。"[48]同样充分可见，伏尔泰深受儒家影响，因而同样肯定万物含生，应该用平等心尊重一切生物。

俄国大文豪托尔斯泰同样非常推崇孔子。他曾提醒陀思妥耶夫斯基（F. M. Dostoevsky），除了对生命存在感受要很敏锐外，还应"多读孔子与佛陀"，俾能更增生命厚重之气。因此陀氏也颇有儒者之风，此所以他也曾明白强调应"爱护动物"，并且提醒人类：

> 不要自认可以骄傲，而对动物有优越感，它们是没有罪的，而你们，以及你们自称的伟大却亵渎了地球，留下了劣行。[49]

这也充分显示陀氏对一切万物所具的平等心。究其根源,主要仍来自孔子儒学启发,在今天更深具意义。

这种平等精神,如果运用在民主政治来看,就是不论总统、大官或平民、乞丐,就生命的尊严来讲,通通是同样平等。如果运用在生态保育上,就是肯定一切动物、植物,不论大小都有同样平等的尊严,因而也都应与人类一样,同样受到应有的尊重与保护。

换句话说,在民主政治中,不会认为平民是为总统才存在,也不会把总统看成驾凌众人,而是一律平等,没有特权。政府高官本质上也是"公仆",而非驾凌百姓的"父母官"。同样情形,在生态保育中,这种平等精神同样肯定,自然万物并不是为人类才存在,人类也并非驾凌万物、高高在上,而应胸怀一往平等的精神尊重万物,这才是真正应有的环境伦理。

二、大公无私

大公无私,代表没有私心,不会偏心,更不会自我中心,这也是环保哲学中极重要的胸襟与精神修养。

如果讲政治哲学,应有的伦理,最重要的便是"天下为公",这也是儒家推崇的最高理想。柏拉图在《理想国》中,对"哲人王"(Philosopher-king)最重要的推崇,也就是"大公无私",可见东西方圣哲相似之处。

这种精神如果运用在环境伦理学,也同样需要"天下为公"——不要用人类私心霸占了地球上所有自然资源,人类也不能只想到自己,而把一切自然万物都看成役使的奴隶,否则便会成为只逞一己之私,全无公心可言。

所以,真正的生态保育之道,一定要能充分体认:地球不只是人类的地球,同样是动物、植物,乃至一切万物的地球,也同样是山川、河流、岩石的地球,人类只是其中的一部分,更只是"地球村"中的成员之一而已;因此绝不能私心自用,垄断一切资源,甚至破坏自然平衡。

换句话说,人类应该体认,很多野生动物、植物、矿物,乃至一切万物,早在亿万年前,即已先于人类而在地球生存,人类只不过是近几千年才在此定居的后来"房客"。所以根本没有任何资格可以凭借私心,任意破坏自然万物,污染地球环境,成为地球的"恶客"与万物最大的公敌!

大科学家爱因斯坦一生深具大公无私的胸襟,不但在宗教哲学上提倡“宇宙宗教感”(cosmic religious feeling),在环境伦理上同样一再呼吁,人类应有宇宙整体一分子的体认。其精神在此与儒家便极为相通:

> 人类乃是整体“宇宙”的一部分。然而却将其思想与感受,自外于其他部分,形成意识上的一种妄想。这种妄想,对人类是一种拘禁,自我受拘于私欲或褊狭心胸。我们今后的任务就在于,突破这种拘禁,扩大悲悯胸襟,以拥抱自然一切万物。[50]

另外,近代大哲史怀哲也曾经明确提醒世人:

> 我们的文明缺乏人道感觉。我们号称人类,却并不尊重人道。我们必须承认这一点,并且寻求一种新精神。我们已经失去了这种理想,完全只以人类为自我中心,忘掉了仁心与悲悯应扩及一切万物。[51]

史怀哲在此所说的“新精神”,代表足以将悲悯仁心扩及万物的哲学,同样也正是中国哲学最大的特色。

尤其,儒家所讲的大公无私,就伦理学而言,就是不应“目中无人”,而应目中有人,不能为逞自己私心私欲或一时之快,而把自己的快乐建筑在别人的痛苦上面。同样,在环境伦理学上,此即代表不应“目中无物”,而应“目中有物”——这“物”既代表动物,也代表植物。代表不能把自己的快乐,建筑在其他动植物的痛苦之上,这正是当今生态保育极重要的观念。

所以由此看来,孟子所讲“不忍人之心”就很重要。他曾经明白强调,对一些待宰为食物的牛,“见其生不忍见其死”。[52]这种心情,既代表“不忍人之心”,也代表“不忍物之心”,正是促进生态保育的极重要精神。

尤其,如今很多餐厅为表新奇,当场活煎不少小动物或鱼虾,一分钟前还活蹦乱跳,一分钟后就被残忍地煮下锅了,真让人看了很不忍心。有些人可能觉得无所谓,或刚开始不忍,久了就习惯了,从生态保育来看,却是“麻木不仁”。

所以,针对儒家“不忍人之心”,今后也应扩大来讲,成为“不忍物之心”,这也代表“惜物”的精神,不只珍惜物品、珍惜物质,更代表珍惜万物生命。唯有如此,才能真正做到大公无私,没有自我中心的私心,也才能真正促进人与万物的真正幸福!

三、忠恕体物性

“忠恕体物”,就是拿设身处地的精神,来了解万物、体恤万物。所以,方东美先生又称之为“同情感召性”,[53]也就是用“同其情”的精神来爱护万物,用“己所不欲,勿施于人”的精神,保护万物,形成“己所不欲,勿施于物”的胸襟。

此所以赫胥黎(Aldous Huxley)曾经明白提醒世人:儒家“己所不欲,勿施于人”的训诫,不仅只对人类而言,同样可以用于动物、植物,以及万物的身上。[54]“如果只用于人类身上,而对一切万物不善,那么一切万物也会循环报应,对人类不善。”[55]

换句话说,赫氏明白指出,人类如何对待自然万物,自然万物也会如何对待人类。因此他又强调:“如果我们要有一套对自然的良好政策,就先要有一套良好的哲学。”[56]而其心目中一套良好的哲学,显然是以儒家为重要典范,所以今后的确深值东西方共同弘扬。

值得强调的是,儒家在此所说的“同情”并不是怜悯的意思。而是“同其情”,体贴尊重的意思。例如很多残疾同胞,并不愿意别人用怜悯的眼光来看他们,因为那样就变成施舍,反而有损其生命尊严与精神人格。根据儒家精神,真正正确的态度,就应该是站在平等的精神,以同其情的立场,设身处地,体会他们的感受,从而拟定应有的态度与政策。这种“感同身受”的精神,才是真正既平等而又“同其情”的仁心。

今天凡是真正文明进步的新建筑,必定会考虑到残疾同胞的需要。因而不论在走道、电梯,乃至厕所,都会很周到地考虑残疾同胞不便之处。以往或者因为经济能力不够,有些机构还做不到,或者因为根本没有想到——那就是“没有心”——而没有做,但真正具有仁心的政策就应体悟到:残疾者同样有平等的生命尊严。如果音乐厅、歌剧院等场所,在设计上疏忽了给他(她)们以方便,那等于不但剥夺了他(她)们应有的行动权利,也剥夺了他(她)们充实精神生活的机会,就明显造成双重不公平。

同样的情形,如果我们对残疾者应有这种周到体贴的考虑,那我们对万物是否也应该同样如此考虑周到?这种考虑周到与体贴,正是儒家“忠恕体物”的精神表现,也是生态保育最应有的重要省思,更是进步国家应有的具体表现。

所以印度圣雄甘地(M. K. Gandhi,1869—1948)曾明确指出:“一个国家的道德是否伟大,可以从其对动物的态度看出。”[57]的确很有道理。事实上今天还可扩而充之,从一般国民对于自然万物能否同情爱护,看出一个国家是否文明进步,所以深值大家警惕与改进。

例如,人类对于野生动物,如果看成只是供人新奇好玩的工具,或者赚钱牟利的工具,那就完全忽略了它们应有的生命尊严。试想,如果一个人本身被关在笼子里,被当作赚钱工具,任人指指点点,此人会如何去想?人类一定要能有此设身处地“同情体物”的精神,才能真正达到环境保护与生态保育的最高境界。

或有人说,动物毕竟只是动物,与人不一样。这又犯了上述的毛病——只以人类为自我中心,自认可以驾凌万物之上,役使万物。例如人类如果硬要把熊猫捕尽,当作人类观赏对象,则明显是将自己的快乐建筑在熊猫的痛苦之上,当然远不如将熊猫放归山林,逍遥自在地独立生活,这才是真正尊重生态保育之道。这种“忠恕体物”的态度,才是儒家广大同情的真正仁心。

所以,儒家强调“善与人同”,在此便很重要。所谓“善与人同”,就是站在同其情的态度,尽量用同情的了解,真正体贴与尊重他人不同的意见,以真正促成和谐互助的精神。

这种忠恕同情的精神运用在环境伦理上,就是“善与物同”。因为儒家明白肯定是“物我合一”,所以“善与人同”,同样可以扩大为“善与物同”,也就是能够设身处地站在一切万物的立场为它们着想;不但为一切动物着想,也为一切植物乃至万物着想,如此共同和谐并进,正是当今生态保育最重要的理念与信念,的确深值大家体认,共同弘扬。

第三节　对众生的态度

儒家对万类众生的态度,简单地说,就是共同参赞宇宙创造活动,以共同化育并进,所以可称为一种“创进化育论”。

《易经》里面曾经强调,“一阴一阳之谓道,继之者善也,成之者性也。”[58]根据儒家看法,一阴一阳象征宇宙中两种旁通相依的力量,互荡互动的结果,共同创造成为宇宙生命。因而不论从人类生命来看,或从众类生命来看,凡能继承这种阴阳和谐运转的创进之道,就叫“善”;而能够真正完成一切万有潜能的化育之道。就是“性”——这也就是“生命”的意义与目的。

所以,方东美先生在《生生之德》里,曾经特别说明此中创进化育之理,非常中肯:

> 生为元体,化育乃其形相,元体是一而不限于一,故判为乾坤,一动一静,相并俱生,尽性而万众成焉。元体摄相以显用,故流为阴阳,一翕一辟,相薄交会,成和而万类出焉。[59]

> 生者,贯通天、地、人之道也,乾元引发坤元,体天、地、人之道,摄之以行,动无死地,是乃化育之大义也。[60]

“生为元体”,代表以生命为中心的本体论,一动一静,相并俱生。“尽性而万众成焉”,则代表一切万类众生莫不以此贯注生命;另外,“成和而万类出焉”,则代表以价值为中心的宇宙论,强调一切万类生命莫不以“和”为贵,唯有真正爱护众生,并且和谐并进,才是真正尊重万物,保护众生之道。

所以儒家肯定,“生者,贯通天、地、人之道也”。新柏拉图学派普罗汀那(Plotinus)主张“太一流衍说”,认为一切万类众生均贯注生命,形成动态流衍的和谐统一,可说于此极为接近。尤其从环保哲学而言,这不但足以弥补柏拉图上下二分、轻忽此世的毛病,同时更与当今环保意识所肯定的物我并生、共同创进精神完全相通。

另如美国近代文豪爱默生(Ralph Waldo Emerson,1803—1882)不但是位深爱自然的大诗人,也是位深爱儒家的大哲人,他对自然众生

的很多看法,既代表新柏拉图学派的传统,也代表深受儒家影响的结果。此所以他曾经在《自然》一书中,明白指出:

> 真正说来,很少成人能够看到自然。大部分人没有看到太阳。对成人而言,太阳只照他们的眼睛,但对孩童而言,太阳同时照亮了他们的心灵。[61]

因此,爱默生强调,大人们应该与孩童一样,永远保持赤子之心,真正做到亲近天地自然,吸吮天地灵气,以作为其精神食粮。此其所谓:

> 热爱自然的人,不论内在心灵或外在感受,均能融通互摄……其与天地的交感,足以变成其日常粮食的部分来源。[62]

这种肯定人与天地交感并进的道理,正是儒家强调"生者,贯通天、地、人之道"的众生论。此所以爱默生也曾明白肯定其能"上下与天地同流"的精神:

> 大化流衍贯通我身,因此我也属于天神的一部分。[63]

这种精神,强调众生均来自上天,因而均平等分享上天的尊严神性,不但肯定了一切万有均应和谐并进,弘扬大化生命,并且肯定了一切众生均有内在尊严与独立价值,不容任何他人或他物贬抑,这在当今环境伦理学上,是极重要的一项中心信念。

孟子曾经强调,"人人有贵于己者",[64]代表人人生命都有其内在的独立意义和价值,不假任何外求,正是此等深意。此其所谓"赵孟之所贵,赵孟能贱之",[65]强调一切外求的价值——诸如权位财富——均不足恃,唯有自己顶天立地的精神人格才真正可大可久。

孟子所说,是从人类伦理学立场而言,同样精神若应用在环境伦理学,今天我们同样也可以说,"物物有贵于己者",代表万类众生同样有其内在尊严与独立价值,不假外求,也不需要人类肯定才算数,更不需要迎合人类需要或利益,才能肯定万类的生命意义与价值。这也正是当今环境保护中极为重要的基本共识与信念。

此所以《易经·乾·文言》中很早就强调的:"乾道变化,各正性命,保合太和,乃利贞。"

这个乾元,就代表一种生发创造的精神,它足以"各正性命",代表能促进万类众生都充塞此等创生精神,并各具生命意义与价值。正因为整个宇宙万类形成真力进注的大生命体,相互可以平衡和谐并进,所以说"保合太和"。唯有如此,才算真正"利贞",透过广大和谐,促进一切众生都能创造并育。

因此,《中庸》第一章就说"天命之谓性",[66]这个"天命"不是指宿命论的天命,"性"也不是指性情的性,"性"就是指生命,代表贯通天地之间一切万类众生最重要的本质。而其根源,则来自于天命,亦即上述"乾道"变化之意。

另外,"率性之谓道",代表能够把这种生命本质充分完成的正途,就叫作道。然后"修道之谓教",则代表能把这种"道"充分修持力行的,才叫作"教"。

儒家这种精神,若应用在环境伦理学上,则除了同样肯定生命贯通天地人外,更强调凡能充分完成万类众生潜能者,才是真正环境保护之"道",至于如何才能修持此种环保之道,则是环保"教育"所应重视的重点。

凡此种种,正是当今环境伦理学中,针对万类众生如何"化育并进"极值正视与参考的关键所在。

因此,深爱儒家精神的爱默生,曾经明白肯定自然万类均充塞生命,而此种生命根源均来自创造者。他曾经清楚地指出,"自然即是宇宙生命精神的象征",[67]而且进一步强调:

> 精神锐气即创造者。精神锐气本身即深具生命真力。[68]

爱默生此处所说的精神锐气,即相当于儒家在《易经》中所说的"乾元"精神,代表至大至刚"纯粹精也"的创造力。因为这种精神深具真力充沛的生命劲气,因而足以弥纶天地,充塞万物众生。人类要能善体宇宙此种生机,进而充分完成众生潜能,创造生机灿溢的美丽新世界,才是人生终极最高理想。

此所以爱默生也特别重视生命美感,并且肯定"尽美"与"尽善"完全可以相通。因为,两者均代表生生不息的原创力。

根据爱默生的看法,"真、善、美",在宇宙最高价值统合处,完全浑然成为一体,均为宇宙生命的"终极目标"(ultimate end)。[69]这与儒家同样极能相通。应用在环保哲学的启发,即是强调应以赤子之心亲近自然(真),以同情之心爱护万物(善),并以优美之心欣赏众生(美)。不论哪一种途径,均能殊途同归,导向同样的环保作用,由此也充分可见东西方会通之处,深值重视与弘扬。

另外,儒家在《易经·系辞》传中强调“成性存存,道义之门”,也是同样的道理,一定要能够完成万类生命的潜能与理想,才算把握了宇宙大“道”与公“义”之门。这一原则不但适用于人类,同样适用于一切万类众生。

当今西方环境伦理学经常强调,“正义”原则应特别照顾弱小动物,如同特别照顾弱势团体一样;像爱略特(George Eliot,1819—1880)便曾提出如此主张,很值得重视:

> 妇女在不公正的强权下,必须受到保护……同样情形,每一个生物均应如此受到保护。[70]

环保学者布罗斐(B. Brophy,1929—)也曾经清楚强调:

> 在我心目中,不论从逻辑或心理学看,动物权利均应建立在社会公义之上。[71]

文学家雨果(Victor Hugo,1802—1885)已经指出:

> 弱者有权得到强者的仁慈与悲悯。动物为弱者,因为它们智力比较不足。所以让我们以仁慈与悲悯之心相待。

由此来看,哈佛大学教授罗尔斯(John Rawls,1921—)所著《正义论》(*A Theory of Justice*),虽系其省思多年的巨著,颇受社会科学各界重视,然而综观全书,基本上仍只以分析人与人之间的“正义论”为主,不论“正义原则”“正义观念”,甚至“正义环境”,均未能论及人与物的正义之道,形成极大缺憾。可见他在1971年出版该书时,仍很缺乏环保观念,今后深值多多改进。[72]

除此之外,孟子曾经强调,“尽其心者,知其性也;知其性者,则知天矣。”“存其心,养其性,所以事天也。”[73]其中精神,均对生态保育深具重要的启发意义。

因为这句话代表人类唯有真正尽其心,充分尽其力,才算真正知道生命的意义与价值。也唯有如此,才能真正知天。

为什么知其性就能知天呢?这就代表,“天”的本性,就是融贯万物无所不在的生生之德。因而,只要能充分尽人之性,进而充分尽物之性,就能透过众生蕴涵的生命而知天。所以孟子才强调,“存其心,养其性”,一定要能存此天心,善养万物生命,才是真正事天之道。

俄国文学家陀思妥耶夫斯基有一段名言,其精神便可说与儒家完全一致:

> 爱护所有上帝所创造的动物、植物,以及万物,爱护一切,以体认融贯万物无所不在的神力。[74]

陀氏在此所说的“上帝”,其功能及意义与孟子的“天”可说完全相通。如果换成“自然”,意义也同样相通,甚至更为生动——代表“存其心,尽其性,所以事‘自然’也”。因为代表孕育万物的大生命体,因此,只要永存仁心,处处均能保护众生,就是真正善待自然之道。这不但是真正善待万类众生,也是真正促进生态保育应有之道,的确深值重视与弘扬。

根据儒家,这种天道,也是公道。在孟子,即称之为“王道”。王道代表不是霸道,因为“霸道”就是唯我独尊,一切以自我为中心,迫使他人将就自己。“王道”则代表以平等心尊重他人,共同和谐并进。人对人之间固然不能霸道,人对万类众生,同样也不能霸道。这种王道精神,是以往很多人忽略的重点,以致在政治上常见强权霸道,在环保上也常见生态污染,今后应深值东西方共同警惕,并多多弘扬儒家的“王道”精神!

方东美先生曾经特别引用《易经》里面四个卦,说明儒家此中精神特色,很值得进一步加以申论。[75]尤其《易经》各卦,不只讲人与人之间的关系,重点更在讲天、地、人三才之道,像这四卦便很可作为环境伦理学的重要参考。

第一个是睽卦。

《易经》中的睽象曾经强调:

> 天地睽而其事同也,男女睽而其志通也,万物睽而其事类也,睽之时用大矣哉!

本卦最重要的启发,在从天地之间的宇宙论,谈到男女之间的伦理学,然后再旁通到万物之间的众生观。其中一贯之道——相对中的和谐统一,正是环境伦理学的重要原理。

换句话说,本卦中的每一部分,表面看来好像是相对——天地之间相对,男女之间也是相对。但是,却很可以找到其间的共通点——那就是相反而相成,相互化育而共同创进。

所以,方东美先生曾经用一个哲学名词,称此为“对立中的调和”,或者是“反对中的同意”,很能发人深省。同样情形,这也正可代表一切万类众生之间的关系——看似纷杂甚至对立,其实深具“机体的统一”,在“一”与“多”之间和谐并进。

这种对立中的和谐统一,对环境伦理学的启发很大,代表应该把天、地、人、万物都看成一整体,并且可以“异中求同”,而又“同中求异”。扼要而言,这也正是肯定宇宙众生应有多样性与多元性,但又不失和谐统一的道理,如此共同形成创进化育的大生命体,正是机体主义的另一特性。

第二个是兑卦☱☱。

“兑”,同悦,在兑的象卦中,曾经强调:

> 刚中而柔外,说以利贞,是以顺乎天而应乎人。

本卦代表的重要精神,在于强调,要能刚柔并济,才能化生万物,也才符合顺天应人之道。

事实上,这也正代表生态保育中的重要道理——应该刚柔并济,平衡发展,对众生态度,不能过刚或过柔;过刚变成刚愎自用,过柔成为优柔寡断,均非平衡发展之道。另外,也不能任意破坏更不能任意剥夺众生追求生命悦乐的天性。

除此之外,还有一个“咸”卦跟兑卦同样重要。咸通“感”,代表万物交感,众生感通之道,同样在强调刚柔并济,相辅相成。此其所谓“柔上而刚下,二气感应以相与”,以及“天地咸而万物化生,圣人感人心而天下和平,观其所咸,而天地万物之情可见矣。”正因“感通”对万物如此重要,所以本卦列为《易经》下经的第一卦。

至于本卦所讲的“天地万物之情”,正是万物感通之中的浓情生意。本卦提醒人们,只要能善体这份生生之情,切实加以保存与发扬,就能不断地向前创生化育,进而促使“天下和平”,这正是当今生态保育至为重要的另一信念!

第三个为泰卦。

本卦为什么叫泰卦呢？泰卦的情形是，地（坤）在上，天（乾）在下。通常的自然现象都是天在上，地在下，何以颠倒过来反为“泰”呢？此中深意，即代表上下要能够充分交流，加强沟通，然后才能形成“天地相交，万物相通”，也才能成为“泰”。

这里讲的万物“相通”，也就是今天讲的“沟通”。“天”（乾）能够下来，象征在上位者不是高高在上，而是能够深入基层，下来多了解民间疾苦。而在下位者，也能切实将下情上达，充分表达心声。唯有如此上下相“交”，才能万物相“通”。

事实上，不但人与人之间应如此相交互通，人与万物众生之间也应如此。只要能彼此充分感通，达到物我合一的境地，就能共同地和谐互助，化育并进，这也就是“泰”！

所以，通常我们讲“国泰民安”也就是这道理。简单说，这个“泰”卦建筑在彼此的沟通上，建筑在彼此的对话上，更建筑在彼此的交流上，唯有如此才能真正国泰民安。不但人与人之间的伦理学如此，在环境伦理学也同样如此！

相反而论，像否卦，正因为“天地不交，万物不通”，所以才会变成“否”。也就是天（乾）在上，地（坤）在下，如此天是天，地是地，不能角色互换地交流沟通，自然会成为僵硬的对立。不但人与人之间如此，人与物之间也是如此，如果彼此缺乏感通，缺乏同情，缺乏尊重，便不能成为“物我合一”的心境，更容易以自我中心驾凌他物，形成破坏自然万物的结果，所以深值警惕与改进！

第四个则是恒卦。

恒卦代表永恒之道，其中对生态保育之道，尤具重要的启发性。此所以《易经》在恒卦中说：

> 天地之道，恒久而不已也，利有攸往，终则有始也，日月得天而能久照，四时变化而能久成，圣人久于其道，而天下化成，观其所恒，而天地万物之情可见矣。

换句话说，天地众生运转的重要原理，一言以蔽之，正是“恒久而不已”，也就是创生不息，化育不止之理。所以其中强调“观其所恒，而天地万物之情可见矣。”代表一定要能有恒心，了解天地之中不屈不挠的大生机，以及愈挫愈勇的生命力，然后才能充分把握“天地万物之情”。

此中对环保哲学的最大启示，就是肯定天地万物保育之道，乃在促进一切万类众生均能生生不已，创进不息。因此人类绝不能任意横加破坏，更不能肆意污染残害，而要能真正参赞大化生命之流，与万物众生和谐互助，共生共荣，这才是天地众生真正可大可久之道！

事实上，整个《易经》六十四卦，从乾元开始，到最后殿以“未济”，并以一阴一阳为“未济”的各爻，都在充分说明宇宙恒久循环、运转无穷的至理。郑康成指《易》有三义，“变易”“简易”与“不易”，其中“不易”即代表“生生之德”，本身乃宇宙恒久不变之理，对环保哲学尤其启发深远，值得重视。

尤其《易经》很多卦中，常共同赞叹“时之义大矣哉！”代表儒家极为重视“时间”的因素，此中同样含有平衡生态的精义。此所以孟子曾经明白地指出：

> 不违农时，谷不可胜食也。数罟不入洿池，鱼鳖不可胜食也。斧斤以时入山林，林木不可胜用也。[76]

这里所说“数罟不入洿池”，犹如今天所说捕鱼不用流刺网，代表儒家并非禁绝捕鱼或伐木，但应把握时机，符合中道，绝不滥捕、滥砍，以免影响生态平衡，这也正是当今环保与生态保育中的重要原则。

所以综合而言，以上各项例证，充分可以说明儒家“创生化言论”的特色，首先在肯定一切万物众生本质都在向前不断创进，其次则在强调创生的过程中，一切万众生物都是相互依存，彼此感通。再其次更肯定，一切万类众生均分别具有内在独立的生命价值和意义，如何充分完成此等生命潜能，便是伦理学中“善”的重要课题。最后则在强调，一切万类众生，共同在和谐互助之下，均可一体迈向更高境界的生命理想。

凡此种种特性，共同形成了“机体主义”的重要精神。事实上，也正是当今西方环境伦理学的重要信念，所以深值东西方共同重视与弘扬！

从上述内容中，我们可以看出来，孔子、孟子，乃至于《易经》《大学》《中庸》，对环境保护都是一贯的思想与立场。

以下将分析荀子稍微不同之处,并说明虽然略有不同,但并非在根本上对立,很多本质仍然一致。

这就好像荀子所讲的人性论,通常总被误以为是“性恶论”。其实荀子并不是性恶论,顶多是“情恶论”。

因为荀子所论的“性”,顶多是中性、无善无恶。此其所谓“性者成于天之自然”“凡性者天之就也,不可学不可事,而在人者谓之性”。[77]但他所说的情,却因为有七情六欲,所以情是恶的。他只因为情恶,再牵引认为性也有可能恶。

所以,此中错误诚如方东美先生所说,荀子之所以谓性为恶,“实由于他将‘性’与‘情’混为一说,‘情’就逻辑上来讲,本应比‘性’低一层,只因他颠倒前后,牵性就情,所以从‘情恶’中推出‘性恶’,归根究底,荀子的主张原只是一种‘情恶论’,而在此处犯了逻辑上混淆的错误。”[78]

不过,值得重视的是,荀子的人性论,表面看起来跟孔子、孟子好像不一样,但他最后仍强调“其善者,伪也”[79],并强调“性伪化成”,可见仍然强调“人为”修养的重要,也就是仍然强调人文教育的重要,这就又与孔、孟殊途同归了。所以他基本上仍被称为儒家,而与韩非等法家注重法术权谋不同。

同样的情形,也发生在荀子对环境伦理的看法上。

首先,我们来分析他对自然的理念。

荀子对自然的理念,简要而言,是强调“天行有常,不为尧存,不为桀亡”。[80]他认为天地运行乃是一种自然现象,而自然界也只是一个有次序的运转。他与孔孟不同的地方,是并没有把这些自然界赋予生命,他认为自然只是一个中性的存在,并无所谓生命不生命,正如同他认为“性”是中性的一样。

然而,重要的是,他仍然强调自然应是“和谐的”运作。所以在基本上,他的立场和儒家仍是一致的。虽然他并没有说自然界是一个充满生命的有机体,但是他仍然强调人与自然应和谐相处的重要。

从哪里可以看出这一关键呢?此即其所谓“天行有常”,这个“常”字,就代表是一个常道,也就是不容任意破坏的平衡之道,而且很明显代表他肯定生态平衡的重要。

另外,他在《天论篇》里讲得也很清楚:

> 列星随旋，日月递，四时代御，阴阳大化，风雨博施，万物各得其和以生，各得其养以成。不见其事，而见其功，夫是之谓神。皆知其所以成，莫知其无形，夫是之谓天功。

荀子在本段中，一方面认为，天上日月星云，以及四季变化，风雨博施，只是一种自然的现象，无所谓相互旁通，成为大生命体。然而，另一方面，荀子同时强调，万物各得其"和"以生，各得其"养"以成，可见他还是强调和谐，还是注重保护，这就很重要。正如同他在人性论里面，虽然认为"性"非善非恶，但结论仍强调人文教育非常重要。

因此，准此而论，荀子的自然观，虽与孔、孟不完全一样，但结论仍强调应注重自然的平衡和谐，也应注重自然的保护滋养，在这一根本处，三者均为一致。因而就儒家的环境伦理学而言，这就形成了整体的共识，深值重视。

其次，我们再看荀子对万物的看法。

这在基本上也是同样情形。虽然，荀子对自然万物强调要"勘天役物"。但是，他并没有说要伤害它们的生命或破坏它们的生态，这一点很重要。

因为西方传统中的很多看法，认为役使万物乃天经地义，因而在无形中就会任意破坏生态，污染环境，并认为无所谓，反正人类本应驾凌万物之上。但荀子并无此意。

荀子所讲的"戡天役物"，顶多相当于尚书所谓"正德、利用、厚生"中的"利用"。他并非视万物为工具，而是把万物作为厚生的基本资源，但并非为了炫耀、虚荣，或驾凌万物，加以残害，更不是心存轻蔑，任意破坏一切野生动物、植物等，否则将愧对"正德"的精神，形成自相矛盾。

这一段精神在荀子《天论篇》中清楚可以看到，此其所谓：

> 财非其类以养其类，夫是之谓天养。顺其类者谓之福，逆其类者谓之祸，夫是之谓天政。暗其天君，乱其天官，弃其天养，逆其天政，背其天情，以丧天功，夫是之谓大凶。圣人清其天君，正其天官，备其天养，顺其天政，养其天情，以全其天功。如是，则知其所为，知其所不为矣，则天地官而万物役矣。其行曲治，其养曲适，其生不伤，夫是之谓知天。

扼要来讲,这一段重点乃在“知其所为,知其所不为”,这种“有为有守”的精神,正是荀子对整个万物的基本看法,仍然深符当今环保哲学的中心信念。

换句话说,根据荀子看法,若用现代术语来说,经济发展与环境保护应该平衡并重。否则如果只知偏重环保而轻视经济建设,对任何万物都不能“利用”,则人类势必仍将停在蛮荒原始社会。另外,如果对任何万物都不能用来“厚生”,一切鱼肉蛋类都不能吃,则所有人类均只能吃素,那也是不可能的事。

所以根据荀子,只要不过分地伤害生态、破坏自然,也就是“其生不伤”,便是可以容许的程度。这代表荀子并非禁欲主义,而是合理的节欲态度,正如同孟子所说“可欲之谓善”,而并非“禁欲之谓善”,这仍然还算理性的态度,与当今环保基本原则并未冲突。

因此荀子在这里所强调:“财非其类以养其类,是之谓天养。”“天养”这个观念便很重要,这也就是说,人类如果为了生存营养,不能不摄取“非人类”,这是无可厚非的事。例如人需要摄取蛋白质,便不能不吃蛋,但若所有人均吃纯素,连蛋都不吃,就可能形成另一种极端。

另如人类对脂肪肉类也需要吸收,因而,可以从一般家禽摄取。根据荀子,这是可以容许的,但却不能为了只逞口腹之欲,或逞新奇之欲,专门挑稀有的珍异动物,特别捕捉来吃,也不能狠着良心,把珍奇的稀有动物杀来做虚荣装饰。这些都是“暗其天君,乱其天官,弃其天养,逆其天政,背其天情,以丧天功”的“大凶”,所以均为荀子所反对。

换句话讲,荀子是相当务实的,他相当能够了解人性的基本需要,所以对人体基本营养所需,他并不反对去役物,因而才主张“知其所为”。但是,他同时也强调要能“知其所不为”,不能忽视。

所谓“知其所不为”,一言以蔽之,就是“其生不伤”,不能“逆其类”。根据荀子,凡是超过人类本身生存所需的范围,就是伤害了天养,就不应去做。

荀子此处所谓“财”,代表“裁”的意思,裁非其类,就是裁“非人类”的动物或植物,作为养育人类所必需的养分,他认为这一部分还算合理。但若超过了这个范围,不是为了基本营养需要,却去残害万物,那就成了伤天害理;不但会伤害“天养”,成为“伤生”,而且会伤害大自然生命的平衡,这是他所坚决反对的。这种原则也很能符合当今环保的重要原则，并且切合中庸理性之道，也不至于走上极端。

要之，荀子对于万物的看法，虽然提到勘天役物，但并不过分伤生，而且必定有所不为。因而其基本精神，并未违背儒家的仁道，对当今环境保护的大原则同样并未相背，所以深值澄清，不能任意断章取义。

再其次，我们应分析荀子对众生的态度。

到底万类众生的存在，有没有其内在价值？根据荀子的答复，应当是“并没有”。因为他认为一切万类的存在，只是自然的客观存在，因而并没有内在的生命价值。

但是，值得重视的是，荀子仍然认为，人类应该要透过人文教化，让自然世界变成一个人文世界。所以，虽然荀子认为，客观的自然世界并没有内在的生命价值，但是人之所以为人，绝不能变成只是“二足而无毛”。[81]更何况，人之所以有分辨能力，就在于他有这种追求内在价值的人文精神。

换句话说，荀子虽然在此出发点与孔孟不一样，并不认为万类象生本有内在的生命意义和价值，但是，其结论最终点仍然一样，同样肯定人文生命的价值与重要。

尤其，荀子在此强调人文生命的价值，并不代表贬抑自然生命的价值。根据荀子，自然是一个中性的存在，虽然并无内在价值可言，但也并不代表它是价值低一等的存在。这中间便很不相同。正如同他认为人性虽然并不是善，但也并没有说就是恶，而认为它是中性的无善无恶，只有“情”才是恶。

此所以荀子在《王制篇》里，特别提到：

> 天地者，生之始也；礼义者，治之始也；君子者，礼义之始也；为之、贯之、积重之、致好之者，君子之始也。故天地生君子，君子理天地；君子者，天地之参也，万物之总也，民之父母也。无君子，则天地不理，礼义无统，上无君师，下无父子，夫是之谓至乱。

换句话讲，虽然荀子对于自然万物众生，并不承认各有其先天性的内在价值，但是他也认为，仍要透过后天的人为努力，透过人的“礼义”，来点化先天的自然世界，促其成为后天的人文世界。

此即荀子所谓：“君子者，天地之参也，万物之总也，民之父母也。”

而且“无君子,则天地不理,礼义无统,上无君师,下无父子,夫是之谓至乱。”这正如同他虽然认为人的天性并不是善,但是,他仍然强调教育的重要,要让中性的人性变成善的成果。

由此可见,荀子仍然被称为儒家,是很有道理的。代表他出发点虽然不同,但其结论,乃至教化方法,都仍然与孔孟的精神并行而不悖。

另外,荀子在《天论篇》也曾经有一段话,非常重要:

> 大天而思之,孰与物畜而制之;从天而颂之,孰与制天命而用之;望时而待之,孰与应时而使之;因物而多之,孰与骋能而化之;思物而物之,孰与理物而勿失之也!愿于物之所以生,孰与有物之所以成,故错人而思天,则失万物之情。

所谓“大天而思之,孰与物畜而制之”,就是说,与其把天看得很大,然后当作一种思慕的对象,何不把它当作一般的物而牵制它?“从天而颂之,孰与制天命而用之”,就是说,如果完全顺从天而歌颂它,不如加以宰制与运用。这些很明显,都是从自然科学角度所讲的论点,与西方传统思想很接近。

然而,值得重视的是后面几句:“望时而待之,孰与应时而使之”,代表与其被动地盼望好时机来播种,何不主动地因应时机而使用?另外,“因物而多之,孰与骋能而化之”,代表与其因为万物的丰饶而赞美其多,何不驰骋人的智能加以变化它?从这两句已经可以看出,荀子重点并不在贬抑物的生命本性,而在提升人的潜在能力,并同时促成万物众生能有更大的发展。

更重要的,乃是后面紧接的两句:“思物而物之,孰与理物而勿失之”,代表若要为一切万物着想,则站在物的立场来看,何不把物的性质先整理出来充分了解,不要失去物的本性。从这句话更清楚可以看出,荀子并非要违反物性,而且刚好相反,是要进一步从万物的立场了解物性,以充分加以尊重,并完成各物的本性及潜能,这就很符合当今生态保育与环境保护的基本原则。

尤其,荀子明白指出:“愿于物之所以生,孰与有物之所以成”,代表与其思慕物的所以生,何不致力于物的所以成。更明显表示,他很重视万物能否尽性,完成潜能,这更是当今生态保育的根本精神。

所以,荀子最后结论很重要:“故错人而思天,则失万物之情。”换句话讲,如果只措置人事而失天理,那么就会失掉万物之情。因此他的总结论仍然在强调:要顺万物之情,成万物之命,而不要只以人为中心,伤害万物生命与本性。这就清清楚楚,正是当今环保哲学的中心信念!

由此充分可见,荀子所说的运用万物,基本上仍然要顺着万物的本性,充分帮助其实现生命潜能,并非要逆其道而行,更不是要伤害万物本身的性情,成为人类盲目利用的奴隶。

综合而言,荀子的思想,不但没有破坏生态保育,没有防碍环境保护,反而因其主动要了解万物众生的性情,帮助彼等完成实现生命潜能,所以很能与当今环保哲学相通吻合!

因此,总结上面所说的儒家思想,不论孔子、孟子,甚至荀子,他们对环保三项基本问题的看法,可说都相当的一致,而其中所代表的“机体主义”精神,尤其深值重视:

第一,关于人对自然的理想,孔孟均肯定“万物含生论”,认为宇宙大化流行,乃生生不息的大生命体;虽然荀子并没有强调万物含生,但是,他同样重视人与自然应和谐相处的中道,同样强调“万物各得其和以生”,所以精神仍可相通。

第二,关于人对万物的看法,孔孟均肯定万物“旁通统贯”,因而物我可以合一,天人可以合德;荀子虽然主张要勘天役物,但是他仍然主张知所为,知所不为,并不是要伤生害物,而是要“养其天情,以全其天功”,所以基本精神仍然并未违背。

第三,关于人对众生的态度,孔孟均肯定,所有万类众生都有其内在生命的意义和价值,因而都可以参赞化育,创生并进。荀子虽然并不认为万类有内在的生命意义和价值,但是,他也强调,不能失物之性,失物之情,而要能主动致力于“物之所以成”,此其所谓,“君子者,天地之参也”,其中精神同样可以吻合。

所以,总结而论,儒家这种“机体主义”,不论其对自然的看法,对万物的理念,还是对生命的看法,不但与当今生态保育之道很能相通,而且对今天的环境伦理学深具重大的启发。

尤其,今后不论东西方,当大家日益感受到严重的环保问题,而亟须寻找完整的环保哲学基础时,儒家这种体大思精的机体主义,的确深值大家共同体认,全力弘扬。相信唯有如此,东西方共同合作,互通有无,全力以赴,才是整个人类共同之幸,也才是整个地球万物众生之福!

附　注

① 方东美先生《生生之德》,台北黎明公司,1987 年四版,第 145 页。

② 有关论证细节,尚请参考熊十力先生著《读经示要》《十力语要》《乾坤衍》,另外请参笔者拙著《〈易经〉之生命哲学》,台北天下图书公司,1977 年印行,本文仅论其中重点。

③ 详见太史公《史记》,乾隆武英殿本,六十七卷《仲尼弟子列传》,第 8 页,及一百三十卷《太史公目序》,第 2 页。

④ 项穆《书法雅言》,古今章。

⑤ 孔子《论语》,"述而篇"第十六章。

⑥ 方东美先生《中国哲学之精神及其发展》(*Chinese Philosophy: Its Spirit and Its Development*),Linkin Press,Taipei,1980,Chap,1. 中译请参考孙智荣所译,台北成均出版社,1984 年出版,第 44 页。

⑦ 《易经》,系辞上传,第四章。

⑧ 方东美先生《中国人的人生观》(*The Chinese View of Life*),Union Press,H. K. 1958,中译请参考笔者拙译,台北幼狮书局,1980 年出版,第 91 页。

⑨ 《易经》,乾文言传。

⑩ 《易经》,系辞上传,第四章。

⑪ 同上书,第五章。

⑫ 同上书,第七章。

⑬ 戴震《原善》。

⑭ 《中庸》,第二十六章。

⑮ 同上书。

⑯ A. N. Whithead, *Religion in The Making*, N. Y. 1926, p. 15.

⑰ 《中庸》,二十四章。

⑱ T. De Bary "An Essay on Confucianism and Human Rights", see I. Eber(ed.) *Confucianism: The Dynamics of Tradition*, Macmillan Publishing Co. ,N. Y. ,1986,p. 117.

⑲ 例如 Paul W. Taylor, *Respect for Nature*, Princeton University Press,1986,pp. 119—129.

⑳ 《中庸》,三十章。

㉑ 请参考方东美先生《中国人的人生观》,笔者拙译中译本,第91—92 页。

㉒ 《易经》,乾元彖传。

㉓ 《易经》,坤元彖传。

㉔ 请参见方东美先生《中国人的人生观》,笔者拙译中译本,第92 页。

㉕ 请参见方东美先生《中国哲学的精神及其发展》,中译本,第89 页。

㉖ 同上书。

㉗ 以下四项的标题见上书,第 90 页。除第二项以外,其他各项申论为笔者拙见。

㉘ 同上书,第 90 页。

㉙ John Muir, "Our National Park", Ca. 1898, 4, also see: *John Muir in His Own Words*, ed. by Peter Browning, Great West Books, Ca, 1988, p. 58.

㉚ 庄子《知北游》。

㉛ 孟子《尽心篇》,第十三章。

㉜ 同上《公孙丑》,第二章。

㉝ 同上《尽心篇》,第三章。

㉞ 方东美先生《生生之德》,第 145 页。

㉟ 同上书。

㊱ 《易经》,乾文言传。

㊲ 《易经》,系辞上传,第八章。

㊳ 见方东美先生《生生之德》,第 23 页。

㊴ 《易经》谦象的卦位为"坤上艮下",即山在地下。

㊵ 《易经》,系辞下传,第四章。

㊶ 本图原见方东美先生《易之逻辑问题》,另见《生生之德》,第29 页。

㊷ 《论语》,“卫灵公”第二十三章。

㊸ Aldous Huxley, A letter to Fair field Osbern, 16, Jan. 1948., Quoted from *The Extended Circle*, ed. by J. Wynne-Tyson, Paragon House, N. Y. 1985, p. 136.

㊹ Ibid, p. 55.

㊺ 方东美先生《生生之德》,第154页。

㊻ F. M. A. Voltaire, “Elcmcns de la Philosophic de Newton”, see also *The Extended Circle*, p. 388.

㊼ Ibid, Preface.

㊽ Ibid, p. 38.

㊾ F. M. Dostoevsky: *The Brothers Karamazov*, see also Ibid, p. 71.

㊿ Albert Einstein, *New York Post*, 28, Nov. 1972, see also Ibid, p. 76.

51 Albert Schweitzer, “Letter to Aida Flemming”, 1959, see also Ibid, p. 315.

52 孟子《梁惠王》,第七章。

53 方东美先生《生生之德》,第154页。

54 Quoted from *The Extended Circle*, p. 136.

55 Ibid, p. 136.

56 Ibid.

57 M. K. Gandhi, “The Moral Basis of Vegetarianism”, see also Ibid, p. 92.

58 《易经》,系辞上传,第五章。

59 方东美先生《生生之德》,第153页。

60 同上书。

61 R. W. Emerson, *Nature*, Beacon Press, Boston, 1985, p. 11.

62 Ibid, p. 12.

63 Ibid, p. 13.

64 《孟子》上,十七章。

65 同上书。

66 R. W. Emerson, *Nature*, p. 32.

67 Ibid, p. 35.

⑥⑧ Ibid,p. 30.

⑥⑨ Quoted from *The Extended Circle*, p. 77.

⑦⓪ Ibid. p. 27.

⑦① Victor Hugo,"Alpes et Pyrenees",see also Ibid,p. 131.

⑦② J. Rawls, *A Theory of Justice*,Harvard University Press,1971,本书共分九章,体系庞大,分论正义的原则、公平原则、平等状态、合理性、正义感、正义的善等问题;但均未提到对自然万物应有的"正义""公平""平等""合理"等观念,殊为一大缺憾。

⑦③ 孟子《尽心篇》,第一章。

⑦④ F. M. Dostoevsky,*The Brothers Karamazov*,see also *The Extended Circle*, p. 71.

⑦⑤ 见方东美先生《生生之德》,第152—153页。

⑦⑥ 孟子《梁惠王》,第三章。

⑦⑦ 《荀子》,卷十七,第3页。

⑦⑧ 方东美先生《中国人的人生观》,同上书,人性论。

⑦⑨ 荀子《性恶篇》,《荀子》卷十七,第1页。

⑧⓪ 荀子《天论篇》,《荀子》卷十一,第15页。

⑧① 荀子《非相篇》,《荀子》卷三,第5页。

第三章　道家的环境伦理学

绪　论

道家的中心思想,主要表现在其“道论”,而其道论,基本上可从四方面分析,亦即:

道体——道之本体。

道用——道之大用。

道相——道之显相。

道征——道之印证。

我们若从环境伦理学的三大主题来看,则“道论”正好可以相互呼应——其中对自然的理念,相当于道家的“道体”;对万物的看法,则相当于“道用”;而对众生的态度,即相当于“道相”乃至于“道征”,尤其“道征”(征者证也),代表足以印证大道的精神人格,也正代表深具环境伦理素养的精神人格,很能作为正确对待自然众生的典范。

然而,在进入三个重点之前,本文应先说明道家和儒家、佛学有哪些不同的特色,又有哪些相通的共识。

首先,就三者不同的特色而言,儒家是在时间之流里面,注重向前创造的精神,所以方东美先生称之为“时际人”(Time-man),代表其生命精神,主要是一种生生不息的“圣人”气象。

道家不同之处,在于并非在时间之流中向前开创,而是在空间境界里向上提升。所以方东美先生称之为(Space-man),也就是仿佛“太空人”的生命精神,代表一种玄之又玄的博大“真人”,两者在生命风格上有所不同。

尤其,“真人”两字在儒家里面,从头到尾并没有出现过。像“至人”“神人”更是到庄子才出现。倒是“圣人”除了儒家使用,老庄都还同时用过。只不过道家所用“圣人”的字义,有的时候代表正面的意思——比如老子说“圣人无常心,以百姓之心为心”,即为正面肯定;但有的时候却也代表反讽的意思——像庄子所讲“圣人不死,大盗不止”,就是反讽“假圣人”的意思,因而需从上下文同时研读才行。

值得强调的是,虽然儒道两家风格不同,但却并不相互排斥,反能相辅相成。此即船山所谓:“儒之弊在俗,道之弊在诞。”一旦儒家失去高尚理想,变成俗儒,便应以道家高妙的超越精神相济;同样情形,一旦道家过分超脱,形成荒诞,便应以儒家用世精神相济。这两者互动互济,形成和谐中道,才是更完美的民族文化型态。

那么,佛学在此架构里,可以用什么来代表其特色呢?

方东美先生曾用一句话简要比喻佛家,即为“兼时空而并遣”(Time-space man with the sense of forgetting),可说言简而意赅。至于其生命精神的代表,即为悲智双运的“觉者”。

所以,方东美先生在《生生之德》中说得很中肯:

> 综上所言,我们现在可用另一种简明扼要的说法,借以烘托点出弥贯在中国形上学慧观之中的三大人格类型。在运思推理之活动中,儒家是以一种“时际人”(Time-man)之身份而出现者(故尚“时”);道家却是典型的“太空人”(Space-man)(故崇尚“虚”“无”);佛家则是兼时、空而并遣(故尚“不执”与“无住”)。[①]

因此,若从这种架构来看儒家、道家、佛学,就很清楚各有特性,值得深入体认。

然而,更值得重视的是,他们三者之中相通的共识又是什么?这相通之处,对今天所说环境伦理学就极为重要。扼要来说,其中相通共识,即在于都很肯定“机体主义”,也都很重视生态保育中最重要的三项原理——

第一:万物含生之理(亦即人对自然的理念)。

第二:旁通统贯之理(亦即人对万物的看法)。

第三:创进化育之理(亦即人对众生的态度)。

就道家来讲,“万物含生论”也就是“万物在道论”,肯定万物通通存在于大道之中,而大道是一切的天地根。所以,这就和儒家的“万物含生论”完全能够相通。

另外,儒家所说的“旁通统贯”,在道家则称之为“彼是相因”[②],肯定万物不但互为因果,而且交融互摄。这也正是一种旁通统贯之理,只是各用不同的名词,表示相同的意义与精神。

还有,在对众生的态度上,儒家认为宇宙一切众生均在"创进化育"中,因此强调整个"天下之动"都"贞夫一"[③],所以对众生应有雍容的和谐统一态度,并透过"物我合一",到达"天人合德"的境地。到了道家,也同样有此精神。

此所以老子认为,圣人"抱一为天下式"[④],庄子也认为圣人"原天地之美而达万物之理"[⑤],均在同样肯定众生本质,乃在共同创造化育之理。大道看似无为,其实无不为,因而整个宇宙也都是充满生意,形成甜美的甘露世界。因此老子强调"天地相合,以降甘露。"[⑥]庄子也说,圣人"与物为春""其于物也,与之为春"[⑦],均代表应与万物众生温馨打成一片,然后才能真正达到"天地与我并生,万物与我为一"的境地[⑧]。

至于真正能够尊重生命、同情体物的精神人格——亦即今日能够深具环境伦理素养的人士——在儒家称之为"君子",或"圣人",或"大人",在道家则称之为"真人""圣人",或"至人",两者虽然用词不同,但精神胸襟则完全一致。尤其两家均强调应身体力行,具体落实,这对今后环保工作与生态保育之道,均能深具重大启发。

另外,我们也可从比较哲学眼光,扼要分析佛学的相关思想。

首先,就人对自然的理念而言,小乘佛学固然认为万法皆空,对此世采取出世与厌世的态度,但大乘佛学则强调,真空之后仍应肯定"妙有",因而对自然的看法,可以说仍然与儒家同样,肯定"万物含生",如华严经强调"一一尘中佛皆入",更可说是"万物在佛论",与道家的"万物在道论",精神完全相通。

另外,关于人对万物的看法,大乘佛学更是强调万物相待而有、融贯互摄,因而形成事事"无碍"的圆融观,此即佛学所谓"一即一切,一切即一",这也正相当于儒家的"旁通统贯"以及道家"彼是相因"之理。

还有,佛学对众生的态度,更是强调一往平等,肯定佛性不仅仅与人性平等,而且与物性平等,因而强调要以悲智双运之心,促使众生同登佛境,证成"一真法界"。此即儒家"创进化育"之理,亦即道家"与物成春"的同样精神。

至于能够尊生爱物的精神人格，在佛学中即明白以"菩萨"作为代表。菩萨的字根（Buddhi-Satra）即代表具大智慧、也具大悲心，这也正是今天讲环保最需要的精神素养。而且菩萨心不但重视"知"，同时重视"行"，均与儒道两家相同，亦为今后环保工作的成功关键。凡此种种，充分可见三家共通之处，即为今后环保教育最应弘扬的共识。

以下分从三项环保主题，进一步说明道家的思想与精神。

第一节　对自然的理念

道家对自然的理念，主要表现在其道论的"道体"之中。根据道家看法，"道"代表融贯宇宙、无所不在的无穷生命本源。所以能视一切大自然均充满无穷生命，因而基本精神和儒家非常接近。

像儒家强调"通天地人之谓儒"，肯定"大人者"乃是能"与天地合其德"、善体天地生生之德的人。明显可知其重点在强调"三才"均大，亦即天大、地大、人也大！

同样情形，道家中老子也很清楚地肯定"域中有四大"——"道大、天大、地大、人亦大。"[9]正因老子肯定宇宙之中，这四项都有平等的伟大性，因而强调彼此均应相互尊重，共同并进。

更重要的是，道家在此比儒家多谈了一个"道"字，而这个"道"字，正是融贯天地人的本体。所以儒家称"通天地人之谓儒"，在道家则可称"通天地人之谓道"。此所以庄子特别强调"道通为一"，可说与儒家视天地万物为一体之"仁心"完全相通。只不过在道家或可称，合天地万物为一体乃"道心"。

换句话说，"道"在老子心目中，首先代表源源不尽的大生命体。所以老子说，道对一切自然而言，均为"善贷且成"，[10]而且此道"无所不在"，代表大道的生命劲气贯注自然万物之中，无所不在。这就充分地肯定万物均含生机，也与前述儒家的"万物含生论"完全相通，只不过在道家，则可称为"万物在道论"。

此所以老子强调，人要法地，地要法天，天要法道，而"道法自然"。[11]他不但肯定这四者应紧密结合在一起，成为一个大生命体，而且强调人生终极目标，除了效法大地、上天与大道，一贯而上，而且还止于"道法自然"，如此视"自然"为最高效法对象，正是最为尊重自然、爱护自然的环保典范！

当然，值得重视的是，此处“自然”有两层意义，一为外在自然环境的自然，即西方所称的Nature，一为内在万物本性的自然，即西方所称的Spontaneity，然而两者却在一个关键上完全相通——那就是同样均指盎然的生机。前者指大自然中蕴藏的无限生意，后者则指一切万物本性蕴涵的创造潜能，综合而言，均为“万物含生”的明显例证。这也正是道家极能爱护自然的证明——正因为“自然”在道家眼中，是一个充满无限生意的大有机体，所以，道家极为尊重生命，也极为尊重自然，爱护自然。

因此老子曾经明确指出：

> 道冲，而用之或不盈。渊兮似万物之宗，挫其锐，解其纷，和其光，同其尘，湛兮似若存。吾不知谁之子？象帝之先。（第四章）

根据老子看法，道乃是一切自然万物的生命根源，此其所谓道为“万物之宗”，“道”充满无穷生命的本质，正仿佛生命能源的大宝库，所以“用之或不盈”。因为“道”这种充满生命的本体，足以超越一切自然存在之先，所以又称“象帝之先”。由此充分可见，道在老子心目中深具重要的超越性与根源性。

另外，老子也曾经特别指出，道为“万物之奥”[12]，并且明白强调，道为“天地根”：

> 谷神不死，是谓玄牝。玄牝之门，是谓天地根。绵绵若存，用之不勤。（第六章）

老子在此处称“道”为“玄牝”很有深远意义。因为“玄”在此代表神奇奥妙，而“牝”代表母马，象征创造能力。因此，“玄牝”就代表“道”足以生发创造一切大自然的万物。

老子称此“玄牝之门”为天地根，而且绵绵若存，永远用不完，代表“道”的生命创造潜力，不但极为神奇奥妙，而且绵绵不绝，用之不尽，取之不竭，因而可称为整个大自然的根源。一言以蔽之，就是“天地根”。这正如同一棵大树，若要生命茂盛，必先树根丰厚，根据老子，整个大自然的根即为“道”，看似无形，却为一切有形生命的根源。

另外,老子也强调"天地之间,其犹橐籥乎,虚而不屈,动而愈出。"[13]这代表天地之间像风箱一样,创造万物,生生不息。凡此种种充分可见,老子把"道"看成是一切大自然的根源本体,"道"既是绵绵不尽的大生命体,其所生发创造的一切自然万物,当然也充满了生命与有机体。这正是当今生态保育的重要哲学基础,也为"尊重自然生命"提供了深厚的哲学根源,深值重视与弘扬。

尤其,根据老子,这个"道"不但贯注于万物之中,而且很有以下特性:

> 有物混成,先天地生,寂兮寥兮,独立而不改,周行而不殆,可以为天地母。吾不知其名,字之曰道。(第二十五章)

这段话看起来很玄,其实正是当今哲学术语所讲的"本体"定义。

什么叫做本体?首先就是"先天地生",在一切天地之先已经存在。此即相当于希腊亚里士多德所说的"不动的原动者"(The unmovable mover)——它是推动一切自然万物的原动力,但本身却独立不动。

这在老子,即其所谓"独立而不改",本身不受任何其他存在推动影响。正因其本身乃是最先验、最本质的存在,并以此作为最根本的生命原动力,贯注大自然,促使一切自然充满生命,劲气充周,所以才能"周行而不殆",足以将生命力融贯天下万物之中,成为生发创造天下自然万物之母,此即其所称"为天地母"。

老子在此用"天地母",很生动的象征:"道"乃是大自然一切万物的母体,一切自然万物也由它生产出来。美国环保著名学者缪尔曾经比喻"自然乃是一位好母亲"(Nature is a good Mother),[14]在此精神便很能相通。

事实上,老子认为这种无穷尽的宇宙生命本体,很难用人间有限的语言表达。所以老子才说"吾不知其名",若勉强要形容,只能称之为"道"。

所以,根据老子,道是"天地母",是"天地根",是"万物之宗",是"万物之奥",[15]用现代语言讲,一言以蔽之,"道"是大自然天地之间,一切万物生命的根本来源。

这对当今生态保育便极具重大的启发意义。因为老子肯定,自然万物通通分享了“道”的生命能源,所以自然万物本身均充满了生命,形成生机盎然的“甘露”世界。这不但正与儒家“万物含生论”完全相通,而且也正符合当今生态保育的重要信念——“尊重自然”(respect for nature)。根据老子精神,既然自然界到处都充满生命,不但一切动物、植物本质上都代表生命体,连一切山川、河流也都充满生命,所以人类绝不能污染,更不能破坏!

因此,老子曾经明白强调:“道生一,一生二,二生三,三生万物。”[16]代表所有大自然的一切万物,均衍生于道所代表的大生命体。另外,老子在四十章中更指出,“反者道之动”,代表如果追溯大自然的根源母体(反者,“返”也),便能体认:“道”乃是宇宙生命最后的终点。

换句话说,根据老子,对于自然界所有存在万类,如果追溯其共同的生命来源,便是“道”,因此老子才说“玄之又玄,众妙之门”,[17]这种追溯的功夫,代表一种超越、翻越,乃至超脱的功夫,就是“玄”的意思——此所以中国称形上学为“玄学”,在希腊亚里士多德,即为“物理学背后”的学问(Meta-Physics)。

因此,“道”在老子哲学中,可说具有上下双回向的双重意义,一方面它是追溯自然万物生命的最终点,二方面则同时也是生发创造自然万物的最起点。这正犹如《圣经·启示录》中所说的“神”——神既是奥米茄点(Ω),也是阿法尔点(α),既是宇宙最终点,也是宇宙最起点。换句话说,若从宇宙论来讲,则“道生一,一生二,二生三,三生万物”,代表道是生发宇宙自然万物的最起点;另外,若从本体论来讲,则道为“天地根”,代表是一切自然万物的根源母体,也就是追溯自然万物生命的最终点。

值得说明的是,所谓本体论(ontology),是要追溯一切万有背后的本体,根据老子,这个本体(或者玄之又玄的“超本体”),无以名之,就是“道”,所以道就是最终点。而宇宙论(Cosmology),则代表研究宇宙自然一切万物从何而来,根据老子,“道”也正是这最起点!

程子注解《中庸》,有句话很重要:“放之则弥于六合,卷之则退藏于密。”于此精神也很能相通。如果我们要追溯自然万有存在背后的根源,这种“退藏于密”的大生命体就是“道”,然而另一方面,如果伸展开来,“放之则弥于六合”,这种充沛丰饶的生命力就足以弥漫整个世界,贯注一切万物之中。

因此,老子曾经用最为亲切的母子关系,来比喻人和自然的关系:

> 天下有始,以为天下母,既得其母,以知其子,既知其子,复守其母,没身不殆。(第五十二章)

老子在此所说的"天下有始,以为天下母",这个天下之"始"与"母",就是"道"。他所谓"既得其母,以知其子",代表人若能体认"道"乃系万物根源的大生命体,便能领悟自然一切存在,均传承与分受了这种生命体,正如同"知其母即知其子"一样。另外,"既知其子",代表若能从大自然中发现万物均含生命之后,便能善守大道,如此"复守其母",才能终身不殆!

所以,老子哲学在此的重要启发,就相当于斯宾诺莎(Spinoza)所提"能产"与"所产"的合一。"能产者"是"Naturans",即相当于老子说的"道"或天下"母";而"所产者"则是"Naturata",亦即今天环保哲学所说的"自然"(Nature),代表"子"。

根据斯宾诺莎,"能""所"是合一的,代表所有自然界都分受了"能产者"的生命力,因此"能""所"融合而浃化为一。此所以他强调"自然"(Nature)即"神"(God),即"实体"(Substance),代表神的生命力无所不在。在老子则可说,"道"的生命力无所不在,因而道即自然,即实体,两者在此很能相通。

另外,老子在十七章,曾有一段特别强调"自然"之可贵,虽然本来用在对待百姓的政治哲学上,但若用在对待万物的环境伦理上,精神同样很能相通:

> 太上,不知有之,其次,亲之誉之,其次畏之,其次侮之。信不足焉,有不信焉。悠兮其贵言!功成事遂,百姓皆谓:"我自然"。

此处的"百姓"若改为"万物","不知有之"的"之",由"君主"改为"人类",可说完全相通。其中深意代表,若从万物眼光来看,人类最好对万物各顺其性,各安其生。最上策是让万物根本不知道有人类的存在,其次则在使万物愿意亲近人类,再其次,则在使万物害怕人类,最下策,则是逼使万物仇视人类,全面反击。

换句话说,唯有人类与万物以诚信和平相处,并促使万物皆能充分发展生命潜力,而犹不知为人类之功,才是最高境界。此即老子所谓“我自然”——本来即是如此。所以老子在此中所分的四层境界,也可当作人与自然万物关系的评量标准。

另外,老子在二十七章中强调,“善行无辙迹”,可说也正是“太上不知有之”的同样精神。再如,老子在二十三章中也强调,“希言,自然”,代表不要自命聪明多言,才能真正符合自然。他并举例说:“飘风不终朝,骤雨不终日”,[18]证明违反自然之道,终究不能长久,都是此中同样精神。

这种精神,到了庄子就讲得更为清楚。

根据庄子“道无所不在”,因此整个自然充满生机。天地之中,一切万类均充满生命,即如残障人士,从天道来看,也都充满生意,应以同样的平等心相待。此即《德充符》中,一位残障的“无趾”所说:“天无不覆,地无不载”,所以人应以“天地之心”看待一切人类万类,才是真正圣人之心。另如《人间世》中的栎树,甚至《至乐》中的骷髅,都能托梦说话,均象征各有存在的意义与价值,深值体认其中寓意。

此所以《知北游》中,东郭子问庄子:“所谓道,恶乎在?”庄子明白答曰:“无所不在”,东郭子请庄子举例明讲,庄子先提“在蝼蚁”,然后又说“在稊稗”,后来又说“在瓦甓”,最后甚至说:“在屎溺”!

东郭子后来不应了,只感到“何其愈下?”殊不知在庄子看来,不论任何大小万物,均有大道在内,因而也都有其生命——包括小蚂蚁或米粒,都自有其生命,甚至看来无生命的瓦甓,乃至恶臭的屎溺,其中都有大道,因而也都不能忽略!

凡此种种,对今天环保哲学,均有极大启示。它代表人类除了对一切动物、植物应尊重生命外,对一切山川、河流、瓦砾也应充分尊重,甚至对屎溺、垃圾,乃至一切废物也应妥善处理,不能掉以轻心,这正是当今最重要的环保伦理之道!

另外,庄子在《渔父篇》里也曾强调:

> 真者,所以受于天也,自然不可易也。故圣人法天贵真,不拘于俗。

这里讲的“真”有二意,一指“真力”,二指“真诚”。根据庄子,真力充沛,以及真诚坦率,乃是一切自然所受于天的生命本质,也是一切自然不可变易的本性。因而庄子强调,真正的圣人,便应“法天贵真”:

一方面效法天的无限生意,二方面珍视此等真力真诚,而不要受拘于现实俗界。这对生态保育与环境保护,同样蕴涵了极大的启发。

所以,庄子在《天道篇》里也明白指出:

> 夫明白天地之德者,此之谓大本大宗,与天和者也。所以均调天下,与人和者也。

换句话说,根据庄子,一定要能明白天地大德的人,才能体认一切自然生命的大本大宗,这不但完全发挥了老子所说“道为万物之宗”的精神,同时也融和了孔子所说“大人者与天地合其德”的精神。由此可见,庄子思想在相当程度很能统合孔子与老子,确实深值重视。

尤其庄子强调,有这样体认的人,乃是“与天和者”的人,这代表能与自然和谐相处的修养,也正是今天环境保护最需要的修养。而且根据庄子,能够以此和谐精神均调天下的人,当然也能同样以此精神调和人际关系,所以也是能“与人和者”。用现代术语来说,就是能与自然和谐相处的人,同样也能与人和谐相处。如此能得“人和”,当然更加可能成功。此中和谐之道,的确深值共同弘扬。

尤其,若从反面立论,这正是当今西方环保学者共同强调应有的警惕——一个人如果不能以和谐善待自然,便很难奢望他能以和谐善待人类。

此所以英国哲人洛克(John Locke,1632—1704)很早就曾提醒世人:

> 凡是惯于折磨或伤害小动物的人,对其同类也不会有任何悲悯之心。[19]

事实上,不只对小动物虐待的人才会失去悲悯之心,一个人如果对植物或自然万物缺乏同情体贴的精神,对人类也同样会缺乏同情体贴的精神。因此,真正心智健全的人,也应有健全的同情心、和睦心与悲悯心,才算真正的才能健全。

此即庄子在《德充符》中所说的“才全”:

> 使之和豫,通而不失于兑。使日夜无隙,而与物为春,是接而生时于心者也。

此中精神,代表一个人若能经常以纯和之气流眄自然,以同情之心体贴万物，能不失天真的喜悦，如同日夜交替一样出乎自然，才能与万物共享生意，并且能以无心之心顺应自然万物本性的生成变化。这种精神，正是当今生态保育极为重要的精神修养。

另外，庄子在《骈拇篇》中也指出：

> 彼正正者，不失其性命之情。故合者不为骈，而枝者不为跂，长者不为有余，短者不为不足，是故凫胫虽短，续之则忧，鹤胫虽长，断之则悲，故性长非所断，性短非所续，无所去壹也。

这段话很能应用在环保之道，因为其中强调，只要用自然的定律，去顺应自然的性命，便是最好的保育之道，这样才不失万物性命的本然。唯有如此，长的才不觉有余，短的也不觉不足，否则小鸭子的脚虽短，但若一定要接长，它反而会忧愁。鹤的脚虽然长，但若砍断一节，它反而悲哀了。所以唯有顺应它们本然的真性，不要"失其常性"，才能无忧无虑，这也才是真正生态保育之道。

尤其，值得强调的是，老子与庄子，通通强调"真人"。真人一方面代表真诚坦率的人，另一方面同时代表真力充沛的人，两者也均在回到"生命本性"上相通。所以真人不是虚假造作的人，也不会是萎靡不振的人，他（她）一定能以真诚尊重大自然的生命，并以真力弥漫的眼光看待大自然，这些正是当今环保工作极需要的精神风范，所以深具环境伦理学的启发。

这种启发，在环境美学上面，则可称为自然之美，此即"返璞归真"。或庄子在《胠箧篇》中所说的"大巧若拙"。

所以，唐朝张璪论画，特别强调"外师造化，中得心源"。[20]造化即"大自然"，心源，则代表真力与真诚之源。这句话代表，真正伟大的国画，必能师法自然造化中的充沛生意，宣泄天地无尽的神力，而且必能掌握心中内在真力，作为艺术创作的原动力。另外李白也曾强调："揽彼造化力，持为我神通"，均为同样精神，也正完全深符庄子所说"法天贵真"的精神。

尤其，综观西方当代环境伦理的重要论证之一，即为"自然美学"，其中反对把"美学"只拘限在对博物馆古物艺术品的研究，而强调要能迎向大自然，亲近大自然，以充分欣赏大自然所孕育的生命之美，进而由衷加以尊重。我们由此能够看出，环境美学也很能产生保护环境的功能,与伦理学在此可完全相通,其中最大的结合点,正是"自然"。

因此,西方学者柏林特(A. Berleant)开始提倡生活在山水自然中的"环境美学"(*Living in the Landscape: Toward an Aesthetics of Environment*, Lawrence, KS: University Press of Kansas, 1997)。另外卡尔生(A. Carlson)也分析了"美学"与"环境"的关系,并以欣赏美学的角度提倡环境保护。(*Aesthetics and the Environment: The Appreciation of Nature, Art and Architecture*, London: Routledge, 2001;*On Aesthetically Appreciating Human Environment*, *Philosophy and Geography*, 2001)。

中国道家在此很早也提供了完整的哲学基础。而中国的山水画论尤其提供了深刻的环境伦理学启发,我们甚至可以说,真正能欣赏中国山水画的人,也必定能真正保护山水,乃至保护自然万物。

此所以明代唐志契曾强调:"凡画山水,最要得山水性情。"[21]一定要能体认"自然山性即我性,山情即我情",才能充分将人与山水融为一体。另外明末清初石涛也曾明白指出:"山川使予代山而言也,山川脱胎于予也,予脱胎于山川也。"[22]正因他能够领悟"山川与予神遇而迹化也",所以才能在画中表现山川与我合一的境界。

这种精神胸襟,能将一切山川、河流、草木、鸟兽看成与人"神遇而迹化",正是当今生态保育中最重要的信念——"物我合一",唯有充分体认"物我合一"的境地,才能真正尊重万物,并且爱护大自然一切万物的生命。

换句话说,庄子强调的"天地与我并生,万物与我为一",不但对中国古代山水画影响深远,对今后环保哲学启发也极为重大,深值东西方共同体认与弘扬。

尤其,中国国画因为深受道家影响,所以不论山水画、动物画,或植物画、人物画,最重视的关键就在能够"传神"。所谓传神,就在肯定所画对象不但深具生命,而且深具神韵。此所以宋代艺评家邓椿曾经强调:

> 画之为用大矣哉!盈天地之间者万物,悉皆含毫运息,曲尽其能,而所以能曲尽者,止一法耳。一者何也?曰传神而已!故画法以气韵生动为第一。[23]

此中所谓"气韵生动",就代表能充分宣畅天地之间的盎然生意。

真正成功的国画，一定能曲尽其能，以弘扬这万物之中的灿溢生机，然后才能浑然天成，真正达到生动传神的境地。

此所以清代沈宗骞也曾说：

> 凡物得天地之气以成者，莫不各有其神，欲以笔墨肖之，当不惟其形，惟其神也。[24]

这种精神，即肯定万物莫不含神，也就是万物莫不含生，可说与儒家便完全相通。

另如明代董其昌在《画旨》中也强调：

> 读万卷书，行万里路。胸中脱去尘浊，自然邱壑内营，成立鄞鄂，随手写出，皆为山水传神。

这种胸襟与境界，同样代表重视"传神"的精神。

尤其，要能做到"胸中脱去尘浊"，用现代语言来讲，就是要能充分回归自然、亲近自然。一方面透过"行万里路"，放眼看尽世间一切雄伟奇景，二方面也透过"读万卷书"，深切同情世间一切自然万物，凡此种种，都正是环境伦理学最重要的精神修养！

因此，明代艺评家李日华就曾指出，作山水画应注重：

> 必需胸中廓然无一物，然后烟灵秀色，与天地生生之气，自然凑拍，笔下幻生诡奇。[25]

这种善体整个天地"生生之气"的精神，不只是画山水的要领，也是画动物、植物甚至石头的要领。此所以杜甫推崇韩干画马，乃因其能"笔端有神"，最能传达骏马活泼昂扬的生命神气。另外明代宋濂《论画梅》中，也明白以"精神雅逸"为重点。清代沈宗骞甚至对石头都认为应该画出神韵。此其所谓"作石全在行笔有神，用墨有度"。[26]因为"用笔之法，莫难于石，亦莫备于石"。一位画家如果连顽石都能画出生命神韵，便充分可证明其已到达"物我合一"的境界。

凡此种种，充分可以看出，中国国画艺术的根本精神，乃在能"与天地并生，与万物合一"，进而充分表达天地万物之中的生动气韵，这在全世界都是很独特的优良传统。事实上，这种精神也正是环境保护所应有的精神修养，归根结底，其中哲学根源均来自道家。这也是西方无论哲学家、美学家或环保学家，均未曾完整阐论的思想特性，所以今后尤其深值重视与弘扬。

所以,西方著名学者苏利文(M. Sullivan)曾经明确指出:“世界上没有任何一种文化,如此重视大自然的形态与模式。”(《中国艺术史》,曾培、王生连编译,台北南天出版社,1985)。

他进而强调,中华文化重视自然生态的特色,深深值得当代西方人士重视。

例如,元代赵孟頫曾经指出:“作画贵有古意,若无古意,虽工无益。”[27]他所谓“古意”便是生意。另外石涛也特别强调:

> 以我襟含气度,不在山川林木之内,其精神驾御于山川林木之外……处处通情,处处醒透,处处脱尘而生活,自脱天地牢笼之手,归于自然矣[28]

我们由此也均可看出,此中精神,同样在提醒世人,必须先能善体自然的生意,才能真正回归自然生命。

事实上,这种回归自然、尊重自然的精神,不只是作画的必要条件,也是环保的必要条件,同时也是养生的重要条件。此所以清代王昱曾说:

> 昔人谓山水家多寿,盖烟云供养,眼前无非生机。[29]

这句话对于现代人保护环境以及保养身体,同样深具启发意义。因为,只要能常常亲近自然,徜徉山水之中,则“烟云供养,眼前无非生机”,自然能够心旷神怡,养生延寿,这也再次肯定回归自然对现代人生的重要性。

美国当代著名环保学家缪尔就曾一再呼吁,现代人应该多多“走向高山”(Going to the mountains),因为:

> 当我们回归山中,就如同回到家中,一切烦恼得失均可忘怀。[30]

另外,他也特别强调:

> 人人需要面包,也需要美景;需要地方玩耍,也需要地方祈祷;因此大自然对人类身心,不但可以治愈,也有鼓舞与激励的功能。[31]

此中精神,均与道家极为相通,充分可见东西方哲人不谋而合之处,深值现代人深思与力行。

另外庄子也明白肯定,自然万物的根源就是大道,所以他一再强调人心也应返璞归真,特别应该重视自然朴拙之美。

根据庄子,"巧"到了极点就反而是拙,绚烂到了极致也反成平淡,此其所谓"纯素","能体纯素谓之真人"(刻意),在美学上就成为朴素之美。

所以庄子在《天道篇》中曾说:"朴素而天下莫能与之争美。"在《刻意篇》中也说:"澹然无极而众美从之,此天地之道,圣人之德也。"这种精神应用在环境伦理学上,就是尊重自然万物的本性——不但尊重原始景观的风貌,绝不破坏,也尊重野生动物、植物的生存环境,绝不自认聪明,加以干扰。这些精神,也正是当今环保与生态保育极重要的观念。

换句话说,庄子所说的"天地之道"与"圣人之德",一言以蔽之。就是"自然",不做作,不造假,也不取巧。在他来看,天地刻雕万物,正是本此精神。此其所谓,"刻雕众形而不为巧",[32]所以人心也应效法此中精诚之德,那才能称为"圣人之德"。因而他又强调:

> 真者,精诚之至也,不精不诚,不能动人。[33]

庄子在此强调的重要观念——对大自然不要有任何人为雕琢,也不要有任何自以为是的经营造作,不但形成中国美学的重要传统,同时也正是今天环境伦理学的根本主张,所以深值重视。

另外,庄子也曾经强调天籁、地籁以及人籁之不同,同样深具启发意义。

在《齐物论》中,庄子曾借子綦之口,提醒子游,说你只听说过"人籁",没有听说过"地籁"吧,即使听说过地籁,恐怕绝没有听过"天籁"吧!

那么,到底什么是人籁、地籁、天籁呢?根据庄子看法,"地籁则众窍是已,人籁则比竹是已",而天籁则是"夫吹万不同,而使其自己也,咸其自取,怒者其谁邪!"

换句话讲,所谓"人籁",好像竹管所发的声音,虽然也有人为的聪明在内,但却是经过雕琢的。而"地籁",则是由大地万窍所发出来的声音,虽然也不错,然而基本上还需透过客观万物才能产生。至于“天籁”,则不但能够促使万物发出各种不同声音,而且又能够促使它们自行停止,另外不需要任何力量主使它发出声音。

这段话充分说明,“天籁”才是一切自然万籁的根源“本体”——也就是促使一切自然万籁“原动的不动者”——所以才能促使万籁发声,而不再另有力量促使它发声。

这种最后的根源,正是老子所说的“道”,代表最为自然而且自然于无形的本体。相形之下,地籁还是有形的,看得出来大地的万窍,至于人籁则是最经雕琢,因而最有斧凿痕迹。

扼要来说,庄子此寓言的重点是在强调:人对自然的态度中,最为高明的态度,就在能够返归自然本体。因为根据庄子,最正确的“人与自然”关系,乃在真正能够和大自然打成一片,“与天地并生,与万物为一”,因而能够完全尊重大自然的本来原始风貌,而千万不能任意雕凿,自认为爱之,结果却足以害之。这正是当今生态保育中,保护“原始森林”“原始山野”乃至“野生”动物、“野生”植物等等,最重要的理念所在。

庄子在《应帝王》中同样有则寓言,很能申论此中道理。他指出南海之帝为“儵”,北海之帝为“忽”,中央之帝为“混沌”。因为混沌待南北二帝很好,二帝想要报答,他们自作聪明地觉得,人都有七窍,用来看东西、听东西、吃东西与呼吸生息,“混沌”却没有,不妨帮它雕凿。因而每天代凿一窍,结果呢?“七日而混沌死!”

这段寓言充分提醒人类,不要只用自己的眼光自以为是地想去改造大自然,那样反而只会伤害大自然。

因此,庄子如果今天还在世,他会如何看待一切野生动物、植物与山林呢?简单地说,他不会只从本位主义去看,更不会只以自我为中心,把动物、植物及山林都看成被人类役使的次等存在,而能经由所有自然万物的内在生命,肯定一切万有背后整体的大道。

此所以在《天下篇》中,有很多充满睿智的名言,也很可以应用在生态保育上,作为今后重要的警惕:

> 天下大乱,圣贤不明,道德不一,天下多得一察焉以自好。譬如耳目鼻口,皆有所明,不能相通。犹百家众技也,皆有所长,时

有所用。虽然,不该不遍,一曲之士也。

庄学在此所特别批评的“一曲之士”,代表一个人虽然也有一技之长,但却自限于本位主义,因而只能得到片面之见;这就如同耳目口鼻,虽然各有所明,却不能相通,如此就变成只见小而不见大,只见树而不见林,或者只见林的表象,而未见林的生命。这就很难真正体会天地之美,更难体认宇宙神力无所不在的精神风貌。此即庄子所说:“寡能备于天地之美,称神明之容。”(《天下篇》)

所以庄子才会感叹:

是故内圣外王之道,暗而不明,郁而不发,天下之人各为其所欲焉,以自为方。悲夫!百家往而不返,必不合矣!后世之学者,不幸不见天地之纯,古人之大体,道术将为天下裂。(《天下篇》)

同样这段话,我们若应用在环境伦理而言,也可略加更动如下,以说明当今生态保育的问题所在:

“生态保育”之道,暗而不明,郁而不发,天下之人各为其所欲焉,以自为方。悲夫!百家往而不返,必不合矣!后世之学者,不幸不见天地之纯,“自然之大体”,“地球,将为天下裂”。

根据庄子所说,人类因为心灵褊狭,自我中心,形成往而不返,执而不化,往往只用割裂的眼光看自然,所以完全看不出天地之纯厚,也无法体认古人智慧之大体,因而整个大道将为天下所割裂。

同样情形,从生态保育而言,人类如果以自为方,各为其所欲——例如工厂任意生产废物,不顾环境污染,工人任意砍伐山林,不顾水土保持,汽机车任意排烟,不顾空气品质,或居民任意倒垃圾,不顾造成公害等等,这些都是人心本位主义的自私毛病,那就会变成“往而不返”,完全未能领悟原先自然的纯美。如此不见天地之美,以及自然大体,整个地球就会蒙受各种伤害——诸如臭氧洞的出现,“温室效应”,乃至全面气候受到影响,以及各种原野景观被破坏、野生动植物广受摧残等等,那真正成了“地球将为天下裂!”

那么,应该如何才算正确的环保态度呢?庄子有一段托古的理想人格,讲得非常中肯:

古之人其备乎!配神明,醇天地,育万物,和天下,泽及百姓,

明于本数，系于末度，六通四辟，小大精粗，其运无乎不在。（《天下篇》）

此中关键有四句话，非常重要，那就是“配神明，醇天地，育万物，和天下”，根据庄子，能有这样胸襟素养的人才能够配合神明（相当于儒家所讲的“参赞天地”），以广大悉备的生命精神准则天地（相当于儒家所说“易与天地准”），并且还透过化育万物，进一步调和天下，能以盎然的生命眼光来看人与自然，因此才能真正做到“其运无所不在”！

所以，庄子在《知北游》中，就曾明白答复东郭子：“道无乎不在。”庄子原来讲，道在小生物（“蝼蚁”），后来讲道也在小植物（“稊稗”），到最后甚至讲道在废物（“屎溺”）。看起来连最卑微的存在都有“道”，可以说更进了一步，用生动的寓言和比喻，引申了老子所讲的道为“天地根”。

我们若从环境伦理学的意义来讲，这代表一切自然万物，都分受道的生命，因而也都成为道的一部分。所以我们不能只从孤立、表面的眼光去看自然某一物体，否则就成了“一曲之士”，而要能从整体大道的眼光去看，然后才能体会庄子所谓“与天地并生，与万物为一”。这也正是老子所叮咛的道理，要能够“归根复命”，才能回到大道。如果我们对自然都能用大“道”的眼光去看，那么整体自然界就立刻呈现出充满生香活意的甘露世界。

此即老子所谓“天地相合，以降甘露”。另外，庄子所谓“与物为春”“与物相嬉”，也都是表达同样的精神。

根据道家，唯有如此，顺应万物自然本性，才能亲近自然，进而尊重万物，这也正是今天生态保育很重要的中心理念！

一生热爱大自然的艾默生（R. W. Emerson）就曾强调，当他经过原野，一望无际，头顶着黄昏云彩，眼望着晚霞辉映，心中就极感欣悦与充实。如果在森林中，就更会感到一股青春的气息。[34]因此他自称，是对大自然“永恒无垠之美的热爱者”，[35]因为他得以在大自然中，充分吸吮天地无穷之美感，此中精神与道家可说完全相通。

庄子在《在宥》篇中，也曾经指出，何谓道？有天道，有人道，“无为而尊者，天道也，有为而累者，人道也。”而且，“天道之与人道也，相去远矣,不可不察也。”

这句话代表,真正的天道,就是顺应自然,尊重自然,“无为而尊”,不要对自然强加任何人为干扰。所谓“人道”则正好相反,自命聪明而有作为,其实反而形成拖累,此中哲理,对于生态保育之道,同样深具启发意义。

另外在《秋水篇》中,庄子也曾经透过北海若的语气强调:

> 牛马四足是谓天,落马首,穿牛鼻,是谓人。故曰:无以人灭天,无以故灭命,无以得徇名,谨守而勿失,是谓反其真。(《秋水》)

这段话强调,人应顺乎牛马的自然天性,让它们的天足与本性不要受任何拖累,这才是“天”,也才是自然之道。反之,如果把马头用各种器具拴住,或者去穿牛鼻,以便为人所用,那就成了人的干扰。

所以根据庄子,不要以人为自我中心,去破坏自然本性,也不要以人为本位主义,去破坏自然生命,能够谨守勿失这种道理,才是“返真”之道。这正是《刻意篇》中所说“守而勿失,与神为一”之道,也才是真正生态保育之道!

另外,庄子在《天地篇》中,也同样表达了这种精神——不用机心,顺应自然。他假托一位为圃者,回答子贡:

> ……有机械者必有机事,有机事者必有机心。机心存于胸中,则纯白不备;纯白不备,则神生不定;神生不定者,道之所不载也。

这一段话,由反对“机械”而反对“机心”,可说深具现代启发意义,本质上尤可视为对近代“机械唯物论”的反对,而其强调回归自然、回归大道,返璞归真,更与现代环保学家强调的生命“直觉”深切相通。

加州柏克莱大学教授德瑞福(H. L. Dreyfus)兄弟曾出版一本名著《心灵超越机械》(*Mind over Machine*),其宗旨就在强调,即使在电脑化的机械时代中,也不能忽略人类生命直觉的力量;而且,“心灵具有理性所不及的认知能力”。[36]因此,值今快速发展的时代,我们固然一方面仍应精通科技,但另一方面至少也应在心灵上同时保持浑然天机,而不要自认聪明,误以为机械可以控制一切心灵,导致误用科技,企图控制一切自然,那就会形成对大自然的严重破坏,深值警惕与重视。

此所以美国国家科学研究院曾在1989年出版一本《科技与环境》(*Technology and Environment*),书中特别反省科技时代中的环境问题,并明白主张应以“非物质化”(Dematerialization)[37]为努力目标,深具启发意义,其宗旨与庄子亦颇能相通。

另外,在《大宗师》中,庄子也曾指出:

> 夫大块假我以形,劳我以生,佚我以老,息我以死,故善吾生者,乃所以善吾死也。

本文所说的“大块”,可以说大自然,也可以说地球,同样深具环保意义。正因大自然(与地球)对人类提供了一切生命资源,从生到死,人类均有赖于大自然(与地球)的善养,因而人类应以同样善意回馈大自然(与地球)。这正是当今西方环保运动大声疾呼“拯救地球”(Save the Earth)的重要精神,也是宋代新儒家张载待地球(乾坤)如父母的精神,真可说不但中西相通,儒道也很相通。凡此相通共识,正是今后最需加强环保教育的重点!

所以,庄子在《天运篇》中,曾经借孔子拜见老子的寓言,说明自然万物各有其性,“性不可易”的道理。老子对孔子说:

> 白鶂之相视,眸子不运而风化;虫,雄鸣于上风,雌应于下风而化;类自为雌雄,故风化。性不可易,命不可变,时不可止,道不可壅。苟得于道,无自而不可,失焉者,无自而可。

事实上,庄子在此所举的例证,全是自然界的万物本性,充分显示庄子对自然界观察之精细入微,尤其他所强调,对待万物应得乎其道,对于当今保护鸟虫生态的新趋势,也很有重大启发意义。

至于孔子的答复,同样也以自然界的生态为例,他强调:

> 乌鹊孺,鱼传沫,细要者化,有弟而兄啼,久矣夫丘不与化为人!不与化为人,安能化人!

换句话说,孔子也指出,鹊鸟是孵卵而化育,鱼类则是传沫而生子,蜂类昆虫为化生,生了弟弟,哥哥就会啼,凡此种种,均为万物各类的本性,不可勉强。最后孔子感叹,太久未亲近自然、冥同大化了,如果不能冥同大化，又如何对人教化呢？庄子此中寓言在今天仍然起警示作用。其主要精神在强调，一定要能先与自然万物各类化为一体，才能设身处地，了解其本性，真正得其情。这种“同情的了解”，正是当今生态保育中极重要的精神，深值重视弘扬！

另外，庄子在《齐物论》还有段内容，也很能发人省思：

> 今且有言于此，不知其与是类乎？其与是不类乎？类与不类，相与为类，则与彼无以异矣。

虽然本段原先传以“言论”归类为比喻，但同样可以“人类”与“非人类”为比喻；代表不论人类或非人类，均为生命类，所以根本无须再分彼此。这才算真正达到了同情体物的精神，深值重视。

事实上，史怀哲(Albert Schweitzer)也曾有类似的省思与呼吁。当他在非洲看到沼泽中的河马成群戏水亲切而率真地群居时，他深深觉得，人类为什么要去刻意破坏这天伦之乐呢？人类为什么要为了本身的私利去捕杀无辜呢？经过深刻省思之后，史怀哲提出了著名的呼吁：“尊重生命”(Reverence for life)，以及“悲悯为怀”(Compassion for pain)。这里所说的“生命”以及“悲悯”都并不只以人类为对象，而是将万物各类都列为关心对象，此中精神便是一种“将心比心”的重要例证。

所以，虽然庄子上述所讲的不是河马，《马蹄篇》所讲也是陆上的马，但其中精神胸襟却完全是相通的。

史怀哲透过对河马的观察，而呼吁人类，要有一种“以伦理为中心的世界观”，[38]能够扩大心胸，不要只以人为中心，而能把整个自然一起纳入关心，作为伦理的对象，这不但与中国哲学完全一致，也正是当今环境伦理学的中心理念，深值东西方共同重视与弘扬！

综合而论，本段所谈人对自然的理念，不论老子或庄子，都在强调人要能与“大道”融合为一，才能真正认清自然。而“大道”，一言以蔽之，就是生成整个大自然最根源的生命体。根据道家，这一个大生命体生发创造万物，促使一切自然万物都充满生意，因此可说是一种“万物在道论”，这也正相当于儒家所讲的“万物含生论”。

尤其，这种精神肯定：人对自然不能只从物质表象去看，而要体认一切自然万物背后，都通到共同的生命根源——那就是“大道”。在此大道之中,不但物物含生,而且物物相关,共同以生命相连贯。这也正是当代西方环境伦理学中很重要的中心信念。

这种信念,如果用莱布尼兹(Leibniz)的比喻来讲,就好比单子论(Theory of Monads)——从一切个别单子(犹如自然一切万物)背后,通通可以追溯到一个"中心单子"(Central Monad),彼此间并共同形成"预定的和谐"(Pre-established Harmony)[39]。这个"中心单子",即莱氏所说的"神",也相当于老子所说的"道",或庄子所说的"道枢"。而"预定和谐"更如同老子所强调的"冲之以为和",[40]或庄子强调的"和之以天倪"。[41]凡此相通之处,都共同肯定人和自然应和谐共处,绝不能任意破坏平衡,也正是当今环保哲学中极重要的共识,深值重视。

此中道家与莱氏最大不同之处,在于莱布尼兹仍然认为,单子之间"没有窗户"(no window)——亦即代表物与物之间无法直接沟通。但根据道家精神却更进一步,认为单子与单子中间可以有窗户,也就是相互能够旁通,并且"彼是相因",融贯互摄,这对当今环保哲学尤具重大启发意义。

第二节　对万物的看法

本节所论道家对万物的看法,可说道论中"道用"的部分。若用庄子的话,一言以蔽之,即"齐物论"中的论点,视一切万物旁通而又平等。

方东美先生曾用两句英文术语,说明"道体"与"道用"的不同,很有启发意义。

一方面,就"道体"而言,"道"是一切自然万物的根源本体,因而它是一种"really real reality",可称为"真而又真之真实"。另一方面,就"道用"而言,因为追溯万物根源的过程玄之又玄,形成"众妙之门",其中需要不断地往上超越提升,因而又可称为"mysteriously mysterious mystery",此中历程就是"神而又神之神奇"。

所以扼要而言,我们可以称呼老子是一种"超越哲学",不断向上超越。而庄子则可称为一种"无限哲学",无限向上提升。这两者的共同宗旨,都在提醒人类——要不断扩大心胸,提升灵性。

那么要大到什么样的程度呢?根据道家,就是要跟"道"一样的大！这也正是庄子精神特色，必须要能“大其心”——以天为师、以道为师、以自然为师！这与新儒家张载所说“广大其心”以体天下之物，可说完全相通，也正是当今生态保育最需培养的胸襟与修养。

因此，庄子在《天地篇》中，就形容此等胸襟为“至德之人”，其精神特色乃是：

> 深之又深而能物焉，神之又神而能精焉；故其与万物接也，至无而供其求，时骋而要其宿，大小、长短、修远。

换句话说，这种精神胸襟恢宏无比，不但能够保生万物，深之又深，并且能够精力融贯，神之又神，所以其对万物，能够虚静为怀，不加干扰，可以供应万物需求，顺畅无碍，因而不论大小、长短、近远的万物，都能充分适应。

根据道家，唯有深具此种胸襟，才能产生对万物的正确看法。此即庄子在《天地》篇中所说“夫道，覆载万物者也，洋洋乎大哉，君子不可以不刳心焉”。而且，“道未始有封”，整个大自然万物之间，绝不是一个封闭系统，在物与物之间，都能劳通而统贯。所以庄子才说：“唯达者知道通为一。”这种达者，也正是今天环保人士最应有的心灵与胸襟！

另外，老子也曾强调：

> 大道泛兮，其可左右，万物恃之以生而不辞，功成而不有，衣养万物而不为主。（三十四章）

换句话讲，根据道家思想，大道流行，浃化万物，融贯一切万物之中，上下左右，也无所不在，所有万物通通靠它才生长出来。但这个“生而不辞”的“辞”，并不是“推辞”的意思，在王弼注中本作“始”，代表道对万物，生而不自以为始，生而不占为己有。也就是说，大道生命融贯万物，但并不为天下先，大道生命衣养万物，但也从不自以为主。大道况且如此，更何况人？这种大道精神提醒人类，对万物千万不能心存占有或企图主宰，这在生态保育上，就尤具启发意义。

另外庄子在《天地篇》中，也曾经有段寓言，深具同样的环保意义。其中强调，黄帝游乎泰水之北，在登上昆山之后，归途中遗失了“玄珠”（象征“大道”），他请“知”（象征“知识”）去找，没找到，请“离朱”（代表眼睛)、"吃诟"(代表言辩)去找,也都找不到,最后请"象罔"——象征"无心"——去找,却找到了!

这段寓言,说明"唯有无心"才能顺应万物自然,符合真正大道。所以唯有尊重万物本性,才是大道所在。此中精神提醒人类,不要自以为是,想征服自然,或自我中心,想役使万物。唯有以无心的无为真正尊重自然,才能促进万物生命蓬勃发展——此即"无不为",这也正是生命保育极为重要的哲学基础。

换句话说,老子所说的道"无为而无不为",在此极具深意,也代表"道用"的功能无穷与伟大。庄子在《至乐》篇中也曾经说:"万物职职,皆从无为殖,故曰天地无为也而无不为也。"代表万物能纷纷生长,均从天地的"无为"、不干扰、不破坏而来。因此,天地大道的作用,看似无为,其实仍无不为,这种境界,深值重视。

要之,根据道家,大道之为用,在于能将无穷生命普遍渗透到一切万物,因而一切万物都可以从大道中对生命力取之不尽,用之不竭。此即老子所谓"夫唯道,善贷且成"(四十一章),这象征大道如同一个广大的生命能源宝库,任何万物如果感到生命疲乏、非常劳累,就应回归到大道这个生命能源宝库,重新恢复生命动力。

这就好比当今人们在现代快速社会中,长期感受工业化与都市化的压力,便应经常回归大自然,回到山林野外,以重新恢复新生命。这也正是今天先进国家重视山林保护区的宗旨与精神!

根据老子,这种精神就好像游子回到慈母怀抱中一样,重新得到慈母的温暖。因此老子才强调:"归根复命"的重要:

> 万物作焉,吾以观其复,夫物芸芸,各复归其根,归根曰静,静曰复命。(第十六章)

换句话说,老子强调,一定要能认清,必需回归天地之根——也就是自然大道,才能够恢复万物的生命活力。美国"国家公园之父"约翰。缪尔一生呼吁"回到山林"、"回到自然",在此精神可说完全相通。他曾经强调:

> 在深山的空气中沉睡,是如何宁静安详,如同安息一般,然而一旦睡醒过来,又是如何快速复苏,如同新生一般。[42]

这种体验,只有亲临深山自然之中,才能了解,其中深意对于久居都市的人们,尤具重大启发意义。

根据老子,了解这种常道的才算"明"智,不知而妄动,就会成凶。唯有知此常道,才能无所不包,形成公道,符合自然,并且足以永固不殆。此即其所谓"知常容,容乃公,公乃全,全乃天,天乃道,道乃久。没身不殆"。[43]此中深意对于当今生态保育,甚具重大启示。

值得重视的是,老子强调,整个天地万物不但是一种开放的生命系统,同时也是一种旁通的机体系统。此所以老子特别强调:"曲则全。"这句话看似讲人与人的关系,其实同样可应用在人与物的关系。也就是说人类如果能自我节制,不自大,不自傲,不以自我为中心,也不驾凌于万物之上,那么看似委屈自己,其实反而可以保全万物,进而透过生态保护而保全自己。根据老子,唯有如此,才能深入体认大道精神,也才可以周全地保存万物生命,因此老子明白指出:"成全而归之。"正是这种深义!另外,老子所讲福祸,也是同样的道理:

> 祸兮福之所倚,福兮祸之所伏。孰知其极?其无正。(第五十八章)

换句话说,若从整体或长远眼光来看,则天下没有哪一件事情是绝对的,其中的得失祸福往往都是相对的,有得必有失,有福也必有祸。在生态保育中,有句重要名言,即是"天下没有白吃的午餐",代表一个人看似白吃了午餐,其实以后必会付出重大代价。同样情形,人类表面看似征服自然,可以任意利用万物,甚至役使自然,但长期破坏的结果,必定会带来无数的副作用与后遗症,形成自然的全面大反击,以致原先看似为"福"的,其实隐含了不少"祸"!

因此,根据老子,"正"与"奇","福"与"祸","善"与"妖",都是彼此相生,互为因果。此其所谓"正复为奇,善复为妖"。这种相待而存的理论,也正是儒家所讲的"旁通"道理。

《易经》的六十四卦中,凶里面会含吉,吉里面也有凶,阴中有阳、阳中也有阴。乐到了极点就会乐极生悲,但是否到了极点也会否极泰来。道家里面,也肯定同样的道理,强调阴阳互荡之理。此即老子所称"万物负阴而抱阳,冲气以为和"(第四十二章),庄子则称为彼是相因,所以强调:"彼生于是,是亦生彼。"(《齐物论》)

这种万物“彼是相因”之理,如果只从个别、孤立的眼光来看,不一定看得清楚,甚至会以为各个物体零散存在,好像是一盘散沙。但是如果从大道的整体眼光来看,就可以看出来彼是相因,彼此都有关联,形成和谐的机体统一。此所以庄子强调“彼是莫得其偶,谓之道枢”,只有把握这一道枢为中心,才能领悟宇宙中物物相关等无穷奥妙,此其所谓“枢始得其环中,以应无穷。”[44]

因此,庄子在《齐物论》中特别强调:“非彼无我,非我无所取。”这不但代表人与自然之间相互依存的关系,也代表物与物之间旁通互摄,息息相关,正是今天最需要弘扬的环保哲学。

所以老子在五十四章中也特别指出设身处地同情体物的重要性。此其所谓,应该“以身观身,以家观家,以乡观乡,以天下观天下”,他并指出,“吾何以知天下然哉?以此。”他认为,必须以天下整体眼光旷观天下,才能真正掌握其中旁通融贯之道,这在环保哲学中同样深具启发。

另外,庄子也强调,“自其异者观之,肝胆楚越也。”然而,如果“自其同者视之,万物皆一也。”(《德充符》)如果更扩大心胸而言,那不但整个中国好像一家人,整个地球也好像是一家——这正是今天环境伦理中很重要的“地球村”观念。

换句话说,如果亚洲的海洋生态被破坏,同样会影响到大西洋,而大西洋的污染也会影响到美洲。如果欧洲或者俄国有过多的核子试爆,久而久之,也会影响到其他各洲空气与生物。如果全球各地都轻忽了废弃物燃烧,不断污染的结果更会造成整个臭氧层破坏,以至全球气候变化都会形成“温室效应”。所以整个地球,就好像是一个完整的生命体,牵一发而动全身,不能只从个别孤立或割裂角度来看。

因此,庄子非常强调,不能拘限于零碎的知识,也不能自囿于片面的观念,因为这些都会对整个大道视而不见。此所以庄子在《秋水篇》中特别指出,

> 以道观之,物无贵贱,以物观之,自贵而相贱。

换句话说,如果能从整个大道流眄统观,便知万物都是彼此相关,形成一体,因而万物都是平等的,也都是相通的,没有什么贵贱之分。然而如果只从个别“物”的本位立场去看,那就会“自贵而相贱”,彼此

相排斥。

因此,庄子特别强调,人们对万物,应提神太虚,从整体的大道统合宏观,然后便知人的生命固然可贵,但是对猫狗等动物的生命也不能忽视,另外对一切树木植物的生命也不能够轻视,甚至对一切花草瓦石的生命也不能够忽视。唯有以这种“大道”的心灵,壁立万仞,放旷慧眼,才能领悟万物没有贵贱之分。因为道是无所不在的,而且一切万物都是互通为一,此即庄子所说的重要名言:“道通为一。”

所以庄子曾经明白指出:“无为而尊者,天道也。”[45]能够不干扰万物而且尊重万物生命,才是真正天道,这对生态保育尤其深具启发意义。

根据庄子,一切万物,不论表面如何贵贱不同,其实本质均能平等相通。所以他曾在《至乐篇》举出各种形形色色的大小动植物,强调物物均能相通,可说在几千年前,即已肯定了生态保育中极为重要的原则:

> 种有几:得水则为绝,得水土之际则为蛙蠙之衣,生于陵屯则为陵舄,陵舄得郁栖则为乌足。乌足之根为蛴螬,其叶为蝴蝶。蝴蝶胥也化而为虫,生于灶下,其状若脱,其名为鸲掇。鸲掇千日为鸟,其名为乾馀骨。乾馀骨之沫为斯弥,斯弥为食醯。颐辂生乎食醯,黄轵生乎九猷,瞀芮生乎腐蠸。羊奚比乎不箰,久竹生青宁,青宁生程,程生马,马生人,人又反入于机。万物皆出于机,皆入于机。

换句话说,庄子用了很多空中、地面与水底的例子,说明一切万物均能循环相通。其中所提很多动植物的名字,从今天用语来看,似乎陌生,但在最新生态学中,却已经有很多实例证明,的确很多动植物皆物物相关,环环相扣,并且互为循环,成为机体统一的“生命圈”(life cycle)。另外很重要的一点,就是一切万物皆含生机,正如庄子所说,“万物皆出于机,皆入于机”!这种生命循环互通、万物出入生机而无碍的道理,正是当今生态保育极重要的中心思想!

另外,庄子在《寓言篇》中更明白指出:“万物皆种也,以不同形相禅,始卒若环,莫得其伦,是谓天均。天均者天倪也。”

换句话说,庄子很早就指出,万物虽然均属各个不同种类,然而只是以不同的形态传流后世,其中的生命本质如同“环”一样,始终未变,而且其中物物相通,就如同“环”一样没有端倪。如此天然循环的道理,就叫“天均”,又叫“天倪”,这也正是一种天然平衡的道理,与当今生态保育中所说“生命圈”的特性,可说完全不谋而合。

扼要而论,庄子对环保哲学的重要贡献,在于他不但肯定“万物相关”,而且强调“万物含机”,尤其明白指出“万物相因”,互为循环。所以他对老子“有无”相反的部分,进一步强调要“和之以天倪”,如此把“有”跟“无”的辩证两极,从整体大道加以调和,并肯定彼此相互依存,这不但形成了交融互摄的有机系统,也形成了平等互重的同情系统,对环保哲学而言,尤其深具重大的启发。

另外,庄子在《应帝王》中,也曾经强调:

> 至人之用心若镜,不将不迎,应而不藏,故能胜物而不伤。

换句话说,根据庄子思想,真正的至人或圣人,能够以大道统摄万物,认清万物之间彼此相通,彼是相因,因而绝不会去伤害万物,残害生机。此所以在《齐物论》中,庄子曾说:“彼是方生之说也,圣人不由,而照之于天”。正因圣人能用整体的最高眼光旷观一切万物,因而最能够以同情了解的精神,超脱一切是非偏见,而达到周全的和谐。

这也正是庄子所谓:“圣人和之以是非,而休乎天均”。[46]此地所说的圣人修养,正可说是现代环保人士所需要的精神修养,能够用最高度的慧眼提神太虚,然后再俯览万物,因而足以体贴万物,并调和万物。

这种精神,若用庄子在《逍遥游》中的比喻,就如同大鹏鸟扶摇而直上九万里,在高空之上俯视一切万物,玄览一切众生,因而才能深深体悟,一切万物众生均为平等。此即其“齐物论”的重要根据,亦即其所强调“独与天地精神往来,而不傲倪于万物,不遣是非而与世俗处”。这种肯定万物平等的精神,对于生态保护而言,正是极为重要的一项中心信念!

因此总括而言,庄子对万物的看法,一言以蔽之,就是“齐物”论。这代表他充分了解,万物不但相通,而且彼此平等,有了这种体认之后,才能化除相互伤害、排斥与敌意,而真正做到“与万物为春”,体认整个自然万物充满春意,也充满生机。

根据方东美先生的申论,“齐物论”代表一种“相对论的系统”,是一种“The system of Essential relativity”。他曾经分述其中四种精神特性。若从环保眼光来看,这每项均对生态保育深具启发意义,并且与环境伦理学四项原则——“尊重生命”“物物相关”“机体主义”“物有所归”均能一一相符,深值扼要阐论:[47]

第一,齐物论代表一种“包举万有、涵盖一切之广大悉备系统”,在这个广大的万物系统里面,所有的万物“各适其性,各得其所”。

换句话说,根据庄子“天道运而无所积,故万物成”,[48]一切万物——不论大的生物,或小的生物,都分受了天道运行的生命,因而都有其平等的生命尊严,没有任何一个生物可以凌越其他生物而存在,这就叫做“齐物论”。代表所有万物在生命尊严上,都是同样重要,同样平等。这正是今天环境伦理学中最重要的“尊重生命”原则。

另外,庄子在《天道篇》中,也明白强调:“夫道,于大不终,于小不遗,故万物备,广广乎其无不容也,渊乎其不可测也。”这段充分强调,大道的生命力赅备万物,融贯万类,不分大小,巨细靡遗。正因一切万类大小存在,均来自此大道,所以在生命意义上也均为平等。能够追溯这种本源,做到“极物之真,能守其本”的人,就可称为“至人”,这种“至人”,同样也是现代环保人士很应效法的精神典范。

在庄子心目中,大鹏鸟固然有其非常雄伟的生命价值,但小麻雀、斑鸠,也各有其不容贬抑的生命价值。这正如同民主政治中,肯定人人生而平等,大英雄固然有其显赫的历史地位,但小市民同样有其不能抹杀的生命尊严。尤其根据庄子,一切万物各适其性,各得其所,不能说大英雄的生命意义一定就高过小平民。这种精神在政治哲学上,就形成了民主政治的最胜义,在环保哲学上,则形成了“尊重生命”并且肯定一律平等的重要原则。

第二,方先生又强调,这一种相对性的系统又是一种“交摄互融”的系统,其中一切存在和性相皆彼此相需,互摄交融,绝无孤零零、赤裸裸、而可以完全单独存在者。

此所以庄子在《齐物论》中曾说:“类与不类,相与为类,则与彼无以异矣。”这代表万物不论同类或不同类,若从更高的生命宏观来看——庄子称为“真君”或“真宰”,都是属于同一大类,因而彼此也就没有什么差异。

换句话说，放眼万物，除了人“类”之外，其他动物“类”、植物“类”，或草生“类”、木生“类”，卵生“类”、胎生“类”，乃至岩石“类”……等等，看似不同，但若从更高的“真君”或“真宰”眼光来看，则均为自然中的生命类，也均为“地球村”中的成员。因而就此而言，其间各类并无不同，均应肯定其有平等的尊严与权益，这对生态保育而言，就特别深具重大的启发意义。

另外，庄子也曾强调：“物无非彼，物无非是，自彼则不见，自知则知之。故曰彼出于是，是亦因彼。”（《齐物论》）这代表任何万物的存在，都是彼是相需，绝不会孤立片面的存在。这就好像鱼跟大海，完全是彼此相需的互融关系。鱼类若脱离大海，只能用口水相濡以苟生，那就变成孤零零、惨兮兮的存在，必不能长久生存。同样情形，海水中若毫无生物，或海中生态受到破坏，同样严重影响海洋生命。这种互为因果的交摄互融关系，在《齐物论》中更明白称为：“是亦彼也，彼亦是也。”

因此，根据庄子，万物之间关系，就好像雨滴融入大海一样，“个体”与“整体”相互旁通，彼此相需。这也正是生态保育中，“物物相关”、“万物相环”的重要原则，深值体认并弘扬光大。

第三，根据方东美先生所说，庄子这种实质的相对性系统，又可形成一种“相依互涵系统”，“其间万物存在，都各有其内在的涵德，足以产生相当重要的效果而影响及于他物，对其性相之形成也有独特的贡献”。

换句话说，庄子肯定一切万物均有其内在的生命意义与价值，不需附属人类才能存在，它们一方面绝不是人类的工具，更不是人类的奴隶。二方面在大宇长宙中各有其贡献——不论贡献多少，但均有其不可抹杀的贡献。

这种精神正如同西方“生态保育之父”李奥波（A Leopold）名言，虽然只是一朵小草花，但也“把一件小事做得又快又好”。[49]这种万物观，不但极为生动，也重视互动，正与当今环保哲学中的“机体主义”精神，极为相通。其中肯定万物相互依存，因而任何一处破坏均足以牵一发而动全身，造成整体的深远影响，对今天的环保工作就尤具深远启发。

此所以庄子在《大宗师》中，曾经借孔子之口而强调：“鱼相忘于江湖,人相忘于道术。”这代表人类与鱼类各有其本身活动空间,因而各有其独立的生命内在意义与价值。不能任意轻忽。唯有“奇人”(古作畸人),能够超越一般俗人自我中心的毛病,并能上与天同,效法天心,所以才能体认此中至理,此即庄子所谓“畸人者,畸于人而侔于天”。[50]今天有些生态保育者的观念,在一般俗人看来,可能觉得奇怪,甚至认为迂腐,但若大家真能共同扩大心胸,提升灵性,效法天心,便知“奇人”此中精神确实极具恢宏胸襟。

第四,方先生更进一步提到,在这个系统里面“达道无限,即体显用”,而其作用之本身——也就是讲这个大道的道用本身“绝一切对待、与条件限制,尽摄一切因缘条件至于纤微而无憾,然却又非此系统之外任何个体所能操纵左右”。

换句话说,这个大自然万物所形成的机体系统,不但有无限的开放性,足以完成一切万物生命潜能,也有无限的可能性,足以迈向更高的价值理想。

我们在此,可用现代学术用语,称庄子的道“体”为“substance”,但是这个“体”乃蕴涵在一切个别存在中,以显现其大用,所以可以称之为“即体显用”,即现象即本体,而且体用不二。这种精神应用在生态保育的意义,就代表不论从任何一个渺小物体中,都可以肯定其代表万物大道,从任何一个存在的“小用”,都可以显示出“大体”。

因此,庄子曾经明白强调:“天地一指也,万物一马也。”[51]整个天地大化流行的生命,可用“一指”的象征手法表现,整个万物的机体存在,也可用“一马”的机体象征。所以自然万物看似纷然杂陈,其实均与大道生命融贯为一,此即庄子所称“诙谲诡怪,道通为一”![52]

这种精神,相当于西方所讲的“一花一生命,一沙一世界”。华严宗所说,“一即一切,一切即一”,“青青翠竹,尽是法身,郁郁黄花,无非般若”,“处处都是华严界,个中那个不毗卢”,都是同样道理。能够如此从小看大,由小生命看出大道理,与现代环境伦理学中“物有所归”的原则也很能相通。

这项原则代表,若对一切万物归根溯命,归纳一切万物生命的背后根源,则知其最终汇通处均为“大道”的生命,从而可以肯定一切万物均来自同一母体,因此,不能任意抹杀或否定。这也正是当今生态保育中极重要的中心信念。

总之，根据庄子精神，他对一切万物，均能以和谐统一的整体眼光来看，此所以他在《在宥篇》中明白强调："我守其一，以处其和。"因此整体而论，庄子对万物的看法，若用一言以蔽之，就是"唯达者知道通为一"。[53]一切万物看起来林林总总，形形色色，有很多存在形态，但若用整体大道的观点来看，则在最终点，仍然"道通为一"——均由大道的生命发而为用，因此可以明确肯定万物的平等性、互通性、价值性，以及和谐的统一性。这种精神不但深符环境伦理学的四项原则，而且更为深刻与完备。

尤其，庄子常以"圣人"代表通达大道的精神人格，其胸襟与慧心，同样很能作为当今环保人士的重要典范。

例如庄子曾经强调："圣人者，原天地之美而达万物之理。"真正的圣人（亦即当今环保的理想人格），能够追溯天地大美的根源，体认一切万物之中都充满盎然生意与悠然情趣，所以绝不会任意破坏自然生态。此即庄子所谓"是故至人无为，大圣不作，观于天地之谓也"。唯有如此，才能体会万物之中相互依存、彼此旁通、交融互摄，而又各有生命内在价值与尊严。也唯有如此，才能做到"圣人处物而不伤物"（《知北游》），凡此种种道理，均为当今环保哲学中极为重要的观念。

另外，在《齐物论》里面，庄子也曾特别强调：

"圣人和之以是非，而休乎天钧，是之谓两行。"这里所说的"天钧"、犹如"天均"，代表圣人能从精神高空流眄万物，因而得以肯定万物均为平等，无分彼此，从而可以体认出整体宇宙和谐的统一性。

换句话说，庄子心目中的"圣人"，就是能用机体主义"和谐统一"的精神，旷观一切万有生命。此其所以在《天地篇》中说："通于一而万事毕。"另外在《知北游》中又说："通天下一气耳"，"圣人故贵一"。根据庄子，只要对大道"守而勿失"，即可"与神合一"（刻意），而且，"圣人达绸缪周尽一体矣"（则阳）。因此足以通达万物，浑然同为一体，凡此种种，均可证明庄子非常重视"和谐统一"的万物观。能有这种体悟的人，在庄子即称为"圣人"，在现代，即为理想的环保人士。

除此之外，庄子在《大宗师》内，也曾经强调："圣人将游于物之所不得遯而皆存。"代表圣人深具"藏天下于天下"的胸襟，所以深知"道"无所不在。正因他能与道同心，因而最能把握和谐统一的精神，以此贞观万物。

另外,庄子也曾指出,“真人”系“天与人不相胜也”,[54]而且肯定天与人能够和谐并进,也是同样道理。此所以在“天道篇”中,他同样强调:“天乐者,圣人之心,以畜天下也”,代表圣人之心乃在顺应天然,然后才能保育天下。

事实上,这种肯定和谐统一的机体观,在老子就曾经特别强调。此其所谓:

> 昔之得一者,天得一以清,地得一以宁,神得一以灵,谷得一以盈,万物得一以生,侯王得一以为天下贞,其致之一也。(三十九章)

本段所强调的“一”,即“大道”,同样代表一种“和谐的统一”。“和谐”代表不要被破坏,“统一”代表不要被割裂。两者合而言之,正是今天保护生态不被割裂,并且维护环境不被破坏的重要哲学基础。

所以根据老子,天若“得一”,则可清明,不致污染,地若“得一”,则可安静,不受破坏,神若“得一”,则可充灵,不致消歇,山谷若“得一”,则可充盈,不会枯竭。扩而充之,对大自然生命来讲,万物都要能有和谐的统一,才能生生不息,如同政治也要有和谐的统一,才能安定天下。凡此种种,都肯定同样的重要道理——那就是“和谐的统一”!

因而,老子还曾经从反面警告:

> 天无以清将恐裂,地无以宁将恐废,神无以灵将恐歇,谷无以盈将恐竭,万物无以生将恐灭。

这一段内容,同样也可看成对今天环境危机的深沉警告——天若无法清明,则必定会破裂(如同“臭氧洞”的产生),地若无法宁静,则必定会倾裂(如同各处大地的倾裂),山谷若无法充盈,则必定会枯竭(如同湖泊、水库等在污染下逐渐丧失生命),而万物若无法维持生态平衡,更必定会绝灭。这也正是对一切野生动物濒临灭绝的极大警惕!

所以庄子在《在宥篇》中,曾经借黄帝问广成子的对话,指出人们应该顺应万物本性,否则自认爱之,结果是反而害之。

黄帝问:敢问“至道之精”。并强调“吾欲取天下之精,以佐五谷,以养民人,吾又欲官阴阳,以遂群生,为之奈何?”其动机虽然很好,很想有所作为，但广成子却答以，“而所欲问者，物之质也，而所欲官者，物之残也。”代表黄帝所问的内容，虽然是万物的本质，但其作为，却在摧残万物。

因此，庄子透过广成子指出，一定要能“守其一，以处其和”，谨守万物本性，真正把握万物和谐的统一，与万物和睦相处，才是真正爱护万物之道！

另外，庄子《在宥篇》中也强调：

> 夫有土者，有大物也，有大物者，不可以物，物而不物，故能物物。

这代表拥有国家者，拥有土地很大，影响万物也大，但这种拥有万物的人，应该使万物均能自得，不能心存征服万物。唯有如此，才能促使万物各自完成生命潜能，也才可以治理百姓，并且足以“出入六合，游乎九州”。如此精神上能与天地独往来，才能称为“至贵”。这种胸襟与气魄，也正是今天环保人士与环保政策极重要的精神格局。

因此，庄子在《养生主》中，也曾提到一个生动的例子，强调人们应顺应万物本性的至理：

> 泽雉十步一啄，百步一饮。不蕲乎樊中，神虽王，不善也。

这段强调，在沼泽旁边的公鸡，每十步就低下头吃东西，每百步就喝一口水；如此的悠然自在，仰俯自得，是何等恬淡的自然之美！所以它们并不愿意被人们养在笼子中，那样看起来好像很舒服，不需要辛苦觅食，其实却是很受束缚，违背自然。

从这一例证中，我们充分可以看出，庄子的确深具生态保育的精神。他强调一切作为应以顺应自然本性，才是真正的“善”，也正是当今环境伦理学中极重要的观念。

另外，在《至乐篇》中，庄子同样有一段寓言，深具生态保育的意义：

> 昔者海鸟止于鲁郊，鲁侯御而觞之于庙，奏九韶以为乐，具太牢以为膳。鸟乃眩视忧悲，不敢食一脔，不敢饮一杯。三日而死，此以己养养鸟也，非以鸟养养鸟也。

在这段中，庄子特别强调，真正养鸟的正确之道，应顺应鸟的自然本性,将其放归山林,这才是"以鸟养养鸟";而绝不能自以为是,只从人类的本身习惯出发,如此一厢情愿,"以己养养鸟",不论如何对鸟待以大礼、奏以国乐、飨以大餐,鸟类仍会悲戚不已,三日而死。这样一来,人类自以为爱之,其实只有害之!

事实上,这种精神,也正是当今保护自然万物应有的正确态度。此所以庄子曾经明白提醒人们:"鱼处水而生,人处水而死,彼必相与异,故好恶故异也。"

庄子在本段中指出,鱼必须在水中才能生长,人若在水中则会死亡。正因一切万物自然本性不同,所以人类也应尊重大自然万物各别的差异性,不要强求其同。此其所谓"故先圣不一其能,不同其事"。[55]唯有如此,尊重自然万物的不同本性,才是真正"修达而静持"之道,这也才是真正生态保育之道!

另外,庄子在《马蹄》篇中,也同样再以马为例,说明人们应顺其"真性",才合乎保护自然之道:

> 马,蹄可以践霜雪,毛可以御风寒,龁草饮水,翘足而陆,此马之真性也。虽有义台路寝,无所用之。及至伯乐,曰:我善治马。烧之、剔之、刻之、雒之,连之以羁馽,编之以阜栈,马之死者十二三矣。饥之、渴之、驰之、骤之、整之、齐之。前有撅饰之患,而后有鞭筴之威,而马之死者已过半矣。

换句话说,根据庄子,马蹄可以践履霜雪,它的毛可以抵御风寒,饿了就吃草,渴了就饮水,高兴了就翘足而跳,这些都是马的真性,也是马的天性。虽有高台大殿,都没用处。但是伯乐却自命不凡,自认为"善治马",结果用铁烧它,用刀剪毛,削马的蹄,又烙印作记号,并用勒绊加以约束,还用木编为棚栏来强留它。如此一来,无形中就已经折腾死了二三成的马匹。

然而,不只如此,伯乐为了要训练马,有时候还让马饥饿、干渴、奔驰、快跑,前面用东西引诱它,后面又用鞭子来抽打它,结果马又死了一大半。即使真正剩下的马,也完全是在人们控制下的奴隶,再也不是顺应马本身天性而独立存在了。

因此,我们从这文字,可以清楚看出,庄子的确堪称高明的生态保护家。因为他一再呼吁人们,要能对大自然所有万物,都用尊重其本性的态度相待，而千万不能只用人类本身的功利角度去看，更不能只把自然万物看成是人类的奴役对象。庄子强调，唯有真正顺应天然万物本性，放任无为，才能真正形成“天放”。这也正是当今生态环保中极重要的观念。

另外，庄子在《马蹄》篇中，也有一段深值注意的内容：

> 同乎无欲，是谓素朴，素朴而民性得矣。及至圣人，蹩躠为仁、踶跂为义，而天下始疑矣。澶漫为乐，摘僻为礼，而天下始分矣。故纯朴不残，孰为牺尊！白玉不毁，孰为珪璋！道德不废，安取仁义！性情不离，安用礼乐！五色不乱，孰为文采！五声不乱，孰应六律！夫残朴以为器，工匠之罪也。毁道德以为仁义，圣人之过也。

换句话说，庄子在此，同样再次强调自然之美，强调“性情不离”。他并明白指出，人们千万不要“残朴以为器”，否则玉器的雕刻，看起来好像配合人的欣赏，其实却正是工匠之罪。

总而言之，根据庄子精神，人们对大自然万物，千万不能心存役使，一定要能充分尊重万物本性，促使和谐并进，不能自已任性妄为。此中精神，正与老子所说完全吻合：“复众人之所过，以辅万物之自然，而不敢为。”[56]，今天我们深思这种精神，肯定人们应以顺应万物本性为准，然后才能拯救以往人为的过失，此中精义对生态保育的确深具启发，非常值得体认与弘扬！

第三节 对众生的态度

道家对众生的态度，可以从其“道相”乃至“道征”的内容中归纳而知。

有关道相，老子在《道德经》十四章说得很清楚：

> 视之不见名曰夷，听之不闻名曰希，搏之不得名曰微，此三者不可致诘，故混而为一。其上不皦，其下不昧，绳绳不可名，复归于无物。是谓无状之状，无象之象。是谓惚恍。迎之不见其首，随之不见其后。执古之道，以御今之有，能知古始，是谓道纪。

换句话说，道的表相，看不见、听不到、也摸不着，其形象看似无从探究，其实乃因与整个天地万物混而为一。根据老子，大道因为不受任何形体限隔，所以没有形状，也没有物象，看似惚恍，其实中间正有绵绵无尽的生机。这种无穷的生机既能贯串古今，也能浃化众生，这就是"大道"的重要特性。对于当今生态保护极具启发作用。

另外，老子在二十一章中也说：

> 道之为物，惟恍惟惚：惚兮恍兮，其中有象，恍兮惚兮，其中有物。窈兮冥兮，其中有精，其精甚真，其中有信。

这代表对于"道"，不能只从表面形象去捉摸，因为其中自有生命精气融贯万物。而且这种道"自古及今，其名不去，以阅众甫"。众甫代表众生万物，根据老子，一切众生均由大道所生产创造，所以老子最后问道："吾何以知众甫之状哉？以此。"他何以知道众生充满生命精气呢？即因他对大道的体认，深知大道代表真力弥漫的生命根源，所以大道所融贯的众生也充满生命精气，应该加以尊重与珍惜，这对当今生态保育便成为很重要的启发。

那么，面对劲气充周的众生，人们应该以何种态度相待呢？根据老子，人对万类众生的态度，应充满慈惠之心。有的时候他也用"孝慈"二字，代表不只对自己的父母"孝"，也应对整个大道要"孝"。此即老子所谓："绝圣弃智，民复孝慈。"[57]

这段话前半句看起来好像要去绝圣弃智，其实此处的"圣"与"智"，乃是自以为是的"伪圣"与"假智"，并不是真正的圣与智。所以老子强调，要去除这种虚矫的假圣与虚妄的假智，而真正复归纯朴的孝慈之心。

"孝"通常是指对父母亲孝，父母亲在此象征什么呢？就是象征天地。老子在此处，尤其是指身为"天下母"的大道。代表人们应以孝敬之心对待大道，善加照顾，并且应用慈惠之心对待众生，把一切万物都看成同根生一般的兄弟，善加爱护。这正是今天极重要的生态保护之道。

另外，老子在第八章中也曾强调："上善若水，水善利万物而不争。"换句话说，真正了解生态保育的人士，就应像水一样，善于滋养保护万物众生，而绝不和万物相争。这种态度能对治当今环保的危机。

因为当今太多人想与万物相争,结果便造成大量破坏与污染,以致看似暂时得逞,其实,从整体与长远来看,对人类与地球均为害极为深远。

所以老子曾经明白指出:“居善地,心善渊,与善仁,言善信,正善治,事善能,动善时。”这些充满“善”的善心与善法,正是当今环境伦理深值效法之处!

除此之外,老子在二十七章中,还曾进一步强调:

> 是以圣人常善救人,故无弃人,常善救物,故无弃物,是谓袭明。

换句话说,老子对于任何个人或任何万物众生,都常怀“救人救物”的心情。以往常有人误以为老子是“出世”、“悲观”、“消极”,由此可见完全错误。事实上老子是一位深具慈悲胸怀的哲人,他不但对每一个人都要救,对一个物也都要救,充分代表他对所有众生通通一视同仁,都期盼大家能共同得救,并盼世间不再有任何“弃人”,也不再有任何“弃物”。

这种精神正如同佛学中的地藏王菩萨。地藏王菩萨专门掌管地狱,他本身身为菩萨,为什么还要停在地狱呢?因为他曾发过宏愿,如果地狱中还有任何一个灵魂,没有得到超脱拯救,他就绝不离开地狱!

我们由此可以看出,道家与佛学精神相通之处,这种胸襟与情怀,期盼大自然中一切万有众生,都能一一得救,而绝无任何遗漏,也正是当今环保工作极重要的精神动力。

尤其老子所说“常善救物”这个“物”,代表所有动物,也代表所有植物,同时代表一切看似无生命的物体,如山川、河流、岩石、荒地等等。根据老子,对所有这一切的“物”,都应尽心拯救,唯恐不及,当然更不会想到去伤害!这种常善“救”物的态度,正是当今爱护众生、保护环境的最积极典范!

另外庄子在《知北游》也提道:

> 有先天地生者物邪?物物者非物。物出不得先物也,犹其有物也。犹其有物也,无已。圣人之爱人也终无已者,亦乃取于是者也。

这句话代表,庄子体认到,主宰万物者,本身并非物(而是“道”),而且物的出生并不能先于物,因为这个出生前还有其他物的存在,如此不断向前推衍,将没有终止。因此,圣人仁民爱物也始终没有止境,正是效法此等天长地久的自然道理。此中精神与老子“常善救物”的圣人风范,可说完全相通,也都是当今环保工作极重要的精神榜样。

另外,在五十一章中,老子也讲得很清楚:

> 道生之,德畜之,长之育之,亭之毒之,养之覆之。

根据老子,大道创造一切众生,并涵容众生,培育众生,长成众生。“亭之,毒之”即代表“成之,熟之”,而“养之,覆之”则代表“保其和谓之养,护其伤谓之覆”。这种保和、护伤的态度,也正是今天生态保育应有的精神。

因此,不论对野生动物、植物或山川、河流,如果人类均能善体这种大道精神,对待万物众生均出之以保和、护伤的胸襟,不要据为己有,更不要自命主宰,那才算真正的“崇德”。唯有如此,才能真正破除现代人对万物众生心存征服的病根。

另外在同章中,老子也强调,何以万物众生都“尊道而崇德”呢?因为“莫之命而常自然”,其中原因即在大道并不支配与干涉万物(莫之命),而能因任万物众生的自然本性,这种态度也正是当今生态保育极重要的参考。

除此之外,在第七章里面,老子也讲得很清楚:

> 天长地久,大地所以能长且久看,以其不目生,故能长生。是以圣人后其身而身先,外其身而身存,非以其无私耶?故能成其私。

换句话说,老子强调,大道最重要的精神特性,就是完全没有私心,因而绝不会以自我为中心,想要驾凌众生之上。所以我们人类对万物众生的态度也应如此,绝不能自私,自认为其他万物众生都只是为了人类而存在。唯有如此,不自私,不自大,不要先想到自己,才能“天长地久”。

事实上,这种“天长地久”的原因,也对当今生态保育与环境保护极具重要的启发。放眼今天世界很多地方,生态景观均被破坏,地球生命也饱受污染，眼看着很难再“天长地久”下去，以致很多有识之士都大声呼吁“拯救地球”，老子本段可说正是最好的警惕与借镜。

根据老子，他把这种“后其身”的精神，称为“圣人”，代表应超越人类的本位主义，跳脱自我中心，浑然与万物合一，这也正可象征今后环保人士所应有的胸襟。

事实上，对这种“天长地久”的体认，庄子在《齐物论》中申论得也很清楚：

> 有始也者，有未始有始也者，有未始有夫未始有始也者。有有也者，有无也者，有未始有无也者，有未始有夫未始有无也者。

从这段文字，充分可以看出，庄子肯定宇宙的生命无限，自然的绵延也无穷，不但往前追溯，没有尽头，往后追溯，同样没有尽头。因而这就提醒了人类，在地球上只不过几千年历史，比起大宇长宙中其他万物众生，只能算是短期住客，所以更加不能任意破坏自然，尤其不能成为“恶客”，这也正是当今西方环境伦理学中，极为重要的最新环保观念！

事实上，正因庄子深具这种与宇宙一般远大的眼光与胸襟，所以他才能体认“天地与我并生，万物与我为一”。这种胸襟，庄子称为“真君”“真宰”。在老子，即称之为“圣人”：

> 圣人在天下，歙歙焉，为天下，浑其心，百姓皆注其耳目，圣人皆孩之。（四十九章）

老子在此所说的“歙歙焉”，是指“收敛”的意思，也就是自我节制，没有私心，这是圣人看待天下的应有态度。而其治理天下，同样应“浑其心”，也就是质朴其心，以最纯朴自然的心态看待天下，所以百姓都对其凝视倾听，万众瞩目，但他只以看待婴儿一般的爱心，对百姓加以爱护。

老子这一段，虽然是在申论为政之道，但同样可以代表环保之道。其精神在强调，人类应该自我节制，不能自我膨胀，自以为可以控制万物，尤其对待一切众生，不论大小万物，或草木鸟兽岩石，均应像对婴儿一般的心情，加以呵护怜爱，这正是当今环保工作最重要的态度与精神修养。

由此可见,“圣人”一词,不但是老子心目中的理想政治家,因其精神胸怀足以涵容爱护一切万物,所以同样也可看成是环保学家应有的精神风范。

因此,老子在二十二章讲得也很清楚:

> 曲则全,枉则直,洼则盈,敝则新,少则得,多则惑。是以圣人抱一为天下式。不自见故明,不自是故彰,不自伐故有功,不自矜故长。夫唯不争,故天下莫能与之争。古之所谓曲则全者,岂虚言哉? 诚全而归之。

本段看似在说人生哲理,其实也可说是对万物众生的应有态度——不要自以为是,不要自伐自矜,不要心存争夺,而要常能以谦下态度对待万物众生。尤其根据老子,“圣人抱一为天下式”,这个“一”就是大道。这句话提醒人们,要能够胸怀大道的精神,以此为榜样,再旷观天下所有的众生,然后才能了解整个万物众生乃是和谐的统一,这也正是当今环保工作应有的重要观念。

所以,综合而言,道家对众生的态度,不论老子或庄子,均同样肯定一种理想的精神风范,那就是“圣人”。

例如在二十九章中,老子曾经强调:“圣人去甚,去奢、去泰。”这就是明指,圣人之道乃在顺乎自然,依乎物势,凡事绝不过分,也不强求。在六十三章中,老子又谓:“圣人终不为大,故能成其大。”同样在强调人们绝对不能自大,也绝不要以自我为中心。这对当今环境伦理便深具启发。它提醒人类,不要自私自大或自我中心,而应确实效法大道精神。

另外老子也曾指出:“道之在天下,犹川谷之于江海。”[58]重点在于“以其善下之”,人们若能以谦下态度面对众生,才是真正圣人之道。此亦老子所谓“圣人之道,为而不争”,此中精神在强调:绝不要与万物众生争夺,而应共同和睦并进,唯有如此,才能真正爱护万物,也才能真正普育众生!

因此,老子在五十八中曾强调:“圣人方而不割,廉而不刿,真而不肆,光而不耀。”圣人之道,在既不伤人,也不害物,更不会以盛气驾凌众生,凡此种种,都深符当今生态保育之道,所以深值弘扬光大。

另外,庄子在《天地》篇中也强调:“天地虽大,其化均也,万物虽多,其治一也。”他并肯定万物通于一而万事毕,这也都在说明和谐统一的重要性。尤其庄子的重要名言“天地与我并生,万物与我为一”更是总结了道家环保哲学的基本理念。

因为“天地与我并生”,肯定了人与天地应共生共荣,和谐并进,这正是一种机体主义的特性。另外,“万物与我为一”,则更肯定一切万物众生与人类生命都同样重要,同样深具意义与价值,因而绝不能加以藐视,更不能任意破坏。这两句话对当今环境伦理学来说,的确深具重大的启发意义。

尤其,庄子在这两句话中肯定的精神与儒家“天人合德”、“物我合一”,可说完全相通,由此也充分可见道家与儒家相互辉映之处。庄子曾谓“相视而笑,莫逆于心”,[59]以此象征知己的心灵,可以心心相印,庄子与孔子在此便可说心灵完全相通,“莫逆于心。”而此相通的“心”,正是最能保护万物众生之心、同时也是最能保育生态之心,所以深值重视与弘扬!

事实上,庄子此“心”不但与孔子很能相通,而且更是直承老子之心而来。所以庄子曾经很中肯的说明老子哲学重点:

> 建之以常无有,主之以太一,以濡弱谦下为表,以空虚不毁万物为实。(《天下篇》)

换句话说,根据庄子的体认,整个老子的哲学体系,乃是建筑在“常无”和“常有”的辩证进展之上,而“主之以太一”,则是以整体大道“和谐的统一”来加以统摄。所以老子强调虚灵,乃是先自提其神于太虚,再以一种空灵精神俯视万物,因此反而能够虚以待物,不但不会否定万物,反而更能肯定万物众生盎然充满生意,陶然充满机趣。这种精神境界,同样正是当今生态保育极需要的修养与观念。

事实上,老子在第一章就强调:“无,名天地之始,有,名万物之母。故常无,欲以观其妙;常有,欲以观其徼。”所以只要能透过“常无”与“常有”,就能追溯到“天地之始”与“万物之母”,然后才能真正旷观天地之妙,也才能真正玄览万物之徼。这两者“同出而异名”,都代表弥漫万物、无所不在的大道生命,因此才能形成和谐统一的机体主义宇宙观。

道家这种和谐统一的机体主义,在儒家也同样一再的肯定。此所以儒家在《周易》中明白指出“天下之动贞夫一”。在老子则强调圣人“抱一”为天下式，庄子则称“道通为一”，“通于一而万事毕”(《天地篇》)，而且“万物一府”(《天地篇》)，“天地与我并生，万物与我为一”，“圣人达绸缪周尽一体”(《则阳篇》)，“天地虽大，其化钧也，万物虽多，其治一也”(《天地篇》)。凡此种种，均可看出，儒道两家在此极能相通，不约而同地都在强调“和谐统一”的自然观。

我们若问其中何以能够相通？简单地说，就是因为他们都能够用统合性、整体性、融贯性、以及机体性的心灵，来看待一切万有众生，这种观点对现代环境伦理学便很有启发作用。

道家这种对众生的态度，笔者认为，可以分成六项特性原则，其中前三项，为方东美先生所提[60]，另外三项则为笔者引申所得，今特一一要述如下：

第一个原则，就是“个体化与价值原则”，用英文来讲，就是“The Principle of Individuality and value”。

这个原则强调，“在这个世界上，每一种存在都不是泛泛的存在，都是一个存在的中心，这个中心都是从他内在生命的活力上，表现了一种生命的情操；而在那个内在的生命情操里面，均贯注着一个内在的价值。这个内在价值若是不超出他的有效范围，则任何别的立场都不能够否定他的价值。”[61]

换句话说，这个原则肯定，大自然内每个存在的个体生命，都有其不容忽视的内在价值。它们虽然各有不同的个别差异，或大或小，或长或短，或寿或夭，但每个物体均有其同等的生命尊严，所以都应得到同样的尊重。人类对它们不同的个别差异，也应加以尊重。唯有如此，才能使大自然充满多元性与多样性，形成“万紫千红始成春”的灿烂景象，也唯有如此，才能充分展现大自然的灿溢生机。

我们若根据这一原则来看，则其对环境伦理学的启发便极为重要。因为，它对大自然一切众生，不论天上飞的大小鸟类、地上跑的大小兽类、海中游的大小鱼类，甚至一切看来不会动的大小植物类，乃至看似无生命的岩石、土壤、大地等等，均肯定各有其平等的生命意义，不但各自都有独立存在的生命意义，而且均各有其独立价值，不容任何外力抹杀。

这种精神明白肯定：自然万物无分贵贱，一律平等；其各自独立的存在价值,不必仰仗他人的评估才有价值。这正犹如民主政治中,明白肯定人无贵贱,一律平等,不必仰仗他人的肯定才有价值。而且各人头上一片天,各种领域也一律平等,不必仰人鼻息,另假外求才算有价值。

在环境伦理中,这种原则乃在肯定"万物头上一片天",各种有生命或无生命的万物,其存在意义与价值也均一律平等。有了这种体认,人类才不会以自我为中心,自认为驾凌于其他万物众生之上,而能真正尊重一切万物众生的内在价值与个体差异。这种精神,正是当今生态保育极重要的中心观念。

所以,庄子在《至乐》篇中曾经明白强调:先圣"不一其能,不一其事",代表真正贤明之士,不会只用单一标准,去衡量所有万物众生,而能充分尊重各物的差别性。否则"鱼处水而生,人处水而死",若要勉强以同一模式硬套,只会严重破坏万物的自然本性。这种开阔恢宏的胸襟,也正是当今环保工作极重要的原则。

另外,庄子在《天地》篇中也曾指出,百年的树木若被砍下,作为祭祀用的酒杯,与不要的断木,丢在水沟中,看似命运好坏明显不同,其实丧失内在本性却都是一样的。因为就各自的独立性与内在价值而言,两者并无贵贱之分,所以均应用平等心视之。此即庄子所谓:"百年之木,破为牺尊,青黄而文之。其断在沟中。比牺尊于沟中之断,则美恶有间矣,其于失性一也。"

庄子此处所谓"失性一也",即在提醒人们:所有万物众生的本性,均为一样的平等,也均具一样的生命意义与价值,所以不能任意抹杀。这也正是今天环境伦理学的重要原则——尊重每一个体及其内在的价值。

第二个原则,即"真切体验"的原则(the principle of authentic experience)。

这个"真切体验的原则",强调要用最真实、最切身的感受,去体贴同情其他万物众生的痛苦。这不但是人道主义的重要精神,也是环境伦理学的重要原则。

像丰子恺在《护生画集》中,就很清楚的一再表达这种看法:

人们如果要杀一头母羊,当他把母羊从羊栏中押出来的时候,不妨想想其身后的小羊群们,是用怎样哀怜的眼光,在看它们的母亲正要送往屠宰场。而当这只母羊频频回头,再看自己孩儿们时,其眼中又充满了怎样深沉的痛苦与无奈。丰子恺还曾经特别化成母羊的口吻,配诗一首:

生离尝恻恻,临行复回首,此去不再还,念儿儿知否?[62]

凡是稍有同情心的人相信只要"将心比心",设身处地为这只母羊着想,便能产生真切的感应。只有加强这种感同身受的真切感应,才能将人类的心设身处地,化成动物、植物的心。唯有如此,才能真正诚心保护万物众生。

同样情形,丰子恺也曾经引述唐代白居易一首诗,谆谆"劝君莫打枝头鸟",因为,"子在巢中望母归",非常生动感人。其中精神也在提醒人们,"谁道群生性命微,一般骨肉一般皮",深值引述如下:[63]

谁道群生性命微,一般骨肉一般皮,劝君莫打枝头鸟,子在巢中望母归!

另外,丰子恺在一幅煮蟹的漫画中,也曾简短地题一句:"倘使我是蟹!"非常令人触目惊心。在旁页中,他更举白居易戒杀诗强调:

此间水陆与灵空,总属皇天怀抱中,试令设身游釜甑,方知弱骨受惊忡。[64]

其中精神,特别强调应设身处地为一切万物着想,体认彼等生命也均来自上天的好生之德,深沉的悲悯心跃然纸上,的确深值人们深思。

除此之外,丰子恺对蝴蝶标本,也曾经连想成两针钉在女婴胸腹,"号哭呼父母,其声不忍闻"。[65]对于盆栽联想,也特别比喻为小儿手足被捆,"矫揉又造作,屈曲复摧残"。[66]因此他极力主张,对一切众生均应顺其本性,放归自然,即使对空中鸟类,也应知"天地为室庐,园林是鸟笼"。[67]凡此种种胸襟,真可说深得道家精神,更深符环保原则。

所以,当丰子恺为其《子恺漫画选》自序时,曾经特别指出,他常"设身处地"体验孩子们的生活,常常自己变成儿童而观察儿童。这种童心,也正是最近大自然的天心。因而他在结论中强调,他对其所描画的对象是"热爱"的,是"亲近"的,是深入"理解"的,更是"设身处地"地体验的。[68]

事实上,这种精神也正是今后生态保护者最需要的心态——只要一个人能如此热爱自然,他便能真正保护众生,只要一个人能真正亲近自然,他便能与众生打成一片。同样情形,只要一个人能深入理解自然,便能同情体贴万物众生。最重要的,只要一个人能设身处地,替万物众生着想,便能真正以众生之痛为痛、以众生之苦为苦,那才能真正进入"与万物合一"的境界,而真正以保护自己家人生命的同样热诚,来保护一切万物众生的生命与家庭。

因此根据老子,他呼吁人类应多效法赤子的童心,然后才能亲近自然,并且发现自然中无所不在的生命,进而以此厚德体贴万物,爱护自然。此即其所谓"含德之厚,比于赤子"。(五十五章)

另外,庄子在《齐物论》中,也曾以梦为蝴蝶为例,说明在梦中,真的飘飘然像一只蝴蝶,自认为很高兴地飞舞,而不再知有庄周,但忽然梦醒了,又实实在在知道自己就是庄周,因此不知"周之梦为蝴蝶与,蝴蝶之梦为周与"?他称此为人的"物化",很生动地说明了"物我合一"的情境。

事实上,这种经验也很能说明"人化为物"的重要,代表人应常常转化为万物立场,设身处地去为万物众生着想,这种"真切的体验",正是体贴万物众生的最佳精神,也是今后生态保育极重要的原则。

所以庄子在《列御寇》中就曾经指出:"以不平平,其平也不平。"如果人类以自认优越的态度凌驾万物,正是以"不平"的态度想去"平",结果当然是其"平"也不平。唯有以真切的平等心去齐万物,才是真正普遍的平等!此即《天下篇》所说:"独与天地精神往来而不傲倪于万物",这种"独与天地精神往来"代表真切的独立体验,而"不傲倪于万物",则更是同情体物的平等精神。凡此种种,均深值今后生态保育作为重要参考。

另外,第三个原则,是"超越"的原则(The principle of transcendence)。

这一项原则代表,能从精神上无限广阔的生命眼光,来放旷慧眼,俯览自然的一切众生。

基本上,道家的哲学体系,正是一种超越的体系,所以老子强调"玄之又玄",正是要不断地超越提升,进入宇宙最高的终点,对此终点他无以名之,即称为"道"。庄子强调要像大鹏鸟一样直上九万里,甚至入于“寥天一”处，也是同样的精神。

这种超越精神有什么启发性？简单地说，就是提醒人们要把自己的心胸与眼光不断向上提升，放大眼光。因为，人一定要站在高处才能看得远，一定要站在整体才能够看得大，一定要眼光远大，才能心胸恢宏。也只有心胸恢宏，才能大其心以同情万物，将一切万有众生都纳入其关心爱护的对象，这种大爱，可以直上云霄再俯视大地，成为人类对自然万物的大爱，也成为人类对万物众生的大爱。这种大爱，超越性别、种族、国界，甚至超越人与物之分际，真正能够“为天下浑其心”，形成与天一般大的心。因而对今后全球的生态保育与环保工作，都深具重大的启发性。

这种超越性的宗教精神，在当代西方环保学者即称为“自然世界的神学”(A Theology of the Natural World)，根据著名环保学者布劳克威(Allan R. Brockway)在1973年所呼吁，此种神学的主要精神在于：

> 肯定非人类的世界，同样具有内在价值，而且与人类一样具有平等尊严，任何人若想逾越圣律，去破坏动物、植物、空气、土壤、水、甚至岩石，将如同谋害人类一样严重。[69]

此中胸襟，可说完全出自一种超越性的宗教情怀，因而与道家精神基本上完全相通。

另外，庄子在《天道篇》中有段话也很重要：

> 夫道，于大不终，于小不遗，故万物备。广广乎其无不容也，渊乎其不可测也。

这代表大道的生命足以融贯一切万物，不分大小，固然对至大能够包容，对至小也不遗漏，纤微无憾，因而才能兼备万物，以无穷的生机广被万类，这也可以再度印证“大道”的超越性。

大道的这种超越性，同时也代表整体性(Integrity)，这对环境保护尤具深刻的启发性。因为环保的重要性，不能只从眼前一时利益或片面的利害来看，而要从整体共同的利害来看。例如少数人或认为，今天稍微砍几棵树有什么关系，但今天一批人砍几棵树、明天另外一批人再砍几棵树，长年累月下来，整座山就枯掉了。其影响可能暂时还不觉得，但一旦到冬天，就会完全失去防风作用，到了夏天，也就完全失去防洪的作用,立刻会造成风沙洪水为患。所以其中物物相关,环环相扣,必须从整体性来看,才能了解真正利害。这也正是“大道”的特性所在,深值重视。

美国著名生态保育学家诺曼(Jim Nollman),生平提倡人应与自然对话。他在1990年曾经出版《精神生态学》(*Spiritual Ecology*)一书,重点即在强调:人应重新与自然结合(reconnecting with Nature),以恢复人与自然的整体性。他并认为:

> 环境的危机始于我们各人心中,也终于我们心中。只要我们能调整内心与自然的关系,即可改进此种危机。[70]

这一段话明白指出,不但人与自然应重新整合,内心世界与外在世界也应重新整合,然后才能重新恢复物物相关的自然次序,顺应自然世界和谐统一的大道。此中精神,也可说与道家完全一致。

尤其,诺曼在第七章卷首曾经特别引述老子名言:“水善利万物而不争。”[71]说明大自然孕育万物而不争的哲理。深值人们效法,的确发人深省,别具慧心。

另外,诺曼在第八章卷首,再度引述老子名言:“盖闻善摄生者,陆行不遇兕虎,入军不被兵甲,兕无所投其角,虎无所措其爪,兵无所容其刃,夫何故?以其无死地。”[72]他并特别以捕鲸的故事为例说明,我们若能尽心救鲸鱼,鲸鱼也能救我们。唯有如此,体认物物相关的大道,才能真正地做到“动无死地”,这才是所谓“善摄生者”,也才是真正善于生态保护者。其中深意,的确深值体认与重视。尤其以一位外国学者,而能两度引述老子作为卷首发语辞,并且很能申论其对现代人心的启发,其中精神更值我们深思与反省,马一浮先生为丰子恺《护生画集》第一集写序时,也曾特别引述老子“善摄生者”的内容,此中精神完全相通,充分可见东西哲人不谋而合的深意。

第四个原则,“内在性”的原则(The Principle of immanence)。

这一般特性为笔者所加,因为道家精神,不只有超越性,同时也深具内在性。这一种特性与孟子也很能相通。像孟子一方面肯定“上下与天地同其流”,这是其超越性,二方面他也强调“万物皆备于我”,同时肯定了其内在性。道家也是如此,尤其道家肯定所有万物都有它的内在价值,因而本质上都是平等的,这种原则极能符合当今环境伦理学的中心观念。也深值大家特别重视。

事实上,这种精神也正如同民主的基本信念——不论总统或小民,其生命均有内在的平等性与尊严性,不容歧视,这在万物众生亦然。尤其,以往人们讲民主还只限于对人类而言,今后更应扩大胸襟,将一切万物众生——包括一切动物、植物、山川、河流、岩石、土壤等等——均能入民主的对象,以同样肯定其生命的平等性与内在价值的独立性,而不再视为人类役使利用的工具。如此确实尊重一切自然万物的权利,才能称为最高级的民主,这不但是中国最高的"仁心"与"道心",也正是当今西方最新的环境伦理观念!

此所以近代西方环保专家辛格(Gary Snyder)在1972年曾经明确倡言:"植物与动物也都是人民……赋予人民权力不能只是口号。"他称此为"最高级的民主",[73]并认为这种时代已经来临。充分可见其与道家精神相通之处。

换句话说,根据道家看法,万物众生与人类一样,均有其不可轻忽的内在价值。因此,不但人类有天赋人权,一切万物也都有其天赋"物权"。这正是当今环境伦理学中,极为重要的一项课题——尊重"自然的权利"(The Rights of Nature)。

以往如果有人说,岩石也有其天赋权利,会被认为无稽之谈——正如两百年前,如果有人说黑人也有权利,会被嘲笑一样。但如今随着时代进步,黑人早已被肯定应有其平等的生命尊严与权利。根据道家精神,今后人们对一切动物、植物、山川、河流,甚至岩石,均应同样肯定其平等的内在价值。这种胸襟与现代环境伦理学,可说完全不谋而合。

所以庄子在《齐物论》中,曾经明白强调:"彼是莫得其偶,枢始得其环中,以应无穷。"

根据庄子,人们要能掌握这种道枢,才能认清"道通为一",一切众生都相互旁通,彼是相因,也互通为一,因而均各有其"内在的平等价值"。不论是大猩猩或小蚱蜢,虽属不同类别,却有同样的内在价值,不容轻忽。不论大河川或小溪流,也都有同样的内在价值,不容污染。不论红桧木或小草花,也都有同样的内在价值,不容摧残。

换句话说,道家明白肯定,一切万物众生均有其独立的生命意义与内在价值,绝不因为人类好恶或利益高低而有影响,这种见解是道家肯定“内在性”的原则，也是当今环境伦理学的重要原则，所以深值重视。

另外庄子在《人间世》中，也曾特别强调“无用之用”作为标准。有很多大木看似“不材”“散木”、看似“无用”，其实反有大用，得以保生。庄子在此寓言所要肯定的精义，即在强调大自然众生各自有其内在的独立价值，而且相互平等，不分上下，并不因其对人类有用与否而见高低，这也正是当今环境伦理学中“尊重自然”的重要新论点，深值弘扬光大。

例如西方环保专家弗尔曼（Dave Foreman）在1987年就曾明白主张：

> 一切万物众生——如四足者、有翼者、六脚者、有根者、流动者等等，均与人类一样，有同等的权利居住其所，而且它们本身就是其生存的评估者，它们有其内在价值，完全不必依附人类的评价而定高低。[73]

这种精神，与道家上述观念可说完全能够相通，充分也可见东西方哲学殊途同归之奥妙。

第五个原则是“自发性自由”的原则（The principle of spontaneous freedom），这也代表一种开放性的自由。

什么叫做开放性自由呢？我们通常可以将“自由”分成两种意义：一种是封闭性的自由，一种是开放性的自由。所谓封闭性的自由，用英文来讲就是“免于什么的自由”（free from something），例如“免于恐惧的自由”“免于匮乏的自由”等等，它是一种基本权利。只求免于外力所加的伤害，但本身并没有积极完成生命理想的意义，因而还只能称为封闭性。郝柏村先生曾经再增加一项自由——“免于污染的自由”，可说为环保工作加入了新诠释，也同样属于现代新社会的重要人权之一，深具新的时代意义与启发。

另外，所谓“开放性的自由”，就是“拥有什么的自由”（freedom of something），比如说“freedom of speech”就是“言论自由”，“freedom of thought”则为“思想自由。”

道家所讲的自由，可说两者兼备。前一项“内在性原则”相当于封闭性的自由，因为要尊重个体的价值，尊重内在的价值，所以代表他肯定“免于伤害的自由”。而本段所说的“自发性自由”,则为积极开放的自由。尤其庄子特别强调,“道未始有封”[75],明显肯定开放性的自由创造,也清楚肯定无限性的自由创造,所以深值大家重视。

换句话说,道家肯定,一切万物均有自发性自由,以充分自我实现内在潜能。这种精神落实在生态保育上,就更具启发意义。比如说一朵花,它应该充分饱满盛开,才算百分之百地实现了自我潜能,但若只开了百分之五十,就被人类摘掉,就代表人类同时破坏了它上述两项自由——一方面摘掉小花,本身就是伤害它的生命。二方面小花还没有完成百分之百的潜能即被摘掉,就代表没有充分尊重它的自发性创造自由。

此所以庄子在《大宗师》特别指出“坐忘”的重要,强调要能“离形去知,同于大道”。其真义即在超脱表面的束缚,冥同大道生命,这就是一种高度自发的自由。如此驰骋自由意思,能安于造物的安排而又顺应自然,就能进入宇宙最高点,与整个大道成为一体,此即庄子所谓“安排而去化,乃入于寥天一”。[76]

事实上前文这种“与造物者同游”的奔放精神,正是最为高妙超脱的精神自由。事实上,也正是最积极完满的自由。庄子肯定一切万物众生皆有此种潜能,因而均应加以尊重。可说为环境伦理学更拓深了哲理基础。

除此之外,我们通常讲“人类的权利”(human rights),包括有居住的自由、迁徙的自由、通信的自由等等。但若论及自然万类的权利,如动物、植物、岩石等,就不一定代表相同的意义。不过至少也应该包括什么基本的权利呢?笔者认为,最重要的就是这项:“自发性创造的自由。”这是“自然权利”(Right of Nature)最基本的一项,也就是肯定一切万物众生均应拥有自发性创造生命价值的自由。

比如说蝴蝶。若在某一个深山之中,有一个天然的蝴蝶谷,根据道家精神,那就不应把它开发成观光区;否则就会变成外在人为意志所强加的蝴蝶观光区。如此就破坏了原先野生的蝴蝶意志,也破坏了它本身的自发性原则,结果反而可能会使蝶群们凋零!

另外比如说熊猫,也是同样情形。现在很多有识之士已经能体认到,对于熊猫,不能把它们抓到动物园,当作供人观赏的动物。因为那样就会破坏其本性的自发性自由。根据道家精神,熊猫应该在自由野生的环境中生长,以充分展现其自主的成长风貌,而不能被人类豢养,只成为人类的观赏工具。否则就意味着熊猫只是低一等动物,那就破坏了“尊重生命”的环保原则。

综合而言,道家这种精神,代表充分尊重万物的生命,也充分尊重万物众生内在的自主性与自由性。此亦庄子在《天地篇》中所说:“致命尽情,天地乐而万事销亡,万物复情,此之谓混冥。”

庄子认为,只有将万物生命潜能发展得淋漓尽致、以充分实现其内在性情,才能与天地同乐,并且促使万物恢复生命本性,此即所谓“混冥”。这在生态保育上代表最能尊重万物原始的性情与生态,所以非常值得提倡与弘扬。

像美国加州柏克来大学在1983年便出版了一本生态保育的经典之作《动物权利研究》(*The Case For Animal Rights*)。作者黎根(Tom Regan)特别列举各种论证,明白指出:人类所吃的动物、打猎的对象,以及实验室用的生物,都与人类一样,有感情、有知觉、有记性。它们不但有独立的生命价值,而且有同样的生命尊严,因而应得到充分的尊重。所以黎根明白呼吁人们体认:“所有动物都是平等的。”(all animals are equal)[77],因此对所有动物,均应尊重其本有的自主性与自由性,不能有任何歧视或剥削。此中精神同样可说与道家完全相通,深值大家重视与力行。

最后,第六项原则,笔者认为,或可引用黑格尔的用语:“彼此互融性”原则(The principle of mutual coherence)。代表每一物的自主性与其他物的自主性,中间可以交融互动,形成广大悉备的机体哲学。

当今生物学已经证明,在三度空间中,很多生物都有相互依存的关系,若从更高层次的总体宏观来讲,则整个宇宙更是共生共荣的大生命体;另外若从个别个体而言,则万物众生之间,也有彼此旁通互摄的关系,借用法国哲人马丁·布伯(Martin Buber,1889—1973)的话来讲,即在众生之间形成一种“互为主体性”(Inter-subjectivity)[78]。

布伯曾以“我与你”(I and Thou)的关系象征人与神的关系;其中圆融而又超越的精神特性,也很可应用在人与自然的关系上。此时“我与你”的“你”,可视为自然界中的任一体存在;如果大家都能用同样亲切圆融的态度相互尊重,正是当今环境伦理学中机体主义的最重要精神,深值大家重视。

扼要而言,道家哲学最重视顺应自然,并强调大道生命能融贯万物,无所不在。所以肯定物物相通、彼是相因,进而强调人们应扩大心胸,以冥同大道,与万物浑然合一。这些均充满了极为丰富的环保思想,堪称中国哲学内极为明确而完备的环保哲学。

史丹佛大学生物教授艾里(Paul Ehrilich)在1986年曾经出版一本名著《自然的组织》(*The Machinery of Nature*),说明人类周遭的生命世界如何运作,其中第六章特别申论"社区生态学"的观念,即在说明"那些生物共同生活,如何生活",在第七章更举出各种例证,说明万物众生如何互相依存,共同形成"和谐统一的生命体系"[79]。凡此种种,均可说是以现代科学印证了道家上述的重要观点,深值大家体认。

尤其,道家在中国文化的历代发展中,对于中国艺术美学的影响甚巨,已经众所皆知;但对现代生态保育的影响,尚未看到明显功效。这是因为古代社会尚未出现环境问题,所以道家的环保思想隐而未显,但今后人类面临日益增加的环境问题,道家传统思想便极能为环保工作提供精辟而完备的哲学基础,所以的确深值我们多多申论其中现代意义。

例如老子有句名言,"治大国,若烹小鲜"(六十章)。这句话不但适用于政治哲学,同样也适用于环保哲学。我们甚至可以说,"治环保,如烹小鲜"——代表对自然众生应该愈少干扰愈好,否则小鱼一旦被翻来覆去,便会面目全非。所以应以清炖原味为贵,引申其义,即代表应顺应万物本性才为上策。里根总统在卸任前的国情咨文,就曾引述本句,以表达其治国哲学崇尚自由民主的理念。本句应用在环保上,则更代表尊重一切万物本性,不要任意妄加干扰或破坏,然后才知"两不相伤,故德交归焉"。[80]唯有如此,人与自然两不相伤,才能充分伸张环境伦理的美德!

所以,老子在六十七章说得很清楚:

> 我有三宝,持而保之,一曰慈,二曰俭,三曰不敢为天下先。

事实上,这三宝,同样也可说是环境伦理的三大宝——一曰慈,代表关爱万物生命,二曰俭,代表节约各种能源,三曰不敢为天下先,更代表不敢凌驾万物众生,而能以谦下精神与自然万物打成一片。由此充分可见,这段话与当今环保的中心观念,可以说完全不谋而合!

特别值得注意的是,不论老子庄子,均共同强调"力行"的重要,而这也正是当今环保工作极需人人身体力行的重大关键。

此所以老子在七十章曾经明白说:"吾言甚易知,甚易行。"若从环保来讲,这也可以代表环保工作的特性,乃是人人可以行、处处可以行的工作。不但"举手之劳可以作环保",而且"俯拾皆是均可作护生"。

另外,老子曾经强调:"天下难事,必作于易,天下大事,必作于细。"[81]同样情形,环保问题看似严重,但根本解决之道,仍需要人人从切身的小处与细处,一一做起。所以我们同样可以说:"环保大事,必成于细,环保难事,必成于易。"此中哲理,对环保工作的确深具重大启发性!

除此之外,老子还曾经说过一句名言,深值重视:

> 上士闻道,勤而行之,中士闻道,若存若亡,下士闻道,大而笑之。[82]

今天社会对环保的态度,或也可用这句话说明——真正上士听到环保的道理,立刻"勤而行之",中士听了,偶尔想到才做,"若存若亡",等而下之的下士,则认为环保道理太迂腐,索性"大而笑之"。

所以,老子也曾明确提醒人们:

> 知不知,上;不知知,病。圣人不病,以其病病。夫唯病病,是以不病。[83]

换句话说,今后人们若能尽早觉醒,知道本身对环保的无知,这还算高明的,如果强不知以为知,就是大毛病了。根据老子,真正的圣人——或者真正高明的环保人士——因其能看出此中毛病,所以还并不算真病,但若本身一再破坏环境,犹不自认毛病,那才是病中之尤了。这对当今仍然执迷不悟,一再破坏环境的部分人士来说,真是极为中肯的警语与忠告!

因此,庄子曾经特别提醒世人,"大惑者终身不解"。今天部分人士眼中只知近利,心中也只知自我中心,因而终身都未能领悟环保与生态保育的重要性,那更可说是大惑之尤了。

所以,老子很早就曾指出,"天之道,损有余而补不足。"[84]放眼人类从工业化以来,已经残害自然过甚,今后实在需要及早赎罪,"以补不足”,这也正是当今环境伦理学中极重要的“补偿原理”。

另外,老子在《道德经》中最后一章说得很好:“天之道,利而不害,圣人之道,为而不争。”[85]这句话对环保尤其深具意义,正如同儒家所说“万物并育而不相害”,两者不谋而合,均明确肯定:真正长久的天道,乃在万物互利而不相害,因此圣人之道——或者环保之道——也应全力维护自然众生,而绝不与万物相争。

根据道家,唯有如此,人类常抱尊生之心,常有护生之行,才能如同庄子所说,“配神明;醇天地,育万物,和天下”[86],这也能真正体认天地之纯与宇宙之美。这种充分尊生的机体主义,正是当今环境伦理学最新的中心信念,所以深值今后东西共同弘扬,那才是调和整个天下生态保育之道,也才是整个人类共同之幸!

附　注

① 方东美先生《生生之德》,台北黎明公司,1987 年 4 月,第 287 页。

② 引自庄子《齐物论》:“彼出于是,是亦因彼。”

③ 引自《易经》,系辞下传,第一章。

④ 引自老子《道德经》,二十二章。

⑤ 庄子《知北游》。

⑥ 老子《道德经》,三十二章。

⑦ 庄子《德充符》。

⑧ 庄子《齐物论》。

⑨ 老子《道德经》,二十五章。

⑩ 同上书,四十一章。

⑪ 同上书,二十五章。

⑫ 同上书,六十二章。

⑬ 同上书,第五章。

⑭ John Muir, “Wild Wool”, Overland Monthly, April, 1875, 361—62, also see “Steep Trails” 1918, 5. or “John Muir in His Own Words”, ed. by P. Browning, p. 31.

⑮ 老子《道德经》,六十二章。

⑯ 同上书,四十二章。

⑰ 同上书,第一章。

⑱ 同上书,二十三章。

⑲ John Locke,"Thoughts on Education",Quoted from *The Extended Circle*, ed. by J. Wynne-Tyson,Paragon House,1989,p. 184.

⑳ 张璪《文通论画》。

㉑ 唐志契《绘事微言》。

㉒ 石涛《苦瓜和尚画语录》,山川章。

㉓ 邓椿《画继》,学津讨原本。

㉔ 沈宗骞《芥舟学画编》,卷一,作法章。

㉕ 李日华《紫桃轩杂缀》。

㉖ 沈宗骞《芥舟学画编》,卷一,作法章。

㉗ 赵孟《松雪论画》。

㉘ "石涛论画"《虚斋名画录》。

㉙ 王昱《东庄论画》。

㉚ John Muir,"My First Summer in The Sierra",July,27,1869; 209. also see"John Muir in His Own Words",p. 12.

㉛ Ibid,p. 64.

㉜ 庄子《大宗师》。

㉝ 同上书,《渔父篇》。

㉞ R. W. Emerson,"Nature",Beacon Prass,Boston,1985,p. 12.

㉟ Ibid,p. 13.

㊱ H. L & S. E. Dreyfus, *Mind Over Machine*, Free Press,1986, pp. 1—15.

㊲ J. H Ausubel & H. E. Sladovich,(ed.) *Technology and Environment*,National Academy Press,Washing D. C,1989,p. 50.

㊳ Albert Schweitzer,*The Philosophy of Civilization*, N. Y. ,1915, Chap. 4.

㊴ C. W. Leibniz,"Monadologie,"1714.

㊵ 老子《道德经》,四十二章。

㊶ 庄子《齐物论》。

㊷ John Muir,"My First Summer in The Sierra,"1911, also see "John Muir in His Own Words,"p. 11.

㊸ 老子《道德经》,十六章。

㊹ 庄子《齐物论》。

㊺ 同上书。

㊻ 同上书。

㊼ 方东美先生《原始儒家道家哲学》,台北黎明公司,1985 年再版,第 244 页。

㊽ 庄子《天道篇》。

㊾ 请见李奥波(Aldo Leopold)所作小诗,见本书第一章。

㊿ 庄子《大宗师》。

(51) 庄子《齐物论》。

(52) 同上书。

(53) 同上书。

(54) 庄子《大宗师》。

(55) 庄子《至乐篇》。

(56) 老子《道德经》,六十四章。

(57) 同上书,十九章。

(58) 同上书,三十二章。

(59) 庄子《大宗师》。

(60) 方东美先生《原始儒家与道家哲学》,第 254—260 页。

(61) 同上书,第 255 页。

(62) 丰子恺《护生画集》,弘一大师作诗并题字,纯文学出版社,1981 年台北出版,第一集,第 29 页。

(63) 同上书,第一集,第 25 页。

(64) 同上书,第三集,第 101 页。

(65) 同上书,第三集,第 108 页。

(66) 同上书,第 128 页。

(67) 同上书,第 86 页。

(68) 《丰子恺论艺术》,台北丹青公司,1988 年再版,第 276 页。

(69) R. F. Nash, *The Rights of Nature*, The University of Wisconsin Press, 1989. , p. 87.

(70) Jim Norman, *Spiritual Ecology*, Bentam Books, N. Y. , 1990; especially Chap. 8.

⑦① 老子《道德经》,第八章。

⑦② 同上书,五十章。

⑦③ Quoted from R. F. Nash, *The Rights of Nature*, The University of Wisconsin Press, 1989, p. 3.

⑦④ Ibid, p. 4.

⑦⑤ 庄子《齐物论》。

⑦⑥ 庄子《大宗师》。

⑦⑦ Tom Regan, *The Case for Animal Rights*, University of California Press, Berkeley, 1983, p. 239.

⑦⑧ Martin Buber, *I and Thou*, N. Y. , 1976, especially chap. 2 .

⑦⑨ Paul R. Ehrilich, *The Machinery of Nature*, A Touchstone Book, N. Y. 1986, p. 239.

⑧⓪ 老子《道德经》,六十章。

⑧① 同上书,六十三章。

⑧② 同上书,四十一章。

⑧③ 同上书,七十一章。

⑧④ 同上书,七十七章。

⑧⑤ 同上书,八十一章。

⑧⑥ 庄子《天下篇》。

第四章　中国大乘佛学的环境伦理学

绪论　大乘佛学的环保通性

本章将分四个部分，说明中国大乘佛学有关环境伦理的中心思想。

首先，第一部分为绪论，本节将从大乘佛学各宗谈起，扼要说明彼等有关环保的基本通性，最后归结到华严宗，并以华严宗的环保思想为本章主体。

其次，第二部分，本节将专门分析华严宗对自然的理念。

再其次，第三部分，将进一步申论，华严宗对万物的看法。

最后，第四部分，则要讨论华严宗对众生的态度。

本文为什么特别注重华严宗呢？因为，《华严经》通称为"经中之王"，不但在佛学上有崇高地位，在整体中国哲学也有重要的代表性，尤其就环境伦理学有关问题而言，华严宗哲学堪称典型的"机体主义"，不但体系极为完备，内容也堪称最为丰富，所以深值阐述与弘扬。

扼要而论，有关华严宗哲学，开山祖师杜顺可说申论极为深刻。其中杜顺大师的三大中心思想——"真空观""圆融观""周偏观"，正好可以分别代表其对自然、万物与众生的看法，这些对当今环保哲学问题，都深具重大的启发意义。因此本文也将以这三项重点为基本架构，进一步阐论大乘佛学对环境伦理学的基本思想。

说到对自然的理念，儒家可说持"万有含生论"，道家可说系"万有在道论"，而佛学则可称为"万有在佛论"，亦即将整个自然均视同佛法弥满的"法满世界"。事实上，这三者精神均可相通。

另外，儒家对万物的看法，系认为一切万类"旁通统贯"，道家则认为"彼是相因"，在佛学则认为"圆融无碍"，基本精神同样完全相符。

至于对众生的态度，儒家强调"化育并进"，道家强调"孝慈"为怀，在佛家更明白主张"悲智双运"，宗旨可说仍然相通无碍。

由此充分可见，中国儒、道、释三家，固然各有特性，但在环境伦理学上，主要见解均能不谋而合，因而足以形成中国哲学有关环保的整体通性。以往因为时代关系，隐而未显，今后深值特别申论并发扬光大。

以下即先论述大乘佛学主要宗派有关环保的基本通性，并兼述主要经典的相关精神。

本文为什么要先分述各宗有关环保的基本思想呢？简单地说，中国大乘佛学是印度佛教入传后，经过一步一步中国化所发展出来的成果，其间历经“六家七宗”的格义期，再经僧肇与道生的转化，才逐渐形成中国式的佛学架构。而在此架构中，每一宗都有重要的特色；就哲学思想而言，尤其以三论宗、法相唯识宗、天台宗与华严宗最具代表性，所以先需分论其对环境伦理的看法（禅宗虽然也极具特色，然因其主张“不立文字”，注重机锋驰骋，并以公案传授，所以在本章中存而不论）。

上述主要宗派所代表的不同特色，在三论宗是强调“破邪显正”，特色在“批判性的方法论”；法相唯识宗则强调“转识成智”，特色在“超越性的知识论”；天台宗哲学则强调“一心三观”，特色在“机体统一的形上学”；到华严宗强调“圆融无碍”，特色更在“广大和谐的生命哲学”。[①]

然而，如果我们综观所有各宗的共通性，即可发现，它们都共同肯定“圆融”精神与“中道”哲学，而这两项，正是当今环境伦理与生态保育的极重要基础。

换句话说，上述各主要宗派对自然万物的理念，基本上均肯定自然充满佛性，而且物物相关，圆融无碍，这些均形成机体主义的环保思想。另外，所有这些宗派也均肯定中道哲学——既不偏于“顽空”，否定现实，也不囿于“小有”，只从唯物表象去看万有，而能真正放旷慧眼，启迪悲愿，透过“真空”“妙有”，肯定万物众生均充满生命尊严与价值。因此，西方著名学者库波（Cooper）便曾针对佛学的特性指出，佛教中具有“平等”“关爱”“谦卑”等特性，所以对环境与生态，能有重大贡献（请参 D. E Cooper S. P. James “Buddhism Virtue and Environment”，England，Ashgate Publishing Limited，2005，p. 105）。

例如，佛学的“真空”，去除我执，便能令人用谦卑态度看自然万物,“妙有”则更是肯定众生均平等,并且均有佛性,当然应该平等地看待众生,并用慈悲心关爱众生。这也是佛学能够帮助环保的重要证明。

另如佛学的“缘起论”,强调“此有故彼有,此起故彼起。”与道家庄子的“彼是相因”完全相通,更与当代环保哲学主张“物物相关”“互为依存”完全相同。

再如,佛教更基本的原则,便是不杀生,因此,人们如果轻忽环保与生态保育,任意破坏大自然或万物生命,便如星云大师在《佛教与环保》中所说,明显犯了“不杀生戒”。凡此目标可以看出,信奉佛教,确实能对环保发生极大功能!凡此种种,均为当今环保工作极重要的中心观念,深值分别阐述与申论。

(一)

首先,本节将分析三论宗思想,看它如何表现中道和圆融的精神。

扼要而论,三论宗以隋唐之际吉藏(548—623)为最高峰,它在中国佛学架构中的角色,可称为“批判性的方法论”。其中最重要思想就是要以中道哲学,解决“真谛”和“俗谛”的二元对立问题。

“真谛”和“俗谛”的对立,如果借用柏拉图哲学的话来讲,即相当于上界(理型界)与下界(现实界)的对立,也就是形上界与形下界如何融贯的问题。这在柏拉图并未得到圆满解决,因而一直留下二元对立的困境,影响所及,更形成今天环境伦理学中表象的自然界与深层的生命界两者如何融贯的问题。

这在西方一直是种两难困境,但在大乘佛学的三论宗中,却透过“中道哲学”而能圆融地解决。

事实上,西方传统哲学思想,从希腊以降到近代,多半受二元论笼罩,因此重上界,而轻下界,如此就很影响对现世自然界的尊重。例如在柏拉图,是上界与下界的二分法;到了中世纪,则形成神与人的二分法;到近代笛卡儿哲学,则形成平面“心”与“物”的二分法,同样造成对立。一直到当代,知识论中,仍有“主体”与“客体”的二分法。此所以英美大哲怀海德(A. N. White-head)曾经称此为“恶性二分法”(Vicious bifurcation),确为一针见血之论。[②]这也可称为“泛二元论的毛病”。

相形之下,中国哲学的通性,若用熊十力先生的话来说,则可以称为“泛不二论”[3]。因为不论儒、道、释,他们对天人的看法,或对形上、形下的看法,或对心、物的看法,基本上均肯定“和谐的统一”,这就是一种中道哲学。相形之下,“泛不二论”还仍然是比较消极的讲法。若称之为“中道哲学”,或“和谐的统一”,则更为积极,其本质一言以蔽之,就是“机体主义”。所以在环境伦理学上深具现代启发的意义。

三论宗基本上强调“以般若为佛母”,也就是根据般若而消除真俗二谛的对立,将真俗二谛的二元论化为即用显体的体用合一论。此即龙树所谓“不生亦不灭,不常亦不断,不一亦不异,不来亦不去”。三论宗基本上在两种不同的边见中,作动态辩证的上升,这种两边皆住的哲学,即属一种“中道哲学”。[4]

换句话说,三论宗既不落入“有”与“无”的对立二分,也不落入“非有”“非无”的对立二分,而是以“中道”不断地超越前进,此即所谓“离四句,遣百非”。以此化除一切表象的偏执,才能如同西方现代胡塞尔(E. Husserl,1859—1938)的超越现象学(Transcendental Phenomenology),将一切表象“纳入括弧”(epoche),先存而不论,再进一步深入万物本质[5],并且以此“超越智慧”印证光明的生命世界,形成以般若与菩提相映,展现出充满圣洁的“法满”世界。

三论宗经此历程,然后才能领悟自然一切万物均有圣洁的生命尊严,也均共同分享佛性,因而不论大小万物,均凛然不容侵犯,也协然相互融贯,这正与当今环境伦理学完全不谋而合,深值重视。

(二)

三论宗之后,本文第二部分将再分析法相唯识宗。

方东美先生曾指出,以往部分人士讲佛学,往往只就唯识讲唯识,这是不够的。因为如果纯粹讲唯识,容易变成唯心论,形成边见,并且断源截流,所以讲唯识一定要翻越上去,结合法相宗讲“转识成智”,才能真正从源溯流,返本开智。

换句话讲,“唯识论”相当于近代所讲的心理学,它是一种佛学的心理学;但是,这种“心理学”一定要结合到更为高尚的人性论才能有出路。也就是一定要将平面、零碎的知识“转识成智”,才能成为整体圆融的智慧。

所以,方东美先生曾经把心理学分成三种:第一种是以弗洛伊德(Freud)为代表,往人类黑暗面去挖,即所谓“深度心理学”;另外第二种是行为主义，像史金纳（Skinner）等人所代表的“平面心理学”，就是将人性拉下来成为扁平，只从动物面看人性；但是，还有第三种，那就是中国哲学所强调，人可以同天一般大，这种“天人合德”的精神，强调人性的高尚面，可称为一种“高度心理学”。[⑥]

所以，由此来看，唯识宗除了往内心深处去挖的层次外，还需结合高尚的人性，然后，人性跟佛性才能结合起来。这就是将“唯识”结合“法相”，然后才能达到圆融、中道的认识论。

换句话说，印度世亲的“唯识”传统进入中国后，以玄奘（603—664）为代表，除了论著“唯识论”外，更斟酌各家，证以弥勒等教义，上溯“解深密经”等，形成“转识成智”的重要卓见。[⑦]其对环境伦理的启发，即在并不只从片面零碎的知识看环保，而能从整体全面的智慧旷观自然万物。

因此，法相唯识宗一方面强调“八识四分”，分析各种认识的来源，二方面更进一步强调“心王为主”，追溯根本心灵，以化除一切偏见与边见，形成总持灵性的爱心、悲心与慧心。这对当今生态保育便深具启发。

因为，这代表要能在根本的“心王”中加强“如来藏”，促使此等“无漏种子”能够周全完备地旷观万物。唯有如此“熏习转依”，[⑧]才能转灭私人物欲，趋向高贵的佛性如来转依，进而真正养成同情万物的智慧，这也正是培养环保心灵的重要历程，深值大家重视与弘扬！

（三）

紧接着，第三部分更加成熟的，就是天台宗。

天台宗本身的思想体系，可以说就是一种“机体主义”的形上学。其中大师由慧文、慧思、智顗、灌顶、湛然、梁肃，共两百余年而完成体系。主要经典如《法华经》已不再强调空宗，而进入肯定“无情有性”。认为一切看似无情的万物均含生命，这不但极为接近华严宗，而且本身已深具尊重自然、悲悯众生的精神，对生态保育及环保工作极具启发意义。

天台宗主要思想在强调“一心三观”，一为“从假入空观”，将一切表面假相空之，是为上回向。二为“从空入假观”，从空宗再转为肯定有宗，是为下回向。然后在上下双回向之中，肯定中道平等的心灵，形成“三谛圆融”的中道精神。以此精神同情万物，成就三德——“法身德”“般若德”,以及“性净解脱德”,才能真正做到“开佛知见”,其中历程的确发人深省,启迪深远。

尤其,所谓“开佛知见”,就是人性中本有的佛性,使人性与佛性合一,这正如同儒家所说“天人合一”。在天台宗则强调,用佛性来看一切自然万物众生,因而肯定“无情有性”,[⑨]认为万物皆有佛性,即使像草木顽石等无情之物,也都含有佛性。这就足以肯定一切万物都是同样平等,并且同样充满生命尊严与内在精神价值。凡此种种,正是环境伦理中极重要的信念。

因此,《法华经》曾经强调,不要用“牛羊眼”看人,而要用佛眼去看人,如此才能看出一切人的生命尊严均同样平等。不但如此,人还应进一步用佛眼看牛羊,乃至于一切卑微的存在。唯有如此,才能看出,除了对人类应有平等心之外,对一切非人类(包括动物类、植物类、甚至矿物类如顽石……),也均应以佛性佛眼加以同情与尊重。

正因《法华经》尊重生命的范围,涵盖了一切生物与无生物,甚至视顽石都有灵性,都会闻经点头,代表肯定一切万物均有佛性,均具有生命存在的意义与价值,所以非常符合当今生态保育的中心思想,非常值得弘扬与推广!

(四)

再其次,第四部分,大乘佛学在中国发展到华严宗,可说到达了一大高峰,很能代表中国哲学的典型智慧。

整个华严宗的中心思想,方东美先生认为,若用一句话讲,就是“无碍”。[⑩]这个“无碍”在梵文为 aparatihata,代表“圆融”的观念,也就是一种广大和谐的机体哲学。应用在环保问题,即代表人与自然无碍、人与万物无碍,乃至人与一切万类生命都无碍,所以深具启发意义。尤其华严宗哲学特别强调“理事无碍”“事事无碍”的特色,正好可以对治现代社会的最大毛病——疏离(alienation)或心灵分裂症,的确深值重视。

因此,方先生在《华严宗哲学》中,曾经特别强调其中机体统一的精神特性:[⑪]

> ……佛学发展到唐代的华严宗哲学,才是真正机体统一哲学思想体系的成立,……我们便会发现在华严宗思想的笼罩下,宇

> 宙它才彻始彻终、彻头彻尾是一个统一的整体，上下可以统一，内外可以一致，甚至于任何部分同任何部分都可以互相贯注，而任何部分同全体，也可以组合起来，成为一个不可分割的整体。

换句话说，我们若用现代的哲学术语来讲，华严宗的精神代表"一"与"多"的和谐统一，也代表"一切即一，一即一切"，[12]每个个体存在之间均能圆融无碍，而"多"又跟大"一"统合互摄，相融互涵，形成统一的和谐机体，这对当今环境哲学极具重要的启发意义。

基本上，华严宗这种特色相当于莱布尼兹(Leibniz)的单子论(Theory of Monads)，[13]然而更为深刻。其中比莱布尼兹更为进步的地方，乃是莱布尼兹仍认为单子与单子之间"没有窗户"，这代表个体跟个体中间还是"有碍"。但是，华严宗却肯定，个体与个体之间，彼此都是生命发光体，可以交相辉映，形成你光中有我，我光中有你，彼此不但可以无碍，而且可以互通相映，彼此增进生命之光与热。最后，所有一切生命之光，共同形成一个金色的庄严世界，即为"华藏世界"。

根据华严宗，这个庄严的"华藏世界"，就是把整个自然界都点化成为生意盎然的统一有机体，本身不但物物相关，而且彼此互涵，充满高尚价值，并形成广大和谐的统一生命体。这从当今生态保育观点来看，尤其深具重大的意义。

所以方先生曾经很中肯地讲过：

> ……从这么一个立场看来，华严宗的这一套佛学思想体系，在中国哲学发展上是真正具有独特的见地与崭新的贡献。对于这一个崭新的贡献，这一个具足整体的智慧，从我的观点上看来，是可以医治希腊人的心灵分裂症，也可以医治近代西洋心物能所对立的分裂症，甚至还可以医治佛学在印度方面所产生的心灵分裂症。[14]

另外，我们若从当代环境问题来看，归根结底，其中更隐含了人与自然的分裂，人与万物的分裂，乃至于人与宇宙众生的分裂。因此，华严宗也可说最能对治今天环境伦理学的分裂问题。以往因为环境问题隐而未显，因而未受重视，今后我们若能深入研究，即知华严宗比起任何一派西方环保思想，均要更为周全完备，的确深值共同发扬光大！

接下来，本文将根据佛学各主要经典，针对其中有关环保的思想，申论重要的现代意义。

（五）

首先，本文将扼要申论《金刚经》的环保思想。

《金刚经》里面有很重要的一句话：

> 应无所住而生其心。

这句话在强调，我们的心灵，不要沾滞在物质世界，不能只从表象来看物质世界（“无所住”），而要能从一种更高层次的生命眼光，甚至于精神灵性的眼光，来看世界。所以紧接着强调“生其心”，这个心不是一般的心，而是“一心三观”的中道心、平等心与圆融心。唯有如此，才能超乎唯物论之上，透过和谐统一的生命精神旷观万物，从而真正尊重大自然的万类生命。

换句话讲，《金刚经》提醒世人，对自然的看法，以及对万物众生的看法，不能只从肤浅的表面去看，而要能先透过不断超脱的“真空”。因此，《金刚经》另外有句名言，特别值得重视：

> 一切有为法，如梦幻泡影；如露亦如电，应作如是观。

这句话明白提示，表面的现实世界若与无穷的宇宙生命——在华严宗即称为“世界海”——相形比较，便知只像露珠、闪电一样，很快就会成为泡影与梦幻。

因而，这段名言提醒世人，不能够只从表面现象去看自然万物，而要不断提升自己的心灵精神，并与无穷恢宏的佛眼相结合，然后再流眄万物，方知一切自然万物均为浑然一体，而且均同具佛性光辉——这正如同道家所说“道通为一”，而且“道无所不在”。根据佛学讲法，同样可说“佛通为一”，而且“佛光”也无所不在；因而人们对一切同具佛性的自然万物均应尊重爱护，不能任意破坏杀生。这对今天生态保育与环境伦理明显极具正面贡献。

事实上《心经》中也曾强调：“色即是空，空即是色。”此色并非女色之色，而指物质世界。上句话代表一切物质世界只是表象，人们应以超脱的心灵，上回向加以转化；然而这并不代表对现世鄙视或放弃，所以后一句又说“空即是色”，即代表应以下回向精神予以同情肯定。如此一方面看似“无智亦无得，以无所得故”。但另一方面又可以做到

“心无挂碍”,形成“大神”“大明”的真实不虚。此即“真空”与“妙有”的双回向运用之理。对于环境哲学同样极具重大启发。

所以,另外禅宗也有句名言,第一阶段强调“见山是山,见水是水”,这代表最先只是从物质表象观察所得;因而需要加以“空之”,形成第二阶段“见山不是山,见水不是水”;然而这仍然并非究竟义,所以还需要再下回向,赋予生命精神,进入第三阶段;此时“见山又是山,见水又是水”,但已不再是原先唯物层次的山水,而是深具生命灵性的山水,因而更应加以保护与尊重。此中对心灵提升修养的历程,正可做环保工作者心灵修养的榜样,同样深值重视。

(六)

这种精神修养,到了天台宗《法华经》,说得更清楚:

> 一切众生皆成佛道,若有闻法者,无一不成佛。

值得强调的是,佛经所说的一切“众生”,相当于现代哲学所讲的一切存有(all beings),并不只代表人类(human species),同时也包括环境伦理学中所说的一切非人“类”(non-human species),举凡一切动物、植物、矿物,天上鸟类、海中鱼类,地下草木等等,所有一切万“类”(species)均在其中。因此其所谓“一切众生皆成佛道”,就代表一切万类均有生命,而且均含佛性,都能在佛光的观照范围之中,所以,真正有闻此法者,当然“无一不成佛”。

换句话说,这句话代表,一切众生万类,均有成佛的潜能,因而均有独立的生命意义与内在的生命价值。前者所谓独立的生命意义,代表不用依存于人类的需要才有生命意义,不必因为人要吃鱼,鱼存在才有意义,或人要猎兽作乐,兽类才有生命意义。另外,所谓内在的生命价值,更代表任何一个生命主体,不待外求,即有其独立的内在价值。

事实上,很多非人类的万类,早在亿万年前即存在于地球,它们各有其族群生存的本有空间与内在价值,不必等待人类肯定才有价值,因而更不容人类这后来的地球居民任意干涉破坏,否则人类形同“地球村”中的恶客,远离了佛光、佛性与佛道。凡此种种信念,均与当今环保精神完全不谋而合,深值大家重视!

所以,在《法华经》中,最重要的一品便是《观世音普门品》,它与

《华严经》的《普贤行愿品》并称为佛学两大精品,最能表现此等慈悲精神。

“观世音”代表“观”察“世”间各界的声“音”,因而象征对一切万类均能救苦救难的慈悲精神。正因其足以深入一切万类,抚慰苦难,所以其本身可以化成各种形貌——不但可以有千手千眼,还能化为千等形象与千等体貌,以充分同情大千世界中各种形态的苦难。此等精神无限慈悲,无限深厚,也无限广阔,因而特别深值东西方共同重视与体认。

此所以《观世音普门品》中曾经指出:若众生中,应以佛身得度者,观世音即“现佛身”为之说法;应以梵王身得度者,即“现梵王身”为之说法;应以天大将军身得度者,即“现天大将军身”为之说法;应以比丘、比丘尼身得度者,即“现比丘、比丘尼身”为之说法。应以妇女、童男、童女身得度者,即“现妇女、童男、童女身”为之说法,另外,甚至应以“夜叉、人、非人等身得度者”,即“皆现之而为说法”。[15]

这充分说明,观音菩萨可以超乎一切现世表象的限制,既可以化成佛身、帝王、将军,也可以化成和尚、尼姑,既可以化成男性,也可以化成女性,既可以化成老人,也可以化成幼童;可以化成天,也可以化成人,甚至可以化成一切“非人”的万物,“成就如是功德,以种种形,游诸国土,度脱众生”![16]

此中深意,首先即在肯定,对众生应有“平等”精神!因为在观音心目中,一切世间万类均在其悲悯范围之内,一切自然万物也均为其拯救对象,所以一切万类,不分贵贱大小,均应受到“平等”的关怀与爱护。

此中精神另一方面,则在肯定真正“博爱”的精神,所以观音面对不同形态的万类,均能一一化为不同的形貌,真正将心比心,设身处地地同情了解。此一“同情”并非怜悯,而是在尊重万类尊严的前提之下,与其心灵平等地感应相通。事实上,这也才是正确对待残疾者与弱势团体的应有态度,同时也是正确对待一切万物生态保育的态度。

另外,第三方面,《观世音普门品》可说同时肯定了“自由”精神。亦即先充分尊重各种万类的个别差异,然后再充分帮助各类完成不同的生命潜能,此即完成“自由”的最上义,得以让万类充分自我实现其潜能与心愿。因而,这除了具备消极的救难保护意义外,更贯注了积极完成自我的意义,这对当今促进生态保育,尤具很新的启发与提示意义。

我们由此可见,观世音菩萨不但堪称人们立身处世的最佳榜样,同时也是环保工作的最佳模范。如果人人均能以观世音之心为心,以观世音之志为志,那就一定能勇于救人济世,并且能勇于拯救一切生物、保护一切万类、进而促使一切万物完成生命潜能,那才是最高贵的宗教心灵与环保情操!

《法华经》中曾经强调:

> 愿以此功德,普及于一切,我等与众生,皆共成佛道。⑰

这段内容可说充分表达了观音的悲悯心志,这种精神心系众生,无所不包,护持万类,无处不在,也正是今后环保工作者最好的精神榜样!

(七)

另外,在《大般涅槃经》中,也值得引申其中一句名言:

> 一切众生悉有佛性,一切众生悉皆有心,凡有心者,皆当得菩提。

这句"有心"太重要了。因为真正有心,才能对许多大自然的小昆虫、小植物、小草、花朵等等,都会觉得应该怜爱、应该呵护。如果没有心,麻木不仁,那即使对活生生的一个人遭受痛苦,也会视而不见。

所以,本经所说"一切众生悉有佛性",深具警惕作用。这就好比孟子所说,人人皆有的"不忍人之心",或者阳明先生所说"合天地万物为一体"的仁心。这种仁心,在佛学即称为悲心,"凡有心者,皆当得菩提"。代表真正有悲心的人,便一定可以证成菩提。这菩提代表"光明",如果能激发大家共同的内在佛性,弘扬不忍人与不忍物之心,就能开创充满生机的光明世界!

尤其,这种佛心对一切众生均以平等心相待。此所以《大般涅槃经》中曾经明白强调:

> 如来不但独为豪贵之人跋提迦王,而演说法,亦为下贱优波离等……不但独为舍利弗利根说法,亦为钝根周梨槃特……不但独听烦恼薄者……亦听烦恼深厚造重罪者,不但独为盛壮之年二

十五者,亦为衰老八十者说……[18]

从这一段内容,充分可以显示佛心一往平等的精神,所以才能感通万物,感动众生。

此中足以感通万物的"有心",既可说是悲悯无边的圣者佛心,也可说是纯朴天真的赤子童心,事实上两者本为相通,此亦孟子所谓"大人者不失其赤子之心"。笔者愿举亲身所知二则故事,作为引证。

笔者有一个小女儿,有一次看到一支签字笔的笔套掉了,只剩下笔尖,本能地就说:"这支笔好可怜哟!"我问她为什么可怜?她说:"找不到笔套,这支笔芯马上就会干掉,干掉就死掉了,当然好可怜呀!"此中虽是童心童语,却也代表"有心",可以设身处地地为笔芯着想。虽然从表面看,一枝签字笔是没有生命的,但是,若能用有生命的心灵去为它着想,同样可以发现其中充满感情。由此产生的"惜物"精神,对于环保教育便很重要。

另一个真实故事,根据方师母口述,便是方东美先生一位公子,在小的时候,曾经把一本书,斜斜地放在桌角上,快掉而尚未掉。方先生看到后,首先将书收好,然后将其孩子也抱起来,斜斜地放在同样桌角上。当然,小孩子不舒服,便开始哭,因此,方先生就告诉小孩,你觉得不舒服,书也同样不舒服呀!

此中故事所透露的启发,同样代表,对一本书也应该设身处地为其着想。如果人被斜放不舒服,书也会同样不舒服,这就是一种将书也视同有生命的心灵,并且真正感同身受,此中代表一种"大其心"与"同其情"的精神,足以提升人性,也足以发挥佛性。扩充而言,这不但是中国哲学的共同通性,也正是今后促进环保成功的重要动力,深值大家共同弘扬!

(八)

在中国大乘佛经中,《大般若经》特别强调大智慧的重要。关于这一点,原因如下:

因为"般若"就是"智慧",而般若一共有三种,一为实相般若,二为观照般若,三为文字般若;根据大乘佛学,最重要的境界,乃在以"般若与菩提相映",也就是绝不只从物质眼光看大自然,而能以充满智慧的心灵,将自然万物均视为精神贯注的实体,进而拓展现生命世界的光明性。此即当今西方环保学者所说"心理——物理合一的世界"(Psycho-physical world)。这种"心物合一"的自然观,正是大般若经所展现的特性,也是当今生态保育极重要的新趋势,所以深值体认与弘扬。

根据《大般若经》,客观的物理世界应先化为"五尘"的境界——亦即声、色、香、味、触所构成的感性世界。例如,客观的山,先要去碰它,才晓得是山,这就是"触";要能看到,才晓得山的颜色,要能闻到,才晓得山的清新,这就是"色""味"等。

所以,《大般若经》面对大自然,是先把客观的自然世界化成主观的感性世界。然后,再把这个感性世界建立起"五蕴"的认知范畴,形成"色、受、想、行、识"的理性世界,然后再更进一步,将之提升为灵性的精神世界,到最后,再体认万法平等的光明世界。此中的心路历程,循序渐进,而又层层提升,也正是生态保育者很重要的精神修养,同样深值重视。

(九)

在佛学各宗中,仍应首推华严宗哲学,最能完整表达广大和谐的生命精神体系。

此所以在《华严经》中明白强调"法界为众生心",指出法界无所不在,佛光也普照众生,其中特别强调慧心与悲心,对环保教育来讲,尤具重大启发。

尤其,在所有佛经里面,《华严经》被称为"经中之王",其中很有道理,也很有历史渊源。例如在《高僧传》里面,便有一段记载:[19]

> (唐太宗问隐士孙思邈)"佛经以何经为大"?孙曰:"《华严经》为诸佛所尊大"。帝曰:"近玄奘三藏,译《大般若经》六百卷,何不为大,而六十卷《华严经》独得大乎"?孙曰:"《华严》法界具一切门,于一门中,可演出大千经卷,《般若经》乃《华严经》中一门耳。"太宗乃悟,乃受持《华严》。

孙思邈说得很中肯,《华严经》看起来虽然只有六十卷,但六十卷包括了一切门,而每一门里面,又可以有很多大千经卷,所以他认为《华严经》最大,的确其来有自。

然而上述故事,还只是从内容"广度"来看,若从精神"高度"与智慧“深度”来看,也都很有根据。因为《华严经》是佛陀悟道之后首先所讲的第一部经,若用判教比喻来说,这犹如太阳先照高山群峰,象征其中精神最为高妙,堪称“高度”第一;另外,其讲经对象全为众菩萨,层次属于利根中的利根,象征其中智慧最为深奥,所以堪称“深度”第一。因而中国历来公认《华严经》为“经王”,确有重要原因在内。

在《华严经》中,常常可以看到“十”,如十信品、十地品、十行品……。事实上,这个“十”,并不只指“十”,而是象征无限,不但在广度上无限,也在高度与深度均象征无限,形成无限广大、高明而博厚的机体主义,充分表现出无限圆融与融贯无碍的哲学精神,这对环境伦理的启发就非常深远。

例如华严宗的世界观,就非常的磅礴壮阔,它肯定整个宇宙无穷无尽,犹如“世界海”一般,而人类所居住的自然世界,只如沧海中之一粟,称为“娑婆世界”,所以需要不断提升其精神境界与生存价值,然后才能迈向更高的宇宙生命理想。根据华严宗,整个大自然均在佛光调伏点化之下,成为充满生命意义与庄严价值的“华藏世界”,其中一切万物众生不但圆融互摄,物物相关,而且互相依存,共同创进,形成和谐统一的大生命体,这对当今环保哲学,实在深具重大的启发意义。

尤其,华严宗不但注重文殊菩萨所代表的“善知识”,同时也注重普贤菩萨所代表的“菩萨行”,合而言之,就是深具“知行合一”的特性。落实在环境伦理而言,即在提醒人们不仅应具备环保知识,加强了解,同时更应具备环保行动,身体力行。这种同时结合知行的环境伦理,在全世界均属极完备的思想体系,深值大家共同弘扬。

(十)

《华严经》是释迦牟尼悟道之后,首先讲的经典,所以也是最为深奥的经典。其中参加的会众,通通都是大菩萨们,否则如果智慧不够,便不能听得懂。

这也正是华严判教所说“三时”的意义。

所谓“三时”,代表日出、日升、日没,象征佛陀说法的顺序。

首先,“日出光照时”,代表太阳一出,先照高山,这象征佛陀成道后,先对程度高的众菩萨说法,此即《华严经》。其次“日升转照时”,遍照幽谷,代表为了讲给程度不好的钝根听,改用不同的浅显说法,此即《阿含经》等。再其次“日没还照时”,代表再照高山,象征回光反照，再度往高处讲，此即《法华经》。

我们若从人性心理或教育心理学来看，此中转折的确很有道理。例如，一位学者在刚得到博士学位之后，第一门所教的课程内容，往往最为深奥，这因为他刚从专精的学术气氛出来，所以很自然便会把他最拿手的部分，以及体认最深的心得，通通先讲出来。这就相当于佛陀的《华严经》。然而等通盘讲出之后，往往会发现班上很多人听不懂，因此便会开始从浅显地方讲，并用比较通俗的方式去讲，这就相当于佛陀后来陆续所讲的小乘各经。等到最后，循序渐深仍然会往高处讲，这就形成《法华经》。

因此，佛经之中，各经典均有其不同的程度与启发，这是因为芸芸众生，利钝不一，所以都很重要。但对利根上智而言，佛陀最早讲的《华严经》，以及最后讲的《法华经》，可说最为重要。

尤其，《法华经》中特别重视慈悲精神，救护众生，所以中心思想表现在观世音菩萨的《普门品》，而《华严经》特别注重圆融无碍，广大和谐，所以中心思想可用最后的《入法界品》为代表。这两部经典对于环境伦理学的启发，既深远且重大，深值大家共同重视。

第一节　华严宗对自然的看法

本文在说明华严宗的自然观以前，应先就其基本架构与精神特色，作一总体说明，俾能进一步阐述其应用在环境伦理学的启发。

《华严经》共有三种版本，最早在东晋被译，为六十华严；然后到了唐初，翻译为八十华严；最后在唐朝末年，则译为四十华严。虽然看起来四十华严卷数最少，然而却因为是最后所译，所以，内容反而最为周全深刻。

实际上，四十华严中最重要即《入法界品》，全书以善财童子为中心人物，说明一位很肯上进求道的年轻人，如何一步一步充实自己，透过五十三门课，拜五十三位老师，分别请教，以修习“入法界”的哲学课程。这五十三位老师，除了菩萨之外，还包括神之子、比丘、比丘尼、国王、高人、少年、少女、摆渡人、富商、隶民等等。正如孔子所说：“三人行，必有我师。”[20]善财童子不断追求真理的过程，也即是“入法界”的历练，也正如同在广阔的“社会大学”乃至“宇宙大学”内修道。

在入法界的过程中，文殊菩萨代表最高智慧，对善财童子启发完"善知识"后，再提醒他请教普贤菩萨，以阅历人间各种现实世界的经验，并真正体会"菩萨行"。这代表要把"善知识"和"菩萨行"结合起来，充分做到知行合一。最后再由普贤伸右手摩善财童子头顶，此时立刻显出各种神通情境，经中并特别用"海印三昧，一时涌现"作为象征。

方东美先生曾经比喻，这种情境就好像在飞机上俯视大海，整个大海仿佛一面广大平静的镜子，若能适逢日出或晚霞，此时所有天上各种金光四射的云彩，以及各种自然景观与天上万象，全部都一起照射在大海这面镜子中，而这面镜子又一起回射出来，共同形成金碧辉煌的"华藏世界"，这就是华严宗极大的气魄，称为"华严大定"。[21]在经中叫做"海印三昧"——将无穷的法印，一时顿现，相互辉映，形成光辉灿烂的金色世界，此时完全点化了干枯的唯物世界，所以深具高妙的智慧与境界。

因此，方东美先生曾称颂华严四十卷，堪称"全世界最好的哲学概论"。[22]这个比喻非常中肯生动，代表它既能在学理上深具精奥智慧，也能在行动上融入生活，形成生命的学问，的确寓意非常深远。

尤其，华严宗四十卷不但是很好的哲学概论，整部《华严经》更可称为世界上非常完备的环保哲学。因为华严宗诚如方先生所说，基本上乃是一种"融贯主义"。[23]这种广大悉备、圆融无碍的机体哲学，肯定自然一切万物均在佛法内含生互摄，正是当今环境伦理学极为重要的中心信念，而华严宗气魄之恢宏、理论之完备，以及论述之严谨，均为当今西方环保哲学所罕见。所以深值东西方学界共同阐扬与研究。

另外，方先生曾用一个现代西方哲学名词来说明华严宗特色，叫做"Ideal realism"[24]。这种"理想的实在论"也可说正是"理事无碍论"的特色，代表即理即事，理事圆融。它一方面肯定这个世界的个别存在(events)均各有其实在意义；另一方面则又分别赋予生命意义，提升精神价值，因而每一个别存在都能形成发光的生命体。

所以，整部《华严经》很多段落，都在讲如何从佛陀或菩萨全身各部位发光。其基本精神就在象征同时结合现实与理想，促使每个现实存在都具有理想的光辉，这就叫做即事即理，"理事无碍"。到最后更形成"事事无碍"，[25]整个现实万物各类存在，都能发出生命光辉，并且交织成网,相互辉映,成为整体大放光明的“华藏世界”!

若就结构而言,整个《华严经》四十卷里面,一共涵盖七层会议。这七层会议就相当于七项宇宙的宗教会议,很能生动表达其中圆融广大的自然观。若编成戏剧,就是七幕的“宇宙性剧场”——以天地为帐幕,以自然为背景,并以入法界为主题,然后再以各种形态的大菩萨为人物,共同编织成探讨宇宙深奥真理的剧本。

例如在此七会中,第一会跟第二会是在地面上开的,第三、四、五、六会则是在天上开的,最后一会又落实到人间。所以,真正可说是上天下地,驰神无碍,不但可以陶然出入六合,而且可以怡然与天地精神相往来,其中胸襟器识均非常恢宏雄伟,此中剧场殿堂若名称定为“大雄宝殿”,以彰显其伟大雄浑的气宇,正是最真切的写照!

另外,若从内容而言,则《华严经》的论道气魄,比起柏拉图的《对话录》更加开阔,因为其中不只是两人或少数人对话,而是众菩萨群集的论道。尤其,这些会众并不是泛泛之辈,通通都是顶尖高明的大菩萨,大家一起发表对宇宙人生的谠论,“说种种法,无有尽极”,所以能形成精彩绝伦的宇宙生命大赞颂,此即所谓:“演说如来广大境界,妙音遐畅无处不及。”[26]这种精神气魄,对于环保哲学应有的自然观,尤具深远的启发意义。

所以,日本著名学者川田雄太郎曾经指出,《华严经》比起歌德的《浮士德》,可说“有过之而无不及”,[27]此说法可谓颇具慧眼。

因为,《浮士德》是世界上有名的剧本,而整部《华严经》的结构与表达方式,也很像是高雅庄严的剧本。只不过,《浮士德》主要内容,在描述浮士德一人,因其精神空洞,所以宁可把灵魂出卖给魔鬼,以企图尝尽七情六欲,因此引起上帝和魔鬼之间的较劲。最后仍然由天使把浮士德接引上天。

相形之下,《华严经》的架构与内容,便比《浮士德》要更为磅礴精致与细密周全。因为,它是将整个三十三界天,通通涵盖在内,而且对整个人生各种境界与经历,通通充分遍阅,最后再形成一个圆融无边的广大境界。

所以,日本另一位研究中国思想史的名教授中村元就曾说:

象征日本的文化,这个都市是奈良;而象征奈良的是大佛,这个大佛是《华严经》里的大佛。[28]

事实上，这个大佛就是《华严经》第一会中的毘卢遮那佛（Vairocana），也代表佛祖的化身。因此，中村元认为影响日本人心灵以及文化最深的，乃是《华严经》，可说相当中肯。

不过，我们在这里也应指出，日本学者对中国思想的研究，擅长于考证人名、名相、版本以及译文的精确性，但对思想义理的把握以及生命精神的发挥，却仍不够恢宏圆融，尤其对于《华严经》广大和谐的思想精神，日本学者在著作中体认并不深，因而阐论也并不多。

就此而论，反倒是英美世界大哲学家怀海德（A. N. Whitehead），对圆融和谐的精神，表现得极为深刻，怀氏本身并没有看过《华严经》，但是，他所表达的“历程哲学”（Process philosophy），基本上就是一种机体主义，[29]与华严宗却很能相通。因此，方先生曾经特别呼吁，希望今后有人能够把怀海德和华严做一个充分比较研究，并认为这是一个非常好的哲学论文，确实深值重视。

事实上，怀海德的传人，有一位哈桑教授（Hartshorne），除了传承发扬“历程神学”外，就曾经强调，怀海德哲学和中国哲学的两种传统都很能不谋而合：一种是《易经》的生生哲学，另外一种是华严宗的圆融哲学。因为这三者均代表旁通统贯的机体主义，所以很能相通，这在环境伦理上，尤其深具启发意义。

值得注意的是，怀海德本身原来是位物理学家与数学家，对于自然科学很有研究，而且并不仅限于科学唯物论的肤浅层次，而能结合科学与哲学的特性。此所以他除了在1920年与罗素合写《数学原理》（*Principle of Mathematics*）外，后来还陆续完成《自然概念》《相对论原理》，到1925年，并写出《科学与现代世界》，很能了解现代科学的长处与短处。

因此，怀海德透过最新科学发展，肯定了历程哲学的重要，展现在宇宙观与自然观上，便是强调交融互摄的机体主义。所以他的思想堪称融合了科学、哲学与宗教。此所以他在1926年完成了《演进中的宗教》（*Religion in the Making*），到了1929年则完成巨作《历程与实在》（*Process and Reality*），1933年再出版《观念之冒险》（*Adventure of Ideas*），1938年出版《思想模式》（*The Modes of Thought*），均为极值重视的融贯主义。

例如，怀氏一再呼吁西方人士切忌“割裂自然”，并强调人类应以无比的关心，重视人类与宇宙的生命关系，以及自然万类之间的“息息相关”(Relevence)。[30]他并强调，整个宇宙的“创造性”(creativity)，并不只是静态的实体，而是“普遍流行的宇宙生命活力”，[31]此种创造动态的历程，正是生生不息的实体所在。凡此种种，均可说与中国哲学“万物含生”不谋而合，也与环境伦理“物物相关”完全相通！

尤其，怀海德呼吁世人，要以广大的同情，把心灵打开来，体认“吾人在宇宙中，宇宙在吾人中”，[32]以充分把自己从割裂疏离中重新“凝聚”，进而体认物我浑然一体的融贯精神，这不但正是当今生态保育极重要的信念，也正是华严宗圆融无碍的重要精神。由此很可看出东西大哲互通之处，更可看出对环保哲学启发之处！

事实上正因怀海德对中国文化能够深切体认真谛，所以对其本身哲学甚多启发。他对中国文化极为崇拜，并且称颂为“世界所仅见的最伟大文明”。以下这段内容便深值中华儿女深思：

> 当我们愈了解中国的文艺与人生哲学，就愈崇拜中国的高度文明。尤其，数千年来，中国历经各代饱学之士毕生致力学问，加上长久时间与广大人口，已使中国文化成为世界所仅见的最伟大文明。[33]

怀海德在本段所说，“中国文化历经各代饱学之士毕生致力学问”，可说极为中肯。像中国大乘佛学历经各代大师的沉潜治学，便为明显例证。其中最高峰的华严宗，尤能展现中国人广大和谐的生命精神，更为极佳说明，深值东西方共同重视！

经过上述扼要比较之后，本文将进一步分析华严宗对自然的看法。

事实上，华严宗的自然观在第一品——《世主妙严品》中，就已经表现得很清楚；其中先把物质世界(称为“色界”)提升为生命界，称为“有情世间”，然后再把生命世界提升为心灵世界，进而再把心灵世界提升为“正觉世界”。因此，整个大自然界，在俗人看来或只是物质性的庞然大物，但在华严宗看来，却是一个充满生命、充满情感、更充满灵性光辉的正觉世界，这在环保上便深具意义。

《华严经》第一会中有六品,很多都在谈论对自然界的看法。究其共同宗旨,绝不是只从唯物眼光或功利眼光来看,而是透过深具智慧与慈悲的菩萨来看,此其所谓“其众如云,俱时出现”,他们把对宇宙人生的看法,在佛的化身前充分展现,并透过相互交流,彼此印证,以彰显佛法的光明,所以极具启发意义。

此中《华严经》所讲的“色界”,相当于物理世界,也就是亚里士多德所讲的“Physical world”。然而,怎样从这个形而下的物质世界,去探讨其背后的形而上世界(Metaphysical world)?这在亚里士多德是很重要的哲学问题,在华严宗亦然,只不过两者处理的方法不同。

在亚氏,是从“形而下”的世界,把它抽象化,去讨论背后另一个“形而上”的原理。但华严宗却是把形而下的物质世界,当下即体显用,点化成为形而上的生命世界。也就是说,它并不只是一个思想的世界,也不像柏拉图所说是另一个“理型界”(或“观念界”),而是很真切的生命界,并且是一个有情界。此中主要精神乃在肯定千山万水皆含情,一草一木皆含生,这与儒家所说的“万物含生论”可说完全相通。

换句话说,华严宗肯定自然界本身,乃系盎然充满生机的大生命体,而不是在他世,另外追求一个抽象的形上界。相形之下,西方哲学从源头——希腊哲学起,其安身立命的重点,就不在此世。但在中国哲学,不论儒、道、释,均极为重视此世,这是一点最大的不同。

此所以大乘佛学中,非常强调“烦恼即菩提”,纵然此世充满烦恼,但“离开烦恼,即无涅槃”,此所以《维摩经》中强调“一切烦恼,为如来种”“譬如不下巨海,不能得无价宝珠。如是不入烦恼大海,则不能得一切智宝。”[34]因而在菩萨眼中的此世,便不再是充满烦恼的世界,而是充满生机、充满希望、也充满光明的金色世界。这不但对宗教情操极具启发,对环保教育尤具重大意义。

这种“点化”的功夫,足以点石成金,点化物质世界成为生命世界;若用《华严经》术语,即为“调伏”众生,看似很玄,其实深具心灵的教化意义,非常真切。

换句话说,此中重点在于,人类心灵能否提升到像菩萨一般的心灵,如果只用凡夫心灵、甚至屠夫心灵去看一切万物,则眼中所及,好像任何东西均变成可以杀而食之,但若用菩萨心灵就不一样,因为菩萨心灵经过“调伏”,经过“悲智双运”的提升与转化,所以乃系以法眼去看大自然,此时大自然便不再是呆板、僵化的物质世界,更不是满目皆可杀食的野蛮世界,而是成为有生命、有意义、有价值的法满世界。

因此《华严经》在此说的"调伏",犹如现代名词"创造性的转化"(creative transformation),代表对凡夫的心灵能够变化气质、提升灵性,据以创造生命新境界。应用在环境伦理学而言,这正代表环保应有的精神修养——对于大自然界,不是以唯物论或机械论去看,而能以生命论与机体论去看,因而才能真正尊重自然、爱护万物。这正是当今环保教育亟应具备的心灵,所以深值体认,弘扬光大。

另外,有关《华严经》对自然的看法,杜顺法师曾经提出四种层次论点,很值得进一步参考:[35]

(1) 会色观空观:也就是会合所有的物质世界(色相界),归入空灵。这就相当于金刚经和心经所讲的"无所住、无所得",绝不将心灵只停滞在表面的物质现象,而能向上提升,加以超化,这也是一种精神的上回向。

(2) 明空即色观:这是第二层的下回向功夫,也就是除了"色即是空"外,再回过头肯定"空即是色",促使"空"并非顽空,而是以凌空的智慧,壁立万仞后,再俯视此世,同情万类,从而领悟大自然乃是一个温馨的有情世界。

(3) 色空无碍观:也就是将上回向与下回向加以融贯无碍,形成统一和谐的"一真法界",促使出世的慧心与入世的悲心结合,足以双运无碍,这也正是广大和谐的"中道观",并以圆融和谐的精神看待自然一切万类。

(4) 泯绝无记观:这代表佛经最高境界的《不可思议品》,此中的"不可思议"并不代表不能够讲,而是代表用人类的思想语言,无法讲尽,也没有办法透彻表达。这因为佛法正觉圆融,广大悉备,与无穷的宇宙一般大,足以包罗万象,涵容一切,所以远远超乎人类语言能力以上,形成"不可说、不可说"的最高境界。

此即《华严经》最后一品《普贤行愿品》中所谓:

所有尽法界,虚空界,十方三世一切佛刹极微尘数中,一一各有

不可说不可说佛刹极微尘数广大佛刹;一一刹中,念念有不

可说不可说佛刹极微尘数一切诸佛,成等正觉。

要之,佛经"不可思议"的境界,正如道家"道可道,非常道"的境界。如果应用在环境伦理学的自然观,即代表整个宇宙的广大范围,与自然界的神奇奥妙,远远超乎人类现在所能言说想象的程度。所以,虽然现在科学看似发达,但比起自然与宇宙的大道,仍然非常有限,这就提醒人类,应用更虚心的态度了解自然与保护自然,而不能处处以人类自我为中心,任意宰制自然,破坏自然。

根据《华严经》,有了这种醒悟后,人类才有真正大智,有了大智,才能真正尊重自然,油然兴起大悲心,从而产生菩提心。此即所谓"因于大悲生菩提心,因菩提心成等正觉"(《普贤行愿品》)。事实上,这也正是当今生态保育极重要的应有态度。

另外,有关华严宗的世界观,方东美先生在《华严宗哲学》中,讲得非常中肯:

> 以华严宗本身的看法,整个世界,它用一个比喻,叫做世界海。我们现在所处的世界叫做娑婆世界,娑婆世界之外还有其他种种世界,而《华严经》所讲的华藏世界,是世界海里面的世界种,是所有世界海里面最根本的种子。而在所有现实界里面第十三界,三十三天里面第十三界,也就是我们现在所处的现实世界,所以,世界海数量有多少,可以说是永无穷尽的,拿一切可能的计量法,通通都是数之不尽。[36]

因此,方先生曾经引述剑桥大学天文学家的科学论点,作为重要佐证:

> 平常在地球上看太阳,就觉得远得不得了,九大行星也是远得不得了,认为在宇宙星河系统里面有无量数的星。倘若我们能透过近代仪器的观测,再透过近代数学上面仔细的计算,立即便可知道像环绕太阳这种银河系,有五百万这样的星河系统。在这里面,第一个银河系同第二个银河系的距离,要用光年来测量,也许要一百万万年才能从这个银河系数到第二个银河系。这一切可能的银河系,在近代最好的天文台上面,像 Morrison 拿最精确的望远镜来观测,然后再加上计算,发现各种不同的银河系里面,

> 所表现出来的不同世界，应当是五百个百万，再乘一个百万，又再乘一个百万……[37]

换句话说，如果我们从宏观来看世界，那真正是天外有天，宇宙是无穷尽的大，这在华严宗即称之为“世界海”。另外，如果从微观来看，则又可成为无穷尽的小。所以方先生曾经指出：

> 若从物质世界的观点看起来，我们可以说，在各种星球的构造成分，其最后就原子构造而言，少不了有 helium(氦)。假使就 helium(氦)里面去观察时，就拿它的 proton(质子)，同两个 electrons(电子)一化合起来，它的原子数就是四，但是事实上，依照化学的周期表上面看起来，应当还有小数点零三之数存在，对于这个小数点零三之数是什么东西呢？就是当一个 helium(氦)、atom(原子)一组织成功之后，就毁灭掉那个小数点零三所代表的物质的质。但是这一毁灭的质马上就会变成能，而那个小数点零三的那么一点点小规模的数量，它却会发出来极大的能，变成为 cosmic energy(广大无边的宇宙能)。[38]

这也就是说，若用爱因斯坦定律来看，很小的质量，乘以光速的平方，就会变成很大的、几乎无边的宇宙能量。

因此，由此可见，整个宇宙不断地在制造星体，也不断地在神奇奥妙地制造星云，永远表现出一种生生不息、永无穷尽的宇宙创造力，这是从最新科学所讲的宇宙运行道理，却也正与《华严经》所申论的世界观不谋而合！

根据《华严经》，这个宇宙的世界海中原有无穷的“差别形相”，从这里面并构成无量数的世界“种”(“种”即“类”，一切万类即一切万种)。然而，在无量数的世界“种”里面，均能经由毗卢遮那佛无量的神通与力量，把它们一一点化成光辉灿烂的“庄严海”。此即经文中所谓：

> 诸国土海种种别，种种庄严种种住，
> ……
> 一切国土一切尘，一一尘中佛皆入，
> 普为众生起神变，毗卢遮那法如是。[39]

在这个“世界海”中,有二十重天,现实界是这二十重天里面的第十三重天,又叫做“娑婆世界”。本来这重重世界均有差别,也有染污,但经由如来菩提心的点化,均可以转变为无量大的庄严世界,此即所谓:

> 无量众生发菩提心故,世界海纯清净劫转变。诸菩萨各各游诸世界故。世界海无边庄严劫转变。十方一切世界海菩萨重集故,世 界海无量大庄严劫转变。诸佛导入涅槃故,世界海庄严灭劫转变。如来神通变化故,世界海普济没劫转变。[40]

我们从这段中,清楚可见,不只现实的娑婆世界——亦即自然界,可以因菩提心而转化成清净世界,其他一切世界海的种种差别相,也可在佛光普照融贯下,转化成为平等无差别的庄严世界,这个世界,即“华藏世界”。

在这华严世界中,不但一切万有均有平等的生命尊严,一切万种万类也都有独立的生命意义,并且各具无限的潜能。此即《华严经》中所说:

> 一一尘中无量光,普遍十方诸国土,
> 悉现诸佛菩提行,一切刹海无差别。[41]

值得重视的是,整部《华严经》中,常用象征语言在讲“放光”。例如《如来现相品》中,众如来有的时候从牙齿放光,以示集他方之众,有的时候从眉间放光,以示成果因,有的时候则从足下轮中放光,以成十信,还有的时候是从足指端放光,以成十住位,还有另外从足趺上放光,以成十行门,或由膝上放光,以成十回向,或从眉间堂相放光,以成十地……凡此种种,均各有其深远的象征意义,最重要的,就是共同形成普遍放光的庄严世界。

怀海德常称:“伟大的哲学,相通于伟大的诗。”[42]因为伟大的诗,常能活用生动语言,以表达生命境界中难以形容的创造精神,这往往是科学语言所不能表达的,却与伟大的哲学极能相通。

华严宗为了表达整个宇宙的生命无穷,潜力无穷,光明无穷,创造力也无穷,所以经常用诗的方式表达,并经常以如来法身的发光作为象征,透过此种佛光,再遍照众生海中一切所有尘,形成广大庄严的

“宝光世界”。此即所谓一切众生及诸佛“化现光明等法界,光中演说诸佛名,种种方便示调伏,普应群心无不尽。”[43]

在此华藏世界中,一切自然万类均能调伏转化,由物质界点化成生命界,再调伏成心灵界,最后形成广大光明的庄严宝界,这对当今环境伦理尤具极大启发。

所以,在《华严经》中,曾经强调:

> 华藏世界所有尘,一一尘中见法界,
> 宝光现佛如云集,此是如来刹自在,
> 广大云集周法界,于一切劫化群生,
> 普贤智地行悉成,所有庄严从此出。[44]

另外,方东美先生也曾透过现代科学最新的发展,来印证《华严经》在此的宇宙观:

> 从近代天文学理论来印证,所谓《华藏世界品》,它并不是一个幻想的系统而已。而且,《华严经》虽然是从物质世界——就是所谓“器世界”来出发,但是,它绝不停滞在物质上面,它这上面,不但可以讲物理,也可以讲化学,不但讲物理化学,它还是一种基础科学,从这个基础科学的物质现象,可以来发现宇宙里面生命的现象,从不同的生命方式可以再产生心灵现象。

所以,方先生紧接着就指出:

> 我们可以讲,物质世界里面的质和能,这两个条件,在创化的过程里面,就有生命的创新,也有心灵的创新,证明这整个宇宙是一个创造性的宇宙,有一个创造性的次序(creative order)。[45]

换句话说,现代科学界最新的学科之一,就是“生命科学”,以往包括“遗传工程”,现在包括“生命科技”,这门学问发展愈新,就有愈多的根据证明,原来看似没有生命的海底世界、天上世界、丛林世界、荒野世界、沼泽世界、甚至恶地世界……其实都各自充满形形色色的生命现象。其中各个生存的形相或有差异,但就生命的尊严而言,却应受到同样重视与保护,这正是华严宗宇宙观的根本宗旨!

因此,针对这种最新的科学进展成果,方先生也曾提醒人们:

> 现在各国的大学里面讲科学，便产生一种目的论的生物学（Teleological Biology），不再把生命埋没在物质的机械条件与能的机械支配里面，而由产生许多创造的新奇性来说明生命已经超越了物质，心灵已经超越了生命，不断地在宇宙里面向上，以创造的情势表现种种新奇的现象。

另外，方先生更曾进一步根据欧美一流大学的生物实验比较近代生物学与古典科学的不同，从而证明宇宙生命的机体整体性。此其所谓：

> 对于以上的种种，都不是古典主义的科学里面所能讲的 phenomenon of necessity（必然性的现象）。换句话说，它处处表现所谓 novelty of purpose（意向的新奇），此所谓 emergence of spontaneity of freedom（精神自由之自发性的涌现和呈露）。而近代所谓 teleological biology（目的论的生物学），在欧洲的瑞士、德国、英国，以及美国一些第一流的大学里面做生物实验时，就是把生命当做 teleological phenomenon（目的论的现象），发现许多新的事实，然后产生 modes of life（生命的模式）概念，发现另外有一种东西，这一种东西叫 organizationunity（有机整体），你不能够把它分析开来，拿部分的机械分子去解释它，一定要就他的整体来说明这个整体发生的作用，及此一作用如何依循创造的方式，向宇宙的上层世界冲。[46]

美国普林斯顿大学曾经在 1986 年出版《尊重自然》（*Respect for Nature*）一书，其中第三部分特别强调“以生命为中心的自然观”（The Biocentric Outlook of Nature），就曾同样肯定宇宙万物的有机个体，均为以“目的论为中心的生命体”（Teleologial Centers of Life）[47]，在此精神可说完全相通无碍！凡此种种的共同特性，就是从最新的科学发展中，证明宇宙生命本身含有一种目的论现象，进而体认宇宙大自然所有的万物，在各自生命发展过程中，其实都是彼此互存相通的，也都是融贯互摄的。事实上，这也正是华严宗典型的“机体主义”特性，明白肯定宇宙生命乃是有机的整体，既不能够任意分开，更不能僵硬割裂，这对今天环境伦理学，极具重大启发意义。

另外，透过这种“机体的统一性”，生命科学的研究更产生了“价值科学”(science of value)。这不但同样深符华严宗的特性,也正能对治近代科学的最大毛病——“价值中立”,所以深值重视。

近代部分人士因为过分崇拜科学,常会逾越科学的分寸,形成“科学主义”,并以此否定一切价值,认为应该只谈事实(fact),不谈价值(value),这就形成“价值中立”。这种价值中立一旦泛滥的话,会漂白了人生很多重要的价值理想,更会扭曲伦理学中很多是非与善恶的标准。

不幸的是,当今影响所及,不但人类的伦理学大受此种歪风动摇,环境伦理学更是深受打击,因而很多人误认为一切自然万物均无内在价值可言,或者顶多只是相对性的价值,并不重要。如此一来,便明显导致不尊重自然、不爱护万物,甚至对破坏环境或影响生态还另有托词,认为并无所谓,这正是危害今后环保工作的无形杀手,特别应加警惕!

尤其,如今真正高明的科学家已经发现,人文应与科学平衡互融,才有真正幸福可言,因而,今后再也不能只从片面立场,以没有感情、没有价值的科学标准来衡量人文、艺术、宗教等领域,而应互相学习,各守分寸,然后才能共同开创人类更高贵的价值理想。

英国爱丁堡公爵(Duke of Edinburgh,1921—)也是著名的环保人士,他就曾经郑重呼吁世人:

> 除非科技能以社会关怀与人道精神为导向,否则其进步不但没有价值,而且明显有害。[48]

因此,科学界本身现在也正发展一种“价值科学”,而不再只以物质眼光看自然世界,根据上述,不论从天文学、遗传学,或生命科学的发展,均已了解到物质世界里面其实涵盖有各种生命现象。既有生命现象,当然就各有价值取向,既有价值取向,就需要迈向一个崇高的理想。所以,最新科学也正从以往的古典科学,发展到生命的价值科学。而这种生命的价值科学,恰恰可以印证《华严经》里面所论述的华严世界。

事实上,即使最早强调“物竞天择”的达尔文,也曾经明确强调:

> 对于所有万物生命的关怀,乃是人类最高贵的属性。[49]

这段充分说明，即使是达尔文，也肯定人类应有高贵的情操，而关爱一切万物生命，正是其中最应追求的价值理想，这对今后环保工作，尤具重大启发意义。

因为当今很多人只从人类本位主义出发，误认为人类是宇宙的中心主宰，并且误认为其他的动物、植物，以及一切万物生命，通通应为人类而存在，因而被人类所吃、所穿、所用，均系天经地义，这种错误观念一旦流传，久而久之，明显就会形成环境的严重危机！

所以，华严宗在此给我们的最大启发，就是指出，我们住的世界，只是“世界海”中沧海之一粟，而且和其他所有的世界同样是平等的。不但人类和其他一切“非人类”（nonhuman species）都是平等，而且都只是华藏世界里面的“一尘”而已。因此，人类绝不能驾凌于任何其他动物或植物之上。除了人类本身不应该在种族、性别上有任何歧视外，对于自然界其他万类，也通通不能有任何歧视，这种看法，正是当今极为重要的环保信念！

实际上，当代西方人士讲环境伦理学，有部分仍然带有功利主义的色彩，他们因为发现环境破坏、生态不平衡后，对人类会明显有害，所以，为了利害关系，才呼吁保护环境与生态。归根结底，仍然是以人类为自我中心，仍然是以自私的心态看自然万物，相形之下，华严宗明确肯定一切万类皆平等，其胸襟与境界便明显高深很多。

因此，方先生称华严宗是“最高深的精神民主”，[50]可说极为中肯。因为，“民主”的精神特色就在肯定任何人都不能自大，自我膨胀，而且都要能够站在平等心，尊重他人，乃至尊重一切生命。政治上的民主，代表一人一票，不论男女均不应有差别，不论总统或乞丐，都是一票，在生命尊严上也都相同。“精神上的民主”，则代表能够充分尊重万物，对所有万物一视同仁，不能驾凌任何万物。这也正是当今环境伦理学极为重要的中心观念。

另外，《华藏经》中还有段话很值得重视：

> 此一世界中，一切世界，依种种庄严住，递相连接，成世界网，于华藏庄严世界海，种种差别，周遍建立。[51]

换句话说，根据华严宗，在这个世界海里面，我们的现实世界和其他所有世界，都能够融会贯通起来，不论是横的，还是纵的，都能旁通统贯,层层涵摄,共同形成一个广大圆融的无碍法界,这就是“一真法界”。

在这一真法界中,原来的物质世界已经提升为生命世界,生命世界也提升为心灵世界,乃至价值世界,一直发展到最高顶点,就成为庄严的“正觉世界”！华严宗此等广大悉备而又普遍含光的自然观,不论在西方哪一位思想家,均未讲得如此周全精微,所以在今后环境伦理学的发展上,尤其深值体认,并弘扬光大。

根据有关报道,美国发射最新的宇宙飞船中,曾经装置“哈伯型”的太空望远镜。这是目前世界最大的一型,根据它的观察,广大浩瀚的宇宙中,起码有两千亿个银河系,而每一个银河系里面,又起码有两千亿个星球,其中每一个星球,起码都比地球大！

所以,从这个广大无边的宇宙观中,我们更可以看出,人类再也不能自我膨胀,自认为是宇宙的中心,或认为其他的自然万类通通应为人类所役使,更不能只以褊狭的自私心态,想要任意破坏地球的生态。

事实上,这种以千亿为计算单位的太空现象,在《华严经》中,也曾经论述得很精辟。根据《华严经》在中国的翻译,就是以“亿”“千亿”来计算宇宙。它强调,整个宇宙就好像恒河中的沙粒,而一个星球就好像只是整个海中的一滴水。另外它还用象征性说法,指出有三十三重天,而人类这个娑婆世界(现实世界)只是其中之一而已。

因此,《华严经》的重点在提醒人们,一定要能把心灵打开,把灵性提升,以佛性与菩提心,作为我们的真心,再以这种真心,透视自然世界。此时的自然界便不只是干枯的物质世界,而能成为浓情蜜意的生命世界,然后再把生命世界点化,即成为充满同情的精神领域,进而把精神领域再点化,即成为深具光明价值的理想世界,这个世界就叫做“华藏世界”！

根据华严宗哲学,此时若再看宇宙中两千亿个银河系,便知其中每一星球看似各有差异,但都绝对不会只是物质世界,而是在整体无穷无尽的佛光普照下,个个相互辉映,共同形成光辉灿烂的金色世界,这就叫做“正觉世界”。不论“正觉世界”“华严世界”或“一真法界”,名相虽然不同,精神却完全相通。此中气魄之恢宏,胸襟之广阔,在整个世界思想史上亦属罕见,而其中对环境伦理学的启发尤其既深且远,深值东西方环保人士共同申论与弘扬！

第二节　华严宗对万物的看法

有关华严宗的万物观，其中心思想乃在“圆融无碍”，不但“理事无碍”，事事也无碍，物物同样无碍，这不但与儒家的“旁通统贯”一致，也与道家的“彼是相因”一致，尤其与环保哲学中“物物相关”极为相通，深具启发意义。有关重点，我们也可透过华严宗的因果论，加以分析与申论。

华严宗的因果论，很可以与亚里士多德比较研究。因为，亚里士多德的哲学就是从分析物质世界开始，先从分析物理学(physics)入手，然后再进入形上学(Meta-physics)。

根据亚里士多德因果论，他认为，基本上所有一切万物都有四种“成因”(causes)，首先为形成因——相当于他所说的神，最后还有一个“目的因”，由此肯定整个地球是有目标地朝向一个价值理想迈进，然后中间还有形式因(form cause)，以及质料因(material cause)。

若以桌子为例，首先需分析是谁所做，这是“形成因”，另外须知是方的还是圆的，则是“形式因”；至于是木头桌还是竹桌，这是“质料因”；最后，还要问其目的做什么用，这就是“目的因”。根据亚氏，一切万物均需经过这四种“因”，才能成就一切存有之“果”。

相形之下，华严宗所讲的因果，除了这四种分析之外，还曾更深一层，可说更为完备。

方先生对于华严宗的因果观，也曾分为五项，值得申论如下：[52]

首先第一因，叫做“所信因果周”，这是代表第一因(first cause)，相当于亚里士多德所说“原动的不动者”(unmoverable mover)，在华严宗则认为是“起信”“所信”的第一种因，由此可以“于一切法成最正觉，又十方世界，一切人天中俱时出现”。

这代表信心是促进一切万物成为正觉的根本因，由此充分可以看出，华严宗将一切物质均经“教化调伏”，点化成生命界与心灵界，因为，“信心”唯有对生命界与心灵界，才有真切的感通意义可言。

这种第一因，一方面代表了源自佛心，其信心足以克服一切困难，创造一切正果，二方面更代表在佛性充满之下，肯定一切物质均有生命意义与精神价值，甚至对一片顽石，也都肯定其有灵性，不可轻易污染摧毁,这对生态保育而言,尤有重要的启发意义。

第二因,叫做“差别因果周”,代表万物有大小,也有方圆、长短,不但形式不同,质料与功能也都各有差异。

这一项同时涵盖了亚里士多德所说的“形式因”“质料因”与“目的因”。华严宗用“差别”一词总括,其要点也在尊重各物体存在的个体差异性,不要强求其同,也不要因为大小、质料、功能有所差异,而有差别待遇,这是一种尊重“个体性”(individuality)的精神,不但是民主政治的重要基石,同时也是环境伦理学的重要观念。

到了第三种“平等因果周”,则更进一步,明白点出以“平等心”对待万物。

根据道家精神,以道观之,万物根本没有任何贵贱,很可以“和之以天倪”,[53]彼此均为平等互通;如果只以自我中心观之,才会贵己而贱人,彼此有争端隔阂。同样,若以佛法观万物,则万物均平等,因为万物皆含佛性,佛性也融贯万物,所以原来形式上有各种差别的,到了讲内在佛性,也均成平等因。

这充分代表《华严经》肯定一切万物均有不可否定的内在精神价值,就此而言,一切万物皆具平等性,这与西方环境伦理学中所强调万物均有“内在价值”(Inherent worth)与“公平性”(Impartiality),可说完全不谋而合。[54]

另外,第四种“成行因果周”,则为亚氏与绝大多数西方哲学家所缺乏,那就是针对一律平等的自然万物,人类应再透过悲心,化为行动,加以保护,这代表人类不但要尊重万物,绝不破坏,而且还要维护其各有的平等性,不容外力摧残,尤其还要扶助万物完成各自的生命潜能,唯有如此,真正悲智双运,才算证成了行愿。

因此,到了第五种,则为“证入因果周”,也就是以行愿再证成正觉,如此充分发挥本身内在的佛性善根,才可以证明本身生命之光,足以与如来菩提之光相映,真正进入与佛性合一的境地。

一旦到了这种境地,才算充分到达了理事圆融的境界,这种“佛我合一”,即为“一真法界”,也相当于儒家所说的“天人合一”,最能展现和谐统一的机体论,尤其深具环境伦理学的启发意义。

此所以《华严经》曾经特别强调“一一毛孔中有佛国”,而且如来在“一切刹中无不现”,不论在空间或时间,均能处处融贯,时时展现,其中至理深值重视：

一一毛孔中刹海，等一切刹极微数，佛悉于中坐道场，菩萨众会共围绕。

一一毛孔所有刹，佛悉于中坐道场，安处最胜莲华座，普现神通周法界。

一毛端处所有佛，一切刹土极微数，悉于菩萨众会中，皆为宣扬菩萨行。

如来安座于一刹，一切刹中无不现，一方无尽菩萨云，普共同来集其所。[55]

因此，我们如果就“道论”而言，儒道释三家，在此均颇能相通。

儒家所讲的道，是通天地人之道，也就是一种融通自然万物之道。什么叫做儒呢？“通天地人之谓儒”，其生命精神可以顶天立地，合天地万物为一体，所以是一种非常圆融和谐的万物观。

到了道家，同样清楚强调彼是相因，“道通为一”，[56]不论万物表面看起来如何“恢诡谲怪”，但是“唯达者知道通为一”。[57]如何能知“道通为一”？就是用冥同大道的超越精神，提神高空，俯览万物，然后即可以看出一切万物均相待而存，不可偏废。

若从佛学来看，则是以如来（或者叫“真如”）的菩提心，起大信、立大悲、行大愿，用佛法无边的正觉，体认一切万物也都遍存佛性，因而可以肯定任何微尘中皆含如来，一切万物更有真如。

此即《华严经》所提：

于此莲华藏，世界海之内，一一微尘中，见一切法界。[58]

此中特性，若用佛学的话来讲，就是唯“觉者”知“道通为一”，这个道即为“菩提道”，亦即真正能彰显光明世界的解脱道。

所以华严宗非常强调“菩提心”的功德，曾经在经文中特别强调：

菩提心者，犹如种子，能生一切诸佛法故。菩提心者，犹如良田，能长众生白净法故。菩提心者，犹如天地，能持一切诸世间故。菩提心者，犹如大水，能涤一切烦恼垢故。菩提心者，犹如大风，普行世间无所碍故。菩提心者，犹如大火，能烧一切诸见薪故。菩提心者，犹如净日，普照一切诸世间故……[59]

另外，在同一品经文中，也曾进一步指出：

> 菩提心者，成就如是无量无边最胜功德，举要言之，应知悉与一切佛法诸功德等。

凡此种种，均可看出"菩提心"本身的重要。此中精神，也正可说是当今环保极值效法的"环保心"。因为，有了这种菩提心作为环保动力，才能真正充满爱心与热力，也才能真正爱万物如己身，待万物如一体。

因此，华严宗所说"理事圆融"与"事事无碍"，这个"事"，即相当于现代西洋哲学所说"events"，"理"则相当于"reason"。事和理能相互圆融，进而事与事都能圆融，即代表物与物中间，也都能圆融无碍（因为"事物事物"，通常并称，本身即代表事与物相互依存的关系）。这种通达完备的世界观，就是广大和谐而又感通互摄的万物观。

方先生曾用现代术语，把华严宗的"即事即理"，称为"理想实在论"的哲学，[60]可说对其万物观也是很中肯的说明。

这代表华严宗一方面重视各事各物的实存生命，不会脱离现实世界，这就包含了实在论（realism）的色彩。但是，另一方面，这个实在论又并不是用呆板、僵化与黏滞的眼光，只从物质世界表象来看万物，而是对这个现实世界中每一个个体，都肯定其分享理想上界的生命与光明——这也相当于柏拉图所说，下界分享上界之光，所以同时也有理想主义的精神。

此中不同的是，柏拉图认为，下界只是上界的"模仿"，所以他并不重视此世，另外，他又认为上下两界中间隔断，无法圆融。但华严宗则不然，不但肯定佛光融贯上下一切，而且连下界一切微尘中都因内涵佛性而圆满自足。

根据华严宗哲学，佛性内存于万物之中，而不是超绝于万物之上，正因如此，所以并无柏拉图上下二元分隔的困境，反能充分肯定此世为庄严芬芳的"妙香"世界，一切万物也莫不成为纯净清香的生命存在。这种"善知识"，对环境保护来说，尤具重大启发意义！

此所以《华严经》中曾经明白强调：

> 一切佛法，如是皆由善知识力，而得圆满。以善知识，而为根本从善知识来。依善知识生，依善知识长，依善知识住。善知识

为因缘,善知识能发起。[61]

此中所说的“善知识”,同样可应用在环保上,视为圆融无碍的万物观,这对加强环保的善知识,尤其深具重大的参考作用。

另外,《华严经》中对于善知识的功能,同样也有很深刻的申论:

> 善知识者,犹如慈母,出生一切佛神性故。善知识者,犹如严父,广大利益亲付嘱故。善知识者,犹如乳母,守护不会作恶法故。善知识者,犹如教师,示诸菩萨所应学故。善知识者,犹如善导,能示甚深波罗蜜故。善知识者,犹如良医,能治种种烦恼病故。善知识者,犹如雪山,增长一切种智药故。善知识者,犹如勇将,殄除一切诸恐怖故。善知识者,犹如船师,令度生死大瀑流故。善知识者,犹如商主,令到一切智宝洲故。[62]

这种善知识,代表圆融无碍的宇宙观,也代表悲智双运的人生论,对于环保教育工作,深具重大启发意义。

在西方哲学中,和华严宗此中精神最为相通的,首推怀海德(A. N. Whitehead)。他在名著《历程与实在》(*Process and Reality*)中,也是强调“实在”(reality)的重要,但是,他所讲的这个“实在”,却不是静态、呆板的死物,而是宇宙大化流行过程所展现的生命创造力。[63]所以,这一个“实在”乃是即体即用的实在;在生命流行的历程(process)大用中,就可以显现出实体性——这就相当于华严宗所说的“即事显理”,因而能够肯定理事圆融无碍。

所以,方先生认为,华严宗这种对万物的圆融观,不但可以化除西方希腊哲学的根本困境,也可以解决西方近代科学唯物论的毛病,并且可以超脱印度小乘佛教消极堕入“束缚道”的困境。因为华严宗所强调的,是一种“解脱道”,也是一种真正光明的“菩提道”。它肯定此世的光明,而绝不厌世出世,这种入世救世的精神,很能积极保护万物,尊重生命,所以对环保尤具重大意义!

要之,儒家讲道论,除了强调“形而上者之谓道”,同时注重:“人能弘道,非道能弘人”。[64]道家所讲的道,也是同样精神,像老子强调“上士闻道,勤而行之”。[65]庄子也强调“唯达者知道通为一”[66],佛家的“菩提道”更是如此,一方面要以真如体悟佛性无所不在,二方面更要发菩提心,以行布道。这三者会通之处,也正是今后环境伦理学亟须加强的共识。

所以华严宗讲因果,并不是消极的意义,而是积极的意义。它肯定万物每一个存在,在个别的实存之中,都有光明的潜能,也都有生命的尊严。而且,其中各物相互会通,绝非孤立或片面的存在,不但各自"一"与"一"相通,"一"与"多"也相通,"多"与"多"更相通。如此纵横交织,彼此相网,形成广大无边的金色世界,正是"机体主义"最好的典范。

具体而言,华严宗此等精神,就是对大自然中,一切所能看到的动物、植物或无生物——不论天上飞的、海里游的,或陆上跑的,也不论彼等形态上有多少差异,但本质上均肯定其深具平等的生命价值,也均肯定其为整体宇宙生命中不可分割的一部分,并且互为因果,彼此融贯,这正相当于儒家所说"一阴一阳"互摄并进之道,以及道家"彼是相因"之理。儒道释三家在此殊途同归,因而形成了中国哲学在万物观的通性,这对今后环保哲学尤具重大的参考价值!

事实上,大科学家爱因斯坦在此也有同样意见,他曾经强调:

> 人类乃是整体"宇宙"的一部分,然而,却将其思想与感受,自外于其他部分,形成其意识上一种妄想。这种妄想对我们是一种拘禁,自我受拘于私欲或身逐事务。我们今后的任务,就在突破这种拘禁,扩大悲悯胸襟,以拥抱自然一切万物。[67]

事实上,这种扩及万物的悲悯胸襟,也正是华严宗的中心信念,所以两者在此,同样可说完全不谋而合。

另外,在《法句经》中,也曾明显指出:

> 凡是追求一己幸福,却去危害其他万物幸福者,在死后将得不到幸福。

这一句话看似佛教因果循环的论点,实际上也蕴孕着万物交融相依的道理,此所以当代西方环保学家万达生(Jon Wynne-Tyson)曾经特别将本句搜集在其书中,作为环保经典的佐证。[68]

除此之外,《法句经》也曾明白强调,人类均应提升性灵,效法"圣人"的悲悯精神:

> 正因为他对一切万物生命均心怀悲悯,所以他被称为"圣

人”。[69]

这种圣人悲悯的心胸，不但与儒家的“仁心”相通，也与道家所讲“圣人”的慈惠精神相通，尤其正是《华严经》所述“菩萨”的精神。因此，西方环保学家万达生也曾特别引述本句，作为其著作《扩展的生命圈》(*The Extended Circle*)的例证之一，同样可以看出东西方哲人会通之神妙。

中国古代的神话小说里面，有一部《镜花缘》，与西方《爱丽丝梦游仙境》(*Alice in the Wonderland*)颇有异曲同工之妙，看起来像神话小说，但是透过活泼的神话手笔，却很能显现出生动的万物观。这种万物观本身就带着一种童心，有点像儿童卡通一样，把一切表面看起来没有生命的万物，通通点化为有生命、也有情感的生物。对于大自然一切的山林、河水、天上的风、地上的草等等，通通赋予生命与灵性。

像《镜花缘》中就描述，王母娘娘在昆仑山上过寿时，一切自然万物，如空中的“风姨”，天下的“月姊”，蓬莱山上的“百花仙子”，各种“百兽大仙”“百鸟大仙”，海中的“百介大仙”，与一切动物、“百鳞大仙”、植物、日月星辰等等，通通共同参加王母娘娘的寿诞，仿佛所有“宇宙村”的成员，共同热烈庆生，真正可说是宇宙生命的大盛会。

这种观念，直把整个宇宙万物均看成充满温馨感情的生命体，并把整个宇宙都当成是一个大家庭，正如同当今“地球村”的理念一样。这代表了中国人心目中很自然的万物观，对于一切万物，绝不只看成机械的、唯物的庞然大物，而是视为充满生机、充满灵性，更充满温馨的生命体。此种精神，同样也正是《华严经》万物观的真谛所在。

方东美先生曾经将中国宇宙论，归纳成三项特色深值重视，一是视宇宙为“普遍生命创造不息的大化流行”，二是“将有限形体点化成无穷空灵妙用的系统”，三是视宇宙为“盎然大有的价值领域”。[70]

在上述内容中，华严宗的万物观，堪称最能同时兼备三项特色，既代表“万物含生论”，也代表“冲虚中和”说，尤其肯定万物均有平等价值。凡此种种，均对环境伦理学深具启发意义。

另外，《法句经》中也曾明白指出：

> 对世间万物充满爱心，力行美德，以造福万物，这种人才是幸福快乐的人。[71]

此中精神强调的重点，明白在鼓励世人，要能将快乐建筑在造福万物上——用现代语言来讲，则是要将快乐建筑在环境保护上，这种风范，也正是华严宗所强调的宗旨，同样深值东西方共同重视。

除此之外，佛学的《楞伽阿跋多罗宝经》(*Lankavatara*)中也清楚地强调：

> 为了纯净的爱心，菩萨们应该禁止肉食，不吃血肉之躯。为了避免引起万物的恐慌，菩萨们也应禁止肉食，唯有如此，才能真正展现悲悯之心。[72]

这一段内容，更可以说是将菩萨精神具体落实在生活上，透过不杀生，而杜绝一切万物的可能被害。此所以西方环保学者万达生特别重视此说，也将之列入其环保著作中。一般民众或许不一定完全赞同素食，但若能至少体认此中苦心，尽力自我节制，相信也是对生态保育的一大福音。

另外，值得强调的是，华严宗在《菩萨问明品》中曾经强调十项"甚深义"，深刻说明其万物观的精义。其中精微与细致的程度，无论在中西哲学中均属罕见，所以深值阐论。

首先，第一为"缘起甚深义"：这代表在充满佛性的一真法界里，所有一切万物通通都是互为缘起，也互相圆融。"互为缘起"正是"互为因果"，代表一切万物相互依存，这对生态保育的教育非常重要。

元代才女管仲姬著名的情诗句在此也很能传神："我泥中有你，你泥中有我。"重要的是，佛学在此更扩而充之，不只讲人与人的亲切互融关系，同时讲人与万物的亲切互融关系。因而，此处或可说"有你才有我，有我才有你"，这也正是庄子的同样精神："非彼无我，非我无所取。"(《齐物论》)

具体而言，这句话代表人类应体认，有了清净的山川河流，才有纯净的人类幸福。如果山川河流被污染破坏，人类也会同样遭殃，这就是一种互为因缘、相互依存的关系，对于今后环保工作深具重大启发。

第二为"教化甚深义"：这个"教化"就相当于儒家所讲的人文教化。佛学讲"教化"并且常与"调伏"合并使用，代表只要用佛性法眼来看万物，则一切万物便均成为充满生命与灵性、连顽石都能被点化。此即所谓"生公讲法，顽石点头。"根据华严哲学，一切万物既然存在，就蕴藏有其生意,借用黑格尔“凡存在皆合理”的语法,此处可说“凡存在皆有生”。

方东美先生曾经阐“万物有生论”的精谛,代表“世界上没有一件东西真正是死的,一切万物现象里面却蕴藏有生意。”这正是华严宗万物观的重要特性。

换句话讲,一切万物在凡夫眼中,或许没有注意到其中生命尊严,但用佛眼来看,一切万物均有其庄严的生命,所以应用佛性来提升凡夫灵性,这就是“教化”。代表凡夫的心灵均须经过教化,才能共同体认佛法无边,万物的生意也无边。这对环保教育的意义便非常深远。

第三为“业果甚深义”:《华严经》因为属于大乘圆教,不但超越小乘,而且超越大乘始教,足以融三乘为一乘;所以它看一切万物,均能拿佛的最高智慧相待,能从不断提神高空来看,因而不会只停留在平面困惑的眼光,这正是“业果甚深义”的精神。

此所以《华严经》七次众菩萨开会,均从地面开到天上,甚至一直到天上最高妙的宇宙终点去开,就是透过宗教情怀,要不断向上提升,一直到达极致,以产生“完备到极致”的万物观。方先生称之为(consummation of perfection)[73],正代表“业果甚深义”,对于点化万物同样极具启发性。

第四为“说法甚深义”:这就是说,要能把佛法融贯万物的深刻哲理,普遍说给众人了解。如果应用在环境伦理学上,就是要把“机体主义”的圆融和谐精神,以及视万物为一体的特色,普遍透过教育,让民众均能充分了解。

尤其,就今后环保教育而言,我们特别需要透过大众教育,用切身浅近的例证,说明物物相关、环环相扣的道理,让大家均能明白,环保工作不但人人有责,而且息息相关,轻忽不得。这种深入浅出的道理,需要不断透过教育而促使民众了解,也正是“说法甚深义”的精神所在。

第五为“福田甚深义”:“福田”在此相当于老子所讲的“天地相合,以降甘露”,[74]能将一切万物视为甜蜜的甘露世界,充满大道生机。以华严宗来讲,就是将一切万物与整个地球,经过佛法调伏,而点化成为光明无边的福田。

若能如此,则人类心中将不再只是自私的贪念,而是能以佛心为心,此时旷观一切万物,便不再只是无明的虚幻世界,更不是僵化的物质世界,而是充满佛法的精神世界。此时不但内在心灵充满喜悦,成为“福田”,外在世界也变成“福田”,如此内外相映,形成能知与所知的深刻圆融,此即重要的“福田甚深义”。若能以此精神看待一切万物,则举凡山川河流、草木鸟兽,甚至一切荒野恶地,均可成为“福田”,也均充满不可否定的生命尊严,这对环保哲学而言,便深具重大意义。

此中精神,也正如同贝多芬的《田园交响曲》,一切自然原野万物在其心灵的点化下,均成为充满生命的歌颂对象,纵然中间有阴暗起伏,但最后仍然肯定大自然为充满生机的光明世界。他在此用音乐所宣畅的生命精神,与华严宗哲学可说殊途同归,完全可以相通。

另外,第六为“正教甚深义”,第七为“正行甚深义”,分别代表佛法的教诲与行动,由文殊及普贤分别象征。根据华严宗,唯有两者并重,知行合一,才能真正形成正助因缘,此即第八项“正助甚深义”。应用在环境伦理上,即代表唯有加强环保知识、贯彻环保行动,才能真正促进环保的动力,进而真正拯救自然、保护万物。这在生态保育上尤具重大启发。

综合上述所言,若能真正体悟此中佛理,融贯三乘,合为一乘,才能领悟和谐统一的万物观,此即第九项“一乘甚深义”。换句话说,若能以此精神积极救人救物,对一切万类,不论草木鸟兽或山川河流,都能充分尊重它们各自的生命,这就形同将自己的生命与万物生命合为一体,爱物如爱己,此时即成第十项最高的“佛境甚深义”。

《华严经》对于“佛境甚深义”,曾以善财童子层层提升,最后踏入弥勒楼阁为例,象征其踏入法界的佛境深义。此中楼阁尽是珠光宝镜,善财童子因为生命精神已经领悟一乘甚深义,所以一进法界后,一切精神珠宝也都同时发出光芒,此时犹如帝网之珠,彼此相摄相入,重重无尽。此即所谓:

> 此帝网以宝成,以明彻递相影观,深入重重,于一珠中顿现,随一即多,竟无去来也。

方东美先生曾经对此特别说明:

> 这种宝珠非常明彻,由它所发出来的光芒,相互影现,深入重重,于一珠中可以把宇宙的精神之光普射出来,可以消灭宇宙的

一切黑暗,一切障碍,与一切的隔阂,最后变成真正的精神佛地。[75]

这一段说明,深具启发意义。尤其在万物观上,充分代表佛光无边的普照,足以消灭一切黑暗、障碍与隔阂,也足以清除人对万物的私心与傲心,更足以消除人与万物之间的障碍与隔阂,真正形成同情万物、尊重万有的光明心灵。此种心灵正是佛境,又称"真心",或称"真如",也正是今后环境保护最需要的深刻心灵!

换句话说,这种"真如"的心灵,代表一种不可分割、又足以融贯一切万物的精神。用这种精神旷观万物,就相当于用如来佛眼融贯万物,便可体认一切万类也都是不可分割的圆融整体。因此这个时候的宇宙,就成为充满光明精神的领域,在这"华藏世界"内,不但物物都是融贯圆成,人人也都是互摄感通,一切万物生命更能回光呼应宇宙的光辉,如此便交织成为广大和谐、圆满光明、平等无碍的庄严世界!

此即《世主妙严品》中所说:

> 如来所处宫殿楼阁、广博严丽,充遍十方,……无边色相圆满光明,遍周法界等无差别,演一切法如布大云。一一毛端悉能容受一切世界,而无障碍。各现无量神通之力,教化调伏一切众生,身遍十方,而无来往。……

换句话说,在如来世主眼中,"处处都是华严界,个中那个不毗卢",即使一粒小沙、一株小草、一粒小石头,也都自成一个庄严的华藏世界。放眼宇宙一切万物,不论生命大小,内中也都蕴含光明的佛性,这就真正代表"事法界"和"理法界"之间的圆融,不但"事理圆融",而且"事事圆融",因而可以展现成为"广博严丽"的万物观!

因此,对于华严宗这种广大悉备的圆融万物观,方先生曾经用四种现代哲学术语,来阐论其中的重要原理。[76]这四项原理也正是机体主义的重要精神,同时也是环境伦理的重要信念,所以深值申论弘扬:

1. "周遍含容的原理"(Principle of universal encompassing):

这是代表一切万事万物,相待而有。此即当代环境伦理学中所说的"互为依存"(mutual dependency)原理。生物界中,常见物与物之间"互生共存",即为此中原则。

另外,华严宗也肯定万物之间"互相涉联"的关系。此即生态保育中的第一项重要原则:"物物相关。"两者所不同者,在《华严经》更为精细,并且还更指出万物之间存有"相互摄入"的关系。

换句话说,华严宗的万物观,不但肯定万物各个存在之间能够相互依存、相互关联,而且强调彼等基本上还能相互摄入。这就如同儒家所说一阴一阳相互摄入,相乎旁通,在道家即为"彼是相因",在佛学则称为互为因果、互为缘起,亦即"遍容无碍门"之意。在此均可综合称为第一项:"周遍含容"的原理。

2. "交融互摄"的原理(Principle of mutual ingression):

上述第一项原理,是讲彼此依存、关联、互摄的关系。现在第二项原理,则是一种动态的相互交融,就好像水乳之交融,不但水中有乳、乳中也有水,犹如"你侬我侬"的情形——你泥中有我,我泥中有你,很能打成一片,交融互摄。

在这原理中,同样涵盖了"相互蕴涵"(mutual relativity)的关系,代表一种相对、相蕴的原理,另外还有"相互含摄"(mutual implication)的关系,A 含摄(imply)B,B 也含摄 A,如此相互含摄,也正如同怀海德所讲的"mutual ingression":"我变成你组织里面的成分,你也可以进到我的组织里面来,变成我组织里面的成分。"

换句话说,华严宗的万物观,肯定万物各个存在之间,不但相互交融、相互蕴涵,也相互含摄。这正如同新儒家陆象山所说:"宇宙即吾心,吾心即宇宙。"看似人与宇宙分立,其实一切天地都可落入自己心中而含摄,一切万物也均可摄入大心,形成大体,展开大用。这也近似于生态保育的第二项重要原则:"物有所终。"综合而言,若用华严术语,亦即"交涉无碍门"与"摄入无碍门",均属"交融互摄"的原理。

3. "相在互具"的原理(Principle of mutual presence):

"相在互具"的原理,在强调彼此相互存在的关系,有你同时就有我,有我同时就有你,犹如"孟不离焦,焦不离孟"。例如大地上有水就有人,没有水就没有人,所以,一旦水源污染了,人的生存就会发生困难。又比如,大气中有空气就有人,没有空气就没有人,凡此种种,都是"相具互在"的原理。

用佛学的话来讲,这项原理就是"摄一入一,摄一切入一,摄一入一切,摄一切入一切"。这种原理形成"同时交参,无隙无碍",也就是互为条件,"把自己摄为法而入于他法之中,令他又摄法而在我自己本身之中",所以才称之为"相在"。

这在环境生态保育的原理中,同样相当于其第三项原则:

"自然睿智",亦即在自然万物中,因为深具相在互存的关系,所以形成广大平衡和谐的机体组织。这在华严宗即为"相在无碍门",综合来说,也就是"相在互具"的原理。

4. "普遍融贯"的原理(Principle of universal coherence):

这也是华严"普融无碍门"的精神,此所谓"一切即一,普皆同时,更互相望,一一具两重四句,普融无碍。"代表把交涉无碍及相在无碍,"一方面互相摄入",另一方面更能让"能所互相摄入",因此再变成一个普遍的关系,构成了"普遍的圆融无碍。"

此一原理,在生态保育中还未及此,一般生态保育的第四原则,是强调"天下没有白吃的午餐"。代表如果生态平衡被破坏,则必定会付出代价。可说是用反面手法衬托万物的普遍融贯,但毕竟未能从正面建构广大悉备的理论,而且多少仍沦于功利主义的说辞,因此相形之下,华严宗万物观在此的最高原理——普遍的融贯,不但深值中国人体认,同样更深值国际学者重视!

总之,《华严经》本名为《大方广佛华严经》,这"大方广"即为"广大和谐"之意,同时代表佛法的"体大""用大"与"相大"。其中精神在提醒世人,佛法之体足以周遍无尽,而且足以悟入真如的绝对境界,产生无穷的大用,而体用依存无碍,因此更可彰显相大之无碍。凡此种种胸襟恢宏,气魄雄浑,充分代表广大和谐的生命哲学,对于环境伦理的万物观,尤其深具启发,的确深值弘扬光大!

第三节 华严宗对众生的态度

《华严经》的众生观,可说广大悉备,极为精辟,其"众生"内容,不只是讲人类的生命,同时包括一切非人类的生命,乃至一切看似无生命的存在,均在佛法"体大、用大、相大"的普融下,深具平等尊严与内在价值。这正是当今环境伦理学的中心信念,所以深值阐论。

《华严经》在《入法界品》中,曾经明白指出,所谓"众生"的意义:

> 对尽法界、虚空界、十方刹海所有众生种种差别:所谓卵生、胎生、湿生、化生,或有依于地、水、火、风而生住者,或有依空及株

> 卉木而生住者，种种生类、种种色身、种种形状、种种相貌、种种数量、种种名号、种种心性、种种知见、种种育乐、种种异形、种种威仪、种种衣服、种种饮食，处于村云聚落、城邑宫殿，乃至一切天龙八部，人与非人等无足、二足、四足、多足、有色、无色、有想、无想、非有想、非无想，所有如是等类，我皆与改随顺而转，种种尘世、种种供养，如敬父母，如奉师长，及阿罗汉及至如来等无所异，菩萨如是平等，饶益一切众生。

这一段文字深具环保的重大意义。

因为所谓众生，包括一切“卵生、胎生、湿生、化生”者，还包括“依于地、水、火、风而生者”，甚至“依空及株卉木而生者”，可说涵盖了当今生物学上一切分类所指的各种生物，此即所谓“种种生类”。

然而，不仅如此，《华严经》中所指“众生”，更还包括“人与非人”，也就是还涵盖一切“无足、二足、四足、多足”的生命，这更包括了天上飞的、地上跑的以及水中游的一切生物。

除此之外，“众生”更进一步，应包括一切植物，甚至矿物，因为，不论“有色”“无色”、有思想、没思想、有意志、无意志……种种均在其中。《入法界品》中先举出“有想、无想”的种类，然后再加以超越，进一步包含“非有想、非无想”的种类，这并非加以否定，而是用辩证的方式泛指一切万类，如同“人”与“非人”一般均在其中。

这种方式也正如同庄子所说“有始也者，有未始有始也者，有未始有夫有始也者……”，[77]以不断的辩证超越，泛指一切时间之流，既无始也无终。庄子系以“时间”为分类标准，华严宗在此则是以“思想”为分类标准，代表一切看似没有思想的万类，也都在佛光普照之中，具有其平等的生命意义与价值。

那么针对上述种种众生，看似充满差别，人们应该如何对待呢？

《华严经》在此所作的答复，极为感人，也极为深刻——“如敬父母，如奉师长”！

换句话说，上述种种看似尊卑、高下、大小、各有不同的众生，在佛法广大无边的慈悲心看来，却完全是同样平等，因此不但均应予以尊重，而且应如同对父母一般的尊重，并且也要如同对师长一般的奉养。

这真可说是西方人士极难想象的最佳环保哲学！

因为,近代西方之所以重视环保工作,多半还是因为环境一旦破坏,将会有害人类,所以基于本身利害关系,才开始呼吁环保。稍微胸襟开阔者才会肯定,自然万物众生也各有其生命尊严与内在价值,但却还不会认为应如同“父母师长”一般加以敬重。

然而在中国哲学,这却是儒、道、释三家的通性。儒家强调“仁民爱物”,新儒家更强调“乾为父、坤为母”,对地球应如同父母一般尊敬供养,而且“民胞物与”,对一切万物众生也应如同自身手足一样。此外道家也强调“道无所不在”,并且以亲切的母子关系比喻大道与众生。凡此种种,均可看出以真诚心与孝敬心保护环境的精神,确非西方哲学所能及!

到了大乘佛学,同样明白肯定,众生即我生,并且均来自佛身,所以应以感同身受的精神同情一切众生。

宋代黄庭坚曾经有首诗,很能表达此中精神,丰子恺并曾引述此诗,作为其“护生”漫画的佐证,深值西方人士体认:

> 我肉众生肉,名殊体不殊,
> 原同一种性,只是别形躯。[78]

此所以华严宗曾特别强调,对众生一切不同差别的存在,均应以菩萨心视同平等,而且也应视同如来一般加以尊重,并应以此大悲心“饶益一切众生”。此中精神代表,不但应救护一切众生,更应促进一切众生福祉,完成生命理想。此中积极意义,便不仅止于保护环境,更还要提升环境生命意义,完成生态保育的最高生命价值。此中悲心与宏愿,的确深值东西方共同体认,以充分力行!

另外,《华严经》中七次会众,通通是跟菩萨所讲,此中也很有象征意义。因为菩萨的定义,寓意深远,菩萨原文为“Buddisatra”,Buddi 代表“光明的智慧”,satra 则代表“慈悲”。合而言之,代表菩萨功力很高深,本来可以成佛,但是仍不愿意成佛。为什么呢?就因为看到世间还有很多苦难,众生还有很多悲痛,所以在对众生没有救完之前,本身不愿成佛。

因此,菩萨的精神特色,一言以蔽之,便是“悲智双运”。一方面代表其本身精神不断向上,追求光明,所以深具慧心;二方面则代表其胸襟不断同情下界,务期普度众生,所以深具悲心,这正代表是菩萨很伟大的生命情操。

这种“悲智双运”的精神,若从环境伦理来看,也正是所有环保工作者应有的精神修养——一方面深具慧心,足以用生命慧眼旷观一切众生,二方面也深具悲心,足以用同情眼光爱护一切众生。相信唯有如此,人人效法《华严经》中的菩萨心胸,才能真正做好今后的环保工作。

因此,以下值得针对华严经的七会,特别说明各会的精神特色:

第一会,是由普贤菩萨召集,在“菩提道场”召开,众菩萨面对着刚成正觉的佛陀化身——“毗卢遮那佛”,此时毗卢遮那佛全身均放光,特别强调“十信”,代表十种信心。

第二会,是由文殊菩萨召集,在离菩提道场不远的“普光法堂”召开,众菩萨围绕着佛本身,都在发表心得。这两会都是在地面所开。

第三会,则进入“忉利天”,也就是开始进入三十三天里面所谓“妙胜殿”,以法会菩萨做召集人,它的内容是阐述“十住”,代表十种层次。

第四会,进入更高一层天,叫做“夜摩天”,它里面有一个“宝庄严殿”,以功德林菩萨召集,开始强调行动,叙述菩萨的“十行”。刚才讲“十住”,是十种境界,现在,除了境界之外,还要结合十种行动,此即代表知与行的合一。

第五会,再进入更高一层天,叫做“兜率天”,其中有座“一切宝庄严殿”,由金刚重菩萨召集。在《华严经》中,每一会召集人也都代表不同的特色,分别代表对该会精神的相映,所以这一会开始叙述“十回向”,象征精神毅力的修炼。

第六会,进入“他化自在天”,其中有座“摩尼宝殿”,由金刚菩萨来召集。此会中所有一切万化,通通自足自在。因此本会重点在叙述《十地品》,也就是《入法界品》的十种阶梯。

此会已经到了最高的上天,众菩萨在此宇宙顶点,召开宇宙的宗教大会,充分吸吮宇宙灵性之后,便把眼光与心胸投向下界众生痛苦,进入了第七会。

这第七会,就是再下回向,回到了地面,再回到原来的“普光法堂”。这时就是讲《入法界品》,中心人物便是善财童子。他历经五十三场——也就是向五十三位对象问学,到最后除了向文殊求善知识外，再跟普贤求菩萨行，两者均贯注其生命精神后，再进入弥勒佛阁楼——也就是佛身法界的象征，此时宝塔内的明镜，立刻重重互照，层层相映，彼此光明交融互摄，形成整体无限光明的金色世界；象征一切众生，均在无尽佛法中，同样提升得到拯救，足以完成一切生命理想！

以上是先从七会的架构扼要说明特色，以下即分从相关各会的内容，一一申论有关环保的精神。

《华严经》在第一品《世主妙严品》中，开宗明义就曾强调，佛在正觉后，佛身“充满一切世间”，其音“普顺十方国土”，而且“如日轮出照明世界”，所以此时“无边色相，圆满光明”。这代表大自然（色相）已经形成佛光无边的法界，一切众生承受此种周遍的佛光，展现各自平等的生命尊严，所以形成庄严的生命世界。

此即经中所谓：“周遍法界等无差别，一切法如布大云。”此时“一一毛端悉能容受一切世界而无障碍，各现无量神通之力，教化调伏一切众生。”意即所有一切众生均能圆融无碍，充分展现生命无穷神通的潜力。

方东美先生曾经比喻“世主”，在此犹如“The Lord of the Universe”[79]，因为此等世主佛心足以教化与调伏一切众生，促使众人充分体认大自然中一切众生“悉皆平等”，所以对众生均应同样尊重，同样爱护。此中蕴涵广大无边的慧心与悲心，对于启发人心、尊重自然、保护环境，深具重大的启发意义。

另外，在第二品的《如来现相品》中，世主如来集方众，回答众菩萨三十七问，并且透过各种放光，显现他的法相。方东美先生曾称此如来“法身”为“Cosmic body”（宇宙之身）。[80]他将佛法译为“宇宙”，可说极具深意，代表如来法身足以贯注宇宙一切万物，而且法力足以充满一切万类，寓意极为深远。

本品之中，集合了十方菩萨——代表东、西、南、北、东北、东南、西北、西南、上、下等十个方面的菩萨，其实并不只讲十方面，“十”象征多，代表从各个空间均来的众多菩萨。

本品中曾强调，众菩萨在看到如来法相后，生命精神共同感应，所以不但如来本身从面门与众齿两度放光，众菩萨也毛孔放光，其间共有十度放光。如此相互辉映，便展现出广大无边的生命之光，也交感为深厚无比的生命之热，共同以此生命之光与热融贯众生，自能促进

一切众生均感应,成为充满生命光热的宝光法界。此即所谓:

> 已获诸佛大神通,法界周流无不遍,
> 一切刹土微尘数,常现身云悉充满,
> 普为众生放大光,各雨法雨称其心。[81]

换句话说,人类若能善体众菩萨的悲智双运精神,便能体悟佛力神通广大无边,足以普遍周流贯注自然,促使自然界成为充满佛性的法满世界,此时一切大小众生均足以呈现生命光明。由此可见,《华严经》对一切众生或一切微尘,均视为充满佛性光明的生命体,因此也均加以尊重,并尽量帮助完成一切众生的生命潜能,形成"普为众生放大光"。凡此种种,也正是当今环境保护中极为重要的中心信念,深值重视。

另外,第三品的《普贤三昧品》中,也曾经特别强调平等与入定的重要。

因为,在佛经中,"理智无边"称为"普","智随根益"称为"贤",普贤菩萨象征诸佛"万行遍周之长子",特重力行,所以在此特别强调,并以"入定"教化众生。

如何才能真正"入定"呢? 简单地说,就是要体认万法平等的道理,此即所谓"佛佛平等、法法平等"。换句话说,即使对任何一个小生物或小物体,也均应视同佛性的化身。所以,众生不论大小,均应一律平等。此即所谓"承佛神力入于三昧",而且:

> 一切诸佛毗卢遮那如来藏身,普入一切佛平等性,能于法界示众影像,广大无碍。[82]

因而,准此立论,不论黄种人、黑种人跟白种人,均应一律平等;女人跟男人,也应一律平等;小孩跟大人也应一律平等。另外,人类跟非人类,也应一律平等。大动物跟小动物也应一律平等,大生物跟小生物也应一律平等,甚至生物跟非生物也应一律平等。何以故? 因为这一切都是佛力神通融贯所注,也是佛身光明所照范围,所以均应一律平等。

此即本品中所说:

> 能令一切国土微尘普能容受无边法界,成就一切佛功德海。

我们试想,若连一切“微尘”都能感受法界,融贯了佛性,那其他一切众生当然也都能代表充满佛性光明的生命体。此即“一即一切,一切即一”的深刻道理。

因此,本品曾进一步强调:

> 一一尘中有世界海微尘数佛刹,一一刹中有世界海微尘数诸佛,一一佛前有世界海微尘数普贤菩萨。

如此交织相映,便形成圆融互摄的广大和谐世界,这正是《世界成就品》的重要精神。这种庄严世界,在华严宗即为“一真法界”,也称为“华藏世界”。

众菩萨对此华藏世界的称颂,正如同贝多芬在《第九交响曲》中对宇宙众生的“快乐颂”,当一切乐器无法尽情表达极致时,便索性用最雄浑圆融的男声大合唱,以高昂精神唱出对金色庄严世界的由衷欣悦,以及对光明众生的莫大欣喜!

同样情形,华严宗对无穷宇宙的一切众生,都视同充满佛法的庄严世界,因而不但将宇宙各种星辰均视为“世界海”,而且更将其点化为生意芬芳的“香妙海”。

所以,华严宗在《入法界品》中,明白指出,在此等法界充满的情形下:

> 人与非人、欲界、色界、无色界处,日月、星宿,风云雷电,昼夜同时及以年劫,诸佛出世,菩萨众会道场庄严,如是等事悉皆明见。[83]

这代表一切宇宙众生——包括各种人与非人的存在、物质界、精神界,以及未知界,乃至一切星辰、空间、时间——皆在神通无边的佛法观照之内,因而也在众菩萨深厚无比的同情悲愿之内,如此以“大悲心救护众生,教化成就”,才算真正进入佛学的最胜义,此中精神,正可说是最为透彻完备的环保哲学。

另外,华严经在《十回向品》中,阐论十种精神修养实践的方向,同样深具环保教育的意义。对于如何救护众生、饶益众生,尤其申论得非常精辟,深值阐述。这个“十”也是象征的意义,代表无穷,而“十回向”则代表人们应该把心灵无穷向上提升,力行佛性的十种方法。今特扼要申述其对环境伦理学的深刻启发如下：

1. 救护一切众生相回向：

这在提醒世人，应该省思自勉，每个人的生命意义均应为“救护众生”而活，而不是为个人享乐而活。否则一切享乐虚荣均会成空，而且患得患失之中，只有更加痛苦迷惘。唯有真正发心立愿，以救护一切众生的菩提心自勉自励，才能真正操之在己，这就形成佛学“自立宗教”的重要情操。

2. 不坏回向：

这在提醒世人，千万不要破坏众生，也不要破坏自己的修行。对于一切“人或非人”，均应以人道待之，甚至待之如父母师长，如佛陀现身。唯有如此，才算真正尊重众生，也才能救护一切众生。

3. 等一切佛回向：

这在提醒世人，要能向一切佛法学习，不但效法众佛的平等心，也要效法他们的慈悲心，尤其要效法如来法身融贯一切的精神。唯有如此，才能真正对一切众生均以平等心相待，以慈悲心相爱，并以圆融心相处，这正是生态保育中极重要的中心观念。

4. 至一切处回向：

这在提醒世人，效法如来的菩提心后，就应把生命的光辉、温暖与热力，普遍贯注到一切处所。因为拯救一切众生，不能只看表象，还要看深层，不能只看光明地，同时也要看黑暗地。唯有如此，才能深入各处，探求世间疾苦，真正将一切黑暗均摊在佛法阳光下，得到平等的温暖与关怀。这不但对照顾弱势团体与社会死角极具启发性，对爱护一切深山荒地的野生动植物，均具同样的深远意义。

5. 无尽功德藏回向：

这在提醒世人，应尽心尽力地力行功德，不只对“人”要行功德，对一切“非人”也要行功德，对待一切大小动物、植物，乃至万物，均应以行功德的精神加以保护。唯有如此，身体力行，永不终止，并且尽其在我，不假他求，终身以之，死而后已，才能真正摄入佛性如来，也才算真正力行了“无尽功德”。

6. 随顺紧固一切善根回向：

这在提醒世人，要能把本身的“善根”充分发挥出来。如同孟子所说，不但平日就要能够“善养浩然之气”，而且不能一曝十寒，一定要能常保不忍之心。唯有如此,先把本身一切善根充分加以“紧固”,绝不斫丧,然后随时随地顺行发展,普遍“布施”——不但施于仆僮,施于车马、园林,而且还要能施于大地一切众生——这才算是真正普遍救护众生。事实上,这正是人人可行、处处可行,而且时时可行的功德,重点在于本身能否永保善根,发扬善根,这对环保教育尤其深具启发性。

7. 随顺一切众生善根回向:

这在提醒人世,除了发挥本身的一切善根之外,还要随时随地激发其他众生的善根,以期善用自己的生命光明与热力,激励其他众生的生命光明与热力。这正如同儒家所说“己立而立人,己达而达人”。佛家在此强调,更应扩充到一切“非人”的万物,犹如“己立而立物”,“己达而达物”。唯有如此,才能真正与众生共同交相辉映,创造光明普照的妙香世界!

8. 真如向回向:

这在提醒世人,生命的最高理想乃应朝向“真如”,亦即不断自我提升,提神高空,处处以真如为中心而自问:如果如来处我环境,又会如何立身处理?这正如同阳明先生被贬龙场后,自问如果圣人处此环境,更当如何?如此动心忍性,自勉自惕,反倒开创出了不朽哲学。究其根本,即在能时时以“圣人”为其生命目标。这在佛学,即系以“真如”为生命目标。唯有如此,常常以佛心为心,处处以真如为念,才能真正与如来法身合一,真正克服一切困境,进而关怀环境危机,拯救一切众生!

9. 无著无缚解脱回向:

这在提醒人世,即使在身逢横逆、面对环境危机时,也应不气馁、不灰心,并以“不执著、不束缚”的真如心灵,真正同情一切,宽恕一切,进而救护一切众生。唯有如此,才能把无谓的仇恨心态与抗争意识豁然化解,并且透过广大的同情心与慈悲心,尽心尽力,无怨无尤。试看今世部分环保运动已经变质成为满心仇恨与盲目抗争,此时便应潜心自省,不能自命代天行道,仇恨一切,愤世嫉俗,那就反而违背了佛法精神。所以华严经在此提醒“无著无缚”的解脱精神的确甚值深思!

10. 入法界无量回向:

这一项应用在环保哲学,在于提醒世人,应如善财童子一般,先要发心立愿,能进入环保此一“法界”,然后应追求环保的各种“善知识”,然后再彻底地化为“菩萨行”。这除了本身应身体力行外,也应以此精神,结合环保同道,共同发出生命的光与热,然后才能像进入解脱门一般,促使各种环境危机均得以解脱。唯有如此,一方面加强环保意识,另一方面同时增进环保知识,并且化为环保行动,发为整体觉醒,才能真正扩大正面功效,救护一切众生,进而帮助众生完成一切生命理想!

这种真正法界的庄严宝相,正如澄观大师所说,好比“天帝殿珠往覆上”,一个明珠内万象俱现,“珠珠皆尔,影覆显影,而无穷尽”。[84]代表世间众生,每一个个别的生命,通通可以象征庄严的如来宝现,不但相互平等,而且均具相同的生命尊严,足以共同创造广大无边的生命光明。

换句话说,根据华严宗哲学,一切众生,不论人或非人,不论大小、贵贱、长短或美丑,也不论在上空、地下或海中,从佛性来看,都是一律平等,因此均应给予同样的尊重与爱护,此中精神,的确可说是极为完备的环保哲学。

因此,《十地经》中,曾经强调菩萨行的重要,尤其深具环保的教育意义:

> 菩萨……皆为救护一切众生,利益一切众生,安乐一切众生,哀悯一切众生,成就一切众生,解脱一切众生,摄受一切众生,令一切众生离诸苦恼,令一切众生普得清净,令一切众生悉皆调伏,令一切众生入般涅槃。

此中特别值得强调的是,菩萨心肠,不只要“救护一切众生”,更还要积极地“利益一切众生,安乐一切众生”。不只要“哀悯一切众生”,更还要积极地“成就一切众生,解脱一切众生”。不只肯定佛性融贯一切众生,“摄受一切众生”,更要以大悲心“令一切众生离诸苦恼,令一切众生普得清净。”一言以蔽之,就是要能透过教化,“令一切众生悉皆调伏”,进而能“令一切众生入般涅槃”,共同进入最高佛法宝界!

菩萨在此所代表的生命精神,不但慈悲无边,而且教化无边,对于当今环保教育,实在深具启发意义!

另外,杜顺大师也曾经以更精细的方法提出“十玄门”,这原本代表十种解脱人生问题之门,但也可引申为十种解脱环境问题之门。其中包括“六相圆融”,代表透过高度智慧,体认广大圆融的自然观、机体互摄的万物观以及悲智双运的众生观。综合而言,可以看成华严宗针对环境问题的综合解决法门,深值扼要申论,并与当今西方环境伦理学扼要比较。[85]

1. 诸缘各异义:

这代表自然界各种缘起,各自有其差异,因此人们对此等差异性与独特性,均应以平等心加以尊重。此即西方环境伦理中的重要信念:“独特个体性的原理”(Principle of unique individuality)。

2. 互遍相资义:

这代表每一个个别的“一”,和其他的“多”,具有相互依存、相互资养的关系。这就相当于西方环境伦理学中“相互关联的原理”(Principle of mutual relevance)。

3. 俱存无碍义:

这代表众生万类相互并存而不悖,道也并存而不相碍。这在华严宗代表广大“无碍”,在当代西方环境伦理学中,则相当于“相互蕴涵的原理”(Principle of mutual implication)。

4. 异门相入义:

这代表众生万类看起来不一样,但却都能相互摄入,异中有同,此即西方环境伦理学中所说“互相摄入的原理”(Principle of mutual interpenetration)。

5. 异体相即义:

这代表众生万类纷杂并存,很多看似差别甚大,其实正有相即互补的功能,彼此交感并能相互影响,此即当代西方环境伦理学中所说“互补互进原理”(Principle of mutual ingression based on the concept of compensation)。

6. 体用双融义:

这代表整体宇宙的法身,能够即体显用,即用显体,体用不二,亦即一即一切,一切即一,在万物众生中,展现广大和谐的融贯精神。此即当代西方环境伦理学中所说“机体和谐原理”(Principle of organic harmony)。

7. 同体相入义:

这里说的体,不是一般物体的体,而是佛性的体。代表以无穷佛性产生无边的神通能力,并能据此产生无限功用,一切众生莫不由此同体而出,所以足以相即相入,无碍自在。此即当代西方环境伦理学中所说“圆满极致的原理”(Principle of consummation of perfection based on substance)。

8．同体相即义:

方东美先生对此曾经指出,前一项是从佛性“作用”立场,看宇宙众生万物所蕴藏的佛性,另外若从“本体”来看,则是“同体相即义”。亦即对一切众生,不论物质、心灵乃至中性存有,均从这“佛性的无穷体质”内辗转而来,因此足以肯定一切众生均经由佛性点化,而同具内在价值,不再只是中性价值,此即“含一摄多”的同体相即义。这在当代西方环境伦理学中,即所谓“同体互进原理”(Principle of mutual ingression based on substance)。

9．俱融无碍义:

这一原理,相当于道家所说的“道无所不在”,在此处则可说“佛无所不在”,因为佛性本身以其无穷体质足以融贯一切,展现无穷法力,此即“俱融无碍”。所以方东美先生称华严宗为“万有论”,代表其肯定一切万有均为真实,而所有众生真实最后有一根本,就是“真如”,或者“佛性”。此一真如无所不在,形成众生普遍相似,或普遍相在的特质。此即当代西方环境伦理学中所谓“普遍同化的原理”(Principle of universal assimilation)。

10．同异圆满义:

这一原理,相当于道家所说,“以道观之,万物皆一”,一切万物众生均为一体。在此地则可说,用佛眼观之,所有的同异也都化成圆满融贯的一体,形成不可分割的有机体,也构成宇宙广大和谐的整体生命。此中精神,可说综合了上述九项原理,再整合成为广大圆满的统一,此即“同异圆满义”。在当代西方环保哲学中,尚无如此周全者,或可勉强称为“广大和谐的原则”(Principle of comprehensive harmony),深值东西方共同参考。

综合而言,华严宗透过上述的十玄门,以及其中所包含的六相圆融,充分肯定整个宇宙不但是有机的统一体,而且深含创造性的秩序。正因华严宗看“自然”是透过佛眼,视自然为充满创造性,不断往前奔进、向上提升的有机体,所以一切万物众生也都在此佛光普照之下,相互依存、相互扶持,进而共同融贯,一起进入光明的一真法界。

因此,在华严宗内,自然界不再只是肉眼或感官所见的器世界、色世界,或欲世界,而是一个生命世界、有情世界,乃至有灵世界,到最后乃是一个整体参透佛法、充分醒悟的正觉世界。所以万物众生也从物理现象提升为心理现象,再提升成为生命现象,到最后整体宇宙成为一个充满价值理想的光明世界。凡此种种,也正是当今生物学、天文学、地质学,乃至生命科学、价值科学最新所证明的趋势,所以特别深值东西方环保学者多加参考,以弘扬其中重大启发。

此所以唐朝著名学者李通玄在《论入法界品》中也曾经特别申论,所谓《入法界品》,乃指用最高度的超越智慧,参透众生,肯定不论大小均一律平等,一切物我也均同体。在这种境界中,不论一妙音或一纤毫,均同样涵摄佛法,因而佛法足以周遍普照,无尽无方,而且足以超越肉眼与泯灭情识,进入智通无碍。此即其所谓:

> 又以一妙音,遍闻刹海,以一纤毫,量等无方。以大小见亡,物我同体。识谢情灭,智通无碍。名为入法界。此约智境普名,勿依肉眼情识所见。[86]

换句话说,佛法弥满之“法界”,代表“一多通彻”“通理彻事”,因而“纯为智用”“非情识界”,所以足以用大智慧参悟“一切诸佛成佛”“一切众生也成佛”,而且众生此时均与佛同体,能够“同住一刹那,一微尘、一法身、一智慧、一言音、一解脱、一神通、一不思议、一教境界、一莲华座”,[87]正因“法界”代表广大和谐的统一机体,所以“重重、重重、无碍、无碍”![88]

这种境界,并不是只用“肉眼妄情”所能知,而需“悟佛知见”“入佛知见”,亦即以佛心为己心、以佛性为己性,以佛眼为己眼,然后才能真正与佛浑然同体。

此种精神,应用在生态保育上,即代表绝不能只以肉眼或妄情来看世间的动物、植物乃至一切“人与非人”的众生万类,而要真正透过佛眼,“入佛知见”,体认一切众生均平等,一切众生也均含佛,所以均各有其生命的庄严与价值,不能只以人类自私为念,误以为其他众生均为己用的工具。这也正是当今生态保育极重要的中心信念。

所以,《入法界品》的精神,不但对人心教化极为重要,对环保教育

也极具启发。李通玄曾列举十项教化方法，也深具启发意义：[89]

"一以如来神力为能说教体"，在提醒人心，应体悟佛法神通无边。"二以不思议为教体"，在提醒人心，应提升境界，不要只停滞在表象。"三以虚空为教体"，在提醒人心，应提神太虚，不要只受现实所拘。"四以光明为教体"，在提醒人心，应体认佛身光明，而且无所不照。"五以境界为教体"，在提醒人心，应体认一切万物均圆融无碍，其境界广大而和谐。"六以佛报果为教体"，在提醒人心，因果循环，报应不爽，因而不可任意杀生，自害害物。"七以法性为教体"，在提醒人心，应深研佛法佛性，作为中心主宰。

另外，"八以菩萨名号为教体"，"九以菩萨等名数为教体"，均在提醒人心，应真正以菩萨精神，作为救护众生的动力。唯有如此，人人结合智慧与慈悲，个个以菩萨之心为己心，以菩萨之愿为己愿，那才能体悟到一切众生万类，个个皆如来，一切存在万物，个个皆华藏，整体形成大放光明的法界。此即最后"十以普光为教体"的精义。

此中十种教化过程，既具生命热诚，也具生命智慧，更具生命悲心，应用在环保教育上，堪称极为周全与深刻的体系，的确深值东西方共同体认与弘扬！

事实上，华严宗不但是条理严谨、广大悉备的哲学体系，也是充满光辉、深具势力的宗教体系。所以，华严宗可说"亦哲学亦宗教"，对于环境伦理尤其具有独特的贡献，深值重视。

"非洲之父"史怀哲曾经有句名言：

> 任何宗教或哲学，如果不能建筑在尊重生命上，便不是真宗教或真哲学。[90]

我们若以这段话的精神来看，则华严宗不但尊重人类生命，而且还扩大胸襟，对一切万物均加以尊重，真正可说是感人的真宗教与真哲学。

尤其，华严宗作为哲学而言，特别注重"善知识"，所以能够透过高妙智慧，启发圆融无碍的自然观与万物观；另外，华严宗若作为宗教而言，则特别注重"菩萨行"，所以能透过发大心、立大愿，激发慈悲行愿，进而救护众生。

重要的是，华严宗的哲学层面与宗教层面，同样也是融贯互摄，不能分割,所以才能形成“悲智双运”的特性,缺一而不可。

此即《入法界品》最后诸佛所赞颂的如来精神:

> 一切国土无有边,众生根愿亦无量,
> 如来智眼皆明见,随所应化示佛道,
> 究竟虚空十方界,所有人天大众中,
> 随其形相各不同,佛理其身亦如是。
> 如来无碍智所见,其中一切诸众生,
> 悉以无边方便门,种种教化令成就,
> 譬如幻师善幻术,现作种种诸幻事,
> 佛化众生亦如是,为其示现种种身。

换句话说,正因佛身广大无边,无所不在,所以才能顺随众生形相之不同,化为不同现身,以充分展现佛身之周遍,以及佛光之普照,这不但足以教化一切众生,更可以拯救一切众生。此中对人心最重要的启发,除了代表智慧的佛眼外,还有代表慈悲的佛心。如果说智慧代表“哲学”,则慈悲即代表“宗教”。华严宗在此可说真正两相融贯,充分展现了感人情操,也真正对生态保育与环境保护,提供了最为恢宏、广大与深厚的哲学后盾。

总而言之,《华严经》的重要特性,在其充分融合哲学与宗教,既能启迪广大慧心,也能激发深厚悲心。这种“亦哲学亦宗教”的融贯性,不但深具特色,也深具启发性,可说是当今环境伦理学中,极具研究价值的宝库,深值东西方共同努力,一起弘扬光大。相信只要大家同心协力,阐扬其中重要的时代意义,以及深厚的环保精神,必能为“人与非人”一切众生,开拓更多的和平福祉!

附 注

① 有关进一步论述,请参考方东美先生著《中国大乘佛学》,台北黎明公司,1988 年三版,特别见第十三、十五、二十章。

② A. N. Whitehead. *Modes of Thought*. N, Y. ,1984, p. 36.

③ 熊十力先生《十力语要》。

④ 请参吉藏《二谛》章,《大藏经》卷四五、第 90 页。

⑤ 胡塞尔的现象学,其宗旨主要即在讨论“本质”,所以又称

"本质主义"(Essentialism)。

⑥ 方东美先生《生生之德》,台北黎明公司,1987年7月四版,第350页。

⑦ 详情请参《大藏经》,卷三一,第48页。

⑧ 详情请参《成唯识论》卷二,《大藏经》卷三一,第8页。

⑨ 有关"无情有性"之说,天台宗在第九祖湛然最为明确,见"金刚錍",《大藏经》,卷四六,第785页。

⑩ 方东美先生《华严宗哲学》,台北黎明公司,1989年,四版,下册,第3页。

⑪ 同上书,第31页。

⑫ 《大藏经》卷四五,第630页。

⑬ C. W. Leibniz,"monadologie,"1714.

⑭ 方东美先生《华严宗哲学》,下册,第31页。

⑮ 《法华经》:《观世音菩萨普门品》中强调,观音菩萨可为一切众出现一切身,代表均能一一设身处地,为苦难众生体贴着想,甚至为"非人类"也可现身说法,这更代表对一切万物的悲悯无尽,尤其在环保上深具启发意义。

⑯ 《法华经》:《观世音菩萨普门品》。

⑰ 《华严经》第三《授记品》。

⑱ 《大般涅槃经》第十九,《梵行品》。

⑲ 引自唐代《高僧传》。

⑳ 孔子《论语》,述而篇二十七章。

㉑ 方东美先生《华严宗哲学》,下册,第443—445页。

㉒ 同上书,上卷,第130页。

㉓ 同上书。

㉔ 同上书,上卷,第259页。

㉕ 华严思想大要由杜顺大师所创,他强调"华严法界三观"——"真空观""理事无碍观"与"周遍含融观",后来即成华严宇宙观的四法界,亦即为"事"法界、"理法界"、"理事无碍"法界,以及"事事无碍"法界,详情请参《大藏经》,卷四五,第672页。

㉖ 《华严经》:《世主妙严品》。

㉗ 请参川田熊太郎等著《华严思想》,李世杰中译,台北法尔出

版社,1989 年出版,第 31 页。

㉘ 同上书,第 158 页。

㉙ A. N. Whitehead,*Process and Reality*,especially chap. 1 & 2.

㉚ A. N. Whitehead,*Religion in the. Making*,N. Y. ,1926,chap,1.

㉛ A. N. Whitehead,*Process and Reality*,N. Y. p. 31.

㉜ A. N. Whitehead,*Religion in the Making*,N. Y. 1926. chap. 2.

㉝ A. N. Whitehead, *Science and the Modern world*, N. Y, 1926, chap. 2.

㉞ 《维摩经》第八,《佛送品》。

㉟ 详见杜顺大师《华严五教止观》,有关经典与智俨、三祖法藏、四祖澄观的论疏,可详参方东美先生《华严宗哲学》上卷,第 25—26 页。

㊱ 方东美先生《华严宗哲学》,上册,第 227—228 页。

㊲ 同上书,上卷,第 228 页。

㊳ 同上书,第 228—229 页。

㊴ 《华严经》:《世界成就品》。

㊵ 同上书。

㊶ 同上书。

㊷ A. N. Whitehead,*Religion in the Making*,N. Y. 1926. chap. 3.

㊸ 《华严经》:《华藏世界品》。

㊹ 同上书,《华藏世界品》。

㊺ 方东美先生《华严宗哲学》,上册,第 125 页。

㊻ 同上书,第 125 页。

㊼ 同上书,第 125—126 页。

㊽ Prince Phillips, Duke of Edinburgh, "Men, Machines' and Sacred Cows," also see *Extended Circle*, ed by J. Wynne-Tyson, Paragon House, N. Y. ,1989. p. 75.

㊾ Charles Darwin, "the Descent of Men." also see *The Extended Circle*, p. 63.

㊿ 方东美先生《华严宗哲学》。

(51) 《华严经》:《华藏世界品》。

(52) 详情可参见方东美先生《华严经哲学》, 上卷, 第 106—

109 页。

(53) 庄子《齐物论》。

(54) P. W. Taylor, *Respect for Nature:A Theory of Environmental Ethics*, Princeton University Press,1986,especially parts 2,6.

(55) 《华严经》:《普贤行愿品》。

(56) 庄子《齐物论》。

(57) 同上书。

(58) 《华严经》:《卢舍那品》。

(59) 《华严经》:《普贤行愿品》。

(60) 方东美先生《华严宗哲学》。

(61) 《华严经》:《普贤行愿品》。

(62) 同上书。

(63) A. N. Whitehead,*Process and Reality*,N. Y,1927. Chap. 3.

(64) 孔子《论语》,卫灵公篇,二十八章。

(65) 老子《道德经》,四十一章。

(66) 庄子《齐物论》。

(67) J. Wynne-Tyson (ed.) *The Extended Circle*, Paragon House. 1989. p. 76.

(68) Ibid,p. 36,本经文系由引书之英文直接中译。

(69) Ibid,p. 37,本经文亦系由英文直接中译。

(70) 方东美先生《中国人的人生观》(*The Chinese View of Life*),笔者拙译本,台北幼狮公司印行,第 44 页。

(71) Ibid. p. 36,本经文由英文直接中译。

(72) 同上书,第 36—37 页,经文由英文直接中译。

(73) 方东美先生《华严宗哲学》,下册,第 494 页。

(74) 老子《道德经》,三十二章。

(75) 方东美先生《华严宗哲学》,上册,第 44 页。

(76) 同上书,详情请参下册,第 283—288 页。

(77) 庄子《齐物论》。

(78) 丰子恺《护生画集》,丰子恺画,弘一法师书,台北新文学出版社,1981 年出版,第一集,第 88 页。

(79) 方东美先生《华严宗哲学》,上册,第 20 页。

⑧⓪ 同上书。

⑧① 《华严经》:《如来现形品》。

⑧② 同上书,《普贤三昧品》。

⑧③ 同上书,《入法界品》。

⑧④ 澄观大师《华严疏钞》。

⑧⑤ 以下标题引自方东美先生《华严宗哲学》,下册,第484—498页。

⑧⑥ 唐·李通玄《论入法界品》,见《华严经合论》,台北新文丰出版社,下册,1977年出版,第1088页。

⑧⑦ 同上书。

⑧⑧ 方东美先生《华严宗哲学》。

⑧⑨ 唐·李通玄《论入法界品》。

⑨⓪ Quoted from. *The Extended Circle*, p. 315.

第五章 新儒家的环境伦理学

绪论 新儒家的环保通性

“新儒家”为近世以来所用的俗称，若用中国以往固有名词来讲，则又可分为“理学家”“心学家”，还有“汉学家”。本章将分别申论他们相关的环保思想。

大体而言，理学家以宋代小程子(程颐)为起源，到朱熹集大成。基本上是一种“理气二元论”。

心学家最早则由张横渠发其端，经大程子(程颢)继续发扬，最后透过陆象山到王阳明集其大成。这一学统渊远流长，若从环境伦理学来看，则是典型的机体主义，深值特别重视。

另外则是清代的新儒家，他们认为宋明儒学多少受了道家与佛家的影响，因此强调要重新回到汉代，并根据原始经典，透过精细的考证，重新研究义理，因而也通称为“汉学”。

对于新儒学的精神特色，方东美先生在晚年的英文巨著——《中国哲学之精神及其发展》中，并没有用中国传统的名词来称呼，而是用三个不同的国际学术名词加以区分。其原因一方面因为该书是用英文所写，为了让国际学术界更容易了解，所以并未用理学、心学、汉学等中国传统名词。二方面，则是从思想内容来看，若用西方哲学界所能直接体认的言语来表达，更能促进西方人士的真切领悟，从而真正弘扬中国哲学于世界。

所以，方先生对于理学，就称为“实在论”(realism)。对于心学，他则称之为“心灵主义”(spiritualism)。对于汉学，则称为“自然主义”(naturalism)[①]。

当然，新儒家思想和西方本有的这三种传统，并不完全一样，所以方先生宗旨并不在此勉强比附，而在借用西方通用的哲学术语，说明各派思想特色，然后再分析其中不同，如此即能更加对西方学术界阐述得完备无碍。

新儒家这三大学派中,理学和心理很多立场并不一样,所以在“鹅湖之会”中,虽然象山和朱熹相互辩论,但事实上并没有什么结论,就因为基本上分别代表两种不同的哲学立场。另外到后来,汉学家也有很多不同见解。然而,本章站在“环境伦理学”的整体观而言,重点并不在分析它们不同的地方,而在总结它们相同的地方——也就是它们何以均能称为“新儒家”的共同点。

方先生曾经归纳出四个重点,分析这三派新儒家相同的通性,这些共同点在环境伦理学上,均深具重大的启发意义。所以谨先引述方先生原文,再一一加以申论。

> (一)于宇宙万物感应天理——秉天持理,稽赞万物,观察人性,体常尽变,浃化宇宙,感应自然。
>
> (二)思想结构旁杂不纯——宋以后儒者,承先秦两汉魏晋六朝隋唐中华文化各方面,因之在思想结构上颇难全盘摆脱旧说,独创新义,时或不免援道证佛,变乱孔孟儒家宗旨。
>
> (三)精神物质合一,人为宇宙枢纽——大宇长宙中,物质精神两相结合,一体融贯,人处其中,悠然为之枢纽,妙能浃洽自然,参赞化育。
>
> (四)秉持人性至善理想,发挥哲学人性论——人类对越在天,开中进德,化性起伪,企图止于至善。[②]

根据上述内容,这些通性在环保方面代表什么意义呢?

第一项通性,充分代表这三大学派,对于整个自然界的理念,均认为是充满生意,整个宇宙也都是生生不息,天理流行。这就是直承原始儒家“万物含生论”的精神。

换句话说,新儒家这三大学派,虽然有的明白强调大化流行,有的强调天理流行,然而均能共同肯定大自然浃化了无穷生意。因此自然界绝不只是浅薄的物质界,更不是僵化的机械现象,而是整体大化流行、天理流衍的大生命体。正因新儒家“秉天持理”,浃化宇宙,以感应各种自然界现象,所以可以充分体认到自然充满了生命与机趣,这在心学家来看尤其清楚,所以对当今生态保育与环境哲学均深具重大意义。

第二项通性,有关三大学派的思想架构,方先生认为,严格来讲都是庞杂不纯的。因为宋明之际已经直接间接受到道家、佛学的影响,所以如果要从纯粹孔孟的宗旨来讲,新儒家思想的确显得驳杂。

然而,如果从回应挑战,以及吸收新知的角度来看,则新儒家因为面临了新冲击,所以反能展现一些新义。尤其若从环保精神来看,虽然新儒家夹杂了道家与佛学影响,但儒、道、释三家本来就在环保基本精神上均能相通,所以不但并无影响,反而更能展现会通之精神,形成整个中华民族在环保哲学上的通性。

第三项通性很重要,这代表新儒家三大学派对万物的看法,均肯定精神与物质本合为一,也均以人作为宇宙的枢纽。并且强调物我足以融贯,参赞化育,这也正是直承原始儒家"旁通统贯"的万物观。

此中精神,尤其以"心学"的表现最为清楚。心学从张载开始,经过大程子、陆象山,而到王阳明集大成。整个思想一脉相承,均在肯定融贯天地万物为一体的"机体主义",这在生态保育上尤具重大意义。

另外,朱子学派看起来是二元论,但仍然肯定每一个物体都是一个小太极,因此均自成圆满的存在意义,而整个万物又自成一个大太极,因此"一"跟"多"中间仍然是和谐的统一。所以基本仍然是一种"机体主义",虽然他在其他地方与陆王观点不同,但其视万物为充满生命的"机体主义",基本上却仍然相通。

第四项共识,也非常重要。代表在人性论上,新儒家一致肯定性善论,并强调人性应该升中进德,不断提升精神灵性,以止于价值理想的至善境地,这就直承了原始儒家"创生化育"的精神。

事实上,新儒家在此精神也与道家强调的"道大、天大、地大、人亦大"相通,[③]与佛家强调的"人人皆有佛性"更为契合。其宗旨均在唤醒人类要恢复人心之善根,并以此充满光明的善根心来看自然、看万物,乃至看一切众生。所以整个宇宙众生便不再只是价值中立的唯物世界,而是有待人类发挥性善、以共同完成内在价值潜能的光明存在。唯有如此,人人充分化性起伪,正己尽性,才能够帮助一切众生万有共同尽性,形成至善境地。

由此来看,新儒家的众生观,不但对所有众生都肯定其有内在生命价值,而且肯定尊重一切万有生命,强调均应加以爱护,并且更进一步呼吁,人类要能够帮助一切众生,完成各自的生命潜力,一起进入至善。这不但是人类伦理学的最高原则,也正是当今环境伦理学的最高原则!

根据以上综合所论,一方面可见新儒家传承原始儒家之处,二方面也可看出其与道家、佛家相通之处,三方面更可看出在环境伦理学上之共识,的确深值体认。

以下即分别申论新儒家中有关环保的思想,首先分析对自然的理念。

第一节　新儒家对自然的理念

(一) 周敦颐

北宋五子中的第一位思想家,是周敦颐。周敦颐在思想史上的影响固然并不很大,但是已经可以看出他对自然万物有一些基本看法,很具环保观念。

周敦颐有两本代表著作,一本是《太极图说》,另一本是《通书》。如果站在儒家的立场,《通书》的重要性以及代表性,要远超过《太极图说》,因为《太极图说》基本上受到道家影响,甚至还有道教的遗迹。

然而若从环保观点来看,则两本均深具意义。尤其从哲学精神而言,《太极图说》相当于新柏拉图学派普罗汀诺斯(Plotinus)所强调的“太一流出说”,或称“先天向下流出说”,认为整个太极(即新柏拉图学派所说的“太一”),相当于真、善、美的化身,不断向下流衍,充塞整个自然界,因为万物都由太极融贯其中,所以大自然便不再只是唯物世界,而是充满生命的价值领域。

此即所以周敦颐曾经强调,“是万为一,一实万分。”[④]代表“万”其实来自“一”,而“一”又流衍化为“万”。

后来,朱熹就曾经根据这个精神,强调“一”与“万”各有其“太极”在内。这代表从周敦颐开始,就已经肯定,自然界看似纷然杂多,其实均是从整体的一——“太极”——所流衍而出。这就奠定了“机体主义”自然观的基本架构。

更重要的,“人”在这架构中是什么功能?根据周敦颐,一定要能够“立人极,而直通天极”,这就是《通书》的中心宗旨,这句话贯通了天人之际,所以很能够弘扬儒家的根本精神。

那么，如何立人极呢？就是要能大公无私，效法天地的根本精神。因为天地的根本精神，就是生养万物，而没有任何私心，没有任何歧视。因此人也要能够做到没有私心、没有歧视，以广大的平等心与同情心，化成对大自然万物的公心，那就可以直通天极。

具体来说，这也正是对自然万物一视同“仁”的精神。根据此种精神，不仅对人类没有“种族”歧视（race discrimination），对一切自然万物也没有任何“类别”歧视（species discrimination）。绝不只以人类为中心，驾凌自然其他万类之上，对一切自然万类，也绝不认为低人一等，而能站在天地生生之德的恢宏眼光，旷观自然，并能以廓然大公的精神相待，所以能真正尊重自然，也真正爱护自然。

此所以周敦颐曾经强调：“圣人之道，至公而已矣。”怎么才能做到“至公”呢？简单地说，就是效法天地。因为“天地至公而已矣！”天地生养万物，一视同仁的精神就是至公。因为天无私爱，地无私载，对一切自然无所不包，所以能称“至公”。人类一定要能够效法天地这种至公精神，才同样发挥一视同仁的平等心与同情心，进而跟天地能融贯为一。这才叫“圣人”，也才是“通天地人之谓儒”的道理。就环境伦理而言，这也正是当代环保教育极应具备的精神修养。

另外，周子也曾引述《易经》强调：

> 大哉乾元，方物资始，诚之源也；乾道变化，各正性命，诚斯立焉。[⑤]

乾元的创生精神，何以与“诚”相关？就是因为周子肯定：一切自然万物均由乾元之德衍生，一切自然性命也由乾道变化融贯，所以大自然充满“乾元”所代表的生命力，因而他基于对生命的诚心尊重，才强调应以“诚”立身，以诚待人接物。

这个“诚”代表精诚所至、金石为开的精神，因此也含有一种宗教精神。此所以《中庸》很早便讲“至诚若神”。这种“至诚”的精神与“至公”一样，同样可以直通天心。人类若能效法“神”一般的至公、至诚，自能以无穷的爱心与诚心关爱自然，保护自然。所以这不但是宗教家应有的情操，也正是环保家应有的修养。

怀海德曾在其《创进中的宗教》（*Religion In the Making*）一书中强调，宗教的本质，是“一种专注的真诚”（a penetrative sincerity）[⑥]。这种专注的真诚,就相当于《中庸》所谓“至诚若神”。

所以周敦颐特别强调,人只要能做到至诚,就可以通天,此所以其著作叫做《通书》。代表唯有以“诚”才能立人极,也才能通天极。这种注重“至诚”的精神,堪称当代西方环保学者所罕见,深值重视。

因为,此中精神代表,能够用宗教一般的情操“尊重自然”,必要时甚至能够生死以之,充满奉献精神,更代表其精诚足以感动人心,感通天地,这对当今亟须诚心奉献的环保工作而言,确为不可忽视的热力来源!

另外,周子在《太极图说》中,也曾引述《易经》强调,“二气交感,化生万物,万物生生而变化无穷焉。”代表他肯定一切自然万物,均为生生之德所产,“唯人”得其秀而“最灵”,因为人心最能通灵,所以最能掌握宇宙万物生生之中的核心精神,因而以至诚立人极便能通天极。他在此所强调的人心“最灵”,并不是最有特权,而是最有使命——最能够究天人之际,也最能够以促进自然生生之德为己任,这在生态保育上就尤具深刻的启发。

另外值得强调的是,新儒家中几乎每一位都对《易经》有深厚的研究。由此再次可以证明,研读《易经》对了解儒家的重要性。我们现在很多青年,对《易经》几乎都不懂,即使是知识青年——甚至是念哲学的青年,如果不念中国哲学,对《易经》也缺乏深入的了解。这对复兴民族文化而言,真是非常可痛惜的事情。

因为,要了解中国哲学——尤其儒家哲学,就必须要能够了解《易经》。我们试看,从孔子开始,一直到宋、明、清,乃至民国以来的思想家,没有不研究《易经》的。远的不说,明末清初如王船山的船山易学,焦循的《易学三书》,均为经典之作。“五四”以来,熊十力先生的《读经示要》《乾坤衍》充分可见其对《易经》下过功夫。另如方东美先生从早期的《哲学三慧》《易之逻辑问题》,乃至晚期弘扬的儒家,都很清楚是把《易经》当作极其重要的经典。

所以对《易经》这部经典,我们不能够只把它当作是两千多年前的国“故”。它一直深具生命精神,在整个中国文化发展中,也是每一代儒者所必须要研究的经典。我们在新儒家里面尤其看得很清楚。

此所以周敦颐首先就是从《易经》开始论学,虽然其中夹杂有道家的思想,但他仍然以易经作为重要的架构。其后几位大思想家也莫不对《易经》极为重视。诸如张载的《西铭》、小程子的《易程传》、朱熹的《周易注解》等等,均为明显例证。

(二) 张横渠

张载的《西铭》这篇文章,虽然内容不多,但大气磅礴,结构雄伟,而且意境深厚,非常具启发性。尤其对今天的环境伦理学来讲,可以说是非常完备、也非常深刻的一篇《地球保护学》,甚至可以说,在任何西方一位思想家中,均还找不到如此精辟的“地球环境伦理学”。

因其原文不多,今特先引述其原文如下,然后再予申论:

> 乾称父,坤称母,予兹藐焉,乃混然中处。故天地之塞,吾其体;天地之师,吾其性,民,吾同胞;物,吾与也。
>
> 大君者,吾父母宗子;其大臣,宗子之家相也。尊高年,所以长其长;慈孤弱,所以幼其幼。圣,其合德;贤,其秀也。凡天下疲癃残疾孤独鳏寡,皆吾兄弟之颠连无告者也。
>
> 于时保之,子之翼也;乐且不忧,纯乎孝者也。违日悖德,害仁曰贼,济恶者不才,其践形,惟肖者也。知化,则善述其事;穷神,则善继其志。不愧屋漏为无忝,存心养性为匪懈。
>
> 恶旨酒,崇伯子之顾养;育英才,颍封人之锡类。不弛劳而底豫,舜其功也;无所逃而待烹者,申生其恭也。体其受而归全者,参乎;勇于从而顺令者,伯奇也。
>
> 富贵福泽,将厚吾之生也;贫贱忧戚,庸玉女于成也。存,吾顺事;没,吾宁也。(《西铭》)

本文值得注意的是,首先就是透过《易经》的启发,明确强调“乾称父,坤称母”。也就是说,在整个《西铭》中,横渠直把地球看成父母一样,这就是一个非常新颖的环保观念,其体系之完备,西方直到今天仍然无人能出其右。

根据横渠,乾象征“上天”,就相当于父亲。坤象征“大地”,就好像我们的慈母。虽然今天世界上愈来愈多的人体认到应该爱护地球,甚至“拯救地球”(Save the Earth),但多半还只是从人类本身利害来立论,在心态上还从来很少想到,应把地球当作母亲一样来尊敬。

此中原因,一方面“孝”道乃中国文化的独特精神,本来即为西方文化所缺乏,二方面《易经》首先视乾坤如父母,更是中国文化的另一特色。这两项特色由张载结合起来，更进一步申论，对今后的环保哲学，的确深具重大的启发意义！

根据当今西方环保观念，人类住在地球之中，相当于住在“地球村”(global village)里，但根据张载的精神，他进一步认为，人类还不只是住在“地球村”中，更可以说是住在“地球家”(globle family)中。因为讲起村庄，仍然还是蛮大，仍然不够亲切。张载认为整个地球根本就是一个大家庭，上天就是人类的父亲，大地则是人类的母亲。所以人类平日怎样孝顺父母亲，就应该怎样孝顺地球！这不但是中国前所未发的创见，也是至今西方仍然很少见到的重要环保观念！

那么，人类对父母亲，应该如何才算孝呢？在《孝经》里头讲得很清楚，最重要的就是“大孝显其亲”——要能够彰显双亲的美德，也要能够彰显双亲的志业。

所以，如果人们将天地当作双亲来看，那天地的美德是什么呢？“天地之大德曰生”，⑦就是能够生生不息、衣养万物、向前开创的精神！因此天地所有的孩子们——人类，都应秉承这种精神，效法天地，而千万不能因为“不肖”而毁了“地球家”，尤其不能伤害母亲——地球——的心。

所以，如果人类今天毁了地球，就相当于不肖子女毁了这个家的根基，更毁灭了地球养育之恩。我们试想，父母亲养育子女，子女应如何报答？同样情形，人类对地球也应有此感恩之心。因为地球养育万物，供给人类生存一切所需的空气、水分、养分，乃至于大地及海洋中很多人类所需的营养，真正可说是人类的慈母，那么，如今人类应该怎样的回馈地球呢？

根据张载精神，最起码，人类应首先做到——不要伤害地球，犹如孩子们最起码不要伤害父母，成为大逆不道的逆子。具体而言，这就警惕人类，千万不要去污染地球，也千万不要去破坏地球。所以早在1970年时，西方环保有识之士就曾经订出“地球日”，可说寓意深远。然而至今已经整整二十年以上，才开始有更多的国家与民众注意，可说起步已晚，甚至对于“地球日”更深一层应有的哲学基础，仍然很少有人研究。由此来看，张载的《西铭》便对世人深具重大启发，非常值得东西方共同重视。

尤其，我们若结合当今“拯救地球”的呼声内容，再参照张载所说精神，更可看出此中深远意义。

当今地球第一个必须拯救的重点，就是臭氧层的被破坏。臭氧层对人类来说，就相当于父亲——也就是“乾”——所象征的“天”。地球的保护层被破坏了，这就代表严重伤害了父亲，这相当于一个家庭的支柱受到严重伤害，影响还不大吗？

另外，地球受到的伤害，还有“温室效应”。因为人类在地面任意燃烧各种物质，造成整个地面的气候反常，这就如同伤害了母亲，形成性情反常，对一个家庭也是明显的重大伤害。

除此之外，地球所受的危害，还有大地森林的被滥砍、水土的流失、河川的污染、工厂的污染、原始荒野的污染、野生动物的消灭……凡此种种，都代表人类对大地母亲的不断伤害，甚至不断毁容！

所以，人们如果真正能够将地球视同整体的家庭，便知种种任性的破坏地球的行为，不只伤了父亲、伤了母亲，也会伤了自己。

此所以张载首先强调“乾称父，坤称母，予兹藐焉，乃混然中处”。乾代表父亲，坤代表母亲，人类混然处在中间，“天地之塞，吾其体。天地之帅，吾其性。”代表整个天地之中，就相当于人类自己的身体。整个天地之气，也相当于人类的性情。真正平和的人，谁会去破坏自己的身体呢？谁又会刺激自己的性情呢？

事实上，只有最不孝的人，才会伤害自己的身体，去令父母伤心。所以儒家认为身体发肤受之父母，不能任意去伤害，在此也很有启发性。

换句话说，人类如果不断破坏天地之间万物，污染自然大气，就相当于不断破坏自己的身体，污染自己的性情。天地间气候变化无常，就代表整个家庭的气氛也反复无常。张载能将人与地球的关系，阐述得如此亲切真实，堪称中外第一位体认如此深刻的“地球环保学家”。

尤其，我们若观察当今地球受破坏的情形，便可证明对人类影响的确严重。如果空气污染太多，产生酸雨太多，燃烧废物太多……那不但整个地球气候变化失常，整个人类也会变得性情暴躁，身心烦闷。

所以张载有句名言很中肯：“民，吾同胞；物，吾与也。”

“民，吾同胞”，代表所有的民众，乃至所有的人类，通通是我们的同胞。不论是白种人、红种人、黑种人，他们通通像我们手足一般的同胞。因为，我们都是生存在同样的地球，就相当于在一个父母的家庭之中,所以这不仅是“地球村”的观念,而且更进一步,是“地球家”的观念。

另外“物,吾与也”,则代表大自然所有万物,也都跟我成为浑然一体,共同参与成为“地球家”的一员。所以我们对自然万物均应充满尊重,不能任意破坏,正如同对家中任何成员不能任意凌虐一样。

除此之外,张载更进一步强调,“大君者,吾父母宗子。”以君王作为政治领袖,其地位就好像地球这父母的长子。张载在此跳出一般人类的“家长制”政治体系,而以天地为家长,可说精神境界更高了一层。

“其大臣,宗子之家相也。”代表一切大臣相当于宗子的辅佐者。“尊高年,所以长其长;慈孤弱,所以幼其幼。圣,其合德;贤,其秀也。”则代表对年长的人都应加以尊重,对孤独弱小的,也同样应以慈悲心加以同情扶持。“凡天下疲癃残疾孤独鳏寡,皆吾兄弟之颠连无告者也。”代表对所有伤残弱势的不幸人士,都应看成好像自己的奔波无告的兄弟一样。

根据张载,唯有如此,人人以“大其心”的精神同情所有人类,也尊重一切自然,才真正符合其所说的修身座右铭。此中所代表的意义,不仅包含了现代社会福利的观念,也包含了生态保育的观念,深值大家重视,引为现代最佳人生座右铭。

尤其,张载紧接着强调:“于时保之,子之翼也;乐且不忧,纯乎孝者也。”更明显的深具环保意义。这代表要透过不同的时节,来保护自然一切万物,并且以此当作子女应尽的心意,如此乐且不忧,才算是真正纯粹孝心。如果违背了这个道理,就是破坏德行,“违曰悖德”。在今天来讲,就代表破坏了环境伦理。

所以,张载用家庭的伦理观念,说明人类对整个地球所应有的伦理,的确非常发人深省。

另外,张载强调“害仁曰贼”,更代表如果破坏了上述伦理,就是残害了仁心——例如对自然野生动物任意残害,就跟暴君残害人民一样,同样为“贼”!而“济恶者不才”,代表如果去帮助那些做坏事,或破坏环境的人,本身也是不才。“其践形,惟肖者也。”则是再次强调,唯有能够做到上述德性的人,才可以真正算个孝子!

所以张载在此的特色,除了引申《孝经》中的孝亲观念,并且结合了孔子在礼运大同篇中的广大同情,以及孟子所强调的“践形”精神。

如果共同应用在环境伦理上，更深具重大意义。

尤其张载下面一句话很重要："知化，则善述其事；穷神，则善继其志。"这代表，什么是孝子？能充分体认父母的心志懿迹，并且真正发扬光大，才叫孝子，这本为《孝经》中的观念，如今应用在回馈地球的心意上，尤其别具启发。

换句话说，张载在这里强调的重点，在于提醒人类要能够"知化""穷神"，首先要能够体认整个宇宙之中大化流行的心志懿迹。因为天地大化就好像父母亲，所以人们首先要能好好体认与善述地球对人们是如何的滋养、抚育，充满了苦心与爱心。另外，人们更应继承这种生生不息的精神，持续发扬光大，真正善继其志，唯有如此，才算真正尽了孝道！

准此立论，人类对自然万物，不但绝对不能任意破坏，更要能继承天地的生生之德化为人类奋发努力的动力，据以完成宇宙生命的最高理想。方东美先生称此将"孝道"扩充了，"成为一个尊重生命的'宇宙情操'"[⑧]，确实极为中肯传神！

另外，张载紧接着强调，要能如此，才算"不愧屋漏为无忝，存心养性为匪懈。"这句话也同样可以用来说明，人类应如何善待地球。

首先，这就代表不能让地球有"屋漏"。什么叫地球的"屋漏"？这正相当于地球的屋顶——臭氧层——不能有漏洞。如今科学家证明，从外太空所照的南极相片中，已经看出整个臭氧层破了一个大洞，这就相当于"屋漏"了，实在令人疚愧！

所以，今后人们起码应做到"不愧屋漏为无忝"，一定要能够保护地球家庭的屋顶，不至于屋漏，身为地球子女，这才无忝于应有的伦理！也才能够"存心养性为匪懈"，心存感念，深知地球怎样地养育我们，所以我们也应该怎样报答地球。

事实上，这也正是现代"地球日"订立的根本宗旨，由此可见此中精神，不但东西方完全一致，古代与现代也不谋而合，真正深值所有地球人省思与力行。相信唯有如此，"存心养性为匪懈"，不断以此等精神存心养性，时时刻刻莫忘对地球要善加保护——就好像时时刻刻对父母要善尽心意一样，才是真正现代人应有的环保精神修养！

所以，张载《西铭》中，最后强调，"存，吾慎事；没，吾宁也。"代表父母存在的时候，我们就应充分尽此孝心，勿怠勿忽，一旦父母有一天过世了,心中才能感到安宁,并无遗憾。

同样情形,根据张载,人们若把整个地球看成是父母,那也应该同样善尽心意,以若有不及的心情爱护地球。并对地球中的一切万物,通通视同自己的同胞手足。这才能促使心中安宁充实。

此中精神,也可追溯到孟子所说的"君子有三乐"[9]。其中第一乐,便是父母兄弟俱无故,第二乐即仰不愧于天,俯不怍于人。这些都在提醒人们,平日生活就要做到"无愧"——对父母善尽孝心,无愧养育之恩,对他人善尽仁心,无愧天地之恩。

同样情形,唯有人人都能以此种精神保护地球,使地球这父母"无故",心中才能安宁。另外,也唯有对一切万物均视同手足,善加照顾,使自己心中能无愧,万物也能"无故",才是真正心中的悦乐。

凡此种种,均很能代表张载恢宏的胸襟。此所以他特别强调"大其心"的重要:

> 大其心则能体天下之物,物有未体则心为有外。世人之心,止于闻见之狭,圣人尽性,不以闻见梏其心,其视天下,无一物非我。[10]

正因张载能有这种心胸,肯定天下"无一物非我",所以才能有一种恢宏的宗教情操,足以体认宇宙的太和(《太和篇》),也足以扩充人类的大心(《大心篇》)。这就是何以他能表现出磅礴的精神气魄,明白肯定知识分子的责任,就在于:"为天地立心,为生民立命,为往圣继绝学,为万世开太平!"

此所以方东美先生曾经推崇,在宋儒中"最有精神,最有气魄"的思想家,首推张横渠[11]! 此中他对环境伦理学的种种启发,更值东西方共同体认与弘扬!

(三) 程明道

本文还应提到的有程明道。大程子的《定性篇》以及《识仁篇》,都可说是很重要的环保文献。

首先,大程子《识仁篇》,可说在弘扬张横渠同样的精神。他强调学者要能够"识仁",就应体认"仁者与天地万物为一体",这正如同张载的主张,要能大其心,以体天下之物。因此,一旦有人伤害了自然万物,都应视同伤害了自己身体发肤一样。

根据大程子,有这种体认,才能“识仁”,也才能“定性”。所以大程子的“识仁”,可说上承张载,而又下启王阳明《大学问》的精神。此中一脉融贯的关键,即在更明确地视“仁心”为“合天地万物为一体”之心,这也是比起原始儒家更进一步的不同之处。

因为,孔子时期最早强调的“仁”,即为“爱人”。[12]但到了新儒家,则认为只“爱人”还是不够,更要进一步爱天地、爱万物。

当然,孔子在《易经》系辞传中也曾肯定,“夫大人者与天地合其德”,其中精神可说一致,只不过新儒家更明白地指出,应以“合天地万物为一体”之心为仁心。这就不只以人与人的关系为主题,更扩大包含了人与自然的关系。因而就环境伦理学而言,就更深值我们重视。

回溯本书在论述儒家环境伦理学过程中,除了《论语》一部分外,其他大部分都是以《易经》为主,主要便因《论语》中多以人与人的关系为主,到了《易经》,才增加申论人与自然的关系。由此更可看出,新儒家之称“新”,尤其在重视人与自然的关系上,的确更能发挥创新意义,这对于当今环保哲学便深具启发意义!

此所以大程子除了明指“仁者浑然与物同体”外,更曾强调“君子之学,莫若廓然而大公,物来而顺应”。他能将“廓然大公”与“物来顺应”结合在一起,也是新儒家在此的贡献。

因为,以往儒家多半只将“廓然大公”应用在政治上,或者人与人的关系上,如今大程子将此也扩充到人与自然万物的关系上,并以此强调人对万物应顺应和谐,作为定性、定心的关键,堪称颇具创意的贡献,对环保哲学更可说进一步的新境界。

另外,大程子也曾申论《易经》名言:“天地设位,而易在其中。”[13]并且分析:“何不言人行其中?”答案是:“盖人亦物也。”这句话很重要,因其肯定了人与自然万物均浑然合成一体,所以他又指出,“体物而不可遗者,诚敬而已矣。”[14]这代表能大其心而同情体物者,正是一种“诚敬”之心灵,这种心灵,足以诚挚地尊重自然、敬重生命,也正是当今环保工作最应具备的精神修养。

根据大程子,既然易在其中,那么“易”又是什么呢?大程子再强调“生生之谓易”,代表天地万物由生生之德流衍其中,因此“乾坤毁,则无以见易,易不可见,乾坤或几乎息矣。”[15]

换句话说,乾元坤元代表生生不息的精神,这种创造生机弥漫了大自然一切万物,如果人们不能体悟这一关键,便会沦为以唯物眼光看自然,那将"无以见易",只会见到僵化世界,此时"乾坤或几乎息矣",一切生机将会闭塞。由此更充分可见大程子的自然观,充满了盎然生意与创造精神,的确深值重视。

另外,大程子也曾经提到:

> "天地之大德曰生""天地细缊,万物化醇""生之谓性"。万物之生意最为可观,此"元者善之长也",斯所谓仁也。人与天地一物也,而人特自小之,何耶?[16]

换句话说,根据大程子,人与天地本为一体,大自然一切万物也都充满了生意,这是最为可观的关键。因此大程子又强调,"天只是以生为道",而万物皆有春意,所以才说"继之者善也","成之者性也"。这些都充分说明,大程子肯定大自然一切万物皆含生,能够帮助万物完成潜能,各成其性,才是最大的"善"!

这种"善",不但是人与人之间讲伦理学的标准,也是人与自然之间讲环境伦理学的重要标准。

因此,大程子又曾说:

> 医书言手足痿痹为不仁,此言最善名状。仁者以天地万物为一体,莫非己也。认得为己,何所不至?若不有诸己,自与己不相干,如手足不仁,气已不贯,皆不属己。故博施济众,乃圣人之功用;仁至难言,故曰,己欲立而立人,己欲达而达人;能近取譬,可谓仁之方也已。欲令如是观仁,可以体仁之体。[17]

这一段话以医书作比喻,别具慧心。医书认为手足如果麻痹了,不能动,就叫做"不仁"。大程子认为以此形容"不仁"最为中肯。为什么呢?因为"仁者以天地万物为一体,莫非己也。"仁者视整个天地万物通通跟自己浑然同体,所以如果有那一片山林被滥砍了,就好比自己手足生机被砍,不能动了。人人若均能如此感同身受,深知整个自然万物跟自己生命同为一体相连,那就一定能保护万物若有不及,哪里还会任意破坏万物呢?

反之,如果人们不能有此体认,或认为自然万物与自己都不相干,那就好像手足不仁,气脉不能贯通,不再属于自己。这中间问题就严重了。后来陆象山强调,人们往往自己跟宇宙隔限,这个隔限,用华严的名词来说,就是“有碍”,均指同样问题。

此所以华严宗一再提醒世人,要能做到“无碍”,不但人跟人之间,要没有障碍,人跟自然万物之间,也要没有障碍,人跟整个天地万物,也通通不能有障碍,这种“无碍”,从正面来讲就是“圆融”,也就是人与自然能息息相关。大程子在此,可说也是不约而同地阐述了同样道理。

大程子虽然在其遗书中对华严宗体认有限,甚至误认“看一部《华严经》,不如看一艮卦”,并误认为《华严经》只是言一“止观”,[18]然而大程子本身承自《周易》孔孟的儒家精神,其实与华严宗很能相通。相信如果大程子能进一步尽心深研华严,便知华严宗所讲的圆融无碍,其体大思精,绝不只是言一“止观”,更绝不是“不如看一艮卦”,尤其就自然观而言,大程子与华严宗精神,可说完全圆融无碍!

(四) 陆象山

另外,陆象山的思想直承孟子,所以他曾经自述:“因读孟子而自得之于心。”因此就环境伦理而言,也多半在弘扬孟子的心学。

所以,象山之学,其中心思想可说承自孟子“先立其大”,他在与李赞书中也称:“天之所以与我者,即此心也,人皆有是心,人皆有是理,心即理也。”这种精神,同样在彰显“大其心”以体天下之物。所以对于广大同情的仁心,以及广大和谐的自然,体认都很深刻,在环保哲学上同样深具启发。

事实上,当陆象山幼时,即曾问其父:“天地何以无际?”后来少年十三岁时,听说“上下四方为宇,古往今来曰宙。”才恍然:“原来无穷。”并写下这句名言:“宇宙内事,乃己分内事;己分内事,乃宇宙内事。”

陆象山能把整个宇宙内的痛苦,或者自然界的痛苦,都当成自己的痛苦。此中精神,正是最能尊重自然、爱护自然的表现。若以现代语言来讲,即是一旦看到自然生态不平衡,也能感同身受,视同自己身心的不平衡,因而深感不安。这就代表人心与宇宙之心能够息息相关,感应相连。这正是当今环境保护工作中,极为强调的中心理念。

根据陆象山,人类这种本心,不分地区,不分时代,乃普遍人类所共有,所以他一再提醒人们,并能“复其本心”。这种本心也正是如今

爱护万物、爱护自然的共同本心;既不分东方人,也不分西方人,不分古代人,也不分现代人,此所以象山会提到以下名言:

> 东海有圣人生焉,此心同也,此理同也。西海有圣人生焉,此心同也,此理同也。南海北海有圣人生焉,此心同也,此理同也。千万世与千百世之下有圣人生焉,此心同也,此理同也。[19]

根据陆象山,这种"人同此心,心同此理"的共通部分,就是人性最可贵的善根。因而,也可说正是今后保护生态、保护环境的共同动力,千万不能因私欲蒙蔽而任令沉沦。

另外,象山曾经强调:"人之情各有所蔽,故不能识道,大率患在自私而用智。"这"自私"与"用智"正可以道尽当今生态与环境被破坏的主要原因——因为部分人士自我中心,只见私利,所以往往不顾公益,又因聪明用往歪途,或滥砍山林,或污染水源,或猎捕野生动物,或任意燃烧废物,结果导致水土保持被破坏,生态平衡被破坏,自然环境被破坏,终于造成种种意想不到的连锁公害。

最近一个明显例证,便是一列火车开到三义附近,将入山洞时,因为坍方而出轨,造成很多伤亡。究其基本原因,便是山洞上方,有人盖高尔夫球场,造成土质松动而坍方。建造高尔夫球场的商人,只想到自我中心的立场,却没有想到会破坏这一带的水土保持,一旦连续下雨,就会造成坍方,结果形成人命关天的公害!

造高尔夫球场,看似与火车命案无关,殊不知这正是环保中"物物相关"的血证,也正是象山所说"宇宙内事,乃己分内事"的教训。因此,任何自然界受到破坏,人人均应感同身受,好像自己生命受到破坏。我们即以上述三义火车命案为例,如果是自己坐入了这部列车,怎么办?或者是自己的亲人朋友坐入了,怎么办?岂不都是切身之痛吗?坐在火车内,看似与外界水土保持无关,更看似与另一群人兴建高尔夫球场无关,但三义的火车命案,却以惨痛的血泪教训,证明了宇宙内事样样都可能息息相关!

因此,陆象山这句话绝不只是空话。它明白警惕人们,宇宙内任何地方受到伤害,事实上就如同我们自己受到伤害。唯有人人有此醒悟,才能共同奋起团结,一起拯救自然,那才等于一起拯救自己!

因此,象山也同样强调,"宇宙不曾限隔人,人自限隔宇宙。"[20]的确中肯之至。因为宇宙大自然并没有要与人类划清界限,反而是人类因为工业化、都市化的结果,无形中不断地划地自限,形成人与自然愈来愈疏离,人对自然也愈来愈限隔。

如今很多在都市出生的小孩,在公寓住久了,很多甚至根本没有看过水牛、没有看过白鹭鸶、也没有听过青蛙声,一旦到乡村去,才高兴得不得了。这就是大自然并没有要限隔人,而是人类自己作茧自缚,划地自限。这种情形,一代比一代严重,实在深值人们警惕与重视!

尤其很多大都会中的绿地已经愈来愈少,高楼大厦的距离越来越近,公寓空间也越来越窄,室内屋顶愈来愈低,使得人们生存空间的压力也愈来愈重,久而久之,以如此褊狭的空间,自然会影响人心也愈来愈褊狭。

所以,愈在此时,我们愈应提醒大家:赶紧共同敞开心胸、走向大自然,张开双臂、迎向大自然!唯有重新亲近大自然,拥抱大自然,才能重新体认万物含生的清新春意,也唯有打破人与自然的限隔,才能真正复其本心,重新恢复顶天立地的大心,那才是现代人心灵真正应有的出路!

(五)王阳明

象山这种"复其本心"的精神,到了王阳明便发挥得更为透彻。

王阳明最为精彩的代表作就是《大学问》。《大学问》并不长,就好像《西铭》并不长一样,但却充分能够发挥精辟的环保思想。在新儒家之中,如果要挑三篇环保哲学的小品文,个人认为,依先后顺序,张横渠的《西铭》应该是第一篇,阳明的《大学问》是第二篇,第三篇则应为戴震的《原善》。

阳明在《大学问》中,首先强调:"大人者,以天地万物一体者也。"此中清楚可见与张横渠强调"大其心"的一脉相承精神。

然后,阳明进一步指出,"其视天下犹一家,中国犹一人焉。"这段尤其重要。相当于张子把整个乾坤当作是父母,把整个地球看成是一家。因为,"地球"乃是现代人所用的名词,在古代就叫"天地",又叫"天下"。所以阳明先生视天下犹一家,就同如视地球为一家,并把整个中国看做是一个人。

因此根据阳明先生"若夫间形骸而分尔我者,小人矣"!如果硬要划分你我，乃至划分物我，就是“小人”！

这里所说“小人”，并不是指做坏事的小人，也不是指卑劣的小人，而是指心胸狭小、眼光短小，缺乏胸襟与眼光的人，无法看出整个中国乃如同一个人，整个地球也如同一个家庭。由此来看，这种“小人”比比皆是。充分提醒我们，这也正是环保教育中最应警惕的关键所在。

所以，阳明先生又说：“大人之能以天地万物为一体，非意之也，其心之仁本若是。其与天地万物而为一也。”这句话代表，大人能与整个天地万物浑然为一，并不只是臆测之辞，也并不只是假设之辞，而是非常真切的人心善根。因而，关键在于要能恢复这些善根，这就是承自孟子的重要精神——恢复人心本有的恻隐之心。

因此，阳明先生曾引孟子所说“孺子入井”的例子，说明落井的小孩子跟自己本来并不相干，但人人见到他快落井，都立刻会在心中顿起怵惕恻隐之心，此时便是动了心中深处的仁心，透过这种仁心，便能立刻心挂孺子，而与孺子合为一体。扩而充之，这“仁心”也能够关怀一切自然生命，所以跟整个天地万物也能合为一体，这对生态保护，尤具重大意义。

根据这种精神，阳明先生曾经举出各种例证：

> 岂惟大人，虽小人之心，亦莫不然！彼顾自小之耳。是故见孺子入井，而必有怵惕恻隐之心焉，是其仁与孺子而为一体也。孺子犹同类也；见鸟兽之哀鸣觳觫，而必有不忍之心焉，是其仁之与鸟兽而为一体也。鸟兽犹有知觉者也；见草木之摧折，而必有悯恤之心焉，是其仁之与草木而为一体也，草木犹有生意者；见瓦石之毁坏，而必有顾惜之心焉，是其仁之与瓦石而为一体者也，是其一体之仁也，虽小人之心亦必有之。是乃根于天命之性，而自然灵昭不昧者也。是故谓之“明德”。[21]

换句话说，所谓“小人”，只不过小看自己本身而已。其实，即使“小人”本来也都具有共同的仁心善根。“是故见孺子入井，而必有怵惕恻隐之心焉，是其仁与孺子而为一体也。”这种仁心平日可能不显，但在小孩子快落井的一刹那间，就顿然出现了，并且足以促使他与孺子能够合为一体。

同样情形，“见鸟兽之哀鸣觳觫，而心有不忍之心焉，是其仁之与鸟兽而为一体也。"如果看见鸟兽在哀鸣,而心生不忍之心,正是同样的仁心,促使人类与鸟兽能合为一体。所以,不忍心看到小鸟被打下后呻吟哀鸣,以及不忍心看到动物被残杀时辗转抽痛,都代表人人本具这种"仁心",而这种"仁心"也正是保护生态、保护动物极重要也极真切的原动力。

不仅如此,鸟兽还算是有知觉的生物,但是人们若看到花草树木被硬生生摧折时,心中仍然会有怜悯之心,这代表同样的仁心,也能将人类与草木合为一体。因而如果看到有人不经心地踩碎了花朵,或任意地砍伐林木,心中都难免会抽动,这种为草木而生的怜恤之心,也正是同样的仁心!

阳明先生的"仁心"范围还不仅如此,因为草木还算有生命的,如果再扩而充之,人们看到很好的瓦石被硬生生砸烂,心中也会有顾惜之心。这就是因仁心而促使人们跟瓦石合为一体。因而甚至对于看似没有生命、没有知觉的瓦石,也能充分关心。这种仁心无所不包,也无所不在,正是当今在环保教育中最应弘扬光大的根本精神!

尤其阳明先生强调,这种仁心,因其根于天命,即使小人本来也有——这正如同佛家所讲"人人皆有佛性"一样,只要能善加激励,弘扬此等先天的佛心良知。即使是凶手,只要能放下屠刀,也能"立地成佛"。

在回教经典中,同样有一则类似的故事:

> 一个淫妇被赦免了,因为她救了一只狗。她看到一只狗在井旁,快渴死了,伸出舌头一直喘气。所以便脱下她的长靴,用面纱的一端系起来,然后放到井中,提出水来,为狗解渴。因为如此,所以她被赦免了。[22]

这一则故事,同样肯定人人皆有恻隐之心,即使是个"罪"人,只要能重新激发这种善根,透过爱护动物,也能恢复本有的人性与仁心。

这种激发善根、弘扬仁心的工夫,在阳明先生来说,也正是《大学》的首要工夫,换句话说,第一就在"明德"。

此所以阳明先生强调:"以自明其明德,复其天地万物之本然而已耳。"所谓"明明德",就是要恢复人类原本跟天地合为一体的仁心。因此他又说"明明德者,立其天地万物一体之体也。"[23]

另外,“大学之道在亲民”,代表要透过教化,促使全民精神焕然一新,都能充分弘扬这种仁心的大用。(“亲”民又可解作“新”民。)此其所谓“亲民者,达其天地万物一体之用也。故明明德必在于亲民,而亲民乃所以明其德也。”

换句话说,阳明先生提醒人们,应不断地扩大仁心,不但要以此“明明德”,以此“亲民”,而且还要以此“止于至善”。真正用广大无比的“仁心”,把整个天地万物融通起来,浑然化为一体。

方东美先生曾称阳明先生为“最为彻底的机体主义”,[24]代表他能把整个天地万物通通当作一个充满仁心的有机体,可说极为中肯。

另外,阳明先生也曾透过“孝心”,再次比喻此中精神:

> 亲吾人之父以及人之父,以及天下人之父,而后吾之仁实与吾之父、人之父、与天下之父而为一体矣。实与之一体,而孝之明德始明矣。[25]

这一段也令人想起张横渠视天地为父母的胸襟,提醒人们应以侍奉父母一般的孝心,去爱护天地万物。到阳明先生,可说也秉承了同样胸襟,强调应以视吾人之父一般的精神,去亲天下人之父——不但亲天下人之父,也应以同样的心意德性,去亲天下自然万物,这对当今环保工作而言,尤其极具重大启发意义。

因为,“孝道”为中国文化的独特精神,在西方并未突显。在西方,父母亲如果老了,子女把他们送到养老院,一般自认已经不错,尽了孝心;但在中国人看来,子女与父母是血肉连心的关系,所以仍觉不忍,总认为应该亲自照顾,能够尽心,才算安心。

这是中国文化很重要的精神,而且源远流长。其来有自,除了儒家之外,试观老子也是以亲切的母子关系,比喻人与自然应有的关系,加上张横渠、王阳明,皆共同强调应以“孝心”合天地万物为一体,形成中国文化特性,所以深值大家重视。

另外,王阳明《传习录》中也曾强调,

> 原是一个天,只为私欲障碍,则天之本体失了。如今念念致良知,将此障碍一起去尽,则本体已复。

这代表有些人若孝心沦丧,或仁心沉沦,乃因受各种私欲所障碍。

所以此时便应去除心中障碍,重新恢复心中良知,这就是他著名的"致良知"功夫。

根据王阳明,只要能致良知,则在感应上即能够一通百通。此其所谓"一觉之知,即全体之知。全体之知,即一觉之知,总是一个本体。"这也再次说明,他对自然与天地万物,均看成是一个有机本体。只要人们能激发本有仁心,便可充分感应相通,这种将大自然视为充满生命仁心的观点,承自原始儒家"万物含生论",也与道家"万物在道论"相通,至于其强调去除心中障碍,更与华严宗"无碍"的精神足以会通。

由此可以看出,中国儒、道、释三家乃至于新儒家,若就自然观而言,确实殊途而同归,百虑而一致,很能旁通统贯,因而对今后环保哲学而言,均深值体认与弘扬光大。

第二节　新儒家对万物的看法

(一) 邵康节

有关新儒家对万物的看法,首先值得申论邵雍(康节)的思想。

为什么先谈邵康节呢? 因为他有一部重要著作《皇极经世》,可以说是中国哲人纵论时间、空间,乃至讲万物观非常深刻的一本代表作。宋史称他"洞彻蕴奥、汪洋浩博",可说相当中肯。

今天所谓"宇宙",在中国新儒家即指"空间"与"时间"的结合,因为"上下左右谓之宇",即代表"空间"观念,"古往今来谓之宙",即代表"时间"观念。这在西洋传统哲学,多半分开论述,一直到近代爱因斯坦论四度空间,才将时间予以空间化,形成"时—空"并论(Time-Space)的独到见解。但在中国哲学,特别从邵雍起,就已经将空间与时间紧密结合,并且展开成为无穷运转的宇宙观,以及生生不息的万物观,所以深值重视。

邵雍的《皇极经世》内容极为浩瀚渊博,扼要而论,他以《易经》六十四卦形成圆形方位图,代表类似地球的空间结构。再以"元、会、运、世"四种单位形成经世年表,然后以世界年表配合六十四卦周而复始的公式,即演成天地运转无穷的宇宙观,并以此分析历代兴衰形成历史观。唯本文重点并不在论述其历史观,而在阐述其中与环境伦理相关的万物观,所以仅就此一部分加以申论。

根据《周礼》,《易经》本有三种版本。一为《周易》,以乾元为首,殿以未济。孔子晚而好易,即以此版本传授易学,展现生生不已的创造精神。

另两种版本现在均已失传。仅知其中"归藏易"系以坤元为首,代表万物来自于大地(坤元),亦归藏于大地。邵雍所展现的六十四卦圆图方位,明显受此影响,因而并非纯粹传承自原始儒家(另一版本则仅知以艮卦为首,代表险阻之意)。

除此之外,邵子发挥《易经》,主要以"象数"为主,这也与儒家易学的注重"义理"很不相同,同样可以判定邵子易学并非纯粹承自儒家。

扼要而言,孔子传易,主要弘扬来自殷周之际的忧患意识,以及本此激发的生生之德。邵雍象数之学则主要承自道教的李之才,李之才又来自宋初道士陈抟(希夷),陈希夷世称为中国紫微斗数始祖,[26]其学明显以象数为主,重点在透过各种星辰影响,分析先天命理,相当于西方占星术,与孔门以义理思想为主,也明显地不同。

所以,邵康节称其《易经》圆形方位来自伏义"先天"八卦、以别于孔门赞易之文王"后天"八卦。此中特性前者在于注重先天命理——从伏义、陈抟、至邵雍,后者则在注重后天哲理——从文王、武王、至孔门。就此而言,邵康节颇受道教影响,可称为"道士易",内容被称为"从驳杂中来",亦有其道理。例如后代流传之"铁板神数"(俗称"铁算盘"),世称承自邵康节,其中以象数论断六亲并论流年,与孔门的义理路数便明显有别。

尤其,孔门易学主要在"首乾",强调以乾元为天地万物之始,此所谓"大哉乾元,万物资始,乃统天",但邵康节所论易卦,却以"复"卦为万物之始,这与王弼注易一样,均代表受了道家影响。因其强调"归根复命",肯定一切万物归于大地,所以才用"坤"卦为终,此中明显也可看出并非孔门传承。

然而,值得重视的是,虽然邵康节易学并非纯粹来自孔门,但其宇宙论中所代表的万物观,却仍然表达同样的儒家精神,所以仍然深值重视。

另外,孔子在《易经・系辞》中曾经强调:"易有太极,是生两仪,两仪生四象，四象生八卦，八卦定吉凶，吉凶生大业。”此中八卦的推衍过程，在邵雍也并无不同，只是卦序不同而已；而且邵雍强调天地万物之理尽在其中，这种看法尤其相通。此即邵子所谓：“图虽无文，吾终日言而未尝离乎是。盖天地万物之理，尽在其中矣。”

有关天地万物之理，邵雍特别在《皇极经世》中有《观物篇》阐论，其中基本精神仍在强调“以物观物”，也就是以同情体物的精神，设身处地去观物，这就与儒家的忠恕精神完全一致，对当今环保哲学也深具重大启发。

事实上，“皇极”来自《尚书》，代表“大中”的意思，其内容囊括天地人，而以广大的“中道”为其运行准则，这种中和之道，在生态保育上尤其具有重大意义。

另外，邵雍强调：“以元经会，以会经运，以运经世。”[27]他将整个时间之流，用四种单位来计算，并认为，每“元”有十二“会”，相当于一年有十二月，而一会有三十“运”，相当于一月有三十日，至于一运有十二世，相当一日有十二时辰，每一世则为三十年，所以，“每一元”便涵盖有十二万九千六百年。（三十乘以十二，乘以三十，再乘以十二）

根据邵子看法，将此十二万九千六百年视同“一元”复始的时间之流年限，再套入六十四卦消长的圆图公式，即可看到天地始于“复卦”，到“剥卦”则为一循环，然后再终于“坤”元。坤元象征大地，代表一切万物来自大地，亦复归于大地，因而再次衔接“复”卦，便形成运转无穷的宇宙观与万物观。（见附图）

所以，邵康节在《观物内篇》中曾说：

> 以物观物，性也，以我观物，情也。性公而明，情偏而暗。

换句话说，邵子强调，唯有设身处地，站在万物本身观点去了解万物，才能真正肯定万物充满生意，从而尊重万物本身生命，这才能算“公”正而“明”智。反之，如果只用人类自我中心的利害去看万物，就会沦为“偏”颇而晦“暗”的私情。正因邵子在此充分强调心灵应开阔恢宏，所以方东美先生称其为北宋五子建立“唯心论”的第一人。

另外，邵子也曾进一步强调：

> 任我则情，情则蔽，蔽则昏矣，因物则性，性则神，神则明矣。[28]

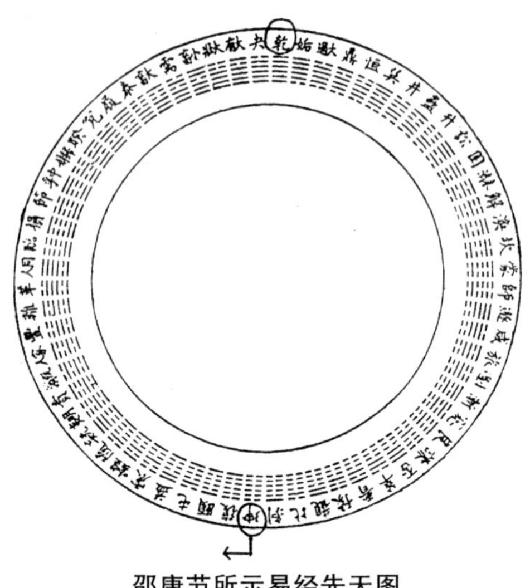

邵康节所示易经先天图

这也就是说，根据邵子，人应站在物的角度，以物的眼光，去看万物。如果任由人类私心自用，便会蒙蔽良知，利令智昏，不但害物，终必也会害人。所以一定要能"因物则性"，因应万物的生存道理，才能真正如神一般明智，那也才能既救万物，也能自救。这种见解也可说深符当今环境伦理学的中心精神。

除此之外，邵子也曾指出：

> 夫所以谓之观物者，非以自观之也。非观之以目，而观之以心；非观之以心，而观之以理也。天下之物，莫不有理焉，莫不有性焉。所以谓之理者，穷之而后可知也。所以谓之性者，尽之而后可知也。所以谓之命者，至之而后可知也。[29]

换句话说，邵康节强调，人们观察万物，不要只以眼睛去看，而应以心去看，才能同其情。甚至不是只以自己的心去看，而是以万物本有之理去看。尤其重要的是，根据邵康节，天下万物，均含三种特性。一为"莫不有理"，二为"莫不有性"，三为"莫不有命"。因此人对万物，首先均应尊重其内在生存的道理，其次更应帮其充分尽性，完成潜能，然后才算真正尊重其生命。凡此种种，也正是当今环保哲学的中心精神。

对于这三种正确态度——"穷理""尽性"以及"至命"，邵子称为

"此三知者,天下之真知也。"[30]事实上,这也正是环保工作最应具备的认知。

因为,所谓"穷理",代表充分研究万物生态之理。"尽性",则代表充分保育万物,完成潜能。"至命",则更代表充分爱护万物,到达生命理想。这三种原则,也正是当今西方环保学家最为重视的三大原则。由此充分可见东西方不谋而合之处,深值重视。此中关键,一言以蔽之,即在"以物观物",要能做到此点,就能真正如同"圣人"了。

因此邵子曾经指出,"圣人之所以能一万物之情者,谓其圣人之能反观也。"什么叫"反观",就是不以自我中心观物,而能反省同情,以物观物。能充分做到这点,便能"一万物之情",用同情平等的眼光尽得万物之情,然后才能以此备天地、兼万物。邵子称此为"圣人"精神,今天也可说,这正是环保工作者应有的修养,深值今后大家共同弘扬。

尤其,根据邵子,万物均因天地"交""感""变化"而成,所以万物本身均浃化天地生气,而又彼此感通。这一重要原理明显承自周易"旁通"之理,也完全符合现代环境伦理学"机体主义"的原则。此其所谓:

> 日为暑,月为寒,星为昼,辰为夜。暑寒昼夜交,而天之变尽之矣。水为雨,火为风,土为露,石为雷。雨风雷露交,而地之化尽之矣。暑变物之性,寒变物之情,昼变物之形,夜变物之体。性情形体交,而动植之感尽之矣。雨化物之走,风化物之飞,露化物之草,雷化物之木,走飞草木交而动植之应尽之矣。[31]

我们由此段可以看出,邵子所说的"物",包括"走""飞""草""木"等动物与植物。每一物各有其"性""情""形""体",此等性情形体又均感应于天地之变化,因此整体而言深具机体主义的精神特色。

在《易经》中,天地变化既象征生生之德,因而万物相应,同样代表充满生命,也充满交感与旁通。邵子先将具体的动植物列出,再根据《易经》中感应之理,赋予万物生命与价值,以无穷生意的万物观,相应于无穷推衍的宇宙观,其心目中的万物,就形成"整体彼此感应的网状组织"[32],这正是当今机体主义的典型表现,所以特别深具环境伦理学的启发。

方东美先生曾经评论邵子的万物观:"其'天象'同'地理','天变’同‘地化’,是错综进行,互相感应的,它不只是孤立的系统,而是机体的组织。”[33]并称许其为“有科学头脑的哲学家”。堪称一语中的,极为中肯,很值得当今环保工作者深入研究。

尤其,邵子不但肯定地球上一切万物均含生,彼此均旁通,而且更强调,唯有人类才能“上识天时,下尽地理,中尽物情,通照人事焉”。所以人类更应责无旁贷,以圣人之心观万物之情,体认“我性即天,天即我”的精神,从而尊重万物,保护万物。

根据邵子,唯有如此,才能以广大悉备的精神“弥纶天地,出入造化,进退古今,表里人物者焉”。事实上,这种恢宏开阔的胸襟,也正是当今环保工作应有的精神修养,的确深值体认与弘扬!

(二) 张横渠

在新儒家的万物论中,另外也应特别申论张横渠的重要看法。

张横渠的“自然观”,如前所述,主要表现在其《西铭》;至于其“万物观”,则主要表现在其《正蒙》中之《太和篇》《天道篇》《神化篇》《诚明篇》《大心篇》乃至《乾称篇》。

横渠先生少喜谈兵,曾经请教范仲淹。范仲淹向来主张知识分子应以天下为己任,应“先天下之忧而忧,后天下之乐而乐”。所以见到横渠才器远大,提醒他能从思想方面发展更好,“儒者自有名教可乐,何事于兵”,并劝他读《中庸》。后来横渠又研究多年的释老,最后归结于六经,特别是《易经》,而对孟子气魄很能弘扬光大。

所以方东美先生曾经称许横渠先生“是一位有极大创造思想能力的人”,而且“由于他的思想体大恢宏,才把萎缩的北宋初年儒家思想发端,恢宏扩大了。”[34]

横渠先生思想上承孟子,下又影响明末王船山甚巨,方东美先生曾认为,“王船山的张子正蒙注,是迄今为止的最好的注。”此中一脉相承的生命精神,对于环境伦理学尤其深具现代启发意义,所以很值得体认与弘扬。

横渠先生在《太和篇》中,开宗明义就指出:

> 太和所谓道,中涵浮沉升降动静相感之性,是生细缊相荡胜负屈伸之始。

换句话说,根据张子,整个宇宙中,广大和谐之理,即所谓“道”,其重点不只在肯定万物之间关系为和谐,而且是"广大和谐",此即所谓"太和",因此其中包括动静交感,絪缊互荡之理。

由此充分可见,张子所强调的万物观,不但物物相关,而且彼此交感,激荡并进,形成盎然创生的机体思想。此亦其在《动物篇》中所说:"物无孤立之理,非同异屈伸终始以发明之,则虽物非物也。"另外,他在《天道篇》中也说:"天体物不遗,犹仁体事无不在也。礼仪三百,威仪三千,无一物而非仁也。"这种精神,与当今生态保育与环境伦理的中心信念,可说完全不谋而合。

除此之外,张子也曾强调:

> 妙万物而谓之神,通万物而谓之道,体万物而谓之性。[35]

这句话在今天尤其深具环保教育的意义。因为,根据张子,"神"能妙运万物,并且贯通先生之德——犹如华严宗所谓"神通"之佛法足以融贯万物。因而他肯定万物之中,均弥漫"神"所代表的充沛生机,一切万类存在,无一物而非仁,能够感通此等万物之理,即为"道",至于能同情体物者,即为人之本性。此一本性本源自天心,也正是环保教育中最应充分发扬的重点。此所以张子又指出:

> 性者,万物之一源,非有我之得私也。[36]

换句话说,张子呼吁人们,应共同激发与万物同源的善根本心,并以此强调"大其心以体万物"。唯有如此,才能突破个人狭小的私念,扩大其心胸,形成天道,上与神通,并以此心胸体贴万物生命,这才能真正尊重万物,并且爱护万物。

因此,张子也曾强调:

> 天地生万物,所受皆不同,皆无须臾之不感,所谓性即天道也。[37]

这话代表了张子充分体认到,万物各类虽然生存型态不同,生命能力不同,生发过程也不同,但均为承受上天生生之德,所以此一本源皆无不同。因此人们也应提升此心,到达万物本源,这就是"性即天道"的真谛。唯有如此,才能真正物我合一,互相感通而无所遗漏。

此所张子明白强调:

我体物,未尝遗;物体我,知其不遗也。至于命,然后能成己成物,而不失真道。[38]

这代表了“我”与“物”均能透过此一“大心”(亦即天心)而充分尽性。唯有如此,才能尽人之性,也才能尽物之性。此亦其在《大心篇》中所说:“能以天体身,则能体物也。”这种精神,应用在环境伦理学的启发,代表唯有扩大心胸,同情体物,才能充分完成人类的生命潜能,也唯有如此,才能真正帮助万物,分别完成其生命潜能。这在现代环保哲学上,尤为极其重要的中心精神,深值重视弘扬。

另外,我们再看大程子的万物观。

(三) 程明道

大程子有一句名言,“万物静观皆自得。”可说最能简明扼要说明其万物观。

这句话代表,大程子肯定一切万物均有内在圆满的生意,而且所有万物皆有独立的生命价值,所以说万物静观皆“自得”。

大程子本句原出于其名诗:

闲来无事不从容,睡觉东窗日已红。万物静观皆自得,四时佳兴与人同。

这首诗最重要的,就是强调要能用一种“善与人同”的精神,以“同其情”的心灵,静心观察万物。如此将心比心,设身处地静观万物,便能体认一切万物均含生意,而且均能恬然自得。这不但是伦理学层次,而且已进入美学层次,这可说是北宋学风的重要特色,对环保教育也深具启发。

黄梨洲曾称赞明道之学,乃以“识仁”为主,因而“浑然太和之气流行”,不但对人“无所不入,庶乎所过者化”,而且对一切万物,也肯定此等浑然元气广大和谐,足以融贯一切万类,这就代表典型的融贯主义与机体主义,所以深具环保教育的意义。

尤其,明道先生引述《周易》“终日乾乾”,强调君子当终日“对越在天”。这种宗教情操,足以提升人心以合天心,同样代表从儒家到新儒家一脉相承的特性,因此才能体识万物皆含生,万物也皆能自得,这对当今现代人的灵性生活,特具启发意义。

值得注意的是,明道先生在此特别点出一个“静”字,所以他才强调“静观”，代表一个人若匆匆忙忙，终日紧张，忽略了亲近大自然，便无法体识万物含生之理。同理，一个人若粗心大意，心不在焉，也无法领悟大自然中万物皆自得之美。这对工业社会下的紧张心灵，尤为重要警惕。

当今西方很多环保学者共同呼吁，希望人们能多亲近大自然，并且多观察大自然各种万物的生活与动作，最好还能多到深山幽林露营，多到田园与野地夜宿，其中共同关键，均在促使心灵能“静”下来，以真正静观自然万物，此中精神，均与明道先生不谋而合。

另外，明道先生还曾经特别引述《易经》“生生之谓易”，肯定一切万物均承受此生意，所以才能展现春意，并且均能完成自得。此其所谓：

> “生生之谓易”，是天之所以为道也。天只是以生为道。继此生理者即是善也。善便有一个元底意思。“元者善之长”，万物皆有春意，便是“继之者善也”“成之者性也”，成却待他万物自成其性始得。[39]

根据明道先生，天人之间本无任何限隔，所以甚至不必讲“合”。此其曾经紧接着强调：

> 天人本无二，不必言合。

从本段也可以看出，他对天人一体的肯定，充分表现“物我本一”的精神，并更进一步肯定对万物也应视同一体的精神。

当然，我们若以工业化的社会特性而言，人若与自然越来越疏离，对万物就会越来越限隔。因此像程明道所强调的人与自然本为一，人与万物也本为一，如此更进一步提醒天人一体的重要性，对于环保教育实在更具重要意义。

此所以明道先生曾经特别再引述《易经》，一方面指出万物生意最可观，二方面强调人与天地本为一体，何必甘于自小。此其所谓：

> “天地之大德曰生”，“天地絪缊，万物化醇”，“生之谓性”。万物之生意最可观。此“元者善之长也”，斯所谓仁也。人与天地一物也，而人特自小之，何哉？[40]

因此，明道先生在《识仁篇》中特别提醒人们，应以“识仁”为主，所谓仁者,乃“浑然与物同体”,这也可说是对现代环保教育的重要启发。

总之,现代人心若能以“识仁”充实内在灵性,即能整体提升心灵境界,浑然善体万物生意,如此以万物之生命为一己之生命,以万物之苦痛为一己之苦痛,那就必能充分尊重万物,爱护万物,培养标准的环保爱心,由此更可看出明道万物观的重要现代意义。

尤其,明道先生也曾强调:

> 天地万物之理,无独必有对,皆自然而然,非有安排也。每中夜以思,不知手之舞之,足以蹈之也。(同上)

本文前半段明白指出,万物相待而有交摄互依之理,后半段则在表达对自然万物欣赏赞叹之情。凡此种种,均对环保哲学深具启发,同样深值重视。

(四) 程伊川

大程子强调“识仁”,重圆通、性温厚,并开启了陆王的心学;另外,小程子则强调“进学”,重分析,性严峻,影响朱子甚大。两种学派思想风格虽不同,但若论环境伦理的万物观,则仍有其相通之处。

例如,《周易·系辞》强调:

> 易无为也,无思也,寂然不动,感而遂通天下之故。非天下之至神,其孰能与于此!

小程子在《二程遗书》中对此评论如下,

> 寂然不动,万物森然已具。感而遂通,感则只是自内感,不是外面将一件物来感于此也。[41]

换句话说,小程子仍然肯定,万物森然具有生机,而且森然具有条理,只不过他强调此等生机来自各物内在所有,并非从外面另有一物来相感。这正犹如莱布尼兹所说的“单子论”,肯定整体宇宙各单子井然有序,并对中心单子形成“预定和谐”(Preestablished Harmony),只不过单子与单子间“并无窗户”而已。

事实上程明道所说“识仁”,强调仁者浑然与万物同体,也并未说仁心是从外“将一件物”来感于此,大小二程于此并无不同。由此可见,小程子所说虽较具分析性,但就其结论而言,仍在表达儒家同样精神,肯定万物含生,而且井然有序。

另外,在《二程全书》的外书第十二篇中,曾经有位尹和靖问伊川:"鸢飞戾天,鱼跃于渊,莫是上下一理否?"伊川曰:"到这里只得点头"。

按"鸢飞戾天,鱼跃于渊"语出《诗经》,《中庸》引此,说明大化流行中万物含生,不论天上或海中,都毫无间隔。程明道的心得更直接认为,这代表"活泼泼地"宇宙生意[42],意指整个万物均浑然一体,而且是"活泼泼地"一体,上下不二。

程伊川虽然倾向理气二元论,但也承认:"到这里只得点头。"充分说明他同样肯定万物充满活泼生意。由此可见,两者只不过在认识论的过程中不同,但对"万物含生"的本体论,却是完全相通。

同样情形,在对"仁"的见解中,也可看出二程的异同。

在《二程遗书》第十五中,小程子提到:

> 仁之道,要之只消道一公字,公即是仁之理。不可将公便唤作仁。公而以人体之,故为仁。只为公,则物兼照。故仁所以能恕,所以能爱。恕则仁之施,爱则仁之用也。

换句话说,小程子同样肯定,"仁"者可以同情万物,爱护万物,因为"公"即是仁之理。一个人若能有大公之心,自能体众人,兼万物,这与大程子所说"仁者浑然与物同体",精神上仍一致,只不过小程子硬要强为分解,所以另称不可将"公"便唤作"仁"。但事实上大程子本来亦无此意。

由此也可看出,归根结底,小大二程只是在治学方法上不同,而且小程子在个性上倾向斤斤计较,不如大程子的宽宏大度。但二者在肯定人心即天心上仍为一致。此亦所以小程子称"一人之心,即天地之心",圣人之心可以"合内外,体万物"。(《遗书》第三、第二)

方东美先生曾经比喻小程子为"哭的哲学家",邵康节为"笑的哲学家"[43],而大程子与邵子学术路数很相近,或者也可归为"笑的哲学家"。由此可见,大小二程只是形象不同,但均同样肯定万物含生,天地感应,基本精神并无不同。特别在环境伦理学上,两位可说都是弘扬儒家精神的环保学家,所以均深值大家重视。

尤其,小程子曾因小皇帝顺手折枝而正色斥责,一方面固然由此可见其严峻的性格,二方面却也由此可以看出,他肯定树枝代表生意,因而不能轻易折断。我们若以此从小看大,更可证明小程子非常尊重万物生命,因而也非常符合当今的环保精神。

要之,从小程子到朱熹,均强调精细而踏实的进学工夫,主张一点一滴来做,其对"格物致知",也是主张一件一件的来格。"积习既多,然后脱然自有贯通处"。这很能符合西方知识论的传统特色。然而,若从中国孟子以降的"心学"传统来看,从大程子到陆王而言,便会觉得这太琐细了。此所以陆象山曾经在鹅湖之会中,批评朱子是"支离破碎的事业"。

象山当时说:"易简工夫终久大,支离事业竟浮沉。"他自称为"易简",代表"识仁"的功夫直指人心,所以简单明了,可大可久;即使不认得一个字,照样堂堂正正可以做一个人。例如农村中的老公公、老婆婆,虽然并没有什么学问,但同样可以有厚道的仁心爱护万物。相形之下,这种心学对环保工作来说,确实更为重要。

因为,环保工作并不一定要高级知识分子才能懂,也并非一定要懂高深道理才能做,任何人只要能够充分弘扬恻隐之心,足以同情万物,激发悲悯精神,便是很好的环保人士。

更何况,环保工作需要人人都能参与,此中成功关键,并不需要人人均为环保专家,但却需要人人均能弘扬本有仁心。

否则的话,有些高级知识分子,若只有自私心,缺乏同情心,反而会对生态保育与环保工作形成破坏。尤其,如果富豪人士仍以象牙、虎头、豹皮装饰客厅,摩登仕女仍以貂皮、兔皮、狐皮衣饰为荣炫耀,则虽然彼等都很有知识,却还不如一般看似并无知识、却很仁慈的阿公阿婆。由此更可看出,宋明"心学"对今后社会人心乃至环保运动的影响均极为重大,深值重视。

(五)朱子

有关朱熹的万物观,可说延续周敦颐与小程子,他基本上是理气二元论。但在对万物的看法上,仍然代表儒家精神,肯定万物含生,而且肯定万物旁通。

所以,根据朱子"在天地言,在天地中有太极。在万物言,万物中各有太极"。这代表若从整个天地来看,则整个地球就是个大太极,但是若从纷杂的万物来讲,则每一物都各有太极。此其所谓"统体是一太极,然又一物各具一太极”[44]如此形成多元而又一体的有机思想,正是当今环保哲学极为强调的机体主义。

另外,他又强调:“人人有一太极,物物有一太极。”[45]此中充分肯定:每一人与每一物都各有独立的生命意义与价值,这也是当今环境伦理极重要的中心精神。

所以朱子曾经在《语类》卷四中明白指出:

> 天下无无性之物。盖有此物则有此性,无此物则无此性。[46]

这段话,明白肯定每一物均各有其性,也就是均有其生命价值,因此均应受到尊重,这在当今环境伦理上,便极具深刻的启发。

另外,朱子在《文集》卷五十九《答余方叔》中也曾说:

> 天之生物,有有血气知觉者,人兽是也,有无血气知觉而但有生气者,草木是也。有生气已绝而但有形色臭味者,枯物是也。是虽有分之殊,而其理未尝不同……若谓绝无生气便无生理,则是天下乃有无性之物,而理之在天下,乃有空阙不满之处也,而可乎?

换句话说,根据朱子,因为理之在天下,充盈万物,并无任何空阙,而且天下并无无性之物,所以一切万物均应受到尊重与爱护,这就极具环保的启发性。

尤其,朱子不只肯定物物各有一太极,而且强调整体万物均为和谐的统一,这种机体主义的精神,正是当今环保哲学的特性,深值重视与弘扬。

因此根据朱子,整体太极并无任何分裂:

> 本只是一太极,而万物各有禀受,又自各全具一太极尔。如月在天,只一而已。及散在江湖,则随处可见,不可谓月已分也。[47]

换句话说,朱子认为整体天地本身就是一个大太极,而万物各有其所受,形成各有一个小太极。这正相当于新柏拉图学派所强调的“太一流衍说”,也类似柏拉图所说,这个现实世界只是“分享”上面世界,或下界只是上界的“模仿”。

朱子与柏拉图在此不同的是,柏拉图因此而轻视此世的存在,只肯定永恒的上界。但朱子却因强调下界万物仍然各有独立太极,所以仍然肯定其有生命尊严与内在价值,不容抹杀或任意破坏,此中差异,对于生态保育与环境保护的影响便甚为重大。

当然,朱子与柏拉图相同的地方,则是同样面临困境:亦即上界与下界如何圆融。形而上的“理”与形而下的“气”如何会通?虽然他举“如月在天”的例子,但毕竟在天的月为实物,散在江湖的则为虚象,因而上下两界终究不能密切合。就此而言,他就不能像王阳明心学一般,能够合天地万物一体为仁,透过融贯的机体主义,而将天地万物结合无碍。

不过,根据朱子,他基本上仍肯定万物之间有某种关联,而且彼此旁通,因为太极就是一个,只不过散在万物里面。若从万物追溯回去,则终能得到同一生命总源头——太极。所以他讲“总天地万物之理,便是太极。”这就类似当代环保哲学所说“物有所归”的原理。

尤其,此一“太极”若落实在宇宙人生来说,便是“仁”,在此重大关节,朱子又可与心学相互会通,也可与当今环境伦理学相通。此即所谓:

> 天地以生物为心者,而人物之生,又各得夫天地之心以为心者也。故语心之德,虽其统摄贯通,无所不备,然一言以蔽之,则曰仁而已矣。[48]

换句话说,朱子虽然在为学方法与认识过程上,与陆王心学不同,但其肯定“仁心”能够彻上彻下统摄天地,贯通万物,“无所不备”,则仍承自儒家基本精神,这也形成新儒家对环境伦理的重要共识,所以仍然深值重视。

(六)王阳明

象山曾经强调:“万物森然于方寸之间,满心而发,充塞宇宙,无非斯理。”[49]这可说是心学家对万物观的重要看法。后来阳明先生更进一步发挥,集心学之大成,借以消除朱子等理学家二元对立的困境,也建构了二元“对立统一”的机体主义,这对生态保育以及环境哲学均至为重要,所以深值阐论,扩大弘扬。

方东美先生在《生生之德》中曾列举阳明心学几项重要特性,总其名叫做“二元相对的统一原理”(The Principle of unity in duality)[50],其中针对朱子理气二元论,特别用整体统一的心灵观念,把二元对立结合起来。这不但在哲学史上极具创意,对当今环境伦理学也很有启发。以下特加引述,并申论其在环境伦理学上的重要意义。[51]

第一个特色,叫做“心外无事,即存在即价值”。

事实上,这就相当于华严宗所讲的“即事即理”,代表“价值”与“存在”能够彻上彻下,一体圆融,因而足以肯定一切万物,凡存在者均有其价值。

相形之下,这比黑格尔的唯心论可说更进一层。因为黑格尔虽然以其精神作用笼罩一切万物,但仍只强调“凡存在者均合理,凡合理者均存在”。若用此种语法,则阳明心学可称为:“凡存在者均有价值,凡有价值者均存在。”

这就代表,阳明先生不只将万物存在提升到理性层次(如黑格尔),他更还提升到价值层次,将万物赋予生命意义与价值,所以能够形成更加光辉的万物观。另外他并深究万物本源,强调其为良知所代表的本善。

此所以阳明先生曾指出:“至善者,心之本体。”此心一旦发用流行,就能同时贞定价值与存在,而一体俱融,形成浑然与万物一体,同时肯定万物各有生命价值,从而奠定尊重万物的重要根据,这对当今环境伦理学,便深具启发意义。

第二个特色,叫做“心即理,心外无理”。

有人曾经问阳明先生,如果照其讲法,天下为有心物之物,那么如果有一颗花树,在深山里面自开自落,跟我心又有什么相干呢?阳明先生回答,你没有看到这花的时候,这花对你来讲自然是不存在的,但你一旦看到此花,这花的颜色便立刻明亮活跃起来。由此可见,此花仍不能存在于心外。

阳明先生在此所说,相当于英国经验主义巴克莱(G. Berkeley)所讲的心灵主义。但因巴克莱只把万物视为心灵的附属,所以只形成“主观的唯心论”(subjective idealism)。相形之下,阳明先生却是强调,所有万事万物均与心灵相结合,并无任何主从之分。

此即阳明先生所谓:“天下又有心外之事,心外之理乎?”其中重点乃在指出“心即理,心外无理”。重要的是,此心并非自私褊狭之心,而是深具良知的心,也是上同天心的心。根据阳明先生,唯有充分弘扬良心,才能成为“大人”,这也是巴克莱未及申论之处,但却在当今环保教育中深具意义。

第三个特色,即为"知行合一"。

这一特色除了"致良知"外,还强调要结合行动,犹如华严宗除了强调"善知识"外,还要结合"菩萨行"。阳明先生特别重视"即知即行",强调说做就做,不但形成中国哲学史上"行动哲学"的先河,而且也影响日本明治维新对国民性的改革。今后对于环保教育,尤其具有深刻的警惕作用。

换句话说,根据阳明先生,"知是行之始,行是知之成",如果只知不行,便会形成空话,有始无终。而且"知而不行,只是不知"。我们近百年来国人最大毛病,可说便是"知而不行",很多人明明知道:不应乱丢垃圾,但到自身却仍然乱丢。很多人明明都知道:不应任意踩草皮、摘花木,但到自身,却又常常违反。更有很多人,明明知道不应滥砍山林、不应破坏环境、不应滥杀野生动物,但到自身又往往昧着良心照犯不误……,凡此种种,都是环保工作最大的"心贼"。

因此,阳明先生有句名言:"去山中之贼易,去心中之贼难。"今后环保工作最重要的,即在切实去心中之贼,真正能致心中良知,那才能也真正结合知行为一。唯有如此,人人能致良知,人人身体力行,那才可能真正做好环保工作!

第四个特色,即在强调"心即理,性即天"。

阳明先生在此直承孟子"知性即知天"的精神,而进一步把身、心、意、知、物,通通化为浑然不可分割的一体。

换句话说,孟子"尽心、知性、知天"的精神气魄在此很能够直接贯通。阳明先生肯定一个人只要充分尽了心,善用此心体贴万物,就能了解万物均有生命意义,既能了解万物生命意义,就能充分完成其潜能,从而直通天心。

此时的"心",不是普通的"心",而是大如天心的心。在此天心观照之下,一切万物均充满生命。所以,阳明先生在此明显是位"机体统一论"者。用哲学的术语来讲,也就是充分表现出一种"能所合一""主客合一"的融贯主义,这是合天地万物为同体的仁心,也是尊重万物、爱护万物的仁心所在,深值东西方环保人士共同弘扬。

第五个特性,则是"心物合一、格致合一、致良知即明明德"。

根据阳明先生,旷观世上万物,没有任何一物是阻隔在我们良心良知之外的,这也代表没有任何一物是阻隔在我们关心与保护之外的。因而一切万物,不论大小、不论美丑、不论动静,不论天上飞的、地上跑的或水中游的,均应在我们良心照顾之内,也应在我们良心爱护之内,这正是今天环保工作最应有的精神与修持。

换句话说,只要人们这一颗心灵能够充分致良知,这种充满通体光明与觉醒的心,便能和一切万物完全融通,毫无阻碍。归根结底,这也正是华严宗所讲的"事事无碍"。

所以,华严宗很重视"真心""真如",代表广大神通的佛性、佛心,此中精神与阳明先生所说的"致良知",可说完全相通。尤其华严宗强调"万法唯心造",更与阳明先生此处所说"心物合一"完全是同样境界。

另外,根据阳明先生,"致良知"就是"明明德",只要能充分展现上通天心的良知,便能弘扬光明大德,把整个世界点化成充满光明的价值世界,这也正与华严宗所讲的"华藏世界"完全相通。

值得重视的是,佛学上所说的"佛"(Buddha),本即代表"觉者"的意思。所以这也与阳明先生所说"致良知"相通。根据阳明先生,人们只要能真正启发良知,善加修持,便能促使心中善根觉醒,然后再将良知化为行动,乃能真正弘扬"仁"道。

此一"仁道",不只包括"人"道作为,同时代表"天""地"之道,这就能直承儒家"通天地人"的精神气魄,而且能真正扩充人道精神及于天地万物,促使整个天地万物均能永沐仁爱之中。这才是真正"止于至善",也才是真正"大学"之道。更具体而言,正是今后应有的环保之道,的确深值重视与力行!

第三节　新儒家对众生的态度

(一) 邵康节

在新儒家之中,邵康节为建立"心学"的第一人,正因他深具才情与胸襟,所以其心学上承孟子,下开张载,并影响阳明与船山甚大,前面曾论述其对万物的看法,本段即先分析其有关的众生观。

方东美先生曾称许邵康节,是"有科学头脑的哲学家",强调其《皇极经世》并不鄙视"闻见之知",而其"先天易"乃是"把宇宙中物质世界里面的一切程序,提升到生命,把生命的一切活动程序,提升到心灵,再把心灵的一切活动程序提升到价值。”[52]因而,这就弘扬了《周易》“穷理尽性以至于命”的根本思想。

所以,扼要而言,邵康节的众生观,并不只以物质表象看万有众生,而能以生命眼光,乃至价值眼光,看一切众生。这对于当今环境伦理学便深具启发意义。

方先生曾以现代学术用语,归纳其中七项原理,说明邵康节的思想特性。其中前四项原理,都深符生态保育以及环境保护的中心信念,所以深值扼要申论:[53]

第一种原理为“有限变异性”之原理(Principle of limited variety)。

方先生强调,此一名词引自英国经济学家与逻辑学家凯因斯(J. N. Keynes),他在《或然率原理》(*Principle of Probability*)一书中曾以此说明,科学研究的对象无数,因此必须加以分类,再针对分类内容一一深入研究,这就可以将无穷纳入有限,但又不失其中变异弹性。[54]

邵康节在《皇极经世》的卷五与卷七中,先将天上的“日月星辰”归类成几种“天象”,再把地上的“水火土石”归类成几种“地体”,然后透过天地的变化感应,经由错综复杂的作用程序,产生各种动物、植物、飞禽、走兽,乃至人类……等一切万物众生。

这种对众生万类发展程序的说明,方先生称之为“动性的向前发展”[55],亦即由风雨露雷的活动形式产生走兽、飞禽、草木等现象,虽然分类规模仅呈雏形,但在当时的11世纪已属很难得。尤其重要的是,此中众生发展的程序,并不像西方近代科学,只纳入孤立的系统,而是互相感应的系统,并且能够贯通起来,形成有系统的动性发展程序,此即承自易经“生生之谓易”的重要精神。

换句话说,邵康节透过其对一切众生的分类,视整体宇宙发展为充满生命、充满活力、井然有序而又向前创进的伟大动态过程,其间天地与众生的关系,绝不是僵化与各自孤立,而是感应与机体组织。此即其所谓:

> 物之大者,无如天地,然而亦有所尽也。天之大,阴阳尽之矣;地之大,刚柔尽之矣,阴阳尽而四时成焉,刚柔尽而四维成焉。夫四时四维者,天地至大之谓也,凡言大者,无得而过之也,亦未

> 始以大为自得，故能成其大，岂不谓至伟者与！[56]

方先生认为，这段话代表，“宇宙是一个广大无尽的浑沦全体，在此浑沦的全体里面，从天象到地理以至于人事物情，把它纵横贯串起来，都形成不可分割的一体。”[57]如果从中分类，又可看出其中的感应变化。

事实上这种原理，与现代生态学与环保哲学很能相符，虽然其分类不似现代精细，但他能肯定宇宙各类之间众生不但彼此感应，而且形成整体相连的网状机体组织，很明显代表了现代生态学“物物相关”的中心精神，也极能表现“机体主义”的重要原则。此中对众生的尊重态度，深值大家重视。

第二种原理为“交替律动性”之原理（Principle of alternate ryhmic progression）。

此一原理，肯定宇宙一切众生不但相互感应相关，而且彼此交互律动前进，因为邵康节应用“一阴一阳之谓道”的原理及于一切众生，所以肯定大道融贯一切众生，而且一切众生都内含这种一阴一阳并存交律的关系，也均内含一动一静纵贯前后的进程，从而构成不断奔进的生命动力。

此即邵康节所谓：

> 天生于动者也，地生于静者也；一动一静交，而天地之道尽之矣。动之始则阳生焉，动之极则阴生焉，一阴一阳交，而天之用尽之矣。静之始则柔生焉，静之极则刚生焉，一刚一柔交，而地之用尽之矣。[58]

事实上，《周易》的“易”除了“变易”“简易”之外，还有“交易”的深意，就是代表这种交互作用。此中精神强调，一切众生均向崇高的价值理想，律动交互地奔进。这对当代环境伦理而言，既肯定万物众生具有生命，更强调彼此依存、互摄律动的关系，尤其肯定众生均共同向最高理想奔进，其中深具重大启发意义。

第三种原理叫做“同情感应性”之原理（Principle of sympathetical response and mutual adaption in virtue of change）。

《易经》中的“易”，首先代表“变易”（change），然而这种变易并非杂乱无章的变，而是同情交感的变，以及相互适应的变，所以一切众生均可以在互通交感中焕然成章。

此所以邵子曾经强调:

> 神无方而易无体。滞于一方,则不能变化,非神也。有定体则不能变通,非易也。[59]

这代表邵康节透过对易经的体悟,肯定强调一切众生发展并非滞于一方,也并非呆板僵化,而是深含变化感通之理,所以不但均含丰富生机,也均能和谐统一。

此即邵子所谓:

> 故曰:分阴阳,迭用柔刚,男六位而成柔也……犹根之有干,干之有枝,枝之有叶……合之斯为一,衍之斯为万。是故乾以分之,坤以翕之,震以长之,巽以消之,长则分,分则消,消则翕也。[60]

邵子在此以树木根干根叶为例,颇为生动。方东美先生更认为,这仿佛人身之组织,有神经系统,有呼吸系统,有循环系统……等等,其中牵一发而动全身,彼此均有感应。他并称此为"机体统一的哲学"(Philosophy of organic unity)[61]此中精神对当今生态保育,可说尤具启发意义。

第四种原理叫做"圆成悉备性"之原理(Principle of Consummation of Perfection)。

《易经》强调"天、地、人"三才之道,并肯定"大人"的价值,乃在能够"与天地合其德",俾能生生不息、参赞化育。邵康节可说深悟此理,所以特别强调人应"兼天地,备万物",然后才能真正做到"穷理、尽性、至命"。

方先生称此为"人与万物同体",亦即人能同情一切众生,其主要特色在于:

> 把这种尊重生命的精神,充分至尽的发挥,使一切生命都可以完成它的目的,完成它的理想,并以人心把握天心,来体认宇宙生命宝贵的价值,产生一个"尊生"(Reverence of life)的思想。[62]

这种"尊生"的思想,正是当今生态保育以及环境保护极重要的中心思想。尤其邵子强调:"我性即天,天即我。"代表天心可以融贯一切众生,并且进入我心,而我心也可透过"众生"直承"天心",这种天人合一,圆成悉备的境界,可说正是环境伦理学中最高的境界!

此所以邵子曾经强调:"尽天地万物之道,兹惟人乎!"这也充分说明,在天地万物之中,唯有人类最应责无旁贷,帮助万物众生充分启发潜能,完成理想。因为,对地球各种动物、植物与环境的保护,总不能期望动植物本身能自救,人类必须要有邵伯温所说"兼天地,备万物"的精神[63],才能真正救人救物。

根据此中精神,今后环保之道,需要特别唤醒民众,一方面绝不破坏生态,污染环境,二方面更应进而维护所有万物众生的生存与发展,并且让一切众生均能充分完成生命潜力与价值理想。这种"圆成悉备"的胸襟与抱负,正是当今环保工作的最崇高目标,深值大家共同体认与弘扬!

(二)程朱与陆王之异同

除了邵子之外,在新儒家的众生观中,本文将再扼要说明程朱和陆王的不同,然后分析彼等相同的共识。

首先,就形上学而言,程朱认为形而上是理,形而下是气,可说是"理气二元论",而陆王则认为,万物森然于方寸之间,物物之间也彼此关联,可称为"机体一元论",两者在此很不相同。

另外,就方法论而言,程朱强调精细博览,一件一件致知,强调"道问学";陆王则强调先返本心,贵其所立者大,强调"尊德性",影响所及,程朱接近于西方的科学方法,长处在于很扎实,短处却不免支离破碎;陆王则在彰显人性论,长处在尽心,但到了末流,其短处则也不免蹈空浮泛。

另外,在知识论方面,朱子可称为"唯实论"(Realism),因为他认为宇宙天地有一种客观独立的存在,这是超乎心灵之外的存在,但对如何融贯此一客体与主体,他却无法解决,因此成为"唯实二元论"。而陆王之学,却认为超乎心灵感应之外的存在,对于人的生命来讲等于不存在,因而堪称"唯心一元论"。

不过,如果站在环境伦理学而言,则陆王的心学更加能够体贴众生。因为陆王强调要用人的良心去体会一切万物众生。因此,草木花朵若被摧折,好像也在哭泣,荒野山林若被滥砍,好像也在哀诉,野生动物若被捕杀,好像整个族群大小都在悲痛。凡此种种,均足以牵动人类本有的恻隐之心。

根据陆王心学,唯有如此,才足以把生命、心灵与万物众生都结合起来,此时才不会把众生只看成是客观存在的物质,与自己不相干,而是能看成与自己心心相印、血肉相连的一体存在。如此的众生观,正是当今环境伦理学最需要弘扬的中心信念!

有关程朱及陆王的比较,我们除了应扼要了解他们上述不同之外,还应申论他们中间相通的共识。尤其对环境伦理学而言,这些相通的共识更为重要。

方东美先生曾在《生生之德》中,总论整个新儒家的通性,深值重视。以下特针对有关众生观部分,加以申论阐扬。[64]

第一,所有新儒家"莫不以哲学人类学(哲学心性学)为其共同基础",因而均能以一种充满生机的眼光来看待万物众生。方先生曾指出:

> 新儒各家最后殊途同归,统摄汇于一"彻底唯(天)理论"之一元系统,良知之明觉精察处,即是天理流行。此心彻上彻下,弥贯天地,周流六处,广大悉备,无所不该,而虚灵不昧,笃实光辉,含光与热,和煦如朝阳。

换句话说,所有新儒家均把整个宇宙看成是天理流行、大化流行的生命体,因而一切万有莫不含生,对这些众生,便应以天理(程朱语)或良知(陆王语)同情体贴,然后才能使人性充分彰显,并使人心光辉发挥到无穷尽,如此"尽性""尽心",才能尽物之性,也才能知天之性。这些正是当今环境伦理学极重要的中心信念!

换句话说,虽然程朱以"天理"与"人欲"二分,但并不否认天理能融贯一切万物,因而人心亟应去除私欲,对越在天,升中进德,以化性起伪,止于至善。其根本精神,仍在肯定人性至善理想。所以就此而言,程朱与陆王并无冲突,对宇宙众生的尊重与爱护,尤其完全一致,这些均深切符合当今生态保育的精神,所以同样深值重视!

第二,新儒家基本上肯定精神和物质融合为一,形成和谐统一的机体主义。

针对"机体主义",方东美先生称之为"中国哲学之主流与特色",并为"一切思想形态之核心",可谓"千呈一脉,久远传承",[65]在新儒家也同样有此通性。

机体主义消极而言，并不认为人与物可以相互对立，成为绝对的孤立系统，而且更不认为刚健活跃的人性与宇宙全体可以停滞不前，沦为意蕴贫乏的封闭系统。积极而言，则其宗旨更在：

> 融贯万有，囊括一切，举凡有关实有、存在、生命价值之丰富性与充实性，相与浃而俱化，悉统摄于本质上彼是相因、交融互摄、价值交流之广大和谐系统，而一以贯之。[66]

就此而言，陆王心学肯定“天地万物，俱在我的良知发用流行之中，何尝又有一物超于良知之外，能作得障碍？”[67]最可说明此中精神，而此特色，也正是当今生态保育中极为重要的观念，深值弘扬。

另外，即使是朱子，也肯定“中和”之说，并强调宇宙为一个大太极，流衍下来，物物均有太极，因此“一”与“多”之中仍有“和谐的统一”，就此而言，整个自然仍然是相通无碍。

换句话说，不论新儒家哪一学派，若追溯到宇宙的终极，都肯定为统一的枢纽，这最终点也就是最起点，或称天心，在阳明亦即良心，在朱子则为“天理本真”的太极；此其所谓，“天命流行，生生不已之机”乃“未发之中体”。[68]一旦发而为用，均肯定能统摄一切万有众生，浃化生机，旁通统贯。所以天心成为最终点，也是最起点，这在各家均为相同。

这种通性在众生观上尤其重要，因为它可以肯定一切众生皆有平等的生命尊严，更有丰富的内在价值，所以不能任意摧残或破坏，而且更应尽心尽力地爱护与帮助，俾能共同完成生命理想，一体迈向至善。这不论对环保教育或环境哲学，都有极大的启发意义。

第三点，新儒家相同之处，均很强调“识仁”或“用敬”，这对爱护万物，尊重众生也有极大的教育意义。

所以方东美先生曾强调：

> “以天地万物为一体，从心之灵明发窍处感应，而一视同仁”之旨，乃是中国古今各派哲学家之共同宗趣——儒家、道家、大乘佛学，以及宋明新儒——无论各派系统间之根本差异如何，盖崇信“混化万物，一体同仁”之教，则其致一也。[69]

那么如何才能混化万物，并且一体同仁呢？如何才能“从心之灵明穷处感应”呢？简单地说，陆王强调“识仁”，程朱强调“存敬”，其基本精神均相同，都很重视入圣希贤，这种功夫完全一致。

尤其在阳明先生而言，“这良知人人皆有，圣人只是保全无些障碍”(《语录》页六)，这是何等“明白简易”！所以方先生强调，能够“体认道之大化流行，而兴天地万物一体同仁之感，乃是入圣之捷径。”[70]若能将此良知，存而养之，扩而充之，便是“圣人”。事实上，这种修养途径，与朱子所说的并不冲突，而且能殊途同归，这些也正是提醒世人对环保工作的应有态度，深值重视。

换句话说，朱子虽然强调道问学，但是他也同样地强调“心之德为仁”，他也并没有抹杀仁心，此即朱子所谓：

> 天地以生物为心者也，而人物之生，又各得夫天地之心以为心者也。故语心之德，虽其总摄贯通，无所不备，然一言以蔽之，则曰仁而已矣。[71]

这代表朱子也同样肯定人有善根，不但人心来自天心，而且一切众生万物也得天地之心为心。所以“仁”的精神德性，足以统摄贯通一切众生。虽然其中论述过程与大程子有名相枝节之争，然在重大根本处却仍为一致。

尤其朱子强调求仁应以“居敬”为主，代表对一切万物众生均应心存敬意，并对天命流行之仁体表示尊敬，其功夫基本上与心学的“识仁”并无二致。

此其所谓“人虽欲仁，而我不敬，则无以致求仁之功。”由此充分可见，对众生的态度来说，不论“居敬”或“识仁”，均能彼此相通。这在生态保育上，均同样代表尊重一切万物生命，并从众生体认天心。此等情怀融合了人道精神与天道宗教，在环保教育上，确有重大的启发作用，深值东西方共同体认与弘扬。

除了上述宋明的新儒家外，本文下面将再申论清代汉学有关的众生观。

(三) 王船山

清代的新儒家里面，可以分成三大学派：一为王船山，二为颜习斋，三为戴东原。这几派各有不同特性，方东美先生曾以现代学术用语，称王船山为“功能派的自然主义”，颜习斋代表“实用派的自然主义”,戴东原则代表“物理派的自然主义”。[73]

值得重视的是,这三派虽然均因重视此世自然而可称为自然主义,但与西方“自然主义”基本上有一大不相同处——那就是西方自然主义一直标榜“价值中立”,只就自然论自然,认为并无超自然的存在,因而容易导致唯物论。但上述新儒家基本上均紧扣“价值感”论述宇宙人生与万物,并仍肯定人心本善,来自天心,而天心普遍流行于大化众生之中;只不过他们更加强调人心应落实此世,以真正救世而已。

美国普林斯顿大学曾经出版一本专论环保人士历史的《自然主义者》(*The Book of Naturalists*),其中所述每位先贤与先进均以对自然、动物、植物的保护著称,[74]这与西方哲学传统中所说的“自然主义”又不相同,也不能混为一谈,特别值得注意。

另外,如前所述,新儒家这三派本身也都有共同通性。这些共同通性不但承继儒家精神,形成重要共识,也对环境伦理学有重大启发。

方东美先生曾针对他们会通之处,特别强调彼等共识:

> 主要兴趣仍在宇宙论及哲学人性论上,且以种种论证,证明性纯善,复据宇宙论及人性论之观点,大声疾呼:一切哲学家均须自天上回到人间,努力以求人性之充分发展,藉使至善之理想得以完成实现。[75]

然而,何以这三派可称为“自然主义”呢?因为他们基本上仍根据自然界为基础,开展彼等宇宙观与人性论。尤其主要仍根据《易经》中对自然的构成理论,来贯通天地人之道。这也正如前文所说,若要论述儒家或新儒家,绝对不能忽视《易经》,我们从这三派的论学内容,又可得一明证。

本文首先论王船山(1619—1693)。其心志极为敬佩刘宗周之忠义精神,而思想则极为向往张载之大心宏愿。所以他曾自铭其墓:

> 抱刘越石之孤忠,而命无所致。希张横渠之正学,而力不能企,幸全归于兹命,因衔恒而永世。

一个人能在自己所提墓铭上,特别提出两位先贤,也可充分看出其精神心志的向往所在。

王船山对刘越石的孤忠特别感佩,主要也因他自己身逢亡国之痛;这种对时代的感应精神,也很可从其《读通鉴论》以及《宋论》中看出。因而这两部著作可称为其历史哲学,不但透露其满腔忠义,更可看出其深厚史识。

另外,为什么王船山也特别敬重张载呢？主要就在心仪其继往开来的恢宏胸襟,以及民胞物与的广大仁心。这种精神,特别在《船山易学》中展露无遗,他对于环境众生的关爱,由此也充分可以看出。

此所以船山针对《易经》"生生之谓易",曾经明白地强调,人性不是一成不变的僵化孤立系统,而是日新又新的生命开放系统。此其所谓"性者生也,日生而日成也",而且"日生不滞","未成可成,已成可革"[76]。

所以虽然船山强调"性者生理也",先从自然生命论起,但仍肯定此自然生命乃"以仁义为本",因而必须不断学习、力行,以实践道德生命、艺术生命,进而完成其至善的价值理想。此其所谓:"是以君子自强不息……,以养性也。"[77]

由此可见,船山对《易经》的了解,绝非只从静态分析其中名词,而是真正能够结合生命,成为劲气充周的学问,在自强不息中,"取多用宏""取纯用粹",以真正发挥生生不息的功能。此其所以可称为"功能派"自然主义。

根据象山,唯有如此,"新故相推",才能真正促使人性在创生发展中不断显现生命意义,此其所谓"成性存存,存之又存,相仍不舍"[78],而且,也唯有如此,才能促使生命迈向开放的至善境界。否则任何封闭的人性论,都只会"闭人之生理"。[79]

因此,船山强调,整个天地自然都是充满生气的开放系统,一切万物众生也都是充满价值的有机系统,所有众生都有无穷的潜力,足以迈向无限的价值理想。这种"开放"系统非常重要,不但指出整个宇宙可以生生不息,而且一切众生也都足以自强不息。宇宙因此充满希望,众生也因此充满光明。这在环境伦理学上即代表肯定一切万物均含生,且强调一切众生均在发展中,因而人类更不应斫丧生机,影响生命发展,这对当代生态保育,深具重大意义。

尤其,船山非常重视学习。此其所以强调"习者人道"(俟解),而且"习与性成",一个人的生命潜能与其学习程度都会同样成长。而且,一个人的潜能可以完成多少,端看其学习多少。否则原先很好的生命潜能也可能因不习而中衰,原先看似未发的生命潜力,也可能因常习而弘大。这种"习"落实在环境伦理,便可称为对众生保育的学习,乃至对环保工作的学习。这种开放性的精神,对于环保的教育工作,影响尤其深远。

更何况,船山除了"习",同样强调"行"。他曾经指出,"行而后知有道""凡行而有得者,皆可谓德矣。"[80]这同样指出,在环保工作上,不能只知而不行,一定要能身体力行,脚踏实地,才算真正完成了"习"。也唯有如此,在"行"中也才能学到更多东西,此亦即其所说"行可兼知"的深意。

由此可见,在船山思想中,"知"与"行"是浑然一体,不可分的,"习"与"性"也是浑然一体,不可分的,同样,"人"与"物"在此精神之中,也是浑然一体,不可分的,这就形成了他融贯万物、生生不息的机体主义,对于当今环保哲学,深具启发意义。

另外,船山对诗学研究也很深刻。我们从其对诗境的见解中,也可看出此等主客浑然合一的特性。

例如,在《姜斋诗话》中,船山认为情和景看起来为二,但"实不可离",这也充分显示他心物合一的看法。他指出:"夫景以情合"——外在风景透过我们内在感情才能够合一,而且"情以景生"——感情透过风景的出现,才能产生。所以,我们不能说情跟景是分开的,如果硬要把它们中间二分,则"情不足以兴,而景亦非其景。"

这在美学中,即朱光潜先生所称的"主客合一论",代表审美的主体,一定要能与客观实体浑然合一,才能产生美感。因此朱光潜强调艺术欣赏"一定是主客合一的"。换句话说,美学不可能是唯物论,也不可能是唯心论。我们在此也可说,环境伦理学也一定是"心物合一的",既不可能是唯物论,也不可能是唯心论,绝不会偏于任何一边,而必定是"中道"哲学。

因为,一个人如果认为心跟物可以截然二分,那么对一切万类都会缺乏感应,更不用说会对其视同生命了,如此一来,对万物众生无论如何破坏,心中也不会感觉痛惜。这就造成生态与环保的极大危机。

反之,如果一个人感到对万物众生不能去毁坏,否则好像在毁坏自己的心,那就必能兴起悲悯之情,从而产生积极保护之志。由此也可看出,对万物众生的悲悯,也一定是"心物合一"的,如果心物不合一,心为心,物为物,便绝不能产生悲悯之情,自然也不会产生环保之志。由此也充分可以看出船山“心物合一论”对环保哲学的重大贡献。

（四）颜习斋

颜习斋(1635—1704)被称为“实用派的自然主义”,主要因为其反对以往清谈虚浮日盛,以致孔学“实位天地,实育万物者,几不见于乾坤中矣。”他认为佛老之说只是归于“寂灭”与“升脱”,自然不无误解,但其心志在复兴儒学中平实的精神,则也不可抹杀。

所以他本身曾说明其代表著作有二。

一为《存学》,其宗旨在于:

> 明尧舜周孔三事六府六得六行六艺之道,大旨明道不在诗书章句,学不在颖悟诵读,而期如孔门博文约礼,身实学之,身实习之,终身不懈者。

换句话说,颜习斋在此特别强调,希望能够将孔学身体力行,“身实学之,身实习之。”[81]其中心精神乃在一“实”字。根据习斋,唯有如此将孔门教诲融入生活之中,化入实践之中,终身不懈,才算真正把从前清谈与虚浮一扫而清。

这种特重“实用”的精神,对环保教育来讲,可说极为重要。因其精神提醒世人,环境保护与生态保育,不能只看各种文字教材,也不能只背各种法令规章,这些诚然重要,但更重要的乃在人人要能切实去做,切实去行！而且要能随处警惕,终身不懈。这对今后环保工作推行之道,尤具极大启发！

颜习斋另一代表作,即为《存性》,其宗旨乃在:

> 理气俱是天道,性形俱是天命。人之性命气质,虽各有差等,而俱是此善。气质正性命之作用,而不可谓有恶,其所谓恶者,乃由引蔽习染四字为之出示也。期使人知为丝毫之恶,皆是玷其光莹之本体,极神善之善,始自充其固有之形骸。

换句话说,根据颜习斋,他明白肯定人性本有善根,且为“光莹之本体”,此等至善化成普遍流行的天道,自能融贯一切万类众生。所以虽然众生的性命气质多有差等,但同样均为此善根流衍所贯通,因而均为内含生命的存在,而且均为平等价值的存在。人的重要工作,就在能透过各种踏实力行，促进自身充实，全力为善，从而臻于这种神圣之善。

此所以颜习斋强调，一切万物众生，不论如何分类，都“不外于天道”。根据颜习斋，易传中所说一阴一阳为“二气之良能”，另外，“阴阳流行，而为四德”，以此变动周流，相互感应，即已流衍万物众生。并且，不论名物资质、强弱有何不同，究其本源，均不外此天道。这就明白肯定了万物均含生，众生皆平等，因而均应尊重与爱护。

由此可见，颜习斋与朱子“理气二元论”不同，他强调“一物之性，此理之赋也，万物之气质，此气之凝也。”因而可说“即理即气”，融为一片，这就相当于华严宗所说“理事无碍”，习斋在此直可称为“理气无碍”。

此中精神，也可直通刘宗周所说：“盈天地间，一气也，气即理也。天得之以为天，地得之以为地，人物得之以为人物，一也。”[82]凡此种种，均充分可以显示其为统一和谐的机体主义，因而深符当今环境伦理学的基本理念。

事实上，刘宗周的弟子黄梨洲，也曾发挥此中精神：

> 夫大化之流行，只有一气、充周无间。……循环无端，所谓生生之为易也。

另外，黄梨洲在与友人论学书中也强调“先生以圣人教人，只是个行字”，尤其深具重要启发。

因为这个“行”字，不但可以贯通颜习斋的“身实学之，身实习之”，而且可以旁通王船山的“习”与“行”，更可以有溯阳明先生的“知行合一”。

尤其此一“行”字，正与阳明先生“致良知”的“致”字完全相通。所以堪称贯通新儒家各派极重要的中心动力。有了这种动力，才能真正实践仁道，也才能真正推动良知。就环保工作而言，尤赖此一“行”字形成精神动力，然后才能真正完成圆满和谐的生态保育与环保工作！

另外，阳明先生曾有一段名句，很能表达新儒家“机体主义”的特色：

> 天地万物，俱在我良知的发用流行中，何尝又有一物超于良

知之外,能作得障碍?[83]

根据阳明先生,“一”与“多”能和谐统一,并以人心为天渊,无所不赅:

> 人心是天渊,无所不赅。原是一个天,只为私欲障碍,则天之本体失了……如今念念致良知,将此等障碍窒塞,一齐去空,则本体已复,便是天渊了……一节之知,即全体之知,即一节之知,总是一个本体。[84]

阳明先生这种机体主义精神,后来到戴东原(1723—1777),发挥得也颇为透彻。

事实上,如前所说,若论中国环境伦理学中,最为精辟的三篇小品文,则张载的《西铭》,阳明的《大学问》,以及戴东原的《原善》,可说完全一脉相承,深值重视。

(五) 戴东原

戴东原在《原善》中,很清楚地强调“生生而条理”叫做仁,充分显示,其根本精神仍然承自《易经》。他肯定整个天地不但充满了盎然生命,而且运行得井然有序。能够同时体认这种宇宙生意与和谐的,才真正叫“仁”。这种见解对于生态保护尤其深具重大启发。

尤其,“生生”二字在以往新儒家中均常提到,因而在此特别重要的乃是“条理”二字。这代表戴东原特别强调宇宙中和谐的秩序,以及平衡的运行,这种新见解便特别发人深省。

因为,戴东原此中启发,主要在提醒人们,宇宙万物不但充满生机,宇宙众生更是充满条理。因而既不能破坏其中生机,也不能破坏其中平衡,这与现代环保哲学的中心理念——“尊重生命”与“生态平衡”,可说完全不谋而合!

根据戴东原,能够保护万物生命与生态平衡的精神,才叫“仁”,此即“生生而条理之谓仁”。由此可以看出,戴东原所讲的“仁”,比原来阳明先生所讲的“合天地万物为一体”的仁,更进一步,多了一个“条理”。这个条理就是宇宙次序,就是生态平衡,对当今环保工作尤有更进一步的启发。

此所以戴东原曾说:

> 天地之化不已者，道也。一阴一阳。其生生乎？其生生而条乎？……生生仁也，未有生生而不条理者。条理之秩然，礼至着也。条理之截然，义至着也。

此中值得强调的是，何以"未有生生而不条理者"？这代表戴东原肯定在"生生"之中即已蕴含了万物众生之间的条理关联，也肯定"生生"并非任意率性地生发，而是各循其生命条理与轨道进展。此中精神，更充分证明其更深一层的机体主义思想，非常具有环保意义。

另外，戴东原又说：

> 天地、人物、事为，不闻无司言之理也。诗曰："有理有则"是也。
>
> 物者，指其实体实事之名，则者，称其纯粹中正之名。实体、实事，罔非自然，而归于必然，天地、人物，事为之理得矣。

换句话说，戴东原深深体认到，一切万物众生，皆有其生命理则在内，这种生命的物理规则，若非自然，也是必然，因此方先生称之为"物理派的自然主义"。

值得重视的是，此处所称"物理派"并不代表唯物思想，而代表他尊重各物的内在理则与平衡原则。唯有如此，才能因尊重"条理"而保障"生生"，否则，如果万物条理被破坏，平衡被影响，则"生生"也将不再能持续。

此即东原所说：

> 惟条理是以生生，条理苟失，则生生之道绝。

这段话可说一针见血，明白地指出了"条理"与"生生"的互摄性与连环性，也再次彰显出其中深刻的机体主义精神。

要之，根据戴东原，"一切有其条理，一行有其至当"（《原善》下）。因而，他肯定每一物均有内在条理，事实上即肯定每一物均有内在价值。这种价值，独立于人类利害关系之外，纯然可支持其生命本身的存在意义。此即相近于黑格尔所说："凡存在均合理，凡合理均存在。"所不同者，戴东原所指之"合理"，乃指合乎内在之物性理则，而黑格尔所称之合理，则泛指一般社会之合理化解释。若从生态保育眼光来看，则东原之说，明显更加符合当今环保哲学之所需。

尤其,戴东原观乎物理之生生条理后,更以此直通人理之礼义,甚具启发意义,也能再次证明人与万物众生之旁通无碍:

> 气化流行,生生不息,仁也,由其有生生有自为之条理,观于条理之秩然有序,可以知礼矣。观于条理之截然不可乱,可以知义矣。

值得重视的是,戴东原在此再度明指,万物不但含生;而且生生,不但生生,而且自具条理。不但秩然有序,而且“截然不可乱”。正犹如人伦中的“礼”“义”不可乱。

这就充分提醒人们,虽然万物众生间的理则,属于专门科学,人们不一定完全清楚,但对人伦之间的条理礼义则应很熟悉。人伦之间条理一旦紊乱,形成乱伦,必生大祸,同样情形,人与物之间条理一旦紊乱,万物生态平衡遭到破坏,也必定会产生大祸,因此人们必须同样警惕才行!

此即东原所说:

> 善,其必然也,性,其自然也。归于必然,适完其自然。此之谓自然之极致。天地人物之道,于是乎尽。

换句话说,根据戴东原,所谓“善”,对万物众生而言,即在遵循其必然之道理,不可倒行逆施;对人间万事,也在遵循天理之必然,不可违反人性。唯有如此,顺乎人心自然,才能完成大事,顺乎物性自然,也才能完成环保!

总之,东原将《易经》“天地人”三才之道,更具体地加入“物”,进一步论述“天地人物之理”。其宗旨在申论儒家顺天应人之道,并结合万物生生条理之理,肯定众生不但融为一体,而且贯通无碍,因而人们必须尊重万物生命,维护生态平衡,的确深具新意。尤其对今后环保哲学而言,更具深刻的启发作用,非常值得弘扬光大。

(六) 结语

综合而言,新儒家的众生观,不论宋明的理学、心学,或清代的汉学各派,虽然哲学风格不同,思想重点也不同,但均共同表现出“机体主义”的精神,共同肯定万物含生、生生不息,并且共同肯定万物含理、物物相关。

另外,新儒各家也都共同肯定,人心本善,并且强调人心来自天心,所以只要人能大其心,返其本心,对越在天,便可充分同情体物,并且透过力行,达到物我并成的崇高理想。

凡此种种,均能深符当今环境伦理学中所肯定的机体主义思想,以及“物物相关”“物有所归”“自然睿智”等各种原理,而且更能进一步阐论人类对自然万物众生应有的悲悯精神,充分可见东西方会通之处,深值重视。

近代西方哲人史宾塞(Herbert Spencer)有句名言,深值重视:

> 能够设身处地,为他人或万物着想,才是人类文明的最大动力。[85]

另外非洲之父史怀哲(Albert Schweitzer)也曾同样强调:

> 除非人类能够尽量扩大其心,悲悯一切万物众生,否则心中将永远不得安宁。

事实上,此等生命精神,也正是新儒家各派所强调的共识,并且是东西方哲人所呼吁的共识。相信今后只要东西方均能弘扬此等共识,并且共同唤醒民众,身体力行,就必能为整体世界的生态保育与环境保护,开创真正光明的未来!

附　注

① 请参方东美先生《中国哲学之精神及其发展》(*Chinese Philosophy Its Spirit and Its Development*),Linkin Press,Taipei. 1981,全书附录中文“摘要”部分。另外亦见孙智燊中译本“导论”部分,台北成均出版社,1984 年初版,第 18 页。

② 同上书,中译本,第 14 页。

③ 老子《道德经》,二十五章。

④ 周敦颐《通书》,见《全集》卷六,第 2 页。

⑤ 同上书,卷五,第 4 页。

⑥ A. N. Whitehead. *Religion in the Making*. N. Y,1926,p. 15.

⑦ 《易经》系辞下传,第一章。

⑧ 方东美先生《新儒家哲学十八讲》,台北黎明公司,1989 年第

3 版,第 1190 页。

⑨　孟子《尽心》章。

⑩　张载《大心篇》。

⑪　方东美先生《新儒家哲学十八讲》,第 291 页。

⑫　孔子《论语》,颜渊篇,二十二章。

⑬　《易经》,系辞上传,第七章。

⑭　大程子《二程遗书》第十一,明道先生语一。

⑮　大程子《二程遗书》第十二,明道先生语二。

⑯　大程子《二程遗书》第十一,明道先生语一。

⑰　大程子《二程遗书》第二上。

⑱　同上书。

⑲　《象山全集》,卷三三。

⑳　同上书,卷三五。

㉑　阳明先生《大学问》,卷二六。

㉒　Mishkat-el-Masabih, Quoted from *The Extended Circle*; ed by Wynne-tyson, Paragon House, N. Y; 1989, p. 139.

㉓　阳明先生《大学问》。

㉔　方东美先生《新儒家哲学十八讲》。

㉕　阳明先生《传习录》,卷二。

㉖　根据《宋史·儒林传》:"陈抟以先天图传种放,种放再传穆修,穆修传李之才,之才传邵雍。"《宋史》卷四五七中有陈抟传,冯友兰在 1933 年出版之《中国哲学史》中,即据此称陈抟为"宋初一有名的活神仙也"。则其对陈抟的评论,仍有其根据,值得重视。

㉗　详见邵康节《观物内篇》,《皇极经世》,卷一〇。

㉘　邵康节《观物内篇》,《皇极经世》,卷一二之下,第 3 页。

㉙　邵康节《观世篇》,《皇极经世》,卷一一之下,第 13—14 页。

㉚　同上书。

㉛　邵康节《观物内篇》,《皇极经世》卷一一上,第 1 页。

㉜　方东美先生《新儒家哲学十八讲》,第 250 页。

㉝　同上书。

㉞　同上书,第 218 页。

㉟　张横渠《乾效篇》。

㊱ 同上书,《诚明篇》。
㊲ 同上书,《乾效篇》。
㊳ 同上书,《诚明篇》。
㊴ 程明道《二程遗书》,第二上,二先生语上。
㊵ 同上书,《二程遗书》第十一。
㊶ 小程子《二程遗书》。
㊷ 《二程遗书》,第三,二先生语。
㊸ 方东美先生《新儒家哲学十八讲》,第 224 页。
㊹ 朱子《语类》,卷九四,第 41 页。
㊺ 同上书,第 7 页。
㊻ 同上书,卷九四,第 41 页。
㊼ 朱子《仁说》。
㊽ 象山《全集》,卷三四,第 38 页。
㊾ 方东美先生《中国哲学之精神及其发展》,中译本,第 17 页。
㊿ 方东美先生《生生之德》。
51 方东美先生《新儒家哲学十八讲》,第 232 页。
52 同上书,第 239、240 页。
53 同上书。
54 同上书,第 243 页。
55 邵康节《观物内篇》第一。
56 方东美先生《新儒家十八讲》,第 253 页。
57 邵康节《观物内篇》。
58 邵康节《观物外篇》下,《皇极经世》,卷一二之下。
59 邵康节《观物外篇》上,《皇极经世》,卷一二之上。
60 方东美先生《新儒家十八讲》,第 256 页。
61 同上书,第 258 页。
62 语出邵康节之子邵伯温。
63 方东美先生《生生之德》。
64 同上书。
65 同上书。
66 阳明先生《传习录》,全书卷三。
67 朱子《文集》卷三〇。

⑱ 方东美先生《生生之德》。

⑲ 阳明先生,语录,第6页。

⑳ 方东美先生《生生之德》。

㉑ 朱子《语类》卷一。

㉒ 见朱子《答张文夫书》,《文集》卷三二。

㉓ 方东美先生《中国哲学之精神及其发展》,中译本,第18页。

㉔ W. Beebe. (ed) *The Book of Naturalists*, Princeton University Press, 2nd. ed. 1988.

㉕ 方东美先生《中国哲学之精神及其发展》,中译本,第18页。

㉖ 船山《尚书引义》,卷三。

㉗ 同上《尚书引义》,卷三。

㉘ 同上《思问录》,内篇。

㉙ 同上《周易内传》,卷四。

㉚ 同上《读四书大全说》,卷一。

㉛ 颜习斋《存学》。

㉜ 《刘子全书》,卷一一,第3页。

㉝ 阳明《传习录》下,卷三。

㉞ 同上书。

㉟ See *the Extended Circle*, ix.

㊱ Ibid. Preface.

第六章　西方传统的自然观

绪　论

本章宗旨，在分析西方传统哲学对“自然”的看法，一共分成六项重点申论。

基本而言，西方传统哲学对“环境伦理”的观念均很缺乏，不但缺乏“人与自然”应和谐相处的看法，而且正好相反，往往采取征服自然、役使自然的立场；因此近代虽然发展了科学，却也破坏了环境生态。一直到当代20世纪，环境问题才逐渐受到重视，对传统的自然观也才逐渐开始省思与批评。

当代西方对其传统自然观的批评，可以由三位著名的“环保先觉者”作为代表。

第一位名叫李奥波(Aldo Leopold，1887—1948)，他是一位热爱大自然的“实在论者”(realist)，从20世纪初期，就对生态保育一直积极参与，并且有系统地提供理论基础，因而成为当代西方环保的代表性人物，并被尊称为“西方生态保育之父”。李氏有一本经典名著——《大地伦理》(*The Land Ethic*)，可说当代西方最早的环境伦理学。这本书发表于1930年，他当时就已经沉痛呼吁，人类必须及早重视大地伦理与环境保护，否则以后会悔之晚矣。[①]这可说是以往西方传统哲学与宗教中很少提到的空谷足音，所以很值重视。

第二位是哈佛大学的地质学家席勒(N. S. Shaler)，他从本行的地质学开始省思，认为西方传统思想对于环保方面多为负面影响，不能处理当今的环境问题。所以他在《人与地球》(*Man and Earth*)一书中特别呼吁，希望哲学家们，能够建树一套新的环境伦理学基础，以作为新时代的环保共识。[②]

席氏并曾强调，虽然他身为科学家，但他甚至愿意支持一种“相当极端的哲学”，那就是把大地“拟人化”，看成也是人类生命的延伸。[③]

事实上,正因他能跳出科学主义的局限,所以反而很能符合现在环保哲学的中心精神。

尤其,若从中国哲学看来,则不论儒、道、释、新儒哪一家,基本上都肯定天地万物为一体,也都强调人应大其心,以容天下万物,如此将万物看成是生命流衍的对象,正是某种"拟人化"的情形,很能跳出科学唯物论的框框,并与席勒教授的心愿完全吻合,所以深值透过比较研究而共同地弘扬。

1988 年的《时代杂志》中,曾经特别在选拔当年"风云人物"时,用心良苦地强调,当选的不是一个"人物",而是一个"受伤的地球"。这也是明显地把地球"拟人化"——将整体地球看成是一个生命体,而且是受了伤的生命体。此中深意,代表更多的人已经警觉,地球环境被破坏的程度,已经到了如同人类切肤之痛的地步。这种比喻一方面提醒我们,中国传统哲学肯定"万物含生"的正确性与重要性,另一方面也启发世人,今后如何善待地球,重新建构"环境伦理学",不再只是东方人或西方人的事,而是所有"地球人"的事。

另外,第三位值得引述的是美国乔治亚大学教授郝尤金(Eugene C. Hargrove)。他曾经著有《环境伦理学的基础》(*Foundations of Environmental Ethics*)一书,其中更清楚地批评,西方三千年来对环境保护的思想,要不就是缺乏,要不就是根本不谈。④

郝尤金强调,环境哲学不但是西方哲学以往最缺乏的一环,也是现在西方文明"最失败"的地方。尤其到了逻辑实证论,认为讨论"价值"没有意义,更加助长了对自然的伤害以及破坏。因此他认为,面对此一"当今最严重的问题",人们必须重新对环境问题加强省思。⑤

然而,如前所述,要讲环境哲学,中国文化才有更丰富的尊生思想,也才有更深刻的环保哲学,中国文化虽然在近代科学发展上应向西方学习,但若讲环境哲学,则西方应多向中国效法。

此所以郝尤金曾经针对希腊哲学,批评其中三大缺憾:⑥

> 一是妨碍了对自然生态的研究。
> 二是贬抑了对自然审美的欣赏。
> 三是忽略了对自然凌空的玄观。

事实上,这三项缺点不只希腊哲学才有,我们可说,从希腊时代影

响所及,整个西方传统思想,基本上均未脱此根本毛病。因此,本文以下将从七项重点,深入分析西方传统自然观的弊病:

第一是“天人二分法”,这是从立体二分,将人与自然对立,属于希腊宇宙论的二分。

第二是“神人二分法”,这也从立体二分,将人类与神明对立,属于中世纪哲学的二分。

第三是“心物二分法”,这是从平面二分,将心灵与万物对立,属于近代本体论的二分。

第四是“主客二分法”,这也是从平面二分,将主体与客体对立,属于当代知识论的二分。

第五是“科学唯物论”,只从唯物眼光看自然。

第六是“机械唯物论”,只从机械原则看自然。

第七是“价值中立论”,只从中性眼光看自然。

以上七项,可说基本上概括了整个西方传统自然观的主要弊病。综观西方两千多年来哲学,虽然其中也有其他看法不同的自然观,有些哲学家在生活上也还蛮亲近自然,但基本上仍以上述七项为主流。从这七项明显可以看出,对于环保工作均为负面的影响。这就难怪当代西方有识之士再三呼吁,应重新省思,并建构一套足以保护环境的“新哲学体系”。

所以,扼要而言,中国传统哲学具有充分的环保观念,只是以往并没有充分弘扬开发,正如同含量丰富的金矿,却未加以开采,甚至不少人还不知道有此金矿。至于西方,则是本身缺乏金矿资源,却充分了解迫切需要金矿。因而今后重要的是,东西方应共同合作,互通有无,以充分弘扬中国本有的环境伦理学,作为对全人类共同环保的重要贡献。

以下即对西方传统的自然观,一一分析其中弊端,并扼要论述如何用中国哲学加以补济。

第一节 天人二分法

西方哲学从希腊“天人二分”开始,主要就是泛二元论思想。此即怀海德(A. N. Whitehead)所批评的“恶性二分法”(Vicious bifurcation)。[7]相形之下,中国哲学基本上注重和谐统一的思想,用熊十力先生的话说,就是"泛不二论",用方东美先生的话说,即是融贯和谐的"机体主义"。

事实上,"泛不二论"仍然是消极性的讲法,因为虽然其内容强调"不是"二分,但却未指出"是"什么,方先生则是积极地指出,正是"机体主义",是和谐的统一,也就是肯定天地万物浑然一体。其中自然万物相互依存、彼是相因,而且彼此旁通,整体融贯,形成和谐统一的大生命体,这正是当今环保哲学中最重要的理论基础,因而也是最深值西方哲学效法之处。

怀海德也曾经指出,"西方哲学两千多年来,均为柏拉图的注脚",这话很中肯地指出西方哲学偏重二分法的特性。因为柏拉图哲学基本上就是"天人二分"的二元论,所以影响所及,上下二界如何融贯的困境,在西方就一直存在两千多年。

这种二分法影响到自然观,就是明显的轻忽自然界,并贬抑一切现实万物,因而对自然生命就不够尊重,也影响保护环境应有的态度。

换句话说,柏拉图固然在其他很多方面均为伟大哲学家,对于西方文化,也有很多重要贡献,但对环境保护而言,却恰恰是他最弱的一环。因为他把天人劈成两截,不但难以融贯,而且只重上界而轻下界,这就造成对当今环保的很大伤害。

事实上,希腊在先苏格拉底时期,即已有此端倪,此所以巴门尼底斯(Parmenides)追求永恒的"存有"(Being),而赫拉克利图(Heraclei-tos)则强调不断的"变动"(Becoming),这两者之间如何调和,已经成为雏形的二分法困境。

因为,前者强调永恒不变的本体,后者则强调万物流转的变动现象,所以这两者如何结合与融贯,一直就成为西方哲学的基本难题。

另外,更早期的泰勒斯(Thales,624—546 B.C.),认为宇宙"太初"是水,其重要贡献,是在思想史上第一次指出了"太初"(arche)的观念,并将万事万物构成的本质称为"太初",因而触及了哲学的根本问题——也就是"本质"的问题。此所以亚里士多德在《形上学》中,曾称泰勒斯是"希腊哲学之父"。

只不过,泰勒斯认为太初就只是水,却过于简单化,也容易形成单质化的毛病。相形之下,印度早期哲学认为"地、水、火、风"这"四大"

才是“太初”，反而更具多元性。

希腊除泰勒斯外，后来又有不少哲学家对“太初”提出各种不同的看法。例如阿纳西曼德（Anaximandros，610—546 B. C.），认为“无限”才是太初。阿纳西闵尼（Anaximenes，558—528 B. C.）则认为“气”才是太初。到德谟克列图（Demokritos，460—3708. C.）则以“原子”为自然的“原质”，亚那萨哥那斯（Anaxagoras，500—428 B. C.）刚好相反，以“精神”为自然演变的动力。

虽然他们对“太初”的看法并不同，但均有一个共同点，那就是多半仍以单薄的单项个体定义“太初”，而且均未提到万物融贯的关系。其中即使如恩培多克列（Empedokles，492—432 B. C.），认为“水、火、气、土”为构成自然的“原质”，但他也并未认为这四者能形成整体和谐的统一。

换句话说，整个希腊在先苏格拉底时期，对自然的看法，均缺乏“机体主义”的融贯精神，也缺乏“万物含生”的任何观念。

其中比较值得注意的例外，便是毕达哥拉斯（Pythagoras），他除了发明“毕氏定理”，成为数学家外，也很关心动物。他认为人类有“灵魂——肉体”（soma-sema）之分，并认为“动物与我们同样，都得天独厚地具有灵魂。”[8]另外，他也曾明确反对屠杀动物与肉食，并且很早就曾清楚地感叹：

> 天哪！把另一个血肉之躯吞入我们自己血肉之躯，是多么邪恶的事情！把其他肉体塞入我们贪婪的肉体，以增加肥胖；把一个生物害死，以喂食另一个食物，是多么邪恶的事情！[9]

只不过，像毕氏这种悲悯的呼声，在整个希腊并不多见，影响也很微小。此所以布罗斐教授（Brigid Brophy）曾经很中肯地指出：

> 希腊哲学家们对伦理问题省思极为深刻，但却从来没有注意到奴隶制度的不道德，这对我们真是不可思议的事情。然而，三千年后，可能后人同样会认为，我们对动物迫害的不道德行为，竟然视若无睹，同样是不可思议的事情。[10]

另外，柏拉图还曾经提到：西洋哲学的起源在于“惊奇”。因为西方文化源头，起于对自然界充满惊奇，所以很能发展科学精神，并客观地分析研究万物，这是其长处。然而其副作用，却是因为对自然界惊奇有余，而尊重不足，所以便形成征服自然、役使万物的习惯，终致破坏了自然，也影响了生态。

相形之下，中国哲学基本上是以“尊生”为出发点，代表关怀生命、尊重万物的特性，并以人文精神点化自然世界，所以能促使整个自然万物，同样受到人心尊重，这对环境保护与生态保育而言，显然有直接的贡献。

换句话说，我们若比较中西哲学的发展特性，则西方哲学从“对自然惊奇”出发，因而长处在知识论，中国哲学则从“对生命尊重”出发，因而长处在价值论。两者后来发展互有长短，但若从新时代的环保需要而言，则中国哲学明显能有更多贡献。

另外，希腊哲学早在苏格拉底时期，基本上就认为，这个现实世界还不如另一个死去的世界。所以苏氏在《斐多篇》(*Phaedo*)中，曾经明白强调：

> 我们是爱智者，然而得到智慧，是在死后，不在生前。
>
> 真正的哲学家，……所一直萦绕于怀的，乃是在如何实践死亡。[11]

根据苏格拉底，他明显肯定另外一个世界更好，因此对于此一自然世界便认为并不值得恋眷。既然没有恋眷，当然也就没有关怀。影响所及，对于环保便成为不利的态度。

因此，苏格拉底有一次到郊外去散步。当他看到一片自然美景，有雄伟的远山森林，也有绿油油的田野草坪，虽然也觉得心旷神怡，但紧接着却说：

> 很抱歉，我是一个追求智慧的人，森林与旷野都不能增进我任何智慧。[12]

苏氏言下之意，这些自然景观虽然很好，但却不在他所追求的智慧范围之内，因而也不在其关怀与肯定之内。这便是苏格拉底对自然的基本看法，事实上，也正是希腊哲学对自然的典型看法。

这种看法到了柏拉图，便进一步发展成“理型论”(Theory of Form)。

柏拉图在理型论中,很清楚地将世界分成上下二界,上界是一永恒的精神界,或称为“观念界”,或“理型界”,下界则是变幻的物质界,即感官世界、自然世界。

根据柏拉图的看法,此世的自然界只是上界的“模仿”(imitation),因而并不值得肯定。其宗旨本在期盼人们能将灵性向上提升(uplift),不断向上界追求终极的“真、善、美”,这正是他伟大的地方,但其副作用却因贬抑下界,不能欣赏此世,因而导致不能尊重自然、爱护自然,对于环保工作反而形成负面影响。

另外,柏拉图曾经在《理想国》第七卷,提出著名的“洞穴说”。根据其看法,他认为人们所处的现实世界,就好比是一个洞穴,在洞穴中所看到的事物,就好比在矮墙上反射火炬所映现的幻影。[13]根据这种比喻,自然万象就好像幻影的表象世界,只有“理型界”才是永恒不变的真实世界。因而只有拾梯而上,走出这个洞穴,才能从上界探寻到光明的太阳。

在柏拉图这比喻中,“洞穴”(自然界)当然并不值得留恋,也并不值得尊重。尤其,在上的“理型界”需要严谨的知识(Knowledge)才能认知,而“自然界”只用零碎的“意见”(opinion)即可感受。柏拉图在此对“知识”与“意见”的分别,显然也只重前者,而轻忽后者,并认为二者不能融贯,凡此种种,均形成二元对立的困境。

其实,柏氏此中分野,正如同华严宗所说的“理法界”与“事法界”。根据柏拉图的精神,本在于希望唤醒人心,提神高空;并根据伟大的理想,追求清明的理智。然而其短处却在于轻视现世,无法融贯理想与现实,并且根本否认“理”“事”能够“无碍”。相形之下,中国华严宗强调“理事无碍”,从而形成圆融和谐的生命哲学,便深值借镜参考。对于今后环保伦理学的建构,尤其深具重大启发意义。

换句话说,柏拉图哲学的精辟处,在于他能把人类的心灵,从低俗、扁平与狭隘的地面洞穴,不断向上提升,以恢宏其心,高尚其志,追求终极的真善美。这种“向上提升”的精神,与中国哲学很能相通。

例如孔子讲“登丘而小鲁,登泰山而小天下”,并且在《易经》中肯定“大人者与天地合其德”,都是要求恢宏心志,提升精神。道家老子强调“玄之又玄”,以期提神太虚,庄子更以大鹏鸟精神象征驰神高空,都是同样精神。佛学如华严宗,也强调要能透过十地品,一层一层追求最高法界,凡此种种的"上回向"精神,在基本上均很能相同。

然而,柏拉图虽然有上回向的精神,却缺乏下回向的同情,所以对此世抱着鄙夷的态度,对自然万类也缺乏同情体物与平等尊重的精神。这相形之下,便远不及中国哲学尊重自然万物生命。

事实上,在柏拉图心目中,不只对自然万类缺乏同情的精神,甚至对同属人类的奴隶,也缺乏同情精神与平等观念。此所以在《法律篇》中,柏拉图仍然肯定奴隶制度的存在,并且认为奴隶乃是主人的财产,而且是一种可以交易买卖的动产。

相形之下,孔子肯定"有教无类",明白尊重所有人类的平等性,并且强调"仁者爱人",并未排除任何人在外,显然比柏拉图要人道许多。尤其,当代西方环保学者,常以希腊奴隶制为戒,批评古希腊人忽略了奴隶的人权,近代民主政治以来,大家已充分认知其错误,并且进一步强调,不但"人"应一律平等,"人"与"物"也应一律平等。这种重要的环保精神,在柏拉图心中,显然还未见及此,但在中国哲学"仁民爱物""民胞物与"的传统中,却可以找到深厚的渊源。

事实上,也正因柏拉图只尊上界而卑下界,形成二元分离的根本困境,所以到后来又变成中世纪的天国与人间二分,形成尊天而卑人的情形。

此所以基督教中,强调神的王国不在此世而在他世。但此世与他世之中,又如何融贯?两者间并不能融贯,人类也只有过世才能进入他世。这基本上仍然还是苏格拉底思想的延续——认为必须生命死去之后,才知道另一世界比此世美好,而另一永恒世界与此一现实世界,中间完全是隔绝的。

相形之下,中国哲学并不认为如此。中国哲学的重点,基本上都在关心这个人间世与这个自然界。此所以孔子强调"未知生,焉知死""未能事人,焉能事鬼"。而且儒家明白肯定,透过人为的努力,尽心成性,在此世就可以建构理想的世界——如果用现代学术的用语,就是在此世即可以建造一个"人间天堂"(Heaven on Earth)。但若照柏拉图以及部分基督教义的看法,则天国是天国,现世是现世,两者之间,绝无可能相通。

所以就此而言,柏拉图的"理型论"与"洞穴说",如果用佛学眼光来看,则相当于小乘佛教——认为此世是虚幻的假相,而且充满烦恼黑暗,因而一再强调应该离开此世,转求他世,这就具有浓厚的出世与厌世思想,对于环保均很不利。

相形之下,在中国生根的却是大乘佛学。大乘佛学强调"悲智双运",一方面固然要有慧心,以上回向看破幻相,不受束缚,但另一方面更要有悲心,以下回向肯定此世,充满同情与关怀。根据大乘佛学,正因此世多烦恼,所以更应入世救世,正因此世多黑暗,所以更应淑世爱世,此即所谓"离开烦恼,便无涅槃"。

因而,在大乘佛学眼中,此世一切自然万物一切草木鸟虫鱼兽,均具有平等的尊严与价值。不但人人都充满佛性,而且物物也都充满佛性。这就完全能够正面肯定爱护自然,对于环保具有极大的正面影响。相形之下,柏拉图便完全不可同日而语。

著名西洋哲学史家柯普斯登(F. Copleston)曾经指出,柏拉图专论宇宙的《迪美吾斯篇》(*Timaeos*),可说是所有对话录中唯一的"科学性"对话录,他并强调"其物理学理论也尽在于此"。[⑭]然而,即使在此篇中,柏拉图也同样强调,对自然界物理的看法,只是"近似真实"的解说。换句话说,他仍然不承认此为永恒精确的真实。

何以故呢?首先,柏拉图认为,我们"只是人类",因此应该接受"近似真实的故事,不再奢求其他"。这再次显示,柏拉图主张尊天而卑人的思想,并认为自然界只是上界的"模仿",因而只是"近似真实",而非"真实本身"。

另外,柏拉图也强调,精确的自然科学所以不可能,也应归咎于"这个题材的性质"。因为自然界既然只是近似之物,所以对它的说明,本身也只能是近似的,"就像'生成'之于'存有','相信'之于'真实'亦然"。[⑮]换句话讲,自然界比起理型界,已经隔了一层,而物理学对于自然界的解说,离真实又隔了一层,所以顶多只能算是第三等的价值。

虽然柏拉图对生物学并未明讲其评价,但在此架构下,明显也属同样性质——顶多只算"近似中的近似",因而只算三等价值。由此看来,人们若想以此尊重自然,并发扬生态保育,显然便如同缘木求鱼,全无可能。

不过到了后来,柏拉图为了企图解说宇宙的产生,又提出一个造物主的看法,称之为"德米奥格"(Demiurgo),其宗旨在根据永恒的理想界,来塑造物质界,促使世界成为井然有序,并且成为“一个具有灵魂与理性的生物”。其蓝本是理想的生物(being creature),亦即一个整体的大理型,其中包括“天上诸神,飞翔于空中的带翼之物,栖息于水中之物,以及徒步行走于地上之物”。[16]

换句话说,柏拉图到晚年,也体会到应尽量结合理型上界与现实下界,所以企图用“德米奥格”作为中介,据以融贯此中二分,并且将此现世,也塑造成为一个充满生意的大生命体,其中不论天上飞的、水中游的,或地上跑的,都视同含有生命,并且在和谐与秩序中趋于至善。

柏拉图如果真能继续发展此说,就很能与中国哲学的“万物含生论”连贯互映,更因他肯定万物均来自同一根源——亦即真善美化身的“agathon”(相当于儒家的天心,道家的大道,或者佛学的佛性),所以人与自然很能旁通统贯,并且和谐并进,这些不但都能与中国哲学相通,更与当代环保思想很能相符。

可惜的是,在柏拉图的思想中,这一部分仅停在雏形,属于灵光乍现,但并未充分开展。相形之下,若以柏氏此一单篇与其他众多对话录的分量比较,显然仍以天人二分的“理型论”占绝对优势。其中未竟之处,反倒在中国哲学很能找到丰富的内容,由此再次可以证明,中国哲学深值弘扬的根本原因。

然而值得注重的是,当柏拉图提出造物者德米奥格时,实际上已经进入宗教的境地,并非纯哲学的理念,此所以后来亚里士多德便明白以“神学”(Theology)作为“哲学”的延续。

因而,中世纪之后的神学,便曾融入柏氏观念——造物者不但本身为善,并且“希望万物尽可能类似他自己”,因此基督教义提出“上帝依其形相造人”的说法。只不过根据基督宗教,上帝只对人类厚爱,因而只依其形相造“人”,并将万物均赐给人类,作为天然食物。这对环境保护与生态保育而言,便容易形成负面作用。

以上是从柏拉图的哲学与宗教分析其自然观,另外,我们若从美学或艺术来看,就会更加清楚。因为当今提倡环境保护与尊重自然的人们,有一项很重要的根据,那便是先肯定自然之美,从而认定应该对自然加以维护,不能破坏。这也就是从美学观点来支持环境伦理学的重要性。

然而,不幸的是,在柏拉图心目中,他所认为真正的“美”,仍然是在理型上界之美,现实的自然界因为只是上界的模仿,所以不能算是真正的美。至于“美学”、艺术,因为是以自然界为对象,所以更只是“模仿中的模仿”“比真实界低了两层”。与终极真正之美相比,同样只能算是三等价值。

因而在柏拉图的《理想国》中,他对一些诗人与艺术家,认为只是庸俗之徒,只会使人类灵性堕落,所以甚至要将彼等赶出《理想国》。由此来看,当然更不可能期望柏氏能从美学而肯定环保工作。

此所以柏拉图曾经明白认为:

> ……这个地球上一切岩石以及我们所居住的一切环境,均受了腐蚀,正如同在海中,一切万物均被盐水腐蚀一样,所以没有什么值得一提的植物,也很少形成完美的存在物。只有巨穴、流沙以及无数的泥土与黏土,以我们标准来看,其中没有一丁点可以称得上为“美”之物。[17]

从这一段中,我们充分可以看出,在柏拉图心目中,他对此世的“地球”,是如何明显的贬抑态度。

另外,柏拉图也曾经将“地面”与“海面”相提并论。其用意本来是想用鱼类翘首海面比喻人们也应引颈高空,追求上界真理。然而他在此疏忽了,鱼儿纵然再抬头游出海面,却毕竟不能在空中生存,终究不能离开海水生活,所以毕竟不能否定或贬抑大海。同样情形,人类对于此世也不能一味否定与贬抑,那样自毁生存环境,反而会造成当下与直接的伤害。

总而言之,从上述可知,柏拉图不论知识论、形上学、伦理学或美学,都同样贬抑此世自然界的价值,影响所及,便产生西方长期以来对自然界只知征服、不知保护的传统思想。虽然他在宇宙论中,透过造物者的建构,也企图解决天人二分的问题,但毕竟未能成功。相形之下,中国哲学“兼天地、备万物”的精神,却很能圆融解决此中的难题,并充分符合当今环保的需要,所以的确深值东西方有识之士重视与共同弘扬。

另外,我们应再分析亚里士多德。

在现在的梵蒂冈教宗博物馆中,有一幅拉斐尔所作的名画,其中有柏拉图与亚里士多德二人。柏拉图一手指上天,另一手抱着《宇宙论》(*Timaeos*),而亚里士多德则一手指着地,另一手挟着《伦理学》(*Ethics*)一书。这幅名画很生动地点出柏氏与亚氏的不同——柏氏注重上界,而亚氏却比较注重此世。

换句话说,亚氏哲学本来企图解决柏拉图只重上界的毛病,以及天人二分的鸿沟。所以他以“潜能”(potentiality)与“实现”(actuality)作为其中循序完成的两极。然而,如果深入分析,便知他只是解释从此界到上界的中间过程,却仍然并未提及对此世自然界应该关心保护。扼要来说,虽然他也研究物理现象,但重点只是去分析它,并没有想到去保护它。尤其讲到后来,从物理学之后,变成“形上学”,更是抽象有余,而关怀不足。

因此,亚里士多德在《形上学》中,第一句话就认为:“人类天性渴望求知。”这话仍然承自柏拉图的特性,强调哲学乃根源于“惊奇”,所以才对自然万物渴望求知,但其中并无任何悲悯或同情万物之意。

相形之下,儒家认为哲学根源于“仁心”,孟子更强调人人皆有“不忍人之心”,肯定人类天性皆有善根,并以此引申发展为仁民爱物之心,完全能以尊重生命、同情万物为重点,在环境伦理学,便明显具有重大的正面贡献。

事实上,正因亚氏分出“实现”与“潜能”,所以便导致其“存在层级说”。[18]根据这种论点,砖可说是泥土的“实现”,但对要建造的房屋来说,则仍为“潜能”,此中存在层级,即房子高于砖,砖又高于泥土。因而在宇宙结构或存在层级的理论中,亚氏认为存在的层次愈高,就越有优越性。例如在其存在层级中的底部是无机物,其上是有机物,再其上为植物、动物等等。如此一来,正如同奴隶制度的阶级森严一样,亚氏认为在万物之中,也有层级的差别。

相形之下,中国华严宗的宇宙结构,不但肯定自然一切万物均为平等,而且相互依存,彼此含摄,因而能在平等尊严中,形成融贯无碍的大有机体。这明显就比亚氏要恢宏与高明许多,对于环保的可能贡献,以及对生态保育的肯定,更明显要重大许多。

尤其,因为亚里士多德深具阶级观念,所以他自认为,自然界的构成,低等动物是为了高等动物而存在,高等动物则为了更高等动物而存在。在他心目中,最高的动物就是人。因此,不论水里的鱼、地上的兽,都是为人而存在的。如此一来,人类把它们都猎杀来吃,便成为天经地义的事。这对于生态保育与环境保护,明显具有极大的负面影响。

此所以亚氏在《政治篇》中曾经明白提到:

> ……动物出生之后,植物即为了动物而存在,而动物则为了人类而存在,其驯良者是为了供人役使或食用,其野生者则绝大多数为了人类食用,或者穿用,或者成为工具。如果自然无所不有,必求物尽其用,此中结论便必定是:自然系为了人类才生有一切动物。[19]

本段内容,可以说,典型代表了从古希腊到后来西方文化传统一贯的自然观。此中重点一言以蔽之,就是认为,一切自然万物均为人类而存在。因而认为人类天生可以宰制自然、役使万物,这就形成破坏自然与生态的最大理论根源。

当然,亚氏也曾提到,植物也有"魂",亦即"生命原理",他并定义此为"具有生命能力的自然物体之生元",或是"一个自然有机物的最初生元"[20]。然而,他所认定的各物之间关系,却仍然是:高级存在的"魂"必定盖过低级,反之,低级却不能涵盖高级。

根据亚氏理论,其中最低级的魂,是营养魂或植物魂,随着层级的阶梯逐渐上升,最高的则及于上帝。其中一层层更高阶级的存在,明显驾凌于低级存在之上。

另外,亚氏认为"感觉"对于植物并不重要,动物才需要感觉。然后再层层往上升。其中体系等级森严,可说完全未能从广大生命的平等性着眼,更未能肯定一切万物内在均具上帝神性。相形之下其中体系,中国华严宗肯定,自然万物不论大小,均在佛法之中一往平等,而且一切众生不论大小,也皆内涵佛性,因而均需加以尊重,显然要比亚氏深具环保的重要精神。

事实上,正因亚氏主张"存在层级",不但对自然万物分级列等,即使对人类本身也是如此阶级分明。因此他也同样认为,奴隶制度乃理所当然,与柏拉图同样,对奴隶缺乏仁爱的精神。这在现代民主人士来看,会觉得很不可思议;然而,这也正如同两百年前,很多西方白人认为黑奴制度乃理所当然一样,深深说明西方传统思想中,"平等"与"尊生"的观念一直要到近代才开始发达。相形之下,中国哲学仁民与爱物的传统，的确深值肯定与弘扬。

换句话说，亚氏的阶层观念，从生态保育上看，不但未能帮助，并且恰恰相反，提供了人类征服环境、破坏自然的借口。所以亚里士多德虽然分析物理学与生物学要比柏拉图精细，而且也创立了“四因说”，以分析万物成因（亦即“形式因”“质料因”“形成因”与“目的因”），但基本上他仍然只是分析万物，并没有关怀万物的观念。尤其因其阶层观念，产生了役使万物的看法，凡此种种，均导致会对环保工作的极大破坏。

所以当代西方环保学者郝尤金（Eugene C. Hargrove）便曾经举例指出，亚里士多德虽然也提到现在的埃及，当红河泛滥的时候，其河床常会压过尼罗河谷，但他的兴趣只在对海岸线的改变很好奇，并没有任何心意，去关心应如何保护尼罗河谷的生态，以及洪水泛滥会如何破坏河谷的环境。[21]

这一例证充分说明，虽然亚里士多德在分析自然界方面，比柏拉图要更加细密，但他同样并没有提到应如何关怀自然，更未强调应如何保护自然。归根结底，仍因其哲学源自知识性的“好奇”，而非人文性的“悲悯”。

另外，根据亚氏看法，整个自然界只是一个巨大的质料凝固物，在世界终极因——“不动的原动者”——推动之下，不断的生灭变化而已。所以在《气象学》（*Meteorology*）一书中，他曾经明白强调，虽然地球很多部分都在腐坏，但若一处干枯，成为沙漠，不能栖息，却会另有一处变成可以居住的绿地，因为河川必定会流衍各地，所以仍然能形成绿地。

重要的是，如果根据亚氏这种看法，仍然无补于环境保护，因为他认定河川可以本身调整流向，所以便无须人类费心关怀，届时人类只要顺水而栖即可。如此看法，显然仍以人类本身利益为自我中心，而且一厢情愿的消极态度，也再次显现亚氏对大自然虽有好奇之心，却并没有关怀之意，尤其没有保护之志。

因此，郝尤金教授曾经总论整个希腊哲学在环保上的缺憾，笔者特归纳成为六个重点，深值引申与阐论：[22]

第一，整个希腊哲学，认为自然界，顶多只是“意见”（opin-ions）的对象，但只有“知识”（knowledge）才是永恒不朽的真实，也才有真正的价值。至于零散“意见”的对象——如自然界,只属于变幻不居的表象而已,所以并不具有真正永恒价值。因此影响所及,便明显缺乏对自然的尊重与关怀,也缺乏保护自然环境的态度与心意。

第二,柏拉图哲学因为追求超越的“理性”,所以非常贬抑“感性”。但是美学基本上乃是以感性为基础,所以在柏拉图心目中,对大自然的美学离真理很远,大自然景观若想透过美学而被欣赏肯定,同样也被认为并不成立。

第三,在先苏格拉底时期,曾经认为地、水、火、风非常重要,尤其如今看来,这对于保护地球、善用火焰,乃至保护河川、保护空气来说,深具启发意义。但这四种要项在希腊先苏哲学也只是昙花一现,而且只被当作分析对象,并未当作关怀对象,因而仍然错失了对环保的重要贡献。

第四,自然界的变幻现象,在希腊时期,因为被认为不是永恒的现象,所以通常只是个别性的研究。例如对“火”只是孤立的分析,而没有想到“火”在自然景观中对环境的重大影响——像火山一旦爆发,对地质、岩浆,乃至附近生态所造成的影响,都完全被忽略。

另外,再如水,也只是看到其孤立的成分,而没有看到水汇成整条河川后,一旦泛滥,对整体生态与景观的影响,并且也没有研究水中生物的影响等等。换句话说,对自然物质,多半只是研究孤立的单项,并没有整体融贯性的研究。以致后来只推动了物理学的一些发展,但并没有真正发展机体性的生物学与地质学,因而对环保与生态学也形成相当程度的妨碍。

第五,整个希腊哲学所追求的世界观,比较简单化,而且属于静态几何线条式的世界观,因此不太能处理属于动态的环境问题,以及变化发展的生态问题。例如空气是流动的,因而空气品质问题,便无法在其研究之内。这同样造成对环保工作的不足与缺失。

第六,希腊哲学过分重视演绎法,多半从一般性的道理推演到特殊性的原理。但这种方法并不能适用于生态学,或生命科学的研究对象。所有环境伦理学所关怀的对象——不论自然万物、河川、空气、地质变化,或生态保育等等,通通不能只从一种原理演绎出来,而是有其特殊性,也各有不同的差异性与多样化,其中更有极复杂的机体性组织,所以不能只用简单的道理来化约,而必须以“机体主义”相待才行。

所以郝尤金教授曾举过一个例证，[23]强调对竹子的研究，纵然对其本性了解很多，可是只从竹子的静态研究中，并不能推出熊猫的生态。因为按照希腊哲学的方法，对竹子顶多只是个别的孤立研究，但对竹子何以是唯一能被熊猫接受的食物，乃至于熊猫在竹林中的整体生活形态，却完全没有整体的研究，也没有关心的兴趣，当然也谈不上如何加以保护或尊重了。

由此充分可见，希腊思想固然也产生了部分科学，但影响现代的只有物理学与化学部分，对于生物学、地质学或生态学基本上并没有发展。然而，对当代环保影响最大的科学，就是后三项，由此也可以看出希腊哲学疏漏之处。

以上是从希腊哲学思想的特性，分别说明其对科学影响的局限，以及妨碍环保发展的原因，事实上，从希腊哲学到中世纪神学，我们仍然可以看出其中一脉相承的特性，以及其中对环保的负面影响。

第二节　神人二分法

中世纪从耶稣基督诞生算起，到马丁路德宗教改革，前后一千五百多年，很有各方面的贡献，其宗教与哲学思想对西方文化尤有重大影响，不能完全抹杀。

不过，中世纪宗教与哲学的缺憾，有两大要项，也深值警惕。一是后来对科学发展的压抑，二是对环保的轻忽。前者已因近代理性主义启蒙运动与人本主义兴起，而在历史上得到了平衡发展。然而后者对环保的轻忽，则一直到今天，仍待同样理性的环保运动与环境伦理学平衡发展，才能更收宏效。

尤其中世纪的早期，其思想几乎全部承自希腊哲学。柏拉图所称的“造物者”，乃至亚里士多德所说“原动的不动者”，很清楚的成为中世纪所说的“神”，原先柏氏的“天人二分”，到中世纪仍然成为“神人二分”。另外亚氏所强调的万物为人类而存在，同样也形成中世纪的传统；并且更明确地指出，神造万物，就是为了人类生活而存在。所以扼要而言，希腊哲学原先轻忽环保的毛病，几乎同样在中世纪出现，只是用词略为改变而已。

例如《圣经》在《创世记》中便曾经提到：

> 神说：我们要照着我们的形像，按着我们的样式造人，使他们管理海里的鱼、空中的鸟、地上的牲畜和全地，并地上所爬的一切昆虫。神就照着自己的形像造人，乃是照着他的形像造男造女。神就赐福给他们，又对他们说：要生养众多，遍满地面，治理这地，也要管理海里的鱼，空中的鸟和地上各样行动的活物。[24]

另外，最常引起争议的即是下段：

> 神说：看哪，我将遍地上一切结种子的菜蔬，和一切树上所结有核的果子，全赐给你们作食物。至于地上的走兽，和空中的飞鸟，并各样爬在地上有生命之物，我将青草赐给他们作食物，事就这样成了。[25]

换句话说，《圣经》这段内容，基本上认为，人类天生就有神的授权："治理这地，也要管理海里的鱼，空中的鸟，和地上各样行动的活物。"另外，一切菜蔬果子均为神所赐给人类的食物；至于青草则为神赐给一切动物的食物。此中明显代表万物中有层级性，而并不是当今环保思想所强调的万物平等性。尤其其中明白显示，系以人类自我中心，驾凌万物之上，而不是如同中国哲学所强调，人应"合天地万物为一体"，人并应"大其心，以体天下之物"。所以若就环境保护与生态保育而言，此中明显也有负面影响。

此所以当代西方批评家赫胥黎(A. Huxley)曾经指出：

> 比起中国道家与远东佛教，基督徒对自然的态度，一直是令人奇怪的感觉迟钝，并且常常出之以专横与残暴的态度。他们把《创世纪》中不幸的说法当作暗示，因而将动物只看成东西，认为人类可以为了自己目的，任意剥削动物而无愧。[26]

当然，或有人称，人类若不能将动物植物作为食物，本身生存岂不也成问题。此说或也言之成理，问题在于至少应区分出人类"基本营养所需"，以及"稀有动物植物"之不同。根据环保的一般通则，并不严格排除人体正常营养所需摄取的基本肉类(虽然部分素食者对此也反对)，但对后者——珍禽异兽或濒临绝种的野生动物植物，则坚决反对猎取、杀食或破坏。

其实，我们如果深入分析，便知上述《圣经》内容，重点本在说明万物被创造的顺序,以及此世的应有秩序,并未故意藐视各种生物,更未明言要破坏环境与生态。只不过从中世纪以后,很多人断章取义,自我膨胀,自认为从此找到根据,可以征服自然万物,才会造成长期不幸结果。

因为,我们如果同时分析圣经其他篇章,便知很多地方仍然肯定对自然的尊重,以及对万物生命的尊重。此所以在《以赛亚书》中,耶和华曾经明白地说过:

> 你们所献的许多祭物,与我何益呢?……公牛的血、羊羔的血、公山羊的血,我都不喜欢……你们的手都沾满了血腥。

由此可见,《圣经》中也明白指出,不愿看到人类对万物任意杀生,即使用动物献祭,神也都不喜欢。

另外,在《启示录》中,也曾明白强调:"地,与海,并树木,你们不可伤害。"清楚地指出了当今环保的重要精神——不可任意破坏地球,不可任意污染海洋,也不可任意伤害森林!另如《约伯书》中,更曾清楚提到:"与地说话,地必指教你。"尤其明确地提示人们,应该多亲近自然大地,从自然大地的教诲得到启示。

凡此种种,均可看出,《圣经》与当今环保精神,其实也有很多相符之处,只不过西方文化因长期心存征服自然,所以只撷取《圣经》中看似与其相合的部分,而忽略了《圣经》中其他尊重自然万物的部分,今后对此毛病,自应及早加以改正才行。

除了《圣经》上述影响之外,我们也应分析中世纪两大思想家——奥古斯汀(Augustuius)与多玛士·阿奎那(Thomas Aquina),因为前者是"教父哲学"的始祖,后者则是"士林哲学"的始祖,影响均极深远。但从他们的解经内容中,我们同样可以看出中世纪对环保的轻忽。

例如,前面所引述的《创世记》中,说明了上帝创造自然万物的过程。站在环保立场,其中最应深入研究的,乃是上帝是否真把自然一切万物,均赐给人类作食物;以及上帝是否真正赐予人类权利,可以任意役使万物。

如果真正具有环保意识的神学家,自应将《创世记》中过分简略的内容进一步申论,至少也应指出,上帝只是把人类生存必需的动植物作为食物,但并不包括珍禽异兽与濒临绝种的稀有动植物,否则也明显会违背上帝好生之德。这种精神从上述《圣经》其他篇章中可以得到证明。

另外，若从人类本身应有的宗教情操来说，也应自我节制，对万物不能任意役使，所以顶多只能以生活必需为范围——例如以牛耕种，以马代步等等，但却不能为了私心纵欲，而以任意猎杀山林动物为乐，否则便明显违背"上帝是爱"的启示。

可惜的是，在中世纪神学家中，多半缺乏此等生态保护意识。以致当奥古斯汀研究《创世记》时，重点只放在其与《传道书》(*Book of Ecclesiasticus*)内容如何调和，文意才不会有矛盾而已。至于《创世记》中可能因曲解而造成的环境伤害，他则完全没有意识到，更未谋求补救之道。

换句话说，根据《传道书》："那永活者在同一时间内创造了万物。"但根据《创世记》，鱼和鸟都是在神创造天地的第五天才出现，禽兽则在第六天才出现。因而，对这两段内容应如何来调和，才是奥古斯汀关切的重点。至于如何尊重万物生命，他并没有触及。

根据哲学史家柯普斯登(Copleston)的研究，他也曾经指出此中重点：

> 奥古斯汀解决问题的方法是，上帝在起初的确在同一时间内创造了万物，然而它不是在相同的条件下创造它们：许多物体，植物、鱼类、禽兽、人自己……是以不可见的、潜能的、在胚种中，在它们的种子型式中创造了它们。……奥古斯汀借着这样的区分，解决了《解道书》和《创世记》两者之间显然的矛盾。[27]

由此充分可见，奥古斯汀顶多只是站在解经者的立场，将各经之间的一致性，作为关切重点——此其所以被称为"教父"哲学，因为其中维护教会的立场甚为明显。然而若从环保的立场来看，则其完全未能弥补《创世记》中可能引起的曲解，以及对环保明显的伤害，这恐怕便有赖今后新时代"教父哲学"的新努力了。

当然，或有人称，不能以现代社会才意识到的环保问题，强求于古人。这话看似不错，但我们也不能忽略，同样是古人——但在中国哲人，却很早就意识到，人不能驾凌于万物之上，而应该"大其心"，以平等精神同情万物，这就明显深符当今环保的需要，并且可以明显看出对生命的尊重,其中胸襟便明显不同。

由此充分可见,今后在宗教界中,仍然有赖新兴的神学家,能够同时深具“教父精神”与“环保意识”,透过新时代的解经,进而化除此中可能的矛盾。如此既能维护教会,也能维护环境,相信才是新时代神学家的重要使命;像美国最新思潮中,开始兴起“生态神学”(Eco-theology),便很值得重视与弘扬。

除此之外,我们看多玛士亦然。多玛士开创了“士林哲学”,其重点系以论证精细著名于世,所以又称“修院哲学”,甚至“烦琐哲学”。然而究其论证宗旨,也多半系环绕在“上帝存在”等宗教命题,而对人世自然界的环保问题,同样很少涉及。有时甚至因为延续《圣经》中所说,上帝的王国“不在此世,而在他世”,因而对自然界也承继了一贯轻忽的立场。

例如,多玛士脍炙人口的论证,便是在《神学大全》中提出“上帝存在”的五路证明,其中透过(1) 运动律、(2) 因果律、(3) 必须存在与偶有存在、(4) 等级律以及(5) 次序律,一一证明上帝的存在,论证可说非常严谨精细。然而,究其宗旨,根本精神并非放在人间世及自然界,因而对于“尊重自然”“爱护环境”等环保的重要课题,可说均未讨论。

除此之外,多玛士在《神学大全》中所处理的重点,在思考上帝的本性、神的位格,以及“创造”的问题。至于对具体自然界的实体,他的思路仍然承继亚里士多德,而接受“纯粹潜能”与“纯粹实现”的看法。所以他基本上仍然只在分析“原始质料”等理论,而对自然万物的“含生性”与“平等性”,同样均未触及。他虽然不像亚氏明显有阶级观念,但同样缺乏环保观念,却也是一致的。

综合而言,中世纪哲学中,奥古斯汀与多玛士代表了两大传统。其中奥古斯汀承自柏拉图,强调“先信、后知”(crede, ut in-telligas),多玛士则承自亚里士多德,强调“先知、后信”(intellige, ut credas)。两者虽然思想风格并不一样,但顶多是在对上帝的“信”与“知”次序看法不一,至于对自然界万物的轻忽,以及对环保意识的缺乏,却是同样承自希腊,完全一样,因而同样造成对环保问题的漠视。

此所以叔本华曾经明白指出:“基督教伦理中,没有想到动物,乃是一项缺点,我们最好承认此点,不要再犯。”[28]另外,他也曾经强调:

> 因为基督徒伦理把动物置之度外……动物立刻被排除在哲学伦理之外,也不受法律保护。因而人们可以把动物拿来作活体解剖,可以狩猎、奔驰、斗牛、赛马,而且可以在动物拖拉整车石头的挣扎中,将它鞭打至死!这是多么可耻的行为![29]

相形之下,若同样以中国宗教来看,则华严宗所强调的“入法界品”,能同时结合“善知识”与“菩萨行”,除了起大信心外,并能够发大愿,透过大悲心,而护持一切众生——包括一切天上飞的、地上跑的、水中游的动物,乃至一切植物与非生物,都在佛心尊重与保护之列,其中境界便很不相同。

根据佛经,人心要能透过如此“教化调伏”,才能深具平等性的真如心灵,如此旷观自然万物,并融合佛心在生活中,即能化成慈悲行动,尊重生命,爱护万物。这才算是真正环保之道。这种精神与教诲,对今后生态保育与环保教育,的确深具启发意义,深值发扬光大。

由此可见,中国佛教与西方基督教义不同的地方,基本上,在于中国佛教是“自力宗教”,主要靠本身觉醒的力量自立,而西方基督教义则多半强调“他力宗教”,主要靠外在的上帝力量站起来。若从哲学观点来看,外立宗教的天人关系,是一种“超绝”的关系,亦即上界与下界是不能贯通的,人间是人间,上天是上天,这就形成“天人二分”“神人二分”,这种立体性的二分,基本上也正是希腊哲学一直承袭下来的特色。

相形之下,中国大乘佛教则采取机体主义立场,认为“理事无碍”“事事无碍”,并且肯定放下屠刀即可立地成佛,亦即在此世也能成佛,只要能弘扬人人本有的佛性。另如儒家的“天人合一”,肯定人性可以提升到与天一般高,上下融贯无碍,也可说是一种“超越”而非“超绝”的特性。

持平而论,因为众生利钝不同,人心需要不同,本文并无意论定自力宗教与他力宗教何者正确,或者何者为佳。本文重点在于,若从环境保护的观点来说,则西方基督教义的传统,从前某些解释,明显会对环保形成负面影响,因而深值重视改进。

另外,若从儒家中庸哲学而论,则某些基督教义认为,一切万物均为人类而存在,此说固然过分极端,但某些佛教教义认为,根据严格的素食主义,人们一般营养所需的普通食物也在禁食之列,这也成为另一极端。此时儒家“健康的理性主义”便能显出大用,根据其“中道哲学”,只要人类不是为了过分的口腹之欲,则可以采行合理的中庸之道,一方面维系人类本身的基本生存发展,另一方面对于保护生态,乃至保护野生动物而言,也并未违背其中的基本精神。

除此之外,在西方基督教义中,固然有其很多伟大的情操,但在现实世界中,却仍常见歧视的情形,不但对有色人种的歧视行之有年,即使同样是白种人,男性对女性也仍常见有歧视现象,对于这种歧视,自应及早全面改进。

此所以近代西方不但有黑人发起的“民权运动”,也有为女性争平等的“女权运动”。其中有些主张是否过激,并非本文讨论重点,但在西方号称“基督国度”(Christiandom)之内,不少有色人种、少数民族、女性、童工以及残障人士,多年来一直并未具备平等地位,却是不争的事实。

凡此种种问题,在西方也是一直到近些年来,才逐渐受到重视。如今有识之士更进一步提醒,应肯定一切动植物与非生物的平等权益,乍看似乎离谱,其实很有深沉的人文省思与悲悯精神。

总而言之,若从哲学观点而言,如果能把“人类”这一“类”,并不驾凌于其他“万类”之上,不要形成以往人类自我中心的错误,首先必须要能培养恢宏胸襟与远大眼光。目前在西方,逐渐有更多环保人士对此有所觉醒,在中国哲学,早已有此种深厚传统,只不过在近代并未积极弘扬。所以放眼今后,亟须东西方仁人志士,集思广益,一方面共同建树完整的环保哲学,二方面本此“善知识”,化为行动,以打抱不平的精神,同样为自然万物打抱不平,那才能真正善尽环保之责,并且共创人类与万类的光明未来!

第三节　心物二分法

上述“天人二分”与“神人二分”,基本上是希腊哲学与中世纪的特性,等到了笛卡儿,虽然强调理性主义(Rationalism),却仍然不自觉地形成“心物二分”。

笛卡儿哲学中,认为实体(substance)起码有三种:一个是心,一个是物，但心物均不能直接交往，因而不能互动交摄，也不能保证其中知识的正确性。所以到后来不得不请出“神”，以此为中介，连系“心”与“物”二实体，形成第三种“实体”。

笛卡儿认为，心与物分别为被造的实体，神则为能造的实体，所以在三项实体中，心与物“平行相对”，这就明显形成相互隔阂的二分法，无法达到中国哲学“心物浑然一体”的自然观，因而也缺乏同情体物、尊重自然的环保观念。

另外，不论“心”与“物”或“神”，笛卡儿的关心重点，仍然不在此现实的自然世界，而是在理性的、抽象的实体界。归根结底，这种特性仍然源自柏拉图，甚至其心物二元论，因为中间缺乏融贯之道，而不能不建构“神”，也与柏拉图的困境相同。因此，其宇宙观同样形成二元对立，缺乏和谐统一的机体性。

换句话说，笛卡儿虽然有句名言：“我思，故我存。”(I think, therefore I am)但基本上，他所思的问题，乃是如何促使知识能清晰、明了与正确。因而其哲学出发点仍承自柏拉图所说的“好奇”，其重心仍在知识论，对于伦理学中人对自然应有的关怀与尊重，同样缺乏省思。

另外，笛卡儿认为，理智的世界与感性的世界也是同样二分，因此他并不重视感性的世界，而只追求理智、抽象，甚至怀疑的能力。这么一来，对现实世界的自然景观，不但不在他的考虑之内，而且还在轻忽范围之内。

尤其笛卡儿认为，自然界的改变，不论好坏，均为上帝的意志，因此人类完全无能为力。这就更从根本上否定了环保努力的重要，也否定了生态保育的可能。

换句话说，笛卡儿哲学，基本上是从思想与怀疑的能力出发，这对科学发展固然很有帮助(此所以他被称为“近代西洋哲学之父”)，但他到后来却变成“为怀疑而怀疑”的怀疑主义，因而对于此世的生成发展，也怀疑人力所能帮助的范围，凡此种种，便均成为环境保护与生态保育的障碍。

方东美先生曾用佛学的术语比喻笛卡儿。因为他用理性、怀疑的方法出发，但又过分执着于怀疑的方法，所以变成一种“法执”。像黑格尔最后过分强调绝对精神，则是一种“我执”。我们若站在广大悉备的系统来看，则他们均各有一偏。对于这种心物二分，方东美先生曾比喻为“逐物外执”，亦即追逐外物的偏执，可说相当中肯。

尤其笛氏此中所逐的“物”，还只是抽象的万物，并且过分依执于外在的上帝而存在，而并非尊重此世有血有肉的生命万物，所以对环保更形成不利的影响。

因此，若从华严宗眼光来看笛卡儿的心物二分，则正可用“理事无碍”加以对治。笛卡儿因为怕心物两者不能沟通，所以想出上帝来沟通——正如同柏拉图请出“造物者”，想沟通上下二界，但均未能圆满融贯。然而在华严宗里，理事中间本是无碍的，因为它肯定整个宇宙圆融互摄、旁通统贯，不但即理即事，而且即事即理，形成心物合一的机体主义。相形之下，笛卡尔的缺点便很明显，所以很可以用华严宗中圆融无碍的机体主义加以救治。

理性主义之中，除了笛卡儿外，斯宾诺莎(Spinoza)认为，“自然”即“实体”，能跳脱二分法，可算西洋哲学中的异数，其精神反倒更接近于庄子，另外，莱布尼兹(Leibniz)主张的单子论，强调“预定和谐”，也不致堕入二分法，但两位在环保上的影响，却均不及笛卡儿深远。

另如早期的培根(Francis Bacon)，虽然很能强调悲悯仁心——他曾认为“最高贵的灵魂，乃是最广阔的悲悯精神”[30]，但同样影响不及笛卡儿重大，所以对于环保工作而言，仍然并未产生正面功能。

近代与理性主义相对的，有英国经验主义(Empiricism)，然而其中不论洛克(John Locke)、柏克莱(George Berkeley)或休谟(David Hume)，若从环保观点来看，均可说有所不足。

像洛克认为人心像白板，原来本是一片空白，一切知识都是后天经验的累积。这一点与理性主义认为人有先天认知能力截然不同。但洛克仍将心与物各自区分出第一性与第二性，然后认为两者的“第一性”(Primary quality)均不能直接认知，仍需靠心物各自的第二性(Secondary quality)彼此交往。其中第一性相当于笛卡儿所说的“实体”，第二性则相当于笛氏的“属性”。所以归根结底，仍然属于“身心二分法”，只不过用语不同，但同样属于二分法架构，对于身心如何融贯，同样形成困境。

另外，洛克与笛氏不同的是，并不仰靠上帝，肯定外物存有，但他仍然认为，心灵对外物实体不能直接认知。这代表他对外在自然万物，仍然无法直接肯定真实生命的实体性，因而，同样无法融贯内在心灵与外在自然。换句话说,他在此与笛卡儿是同样毛病,既缺乏“万物含生”的观念,也缺乏“心物一体”的精神,因此在环保上,同样无法做出正面贡献。

不过,平心而论,洛克虽然在思想理论上并未肯定环境伦理,但他在日常生活中,却非常喜爱小动物,而且坚决反对任意折磨或杀死动物的行为。他并认为,“凡是惯于对小动物折磨或伤害的人,对其同类也不会有悲悯之心。”[31]因此他主张,应教育孩童们,从小就憎恶欺凌一切生物。这的确是很重要的生态保育观念。只不过他并未加以整理,成为系统哲学,以致对近代环保影响并不大。

到了柏克莱,则更进一步强调,“存在即被认知”(to be is to be perceived),干脆把外物纳入内心,根本否认其客观存在的实体性。这就形成“半边唯心论”,因为,不能被心灵认知的外物,就当作不存有。无形中,客观的外在世界便被否定,自然界一切万物也失去了独立存在的生命意义与内在价值。因此同样形成对自然缺乏尊重,也缺乏保护的观念。

尤其,柏克莱这种半边唯心论,因为并未扩大心灵境界与认知范围,所以与中国哲学“大其心以体天下之物”并不相同,与阳明先生“合天地万物为一体之仁心”,也无法相提并论,这是特别值得补充说明的重点,所以虽然看似均有“唯心”的特色,但胸襟与境界却大不相同。

到了休谟(David Hume),更把客观的存在,视为“一束印象”(a bunch of impressions)而已。如此完全化约成感性的层次,不但否认了自然界的客观独立存在,甚至否认了主体心灵的实存性。

这样一来,不但自然万物失去了被肯定尊重的客观根据,甚至人类心灵足以同情万物的功能也被否定,更遑论对于整个自然界融贯和谐的机体观。因此,若从环保意识而言,西方哲学到此可说破坏更彻底,至于生态保育观念,也因失去应有的哲学基础,而更受轻忽与漠视。

英国在19世纪中,被称为“日不落国”,成为世界第一强国,所以其哲学思想连带也对世界产生重要影响。但上述的英国经验主义,不但把环境保护看成与哲学并不相干,甚至还产生负面的妨碍,由此更可看出20世纪中叶以来,环保问题日益严重,的确乃是其来有自。

另外,若从政治经济学的"财产权"观念而言,英国的洛克首倡此说,可称开个人主义的先河,后来并影响了美国杰佛逊的民主思想。洛克明白认为,土地的拥有权应从王权中解脱出来,交到个别的地主。这种看法,对于促进民主政治以及私有财产制,明显很有贡献。

然而,这种思想观念却也因为不周全而产生副作用,尤其对于保护大地爱护自然,均成负面影响。归根究底,仍因源自其心物二分的哲学思想。

例如,其中第一项副作用便是,洛克认定,每一地主对其土地有绝对的主宰权,因而将土地只视为其附属物,而非同体为一的生命体。所以不论其对该土地处理是否得当,不论其是否任意破坏土地上的动植物生态,甚至于是否产生公害,影响其他人们,均在"私有权"的招牌下被掩盖过去了。

此所以洛克曾经说:

> 财产,其理论来源乃是人类为了本身舒适,可以利用自然任何万物:财产的目的,乃在为所有人谋取福祉与利益,因此,为达到此目的,甚至可以在其财产上作必要的破坏。[32]

根据这种理论,如果有一个地主在其土地上建造工厂,任意排除废水,或任意燃烧废物,虽然明显会造成环境破坏并危害他人,但在早期却无人认为不妥,因为那是该地主的"私有土地"。

另外,若有地主在其山林中任意狩猎,或任意捕杀野生动物,明显破坏生态保育,但也在"私有财产"的观念下,忽略了其对环保的伤害。这种副作用行之甚久,一直到近些年来才被认真反省检讨。

第二项副作用,便是洛克认为每一土地价值,基本上应由其生产力或劳动力所决定,也就是说,他只从表面的利用价值去看土地,而未能从同体共命的机体眼光去看。如此一来,凡是未被开垦的荒土或野外,便被视为浪费,从而被认为并无价值,并认为一定要开采,才有价值。这就明显形成人类自我中心的褊狭功利观点。并且明显以"征服土地"作为价值标准,很清楚地会严重伤害环境保护与生态保育。

此所以根据洛克的观念:

> 面包比橡子(acorns)更有价值,酒比水更有价值,衣服或丝比树叶、动物毛皮、青苔更有价值。[33]

如果准此立论，那大自然之中，人类对一切野生动物如貂、蛇、狐等，均应杀来作衣服，动物才有价值；对一切原野的清流，也应充分利用作为酿酒，清流才有价值；对一切原始植物与种子，也应根据人类需要做成食物（如面包），这些植物才有价值。凡此种种，均明显构成对环保与生态的严重伤害。归根结底，均因传统"天赐万物于人"的思想影响，以及人类自我中心的私欲作祟，所以对环保明显产生破坏性的副作用。

因此，针对上述第一项副作用，我们今天必须同时正视"公害"的防治。也就是除了尊重"私有财产权"外，更须同时尊重"社会公德心"，并且透过立法，将公德心与社会责任能够落实，唯有如此，才不至于因为任性扩张私心，造成对整体环境的公害。

针对第二项副作用，我们今天更须正视"绿地""荒野""山林"等保护区的重要性。也就是除了强调"经济实效"外，更需同时"尊重自然生命"，并将保护原始山林，保护野生动物，保护荒野、绿地等等，也通过立法，予以落实。唯有如此，才能真正符合环保精神，并同时为现代人的精神生活留出空间，形成人与自然的和谐并进。

英国经验主义在环保上的轻忽，到了当代的摩尔（G. E. Moore）才开始有所觉醒与纠正。所以他在 1925 年时，曾经发表一篇论文《对普通常识的辩护》（*A Defense of Common Sense*）。其中强调，对一般老百姓所接触的普通常识，并不能否认其重要性。例如，一般民众若看到花很漂亮，那就不要乱采，这并不需要什么高深学问，也不需要对黑格尔庞大的哲学体系有什么了解，只要从一般常识即知即行，便可保护自然。这种精神与陆象山很能相通，不但极具环保的观念，并且能对"人人举手之劳作环保"，给予极重要的精神动力，所以深值重视。

另外，到了 1939 年，摩尔又有一篇论文叫《外在世界的证明》（*Proof of the External World*）。文中更明白肯定，对外在世界不能忽略，不能一味只透过理性化、抽象化看自然，结果反而对其视而不见，对真切的大自然生命反而缺乏关怀。

从摩尔例证中，充分可以说明，当代西方思想家已经开始重新省思环保问题，很多不但极其中肯地指出了西方传统思想的毛病，也不约而同地能够会通中国哲学的精神。事实上，也正因中国哲学一贯强调"即知即行"，注重"生命的学问"，所以与当今西方愈来愈盛的环保思潮,很能不谋而合,由此也再次可以证明中国哲学深值弘扬光大之处。

第四节　主客二分法

近代西方哲学,从理性主义、经验主义,到康德想要总其成,但又形成另一种形态的“主客二分”。

因为,康德针对主体与客体,始终无法圆融解决“二律对反”(antinomy)的问题,对于其中二元的相反对立,基本上仍然承续了西方传统的二分法,以相互冲突与矛盾为基本关系。虽然他在《纯粹理性批判》中企图用“超越统觉”(transcendental apprehension)加以统摄,但其自然观因为缺乏融贯互摄的机体性,所以终究未能有效统合。

另外,针对“实体”问题——“物自体”(Thing-in-itself),康德认为“不可知,但可思”,也就是基本上将大自然仍然当作“思维的对象”,但并不肯定万物具有含生的特性,更不认为自然界为广大生命流行、旁通互摄的有机体。因而他在此所持的“不可知论”,若从环保而言,仍然是一种负面影响。

再说,康德除了将自然的实性——“物自体”归为不可知的客体外,对于思想主体,则是从“感性的知识”,提升到“悟性的知识”,然后提升到“理性的知识”,再透过综合性判断,以“超越的自我”企图相应于物自体。

此中对主体认知的流程,固然分析得更加精微细密,但主客之间的基本架构,却仍然是截然二分,不能从“超越的自我”对“物自体”真正的感应体贴。相形之下,仍然缺乏中国哲学所说“同情体物”的胸襟,以致“能知”与“所知”仍然不能浑然同体,打成一片。这就同样妨碍了对环保的重视与发展。

尤其,方东美先生有此批评很中肯:“近代欧洲人……在他们看来,这物质世界在价值上是中立的,无所谓价值不价值。如果要谈价值,便需要先撇开这物质世界,像宗教哲学家或艺术家一样,另外再建立一个超越领域,观念价值才有所依托,像康德就显然如此。”[34]因此,如何融贯先被撇开的物质世界以及另外建立的超越领域,同样形成二分法的困境。

因此，虽然康德在个人生活上是很守规律的谦谦君子，并且也很爱护动物，他甚至还曾强调："我们很可以用一个人对动物的态度，来衡量其心肠如何。"[35]但在其学说上，却并未以此为重点，以致仍然面临主客二分的难题。

后来，此一"超越性自我"，到了黑格尔，变成把外在各种纷多的现象，通通统摄在此"绝对精神"(Absolute Spirit)中，形成牺牲"多"以成就"一"。在此庞大的唯心系统里，没有"多"，所有"多"通通被此绝对精神所笼罩，以致此"绝对精神"反而形成一个大主体，而将客体忽略掉。因此方先生称之为"我执"。相形之下，同样远不如中国哲学视"一"与"多"为和谐统一的机体主义精神。

扼要而言，从环保的需要而言，对于人与自然的关系，心与物的关系，或者主体与客体的关系，唯有消融其中二元对立，既不陷入"我执"，也不陷入"法执"，而能视为和谐统一、融贯互摄的大有机体，才能真正做到尊重自然，保护自然。中国哲学不论儒、释各家，均有此通性。反观西洋传统哲学，却正独缺这一种特性。所以持平而论，中国哲学在此的确深值西方借镜。

换句话说，从康德到黑格尔，德国观念论处理二元对立，均未能成功。不但康德如此，处理"二律对反"无法圆融和谐的贯通，即使费希持、谢林，乃至黑格尔所用的辩证法，基本上其正(Thesis)、反(Anti-thesis)、合(Synthesis)的辩证运转，仍然是建筑在"正"与"反"的二元冲突与矛盾之上。其间"正"与"反"经过"扬弃"(Anf-hebung)，虽也会产生"合"，但此一"合"又形成新的"正"，又有新的"反"与之相对立，再透过新的冲突矛盾而运转，如此"螺旋性的上升"，形成动态辩证法，但基本过程仍然一直以冲突矛盾为主。

反观中国哲学的辩证法则不然，不论儒家、道家、佛学，都是以"相反而相成"为特色，绝不是以"相反而相斗"为能事。并且均以尊重生命、心物合一为特性，所以堪称"唯生辩证法"，其间人与自然的辩证关系，并非建立在冲突矛盾之上，而是建立在和谐互助之上，这就形成了对环境保护的极大贡献与助益。

例如，儒家所谓"一阴一阳之谓道"，便是以一阴一阳来互补互生，此中"阴"与"阳"的关系便是相反而相成，绝非相反而相斗。这正如同家庭夫妻一般，必须"阴中有阳，阳中有阴"，相互尊重，彼此互谅，形成《易经》所谓“保和太和”，才能做到“家和万事兴”。由此来看，整个大自然也犹如大家庭，同样需要“和为贵”，才能家和万事兴！

另外，道家也是同样情形。老子说得好：“无之以为用，有之以为利。”其中“有”与“无”成为辩证两极，同样代表相反而相成的互动关系，绝非相反而相斗的互伤关系。此亦庄子在《天下篇》中所说，老子哲学乃是“建立以常无有，主之以太一”。正因其中辩证法均以相反而相生为特性，所以才会肯定整个大自然充满生机，弥漫生意，而且大道无所不在。这对尊重自然、同情体物，当然形成极为重要的精神特色。

至于佛学中的辩证法更为丰富，不论三论宗、天台宗、华严宗，均共同肯定“中道哲学”，亦即在“真空”与“妙有”的辩证互融中肯定，真如足以统摄一切，佛性更是融贯万物，因而对整个自然界均能以平等心相待，爱护自然万物，这在环保上更深具启发意义。

综合而言，从中国哲学看来，人和自然绝不是对立的两截，主客之间也绝不是隔离的二分。整个自然界，从儒家来看，都是一阴一阳所构成的大化流行，阴阳本身就代表了“大生”之德与“广生”之德，两者循环交叠，运转无穷，便形成“生生之谓易”，因而足以肯定万物含生，认定大自然乃是盎然生命流衍的有机体。

道家所肯定的自然，同样由“常无”与“常有”所建构的大道所贯注，因而形成甜美丰赡的“甘露”世界，同样肯定万物充满生命，一切万物平等。至于中国大乘佛学，在“真空”与“妙有”和谐并进的历程中，同样肯定佛性弥漫一切万有，融贯事事无碍，形成妙香无穷的华藏世界。凡此种种，均用不同名相，共同肯定对自然界的尊重与爱护，所以不但很可以对治近代西方辩证法的弊端，更可用此“唯生辩证法”切实尊重生命，保护自然，的确深值弘扬光大。

事实上，西方有关二分法的困境，到了最新的科学发展中，也开始陆续被警觉应改进，而共同迈向中国哲学机体论的境界，此种趋势也深值重视。

此所以物理学家海森堡（Heisenberg）曾经强调，最新科学进展既然要讨论人与自然的相互影响，那么：

> 以往将这个世界分成所谓主体与客体，内在与外在，肉体与灵魂的世界，已不再妥当，这些只会导引我们进入困境。[36]

另外，原先古典的物理学，到了最新发展，也形成原子物理学，强调物理的本质既非"粒"，也非"波"，更非"粒""波"二元论的对立，而是这两者"互补互摄"，"透过或然率取得联系，某区域波振幅大小的平方，代表粒子存在该区的可能性"。因此：

> "波""粒"尖锐的对立，遂消失于这样的联系中，而自然过程也由此才能得到完全的描述，这便是有名的"互补原理"(complementary principle)。[37]

换句话说，即使在物理科学的最新研究，也透过"互补互成"的辩证发展，化解了以往长期的二元对立困境，这更是以最新物理学，证明了"机体主义"自然观的正确性。

当然，在近代西方哲学之中，我们也可以找到少数的例外，并不完全堕入僵化的二分法。如前所述，像理性主义中的斯宾诺莎(Spinoza)与莱布尼兹(Leibniz)均为重要例证。

基本上，斯宾诺莎因为受到犹太民族尊一神教的影响，所以他明白肯定"自然"(Nature)就是"实体"(Substance)，也就是"神"(God)。因而他也肯定，在自然界中，神力贯注一切万物，无所不在，这就很能会通于庄子所说的"道无所不在"。

另外，斯宾诺莎也强调，神为"能产的自然"(Natura Naturans)，自然界则为"所产的自然"(Natura naturata)。然后他认为"神，即自然，即实体"，并且以此融贯"能""所"合一。最后他更明白指出，唯有如此圆融整合，才能"保全自我"，沐浴在"永恒形相"中，怡然自得。他在《伦理学》结论中，甚至明白强调，追求"与天地万物合一"，才是真正美德。这就几乎与中国哲学完全相通。在环保意义上，也同样深值重视与弘扬。

此中不同的是，斯宾诺莎因为注重"自然"的永恒实体性，所以多少会影响自然内在的创造生发力，方东美先生因此称其自然观为静态而非动态。相形之下，中国哲学肯定自然充满生生创造精神，更能符合当今环保与生态保育的精神。

除了斯宾诺莎外，莱布尼兹的"单子说"(Theory of Monads)同样也深具环保意义。

根据莱布尼兹，自然界可视为由无数的单子所构成，他认为所有个别的单子之间,都有"预定的和谐"(Pre-established Har-mony),朝着中心单子迈进。这就将自然万物视为和谐而统一的有机体,并能警惕世人,不要去破坏"预定的和谐",以及各单子相互的平等,此中肯定万物和谐与万物平等,便深具生态保育与环境保护的启发。

另外,莱氏也曾强调,所有单子都朝着"中心单子"(即神)迈进,这也充分肯定,自然万物的生存与生命,均向高尚的理想与目的共同迈进,因而就不会只以价值中立的眼光,否定万物的生命价值与生存意义。如此精神,就极能符合当今环保哲学的中心信念。

因为莱氏此等哲学,极能与中国易经哲学相通。所以当他首次通过耶稣会传教士翻译,读到中国《易经》时,大为倾心赞佩。他不但对《易经》的数学系统极为折服,对《易经》的生命哲学同样至为钦慕。此中经过,在美国麻省理工学院所出版的《莱布尼兹与〈易经〉》一书中述之甚详。从这一段佳话也可以证明,在西方,凡能肯定万物含生、自然和谐的思想家,其哲学均与中国哲学很能相通,其本人也多半非常钦佩中国哲学,很有研究,不但莱布尼兹如此,另如雅士培与怀海德均然。

当然,若从真正中国哲学反观莱氏哲学,其唯一缺点,便是仍然认为,个别的单子之间"没有窗户",象征个别的物与物之间不能旁通互摄,因而彼此仍然是封闭的。这就仍然未能完全符合今天生态学所发现的"物物相关"原理。

相形之下,中国哲学不论儒、道、释哪一家,均肯定自然万物皆能旁通统贯,而且彼是相因,交摄互映,形成圆融无碍的大生命体,进而共同迈向无限光明的终极目的,这种机体主义就环保哲学而言,可说更为高明完善,深值重视。

根据以上种种例证,均可看出,在近代西方,不只最新物理学扬弃了以往的简陋二分法,明白强调交融互补的"机体观",有些深受中国哲学影响的大思想家,也明确批评恶性二分法的错误,肯定万物含生,相互融贯。凡此种种,均与中国哲学不谋而合,所以深值东西方共同体认与弘扬。

第五节　科学唯物论(Scientific Materialism)

近代西方从18世纪科学萌芽时期,逐渐发展出一套科学唯物论。固然从科学史观点而言,这对促进当代科学成就,有其阶段性的贡献,但若从环境保护观点来看,则此等科学发展只以“唯物论”为核心,并以征服自然为能事,完全缺乏“机体论”的观念,也缺乏人与自然应该和谐并进的觉醒,显然造成诸多后遗症,更是造成后来种种环境问题的主因。

以下即分别申论科学唯物论在环保方面所呈现出的毛病。

第一种毛病,近代科学唯物论,基本上从古典物理学开始,以牛顿力学为中心,其重点只在于分析物理现象,而不注重生命现象,所以明显形成对环保与生态保育的轻忽。

扼要而言,这种看法把一切自然存有都看成低一层的“物质”世界,顶多加以客观描述或解释,而不能肯定万物均各有其生命尊严与内在价值,更无法肯定大自然一切万物均蕴含生命,并且均能物物相关,这就形成一种呆滞与僵化的唯物自然观。

此所以当代大物理学家海森堡(Heisenberg)曾经明白批评18世纪以来的科学家:

> 认为自然不仅仅与上帝无关,而且与人也无关,他只注目自然的客观描述或解释。[38]

事实上,从18世纪起,很多科学家看自然,基本上均把“生命”的因素抽离不谈。因为生命现象含有丰富的生成变化,深具动态的机体性,超乎“客观描述或解释”的能力范围。因此,根据牛顿力学定律所能处理的世界,便形成一套唯物论的自然观——一方面将自然与上天隔离,二方面也将自然与人隔离。

这种对自然的态度,从牛顿本身一段话也可看出:

> 我不知道我能呈现给世人什么,但就我个人而言,我感觉我往往像在海边游玩的一个儿童,广大而未被发现的真理就在我面前,我不过时而找些比较平滑的石子,或较厚亮的贝壳自娱而已。[39]

牛顿虽然很谦逊,并不否认整个宇宙及自然如同“广大而未被发现的真理海洋”,但他当时发现的力学定律,功用仅在“找些比较平滑的石子,或较厚亮的贝壳”。换句话说,基本上他仍然只以处理“物质”的观点看待自然,顶多系以发掘新知识的心情研究自然,但并未意识到,即使石子或贝壳本身,也可能深具庄严的生命意义。此中关键,正如海森堡的评论:

> 即使对牛顿而言,那个贝壳之所以重要,仅仅因为它来自广大的真理海洋。它的发现本身并没有什么目的,它仅由它与海洋的联系才推衍出它的意义。[40]

换句话说,牛顿发现科学的动力,仍然承自柏拉图所说的“惊奇”,仅因其与发掘新知相关,所以才有意义,但并未肯定发现出来的万物本身即深具生命意义与价值。

相形之下,中国哲学肯定“合天地万物为一体”的自然观,很早就强调万物本身就具有生命存在目的,并且相互融贯交融,所以才能形成“机体论”,这正能对治近代科学“唯物论”的毛病。

后来西方从20世纪初相对论与量子论相继产生之后,便彻底修正了牛顿古典物理学。到了当前生命科学与深度生态学的兴起,更从根本上修正了18世纪科学唯物论,究其根本精神,均能印证中国哲学自然观的正确性。

此所以发明“相对论”的爱因斯坦,对浩瀚的宇宙看法,便不只是在真理海洋边找些“平滑的石子或较厚亮的贝壳”,而是以更恢宏的胸襟气宇,透过一种“宇宙宗教感”(cosmic religious feeling),旷观整个宇宙生命。因而才能将“时间”因素注入原先古典物理学中,形成四度空间,并且明白强调,“宗教”与“科学”不可偏废,否则“只有宗教,没有科学,固然是瞎子,但只有科学,没有宗教,便成跛子”。

换句话说,在爱因斯坦修正的科学新发展中,既结合了神(虽然并不像田立克所说的“人格神”),也结合了人;最重要的,是以生命与关怀的眼光看自然,这才真正形成大科学家的胸襟风范,修正了科学唯物论的第一种毛病。其中精神,深值体认并且发扬光大。

第二种毛病,用科学家兼哲学家怀海德的话来讲,传统物理学,从伽利略到牛顿,所讲的都是“封闭系统”。

例如,伽利略虽然对星体天文现象研究很久,但他只是讲封闭的天文系统,另外牛顿的物理学,基本上谈的也是封闭的物理学。所谓封闭的物理学,就是把空间限定在光速范围之内,只有在此封闭系统内,其物理学三定律才能有用,所以他心目中所说的“自然”,并不是一种无穷远大的开放系统,而是一种孤立系统。

此所以大物理学家海森堡就明白以此为戒,提醒世人:科学研究者的哲学,绝不能成为“一种关闭并自满的哲学体系”(a closed and fully rounded philosophic system)。

另外,近代科学发展的顺序,先由物理学与化学开始,其过程通常都是先提出“假说”(hypothesis),再以实验加以检证或修正。然而此等假说往往是理想化的抽象系统,若以化学为例,便常用一种所谓“理想的空气”为准,也就是常用“真空”状态为准,作为研究各种物理与化学现象运作的条件,然而这本身就形成另一种封闭的系统。因为在所有的自然界与现实社会中,并没有如此理想的空气,所以这就造成了理想与现实脱节,对大自然现实情况无从结合,更遑论对自然加以关心与保护。

除此之外,物理学原则也是如此,有关牛顿三定律或热力学定律,通通也都是先有一种假说,然后再从实验室中各种结果来证明或修订假说,此中最大的毛病就是,实验室仍是一个封闭的空间,任何实验过程研究出来的结论,仍是一种孤立系统的结果。这也就形成怀海德所说“简单定位”(Simple location)的毛病,因而无法处理活跃创造的生命现象。这一毛病直到后来生物学、生态学,乃至生命科学的蓬勃发展,才得以纠正。

值得强调的是,当代最新物理学发展,对这项毛病也有很大的突破。例如相对论以及量子物理学,就不再只是封闭的系统。像爱因斯坦所提 $E=mc^2$,其中的速度即超出光速,就可以打破原先封闭的空间系统。

此所以爱因斯坦也曾明白指出:

> 人类乃是“宇宙”的一部分。然而,他却将其思想与感受,自外于其他部分,形成其意识上的一种妄想。这种妄想,对我们是一种拘禁,自我拘束于私欲或身边事务。[41]

换句话说,爱因斯坦明白反对以封闭的系统划地自限,而强调人类“应突破这种拘禁,扩大悲悯胸襟,以拥抱一切自然万物”。这就与中国哲学强调“大其心”以同情天地万物的精神,非常能够相通。

另外,爱因斯坦的相对论,也因为加入时间因素,而突显了万物之中“相对而有”的观念。这就很接近中国哲学所说的万物“彼是相因”、相互依存。透过此等“相对论”,人们不但可以肯定物物相关,旁通统贯,而且可以从静态呆板的自然观,进入动态融贯的自然观,这对生态保护与环境保护,可说均同时进了一大步。

第三种毛病,近代科学的研究,沿袭古希腊哲学的特性,并不注重感官知识,所以并不注重观察所得,而只注重万事万物背后的原理原则。

这种特色固然有“理论化”“抽象化”的长处,却也因此而与有血有肉的现实世界脱节,并与芬芳明丽的大自然完全隔阂。从某种意义而言,正因近代科学想要回复希腊的理性运动,所以仍然沿袭了同一种毛病。

我们即以物理学为例,希腊早期哲学家德谟克利图斯(Democritus)认为大自然的基本元素便是“原子”(atom),他可说是西方最早的唯物论者。近代科学,虽然经由放射的进步,认为“原子”不再是不可分的元素,但充其量只不过再细分为质子、中子与电子,认为彼等才是万物最早的元素。

这种看法,基本上仍然是将某种“基本粒子”当作自然的最小元素,而未能体认物与物之间的关联性,以及万物之中的生命性。因而对环境保护而言,仍然承袭了原来希腊哲学的毛病,其研究重点对于环保工作,要不就是并不相干,要不就是无从帮忙,甚至因否定机体性,而间接妨碍了生态保护的发展。

这种“粒子论”的限制,到了后来光学中的“光波论”、电学中的“磁场论”,乃至前述“粒波互补论”,才算重新有了更广阔的自然观。尤其到了量子论,才更加提升了研究的格局。

此所以海森堡曾经强调:

> 量子论中,数学形构的自然律已不再论及基本粒子的本身,而是在论述我们关于它们的知识。[42]

换句话说,人本身在此时,不再只是从旁作客观的描述,而是经由相对的关系,将本身研究纳入人与自然关系之中。此即海森堡所说:

> 原子物理学家已一再提醒他自己这个事实:他的科学,仅是人类关于自然讨论的无限长键中一环而已。[43]

人若能将对"自然"的讨论,视为"无限长键",本质上已经视其为开放系统,再加上人们已经能自觉其科学只是其中"一环",更代表已经明了自然之间"环环相扣"的新发现。凡此种种,均已在环保工作产生了相当进步。

同样情形,波尔(Bohr)介绍了"互补"的观念,他也曾有一句名言:

> 我们必须自觉这个事实:在生命舞台上,我们不仅是观众,也是演员。[44]

这可说是头一次,大科学家站在"生命"舞台的观点,反省本身科学研究的角色。这也充分显示,人们已从原来的科学"唯物论",扩大到"生命论"的领域。这才真正为"万物含生论"以及"物我合一论",开启了重要的科学研究大门,也为"机体主义"乃至生态保育提供了重要佐证。

尤其,我们从最新的生命科学中可以发现,大自然很多功能正如同人的生命一样,不但有呼吸系统,有循环系统,也有排泄系统等等,共同形成整体的生命。而且,其中任何一小部分都很重要,真正可说"牵一发而动全身",不但头脑重要,脚趾头也重要。一旦脚趾受伤,照样全身痛苦,影响整体生命的心情与工作,而不只是脚趾痛而已。

这种生命科学的研究特性,也正是机体主义的特性——把整体大自然,都当成人一样,具有整体生命来研究,因而深知其中息息相关,各个部分均有生命,而绝不是把整体生命割裂后研究,鼻子只是鼻子,眼睛只是眼睛,那便沦为庄子所说的"一曲之士","各有所明,不能相通"。

扼要而论,科学唯物论的最大毛病,就是割裂自然,执而不化,因而无法肯定整体自然均深具生命。影响所及,最大坏处就是不能尊重自然与保护自然。相形之下,更可看出中国哲学融贯性自然观的可贵,的确深值体认与弘扬。

第六节 机械唯物论(Mechanical Materialism)

机械唯物论的毛病,同样可以从下述三项看出。

第一项毛病,便是“决定论”的错误。

这种决定论源自何处呢?严格追溯起来,仍源自希腊亚里士多德哲学的“因果说”。

因为亚氏用“四因”来说明自然万物,他所用的“cause”即“因果”观念。这种因果观念一旦被窄化,便认为对于自然界,也可以用机械性的原理,决定未来发展,这便成了近代典型的“机械论”错误。

这种毛病形成的自然观,是透过僵化的眼光,只从机械物象看一切存有,因而对于万物含生,以及物物相关的观念,完全不能体认。这种毛病,直到近来更新的生命科学,肯定了“机体论”,才开始被纠正改进。

“决定论”最明显的例子,便是海森堡所批评的,牛顿物理学以及拉甫勒斯(Laplace)理论。

根据牛顿物理学:“如果我们知道了某一系统在某一特定时间的状态,它将来的运动就能被计算出。”这便是典型的决定论。

另外,拉甫勒斯也曾经强调:“如果有一个恶魔,在某一个时间知道了所有原子的位置和运动,它就能预测这世界的整个未来。”这同样也是狭窄的决定论。

这种决定论,后来由几位大科学家出来,纷纷从各种方面,指出其中明显错误;例如蒲朗克(Max Planck)的量子论,便是著名例证。

根据蒲朗克在“放射理论”的研究,证明放射中的原子,并不是连续性地释放出能量,而是一束束地分别射出,因而证明其中存有“不确定现象”。他并引申出,放射现象乃是“统计现象”的看法,经过此一重要发现后,再历经爱因斯坦、波尔、萨莫菲(Sommerfield)等大科学家长达四分之一世纪的努力,终于使化学、物理学和天文物理融为一体,共同抛弃了以往纯粹的决定论。

另外,更明显的新例证,便是海森堡所发表的“测不准定律”(Principle of uncertainty)。其中重点指出,人们不可能精确地描述一个原子质点的位置与速度。换句话说:

> 我们可以精确地测知位置,但用来观测的仪器,却使得对速度的知识成为不可能,或者我们可以精确地量出速度,但却放弃了去知道位置。[45]

如此一来,便使“牛顿力学的观念无法再通用”,也从根本上证明了自然丰富的变化性,从而否定了机械性的决定论。

另外一个重要的贡献,则是来自波尔所说的“互补”观念(concept of complement)。这个观念指出,原子之间也有某种化学结合,“各种实验结果所提出的不同关系,都可用来描述原子系统,而绝不致互相排斥”。这正如同中庸所说的精神:“道并行而不悖。”在近代科学中,例如“粒子论”与“光波论”,便可互补互摄,而绝非对立的互斥系统。这也从根本处推翻了原先机械性的决定论,同时肯定了融贯的机体主义。

凡此种种,充分证明,从最新物理学与化学的研究结果,均可与生态学结论相通,因而可以共同肯定生态保育与环境保护的重要观念。

机械唯物论的第二个毛病,便是时空二分的毛病。

因为,近代机械唯物论的另一特性,便是在研究大自然时,先把时间的因素去掉,所以无从处理动态的自然观,这便形成另一种毛病。

这种情形,主要仍从笛卡儿的传统承传过来。笛氏为了追求“清晰明了”(clear and distinct)的知识,因此把变化性的时间因素排除。影响所及,其副作用便是无法分析生成变化的自然世界,从而无法产生尊重自然,乃至保护自然的精神。

例如,我们如果想把一个滚动中的圆球体加以微分,便无从着手,因为它在滚动中运转,便已经加入了时间因素,无法微分,所以一定要先把这圆球定位在一个定点上,形成机械的三度空间坐标,然后把“体”看成是无数“面”的集合,再把“面”看成无数“线”的集合,“线”看成无数“点”的集合。唯有如此,才能进行微分。

换句话说,根据这种架构,要分析自然界一个物体,其先决条件便是,去除其中“时间”因素,因而这就只能从定型的空间坐标来分析,形成静态结构下的唯物论。这就造成对自然观的另一种僵化毛病。

另外,不论笛卡儿或欧氏几何学,都会形成片面性的自然观,这也属于一种机械唯物论。

换句话说,欧几里德的几何学,其长处是条理分明,很有规律——像古希腊的建筑美学与人体美学,都很强调对称性与均匀性,这些均为欧氏几何特性。但是自然界的生命现象,很多却并非根据固定的规律进行,而是充满千变万化与不规则性,这才能显现多样性与多元性的蓬勃风貌。如果一定要将其纳入固定架构,形成框框条条,那就反而扼杀了其中丰赡灿溢的生机,沦为教条性,这也正是机械唯物论的另一毛病。

这正如同一个人,如果每一天都呆板地按照固定规律工作,看似每天都有条理,都很固定,但其实也是都很机械化。如果一个人终生只过这种机械人般的生活,缺乏调剂,显然不能充分体认人生的丰富风貌。一言以蔽之,这就形成片面的人生观。

人生观如此,自然观亦然。自然万象本来充满各种丰盛的变化性与可能性,万物生命更是充满无穷的才情与自由意志,因而均不可能用特定的机械原理加以拘限。所以对自然观如果过分强调欧氏几何,便会形成"削足适履"的机械论毛病。

因此,扼要来说,环境伦理学所处理的对象——不论是自然界或生态界,都需以"非欧氏几何学"为基础,才能真切妥当。事实上,这才正是"机体主义"兴起的重要原因,因为唯有如此,才能超脱机械性的架构,并且超越形式化的束缚。

另外,机械唯物论的第三个毛病,就是化约主义。

这种毛病,简单地说,就是把丰富的"心理"现象,先化约成"生理"现象,然后又把"生理"现象化约为"物理"现象。其中根本错误在于,为了适用物理原则,便把多采多姿的心理现象与生命现象,硬生生地化约成"物理"现象,这同样形成"削足适履"的毛病。自然界很多雄伟壮丽的生命形态因而被牺牲,只剩下扁平的物质现象。如此一来,既谈不上认清自然,更谈不上尊重自然,乃至保护自然了。

因此,海森堡便曾经很中肯地引述庄子名言,说明机构唯物论的这种毛病。

庄子这段寓言内容如下:

> 子贡南游于楚,反于晋,述渎阴,见一丈人,方将为圃畦,凿坠而入井,抱瓮而出灌,搰搰然,用力甚多,而见功寡。子贡曰,有械

于此,一日浸百畦,用力甚寡,而见功多,夫子不欲乎?为圃者仰而视之,曰,凿木为机,后重前轻,挈水若抽,数若泆汤,其名为槔,为圃者忿然作色而笑曰:吾闻之吾师,有机械者,必有机事,有机事者必有机心。机心存于胸中,则纯白不备,纯白不备,则神生不定。神生不定者,道之所不载也。吾非不知,羞而不为也。

海森堡在其《物理学家的自然观》的一书中,不但对庄子上述内容全文引述,而且明白指出“这个古老的故事包含不少的智慧”,最后他还强调“神生不定,也许就是我们今天危机中,人类处境最适当的描述之一。”[46]更可说一针见血之论。尤其他以一位外国学者——更还是一位物理学家,而能对中国道家哲学如此下功夫,的确令人钦佩,也发人深省。

事实上,虽然有人批评庄子这种看法会影响科技发展。但如今更深沉的反省却提醒人们,由机械论所产生的错误自然观,反而斫丧了很有生意的大自然。另外,由机心所产生的人生观,同样会腐蚀人间淳朴的善根。很多经验事实证明:的确如此!

所以庄子在此认为“有机械者必有机事,有机事者必有机心”,若只用西方以往二分法去看,可能很有疑惑,认为外在的“机械”,如何能引生内在的“机心”。但海森堡经过最新的物理学研究,反而更能体悟出外物与人心的相通互融,此中精神,真正足以超越机械唯物论,的确深值体认。

方东美先生在申论华严宗时,也曾引述法国最早得到诺贝尔的米提(Mitty)讲法,强调他曾写了一本书:

其目的就是要证明,世界上自从有了人类的心灵存在之后,便马上在物质世界里面开展出另外一个高峰与境界,那个高峰与境界叫做“心灵的领域”。另外moral science(道德科学)、Science of humanity(人文的科学),乃至一切艺术、哲学、文学、音乐、美术、雕刻,以及其他的造型艺术,都是要凭借人类高度的心灵作用、精神作用,才能够产生。[47]

方先生在此引述法国科学家,宗旨在证明华严宗的自然观,足以透过真如心灵,把一切本属物质的世界,都点化成为心灵的领域,以及精神的高峰。事实上,这也是最能导正机械唯物论的关键,因为,后者将一切生命现象均向下化约成物质现象。相形之下,华严宗刚好相反,足以将物质现象超化为生命心灵境界,这才是对当今环保哲学很能贡献的重点,深值共同重视。

事实上,法国近代大哲伏尔泰(Voltaire,1694—1778),也曾明确地指出,如果我们观察一只忠狗,评价它失去主人之后的表现,看它到处焦急寻找主人的情形,看它一面哀号一面寻找的神情,便知它的忠诚还远超过人类。然而却有“机械论者”,狠心地把狗钉在木板上,活生生加以解剖,只为了展示其神经与静脉,而完全忽略其各种组织与人类完全一样:

> 如果有人认为动物只是机械,不需要了解与感觉,那才是多么贫乏与可怜的心灵![48]

此所以伏尔泰曾经强调,像牛顿或洛克,在个人生活上,也都还能培养仁心,以关怀低等动物,他并因此认为:

> 说真的,如果没有广包一切的仁心,哲学家就没有什么了不起的![49]

这句话很中肯地指出了哲学家应有的胸襟与情怀。综观西方近代科学家与哲学家,虽然在个人生活上也不乏深具悲悯精神者,但因彼等思想学说多半走向机械论或唯物论,因而导致对自然及环保的很多负面影响,这些均深值今后改进!

所以方东美先生曾经特别提醒国人,对此应加警觉。[50]他也特别呼吁大家,应注意现代最新科学,已经产生一种“目的论的生物学”(teleological biology),其特色乃在于:

> 不再把生命埋没在物质的机械条件与能的机械支配里面,而能产生许多创造的新奇性,来说明生命已超越了物质,心灵已经超越了生命,不断地在宇宙里面向上,以创造的情势,表现种种新奇的现象。[51]

换句话说,根据上述最新科学,种种对自然的新生命观、新目的论,与创造性的价值观,都不是古典主义的科学所能达到。真正想要了解新科学、发展的人,便不能只停在古典主义、牛顿,或麦克斯威尔(Maxwell),另外对于相对论、量子论、物理学很多重要发明,更应充分研究。就天文学来说,也不能只处在哥白尼时代,只以太阳系为认知范围,而应真正认清天外有天,甚至太阳系也只是整个宇宙中的一尘埃。

此外对于新的生命科学与深度生态学,也均应体认其中心思想,并应透过生命科学、价值科学,了解现代新的几何学系统、新的数学系统和分析,乃至新的实验物理系统。然后才能领悟最新科学的境界,本与哲学最高境界殊途同归。

此中关键,诚如方先生所说:

> 这些新的发展都在指证,整个宇宙不可能只有一个机械的物质次序。因此一切的转变都是指向生命的向上发展,心灵的向上发展,然后在这重重发展里面,我们可以看出价值的涌现。[52]

因此,方先生紧接着曾以中国华严宗的世界观,进一步地说明:

> 从世界海到世界种,从世界种到生命世界,到正觉世间,是不断的层层向上演进,名面创造,而不断地有新奇的现象发生,最后归结在最完美的价值。[53]

根据上述精神,充分证明,中国华严宗这种有机整体的世界观,不但与最新的科学完全相符,而且深具对环保与生态保护的贡献,凡此种种,的确深值体认与弘扬!

第七节　价值中立论(Axiological Neutralism)

价值中立论的主要渊源与毛病,可以分述如下:

第一个毛病,仍是沿袭西方"恶性二分法"的毛病,从天人二分、人神二分、心物二分、主客二分,演变成"应然"与"实然"的二分,因而导致"价值"与"事实"的二分,形成"只论事实,不论价值"的价值中立论。

换句话说,这种看法就是把"what"与"what ought to be"分开来,强调只论事实,而不评论此种事实所蕴涵的价值判断。其本意固然在求客观描绘,但其副作用却形成伦理学上的不分是非。此种学说在表面上自认为要超乎主观的价值判断之外,但却因此漂白了一切价值标准。尤其,其预定立场为不谈价值判断,其实更形成另一种价值判断。

也就是自称最客观者,反而容易变成最主观,独断地抹杀很多重要价值。这不但造成人类伦理的危机,也同样造成环境伦理的危机。

此中最明显的例证,就是20世纪上半叶盛行的逻辑实证论(Logical positivisim)。根据其看法,凡不合逻辑的,就认为没有意义,凡是不能透过实证检验的,也认为没有意义。其原意固然在澄清很多虚妄无据的空论,但若过分泛滥逾越,便会形成人心严重危机;不但形上学被认为是"没有意义",伦理学也因讨论价值,而被认为没有意义。另如宗教、艺术、文学等等,也都成为没有意义,只因不能透过逻辑加以检证。

事实上,宗教信仰、神的存在,显然不是逻辑所能处理的问题。然而这并不代表这些问题"没有意义",反而代表"逻辑"与"实证"的方法本身有其限制,所以归根结底,不能以有限的方法规范无限的对象。另如文学、诗歌、艺术等等,也都不是逻辑可以规范的对象,更不是实证所能检验的内容,如果一味抹杀,不但会导致人文的黑暗时代,也会导致环境伦理的黑暗时代。

这种论点基本上以卡纳普(Carnap)、叶尔(Ayer)、匡恩(Quine)等人为代表。影响所及,也造成六十年代西方心灵很大的恐慌与空虚。尤其,如果连人文伦理都被认为是没有意义的,那么环境伦理的问题显然也会受到否定;因为其中要分析人与自然"应该"如何相处,仍然是个价值问题,如果被一味"中立化",便会更加助长对环境的破坏与环保的危机。

此所以叔本华(Artur Schopenhauer,1788—1860)很早就提醒西方人士:

> 众所皆知,低等动物在欧洲,一直被不可原谅的完全漠视。大家一直装作动物们没有权利。他们告诉自己,人们对动物的所作所为与道德无关(与他们所说的道德语言也无关),因而我们对动物都没有责任。这真是令人痛恨的野蛮论调。[54]

叔本华在此所指责的野蛮论调——声称与道德无关,正是一种典型的"价值中立论",只可叹到了当代,反而愈演愈烈,经过20世纪上半叶逻辑实证论的推波助澜,影响环保与生态更严重。

相形之下,中国哲学不论儒、道、释,均强调以价值为中心的人生观,并以高尚的价值理想作为提升现世奋发有为的目标,此所以《易经》讲“元者善之长也”,《大学》强调要止于“至善”,孟子更强调“善恶之心,人皆有之”。老子与庄子虽然要超越现实相对性的善,但其精神正是为了要追求最高境界的“绝对善”。至于佛学更是以“善知识”层层提升价值体系。凡此种种,均可对治近代西方价值中立论的毛病,深值重视与参考。

实际上,20 世纪 20 年代之后,西方有识之士也开始反省此中问题。此所以索罗金(Sorokin)曾经特别列举多位大哲,呼吁重视《危机时代的哲学》,而各大学也开始普遍兴起对“人文”与“科技”平衡发展的重视。

今后重要的是,不能再把“人文”与“科技”又划分成为两截,又对立起来,称为“两种文化”,否则又重蹈“二律对反”的以往毛病,也再次堕入“恶性二分法”的困境。其中真正解决之道,乃在了解其中的互补性、互助性以及互摄性,并深悟其中融贯会通之处,以寻求和谐的统一。这正是机体主义的精神特色,也再次可以展现中国“中道哲学”的重要启发。

事实上,环保问题便是一个很好的例子,说明“人文”与“科技”应携手合作——既要有人文性的关怀,以充分尊重自然、爱护自然;也要有科技方法,以真正能够落实环保,消除污染。这两者缺一不可,不能再堕入“恶性二分法”之中。

否则的话,如果只懂人文精神,不懂科技新知,则对于环保问题,纵然有心,却也无力。反之亦然,如果只有科技能力,却无人文关怀,可能完全失落方向,或反而制造出更多环境问题——近二十年的情况,正是如此。

所以,当代西方著名环保学者郝尤金教授曾经举出达尔文的例子,说明人文与科技本应结合的重要性。

达尔文在自传中说,他在三十岁以前成长的过程中,非常喜欢朗读诗歌,很喜欢拜伦、华兹华斯、雪莱等大诗人,他甚至从孩童时期就深爱莎士比亚,尤其从其历史剧中受益良多。另外,从绘画、音乐之中,他也能深深感到精神的欣悦的充实。

然而现在,很多年以来,我连一行诗都读不下,后来我再尝试读莎士比亚，却觉得沉闷厌恶。另外，我也对绘画与音乐失去了品味……我想对好看的自然风景能多欣赏，但却不再像以前一样能够心旷神怡。[55]

人生到了如此干枯，索然无味，说来也相当可悲了。达尔文自述的这种情形显示，不但其本身的精神生活已经深感沉闷，而且他连对自然景观都缺乏兴趣，那更谈不上爱护自然、保护自然了。

何以会如此呢？根据达尔文自述，因为他在中年之后，天天只知在科学研究中忙得昏头转向，根本没有再注意到人文修养的重要，以致精神愈来愈觉得空洞乏味，心灵也愈来愈觉得沉闷麻木。

因此，达尔文曾经坦诚地反省与检讨：

我的心灵好像已经变成了一种机器，因为长期只在一大堆的事实与定律中钻研打转。何以这样会导致脑筋中高尚品味的部分退化呢？我并不明白。然而，我相信，如果一个人的心灵，能有比我更好的融贯性与机体性，当不至于如此痛苦。[56]

达尔文以"进化论"的一代科学大师，而能承认心灵"痛苦"，确实坦诚可敬，而且深具警世作用。尤其，他所强调的"融贯性"与"机体性"更是关键用语，充分证明，人们应先具备融贯性与机体性的心灵，才能有正确的自然观，也才有充实的人生观。由此也再次可以证明，中国哲学融贯性机体主义的正确与可贵。

后来，达尔文更曾经坦白指出，如果他能再活一次，便绝不会再犯同样错误：

如果我能再活一次，我将规定自己，每周至少一次，要读一些诗歌，听一些音乐。这样可能会让我现在退化的脑筋保持灵活。因为，失去这些品味等于失去乐趣，一旦如此，便可能导致人的情感部分衰退，不但可能伤害智力，更可能伤害道德品格。[57]

郝尤金教授对此的评论也很好："达尔文毕竟还算有这种反省与自觉，但是他后来影响的很多科学家，却连这种自觉都没有！"换句话说，达尔文在晚年回忆的自传中，自己承认疏忽了人文艺术的重要。因而如果再活一遍的话，他一定不会再轻忽。但近代很多科学家，却仍然重复同样错误，甚至仍然误以为有了科学就有了一切，因而理所当然地认为人文、艺术等均没有意义，如此不能吸取前人教训，那就更加可悲了。

事实上，达尔文本身的个人生活，确实有其仁心关怀，此所以他曾经强调："对于所有万物生命的关爱，乃是人类最高贵的属性。"[58]然而，其学说所主张的"进化论"却因主张"物竞天择，适者生存"，而被世人片面撷取利用，结果形成一套霸道哲学——谁能逞凶斗狠，谁就能最后生存，如果是弱者，就天经地义被强者主宰，终于导致很多悲剧产生。

本来，这套"丛林原则"顶多只能用在落后时代，但放眼当今不少人类地区，竟然仍在暗用这套哲学，连对人类的弱者都不知扶倾济弱，更遑论对自然万物的保护了。

所以，相形之下，中国哲学或最新环保哲学，便极为重要。根据其中精神，一切万物均与人类平等，所以连对万物都不能以此霸道思想相待，更何况用在人类社会呢？如果将霸道思想硬用在人类文明，显然会产生帝国主义与霸权思想，影响所及，祸害之大可想而知。归根究底，便因其中缺乏人文关怀，并且"只论事实，不论价值"，只论实力，不论是非。以致造成一连串严重弊端，迄今仍然方兴未艾，今后的确深值世人警惕，切实改进！

价值中立论的第二项毛病，就是不谈方向感，这也形成当今人类极大的环境危机之一。

所以，大科学家海森堡曾在《当代物理家的自然观》中，明白呼吁大家，体认人类这项重大的危机。他并曾用一个比喻来说明这种情形：

> 由于物质能力不断地扩展，人类发现他的处境，有如一艘钢铁铸造成的船舶船长，罗盘的磁针由于船舶钢铁结构，已经不再指向北方，不再标定任何方向，船也不再有任何目的地，而只在那儿绕圈子，成为洋流与风浪的牺牲品。[59]

这种危机，一言以蔽之，就是缺乏"方向感"。这也正是当今科学主义只分析外物，而不标定价值方向的最大弊病。影响所及，"伦理学"这门专论善恶是非与方向的学问，当然立刻首当其冲，遭到否定。如果连人与人之间的伦理学尚且如此，更何况标定人与自然之间行为方向的“环境伦理学”！

所幸，今天很多有识之士均已重新警觉此一问题的严重，此中情形也正如海森堡所说，一旦船长知觉到罗盘已经失效，便可说“危险去了一半”。同样情形，如果更多的人意识到“环保危机”，更多的人深具“环保意识”，并警觉到科学主义已经抹杀了人类方向感，那“危机便去了一半”。

然而，另外一半环境危机又应如何解决呢？那就需要人类真正拿出决心，共同互助，展开环境保护与生态保护的具体行动。

因而，此等环保行动，若要被更多人接受，首应对大自然建立正确的价值观，并能促使大家，共同以保护环境为荣，以污染环境为耻。唯有如此，共同推广正确的环保价值观，才能共同完成有效的环保工作。归根究底，便仍然必须及早矫正“价值中立论”的毛病。

所以郝尤金教授在此讲得很中肯。他一方面清楚地强调“环境危机肯定是今天西方文明最严重的问题”，[60]并且用“最”字说明环境危机的迫切性；另一方面，他并立刻指出，如何加强环境伦理学，“正是哲学家的责任！”

因为郝尤金教授的文中所指，均为西方哲学，所以他也很坦率地指出以往西方哲学的病端：

> 哲学以往将自然世界排斥在外，未能将其与真实生活具体结合，形成以往最大的病端，环境伦理学正是改进这最大毛病的机会。[61]

换句话说，因为在西方，除了科学主义不谈价值之外，多数传统哲学家也并不肯定大自然的价值，所以就形成近代双重的环境危机。相形之下，中国哲学不论儒、道、释、新儒各家，一贯均能肯定人与自然共同充满尊严与内在价值，这种深厚的优良传统便深值世人共同重视。

所以笔者认为，郝尤金教授如果能有机会多研究中国哲学，并能深入了解，当能惊讶于其中充满了丰富的环境伦理思想，的确深值借镜与效法。

因而，今后重要的工作，对中国人而言，便是应在国际上多多弘扬此等中国环境伦理学，并真正以行动加以落实。对西洋人而言，则是多应该参考中国文化丰富的环保哲学，并结合成为具体的努力方向，中西如此互通有无,共同合作,相信必能创造整体人类更光明的成果!

另外,价值中立论的第三项毛病,便是除了不谈伦理学,还不谈美学,这就进一步扼杀了从艺术欣赏肯定大自然的途径,也更加影响了环保工作与生态保育。

换句话说,一位科学家即使对文史哲学缺乏素养,但如果对音乐欣赏、美术欣赏具有兴趣与品味,同样也能得到心灵的充实,间接也可以提升精神生活。同样情形,现代人心即使对环保哲学缺乏素养,但若可以欣赏自然之美,透过美学感应,同样也能兴起保护自然的精神心志。此所以郝尤金教授也曾特别强调“美学态度”对环保工作的重要性。[62]但若连此等美学也排斥不谈,就会迫使灵性生活更加干枯萎缩,对环保工作也将形成更大的危害。

尤其,近代西方学术界对艺术的态度,很多只在客观的研究艺术品,以此当做科学对象来分析,而并未弘扬其中的气韵精神,也未注重如何以此提升生命的艺术情操,因而一个人即使对艺术品如数家珍,却也只是将其当作“物品”来看,并未能因艺术欣赏而充实其精神生活,也未能因欣赏艺术品而更加肯定自然之美,所以对于保护环境便毫无助益。

相形之下,中国的艺术美学却一贯以“气韵生动”为第一义,并且,以山水画宣畅大自然的盎然生机,已经成为中国艺术重要的独特传统。这些特色对于提升灵性,以及欣赏自然之美的影响便极大,因而对于保护自然、热爱自然,也均有深远的助益。

此所以唐代王维在《山水诀》中曾经明白肯定:

> 夫画道之中,水墨为最上。肇自然之性,成造化之功。

王维在此所谓:“肇自然之性,成造化之功。”就是能深体大自然造化的盎然生机,并且将其充分宣畅于水墨之中,所以才能以咫尺之图,“写千里之景”。

另外,唐朝张璪在《文通论画》中也曾明白强调:“外师造化,中得心源。”,他认为对于自然山水作画,不论创作,或者欣赏,均应做到:上则师法天工,宣洩神力,下则驰骋灵性,絜神入幻,所以最能代表道家空灵之美,这对于欣赏大自然之美,更有极大帮助。

再如宋代艺术家邓椿论画,也曾特别指出:

画之为用大矣哉，盈天地之间者，万物悉皆含毫运思，曲尽其态，而所以能曲尽者止一法耳。一者何也？曰“传神而已矣。”世徒知人之有神，而不知物之有神……故画法以气韵生动为第一。[63]

换句话说，中国真正高明的山水画家，最重要的本领，就是要能传达自然山水之中万物生生不息之神，如此透过山水画，充分肯定不但人有神，万物也有神，就明白连系了自然美学与环境伦理学，从而促进了尊重自然、珍爱自然的精神。

另外，赵孟頫作画，也极为重视生意。此其所谓，对于作画：

贵有古意，若无古意，虽工无意。[64]

此中所谓古意就是古趣生意，代表隽永雄浑的自然机趣，极能代表道家的“自然之美”，因而也极能提醒人心，应充分尊重自然生命，从而保护自然生态。

再如明代董其昌，作画极为重视返璞归真，大巧若拙，所以米芾曾推崇其“天真平淡”，很能象征道家“朴拙之美”，这对呼吁人心亲近自然，也有极大帮助，对于促进现代人心回归自然更有重大启发，因而对保护自然的观念，同样深具贡献。

此外，明代唐志契也曾指出：

凡画山水，最要得山水性情，得其性情……自然山性即我性，山情即我情，而落笔不生软矣。[65]

这一段内容，更明白地将人与万物结合成为一体，促进自然美学与环境伦理学能够相通无碍，这对于提醒现代人心尊重自然，当然也深具启发意义。

另如明末清初的石涛，其作品很能融合儒道释的共同通性，也就是真正能将本身融入天地万物成为一体，所以其画风淳厚而又空灵，气势峥嵘而又磅礴，笔触通情而又醒透。他曾经有段名言，便深具重要启发：

山川使予代山川而言也，山川脱胎于予也，予脱胎于山川也……山川与予神遇而迹化也。[66]

上一段名言，也可说将中国哲学“合天地万物为一体”之仁心，融为创作山水美学的艺术心灵，这不但形成艺术心灵的高峰，也代表哲学境界的高峰，现代人心若能深具此等艺术心灵与哲学境界，当然就必能从内心深处，真诚地欣赏自然与爱护自然。

综合而言，美学艺术看似与环保无关，其实很能结合相通。而此中会通的关键，即为欣赏自然之美的心灵。所以今后重要的是，不能在"美学"中抽离"美"的价值，形成价值中立的毛病；或只将艺术品看成"物品"，而忽略其中精神价值，形成另一种唯物论与价值中立的毛病。

当代很多西方环保家已经体认到，美学对环保的影响很大，但却苦于西方美学传统同样缺乏此等生命精神。所以就此而言，也可以再次证明，中国美学艺术同样能对环保工作深具贡献，因而同样深值西方参考与弘扬。

"非洲之父"史怀哲（Albert Schweitzer）不但是位医学家、音乐家，更是位哲学家。他在非洲原始森林与河川中，看到河马嬉水的天伦之乐，慨然悟出"尊重生命"的重要。因此，在其领取诺贝尔和平奖时，便曾经明白强调，今天我们需要提倡一种"以伦理思想为中心的世界观"，也就是一种"以价值为中心的自然观"，[67]然后才能够以尊重生命的价值善体万物，并且以悲天悯人的精神同情体物。这种精神，可说真正突破了近代科学"价值中立"的毛病，并且与中国哲学精神很能相通，所以深值重视。

同样情形，赫胥黎也曾经语重心长地说过：

> 近代科技庸俗的自夸征服了自然，这种看法根源于西方宗教传统，自认为人类为老板，而自然只是为人类带来贡品……然而若论人与自然的伦理系统，我们仍然必须回到中国道家。道家强调万物有序、无为与平衡的观念，必须加以保存。根据道家，道无所不在，从物理层次，到生理层次，乃至于心灵与精神层次，均普遍贯注大道生命。[68]

赫胥黎能对中国道家有此体认，殊属难得，所以他能有此慧心，再三强调西方近代科学主义者应该多回归道家。如果他对中国儒家或大乘佛学也有研究，相信当更能惊叹，中国的圆融机体主义，正是对治当今西方环保危机的最重要妙方！

另外,李奥波针对西方传统自然观的毛病,也曾经特别主张“大地伦理”(The Land Ethic),他在其中强调,应将具体的大地看成伦理对象,不但深具启发意义[69],也很可证明与中国哲学相互会通。

首先在第一项,他便指出,根据“伦理学的关联顺序”(the ethical sequence),人与人的关系为第一类伦理,人与社会的关系为第二类伦理,这两项以往都考虑到了,今后更应扩大到第三项——人与大地,乃至大地上一切动物、植物,与万物的关系。[70]也就是说,不应再将大地看成经济财产,更不应视大地为役使对象,而应以一种尊重生命的眼光关怀万物,这在西方近代可称为极大突破,与中国哲学“万物含生论”也很能相通,所以深值重视。

第二,他特别强调一种“社区”的观念(the community),认为应把整个大地看成一个大社区,也就是将此社区扩大范围,包含一切大地上的山川、河流、动物、植物等,并肯定所有大地万物均有存在的权利,因此人类应加以充分尊重,并且共同合作,而不能再以征服者自居,否则,征服者终将自毙。[71]这也是当今环境保护极重要的地球观,而且其中肯定人与地球休戚相关,福祸与共,并且互相影响,明显打破了以往机械唯物论的毛病,也与中国哲学精神完全相符。

第三,他进一步指出,人人应有“生态的良心”(Ecological conscience),唯有如此,才能以充满同情的眼光与万物和谐相处,这也从根本上打破了以往科学唯物论的毛病,并与中国哲学所说的“大其心”“致良知”等均完全相同。

所以综合而言,西方生态保育之父李奥波的“大地伦理”多项原则,均与中国的环境哲学很有互通,并且很能相得益彰,通过此一例证,我们更可证明,西方最新的环保学者在深入省思之后的看法,不但对其传统自然观很多修正,而且很多结论均与中国哲学的机体主义不谋而合。由此充分可见,今后只要东西方有识之士能共同胸怀自然,尊重生命,相互合作,努力发扬机体主义的自然观,就一定能及早改进环境问题,创造更为光明的共同远景!

附　注

① Aldo Leopold, *The Land Ethic* in *A Sand County Almanac*, Oxford University Press. N. Y. ,1949. p. 209.

② Nathaniel Southgate Shaler, *Man and Earth*, Duffield & Company, N. Y., 1917. p. 228.

③ Ibid., p. 229.

④ Eugene C. Hargrove, *Foundations of Environmental Ethics*; Prentice Hall, New Jersey, 1989, p. 15.

⑤ Ibid., p. 44.

⑥ Ibid., p. 21.

⑦ A. N. Whitehead, *Science and the Modem World*, N. Y., 1925. p. 54.

⑧ Pythagoras, "The Metamor Phoses", tr. by Mary M. Innes, in *The Extended Circle*, ed. by Wynnetyson, Paragon House, N. Y., 1989. p. 261.

⑨ Ibid., p. 260.

⑩ Brigid Brophy, *The Rights of Animals*, Sunday Times, 10, Oct. 1965.

⑪ See Plato, *Phaedo*, 66*e*. 67*d-e*, 以下引文部分亦见 *Eugene C. Hargrove*, 前揭书, 为免重复, 仅迳引原典内容。

⑫ *Plato*, *Phaedrus*, 227a—238e.

⑬ Plato, *Republic*, 603—606e.

⑭ Frederick Copleston, *A History of Philosophy*, vo1. 1. 傅佩荣中译本, 台北黎明公司, 1989 年第 3 版, 第 309 页。

⑮ 同上书, 第 312 页。

⑯ 同上书, 第 313 页。

⑰ Plato, *Phaedo*, 110a—110b.

⑱ 进一步说明可参 Frederick Copleston, 同前揭书, 傅佩荣中译本, 第 392 页。

⑲ Aristotle, "Politics", 1256b8—22.

⑳ Cf. Frederick Copleston, 同前揭书, 傅佩荣中译本, 第 412 页。

㉑ Aristotle, *Meteorology*, 351a19—352a18.

㉒ Eugene C. Hargrove, *Foundations of Environmental Ethics*, pp. 21—24.

㉓ Ibid., p. 24.

㉔ 《圣经》,《旧约 · 创世记》, 第一章, 第 26—28 节。根据圣经

公会1983年香港中译本。

㉕　同上书,第29—30节。

㉖　Ardous Huxley,"Letters of Aldous Huxley", in *The Extended Circle*, p. 135.

㉗　Cf. Frederick Copleston, *A History of Philosophy*, vo1. 2. 庄雅棠中译本,台北黎明公司,1988年第3版,第107—108页。

㉘　A. Schopenheuer,"On The Basis of Morality", in *The Extended Circle*, p. 308.

㉙　Ibid., p. 310.

㉚　Francis Bacon,"Advancement of Learning", in *The Extended Circle*, p. 7.

㉛　John Locke,"Thoughts on Education", in *The Extended Circle*, p. 184.

㉜　John Locke,"First Treatise", in *Two Treatises*, Sec. 92.

㉝　John Locke,"Second Treatise", in *Two Treatises*, Sec. 42—43.

㉞　方东美先生《中国人的人生观》(*The Chinese View of Life*),笔者拙译本,台北幼狮公司出版,1980年初版,第41—42页。

㉟　Immanuel Kant,"Lectures on Ethics", in *The Extended Circle*, p. 147.

㊱　海森堡《物理学家的自然观》,刘君灿中译,台北牛顿文库,1988年出版,第28页。

㊲　同上书,第35页。

㊳　同上书,第18页。

㊴　同上书,第18页。

㊵　同上书。

㊶　Albert Einstein, *New York Post*, 28. Nov. 1972.

㊷　海森堡,同前书,第22页。

㊸　同上书,第22页。

㊹　同上书,第22—23页。

㊺　同上书,第44页。

㊻　同上书,第26页。

㊼　参见方东美先生《华严宗哲学》,台北黎明公司,上册,1989

年五月初版,第156、157页。

㊽ F. M. A. Voltaire,"Philosophical Dictionary", in *The Extended Circle*, p. 388.

㊾ Ibid.

㊿ 方东美先生,前揭书,第124页。

51 同上书,第125页。

52 同上书,第226页。

53 同上书,第126—127页。

54 A. Schopenhauer,"On the Basis of Morality", in *The Extended Circle*, p. 308.

55 Francis Darwin, (ed); *The Autobiography of Charles Darwin and Selected Letters*, N. Y., Dover Publications, 1985, pp. 53—54.

56 Ibid., p. 54.

57 Ibid.

58 F. Darwin,"The Descent of Man", in *The Extended Circle*, p. 62.

59 海森堡,同前书,第32页。

60 Eugene Hargrove, *Foundations of Environmental Ethics*, p. 44.

61 Ibid., p. 45.

62 Ibid., pp. 81—86, 180—185.

63 邓椿《画继杂说》,"论远篇"。

64 赵孟頫《松雪论画》。

65 唐志契《绘事微言》。

66 石涛《苦瓜和尚论画》,"山川章"。

67 Albert Schweitzer, *The Philosophy of Civilization*, N. Y. 1968, p. 159.

68 Adous Huxley, in *The Extended Circle*, p. 135.

69 Aldo Leopold,"The Land Ethic", in *A Sand County Almanac*, Oxford University Press. N. Y., 1949, p. 208.

70 Ibid., p. 201.

71 Ibid., p. 202.

72 Ibid., p. 203.

第七章　当代西方的环境伦理思想

绪　　论

本章所要分析的重点为“当代西方环境伦理思想”。何以只称“环境伦理思想”，而不称“环境伦理学”呢？因为基本上，其发展仍然在摸索之中，并未成为很完备的体系，也尚未成为井然有序、博大精深的学问。所以若要称之为“学”，仍需假以时日。

不过，当代西方有识之士，已经对环保问题进行很深刻的反省，而且已经警觉到，应该尽早挣脱以往不利于环保的传统哲学，并多向中国哲学撷取灵感。凡此种种，均已可说难能可贵。

换句话说，“环境伦理学”的宗旨，在针对环保问题而作哲学省思，这在西方还是一门新兴的学问，就好像“新兴的国家”一样，仍然在发展中，因而需向已开发国家多多借镜。若从经济角度而言，则西方国家本身多半属于已开发国家，但若从环境伦理学而言，则中国传统哲学才称得上已开发，所以深值西方国家借镜。

我们从前面各章所申论的中国哲学精神特色，可以充分看出，其深符当今世界环保与生态保育的需要。另外，从本章所分析的当代西方环保思想，也可以清楚看出，很多重要观念与中国哲学精神完全不谋而合，由此可以再次证明，中国哲学对环保思想之完善，深值西方效法与弘扬光大。

扼要而论，当今环保问题，已经成为全球的共同问题，因而有赖全球共同努力解决。西方国家虽然颇具环保的工作经验，然而却缺乏深厚的环保哲学基础，中国人则虽在传统哲学中深具环保精神，但却对环保工作缺少经验。因而，今后重要的是，不论东方人或西方人，均应通通站在“人”的共同立场，对环境保护付出共同的关心，并且真正在学理与经验上互通有无，交流合作，这才是整个人类地球乃至后代子孙之福！

因此,本文首先将扼要说明 20 世纪以来西方在环保思想上的演进,作为今后东西方共同鉴往知来的重要参考。

就此而论,20 世纪西方环保思想的演进,一言以蔽之,就是逐步发觉与肯定“机体主义”(organicism)的哲学。具体而言,就是肯定万物含生的自然观,并且发现物物相关,彼此融贯,因而需要尊重万物众生的内在价值与平等生命。凡此种种,正与中国传统哲学的特性,充分能够会通。

例如,当代西方“生态保育之父”李奥波(Aldo Leopold)于 1949 年正式出版《大地伦理》(*The Land Ethic*),堪称当代环保的经典之作。其中明确主张,所有一切万物,均有内在的生命价值,因而我们对一切自然万物,均应看成和人类一样,加以尊重。另外,他在西方第一次强调,大地并不是一项商品(Commodity),而是与人类同体共存的一个“社区”(Community)。[①]

此所以他曾经明确指出:

> 我们从前虐待大地,是因为将其视为属于我们的一项商品。当我们认清大地是我们属于它的一种社区,我们才可能对其开始尊重与爱护。

除此之外,李奥波并曾再三呼吁世人认清,“生态保育就是保持人与大地的和谐。”唯有如此,才能真正具有“物我合一”的体认,进而普遍培养“生态良知”(Ecological conscience)。凡此种种,均与中国哲学的精神不谋而合。因为他深具智慧远见与仁心胸襟,并且勇于大声疾呼,锲而不舍,所以被尊称为“生态保育之父”,的确其来有自,并非浪得虚名。

事实上,李奥波这篇著名论文,收集在其著作《沙地郡年鉴》(*A Sand County Almanac*),这本年鉴,主要在探讨大地的演变。基本上,就是一种整体融贯而又肯定万物含生的自然观,亦即其所说的“整体神圣观”。

根据这种观念,人类必须要能够保护自然生态的“稳定性”(Stability)、“整合性”(Integrity),以及“平衡性”(equivalent),才能算是正确而健康的环保态度[②]。这也同样形成了生态保育的三大环境伦理标准——凡是能够保持生态“稳定”“整合”与“平衡”的行为,才是“好的行为”;反之,如果对生态破坏稳定、整合与平衡,就是“坏的行为”。这三项重点,迄今仍可说是国际环保哲学的基本共识。

然而,在战后,因为东西方国家近年均急于经济重建,所以只注重拓展物质生活,强调经济的开发,相形之下,环境保护工作就多半被忽略或牺牲了。

因此在战后很长一段期间,因为工业化的影响,明显开始污染环境,破坏生态。所以到1962年,卡森女士(R. Carson)出版了一本经典之作,开始惊醒很多人心。该书一直到1987年,在二十五年后印行新版时,仍然广受热烈称道,此即著名的《寂静的春天》(*Silent Spring*)。

该书以极其感性的笔法,一一道出环境污染下令人触目惊心的大自然悲惨情形,其中包括鸟儿已经不再欢唱,河川已经黯然逝世,乃至大自然终将被迫反击……等等,种种内容,都非常发人深省。如今看来,的确深具远见,充满慧心与悲心。

卡森女士在近三十年前作总结时,就曾经提醒世人:

> 我们正站在十字路口上,一条路很容易走,却导向灾难。另一条路看似生疏,却是唯一的生路——那就是尽快保护地球。[3]

上述这段话,直到今天都深具启发意义与警世作用。然而,近三十年以来,放眼全球各地,却见整体环保问题愈来愈严重,很多当初所提的病象非但未改,反而更加恶化,真正令人心忧如焚!

该书在扉页中,曾经引述史怀哲的名言,至今仍然令人惊心动魄:

> 人类已经失去了能力,既不能前瞻未来,也不能防患未然。他将在毁灭地球中同时灭亡。

尤其,另一位著名环保学者布朗里(Lesten Brown)说得很好:

> 我们并非从父执辈承继地球,我们是从子女们借用地球。

因此,展望今后人类命运,看来必须尽早猛省与力行环保,才是真正自救救人、拯救后代以及拯救地球之道!

事实上,早在1864年,马昔(G. Perkins Marsh)即曾本于同样心志,撰写《人与自然》(*Man and Nature*)一书,因其内容首次有系统地研究动物、植物、森林、河川、土地与人类文明进步的互动,所以颇具创意。[4]后来曾由哈佛大学于1965年再版,将人文与物理学、地理学相结合,但并未受到应有重视。整体而言,在战后三十年中,全球各地对环保观念非但未能防患未然,而且一再破坏生态与自然,很多地方已经到了惨不忍睹的地步。

这种情形,经过有识之士苦心孤诣的一再呼吁,到了 1979 年,才陆续出现一些重要论文。例如古柏肯(Kennth E. Goodpaster)所作的《从自我中心到环保主义》(*From Egoism to Environmentalism*),便是典型代表,本文收集在美国圣母大学所出版的《伦理学与 21 世纪的问题》一书,深值重视。

在本书中,他把环保问题看成"21 世纪的重大危机",并强调今后人类再也不能只从人类的自我中心来看自然,而应切实弘扬"机体性的整体观"[5]。根据他的研究,唯有人与自然充分和谐互动,才能创造 21 世纪光明的生活空间,可说深具启发意义,并且与中国哲学精神完全不谋而合。

当卡森女士比古柏肯早十七年撰写《寂静的春天》时,即曾在书前引述怀特(E. B. White)的一段警句:

> 我对人类很感悲观,因为人类太精于只为自己着想。我们对自然的态度,往往只在迫其臣服。今后我们只有以欣赏自然取代宰制自然与疑虑自然,才能有较好的生存机会。[6]

我们很清楚可以发现,古氏著作的宗旨,正是希望能承续怀特与卡森的心志,进而建构"机体性的整体观",据以重整人与自然的关系。事实上这也正是当代西方环保学者的重要共识,并且与中国哲学精神完全可以会通无碍。

后来,到 1983 年,宾州大学也出版了另外一本重要著作,名为《环保哲学论文集》[7],同样也是集思广益,邀请很多著名学者共同关心与研究环保,并致力研究充实其哲学基础。从此风气渐开,至今我们便可以看到愈来愈多的相关著作了。

到 1988 年,贝瑞神父(Thomas Berry)出版了另一本重要著作《地球的梦想》(*The Dream of the Earth*)。书中一再强调,人类与自然万物应和谐共存,在地球此一共同"社区"内互助并进,他称此为人类迈向未来的正道,也正是"地球的梦想",该著被誉为"20 世纪十大重要著作之一",可见其受重视的程度。[8]若研究其中根本精神,明显也与中国哲学殊途而同归。

另外，在同年中，曾任美国内政部长的伍达(S. L. Udall)印行了《寂静的危机与后代》新版本，书中再度呼应卡森女士《寂静的春天》的警语，并更加强调，人们应赶紧"扩大环保意识"，否则将对后代贻害无穷。[9]该书前半段为"寂静的危机"，曾在1963年初版，并由肯尼迪总统写序。序文中呼吁全体美国人民应重新恢复人与自然的亲切和谐关系；并且强调，应将六十年前老罗斯福总统以及三十年前小罗斯福总统的环保心志，充分发扬光大，作为每一个美国人自我期许的一贯使命。[10]其中胸襟，同样与中国哲学的"大其心"极能相通，由此除了可以看出当年肯尼迪总统的远见外，也更可看出中国哲学对今后环保很能贡献之处。

事实上，在1986年，美国著名的普林斯顿大学，也曾出版一本名著，由泰勒教授(Paul Taylor)所写，题目称为《尊重自然》(*Respect for Nature*)，其中还有一个副题，为"环境伦理学的理论"(A Theory of Environmental Ethics)，本书堪称当今西方在"环境伦理学"领域中理论架构最为完整的一部。所以本章对其内容将在多处引述申论。其中根本精神由其书名——"尊重自然"，即可看出，同样可见其与中国哲学"尊生"传统会通之处。

另外，到了1988年，美国天普大学(Temple University)也出版了一本名著，名字就叫做《环境伦理学》(*Environmental Ethics*)，这是由罗赫姆(Holmes Rolston)所写，其中所述的精神原则也大同小异，[11]但内容架构却没有前一本完整周全。

除此之外，再如谢德-傅烈(K. S. Shrader-Frechette)也曾在1988年出版同样书名的著作，由包斯吾出版社(The Boxwood Press)发行，其中对环保哲学的看法也很能相通，[12]然而分析的程度仍不如泰勒著作精细。

整体而言，到2013年为止，西方先进国家很多著名大学与出版社，针对环保问题，均有新著纷纷出版，并且蔚成风气。只不过如果深入分析，便知多半仍以个案性的研究，或历史性的回顾为主，真正探讨环保哲学思想的并不多，尤其对"环境伦理学"的理论研究仍很可限，即使有，也均未超过泰勒的著作。

例如1989年，由美国政府环保顾问包士坦博士(D. J. Paustenbach)所编的大部头著作《环保意外事件的危险评估》(*The Risk Assessment of Environmental Hazards*),曾邀请五十位环保专家,根据二十二项个案研究,详述环保问题所带来的各种危害,共一千一百五十五页,堪称当今最丰富的环保经验教材,[13]亦为同一领域最新的代表性著作。

然而,如果细看该书内容,便知绝大部分篇幅宗旨,均在分析各地方发生的环保灾害,以及如何从中能获取具体经验,全书固然很有个案的研究价值,但很少学理探讨,对个案背后的哲学省思也很少触及;加上实务经验往往因地而异,各国民情与文化背景也不相同,所以因应解决之道也不能完全照抄,因而全书顶多只具参考性价值,但启发性价值却有限。

另外,美国威斯康辛大学也曾出版一本重要著作《美国生态保护运动》(*The American Conservation Movement*),其中历数从 1890 年到 1975 年的美国生态保护运动史,然其重点只在阐述史料,对于如何鉴往知来,在今后建树完整的环保哲学,仍然并未深入申论。[14]

再如,由范第佛(D. Van Deveer)与皮尔斯(C. Pierce)所共同编印的《人类、企鹅与橡树》(*People, Penguins and Plastic Trees*)也是典型例证,全书多半以个案研究为主,评估人与自然动物、植物的关系[15],虽然也分析其中环境伦理学的有关争论,但基本上仍以具体实务为主,而对环保哲学探讨不足。

同样情形,虽然美国华盛顿"未来资源委员会"曾在 1990 年出版一本《环境保护的公共政策》(*Public Policies for Environmental Protection*),但内容仍以技术上如何防止各种环境污染为主,对于整体环保哲学并未触及,对于今后环保政策更缺乏一种前瞻性的哲学省思。[16]

类似情形与著作很多,充分可以看出,《环境伦理学》这一学问,的确仍然正在摸索发展中。笔者认为,今后西方此一领域,如果要有更深厚的成果,便应该及早从中国深厚的哲学传统中吸取环保哲学的灵感与启发。

尤其,我们若能从西方当代环境伦理著作中分析,便知其中的自然观、万物观与众生观,通通都在肯定一种"机体主义"(organicism),而其基本精神正与中国哲学殊途同归,只是中国哲学更加深刻与完备,所以深值体认与效法。

另外,如果我们分析当代西方至今最完整的《环境伦理研究季刊》

(*Environmental Ethics Quarterly*),更清楚可以看出此种特性。该季刊由美国乔治亚大学从1979年春季创刊,每季出版一期,迄今已经被公认为全球对"环境伦理"研究最有名的学术性季刊。经笔者透过微胶卷逐卷研究,发现其中对环保哲学论文固然刊登较多,但因受季刊篇幅限制,仍然并未建构出环境伦理学的完整架构,每篇论文多半仍以单一观点为主,[17]固然有些相当深入扎实,但明显不够周全与完备。比起泰勒教授整本的系统著作,相形之下便明显不足。

因此,本文将特别以泰勒教授的分析架构为主,论述西方当代环境伦理思想,并透过"自然观""万物观"与"众生论"三项环保主要课题,阐明其中与中国哲学旁通互摄之处。

第一节　以生命为中心的自然观

针对自然观,泰勒教授曾经用一个非常中肯的名词说明其理念,叫做"bio-centric outlook of nature"[18],如果从其内容中译,就是"以生命为中心的自然观",如果用中国的哲学名词来看,这正是典型的"万物含生论"。如果再用孙中山先生的名词来说,则叫做"生元论",也就是说把一切的自然万物都看成充满生机和元气。其中"生"与"元"均来自易经哲学,此即所谓"天地之大德曰生",以及"元者善之长也"。"生元"两个字结合起来,实际上就代表一种以生命为中心的自然观;我们由此也充分可见中西相通,乃至古今相融之处。

泰勒教授所论"以生命为中心的自然观"一共提到四项特性,对于自然的理念,都很中肯;笔者认为,除此之外可以更进一步,再加第五项,才更完备。今特分别申论如下。

第一项可称为"同球共济性",就是肯定人类、地球与万物共同形成一体的社区(community)[19],这也就是"地球村"的观念。用中国成语来说,象征"同舟共济",此处则扩大而论,可称为"同舟共济"。

第二项可称为"互相依存性"(Interdependence)[20],就是肯定自然一切万物,必须相互依靠才能生存,其间交融互摄,形成"物物相关"的特性。

第三项可称为"内在目的性"(teleology)[21],就是肯定所有自然万物,都有其独特的生存内在目的,并分别以此为动力,共同迈向光明理想，此即形成"物有所归"的观念。

第四项可称为"一往平等性"(equality)[22]，就是肯定一切自然万物相互平等，人类不能以自我中心驾凌万物之上，这也形成"众生平等"的观念。

另外，笔者认为，还应有一项——可称为第五项，即为"互为主体性"(Intersubjectivity)，也就是肯定自然万物均能自成主体——此即新儒家所说，万物均各成一"太极"，用佛学说，即物物各成一"法界"，因而彼此均为主体，然后整体又形成圆融无碍的和谐统一。

这第五项，是泰勒教授所未能谈到的特性；他虽然提到了"互相依存性"，但若一个是主体，一个是客体，名义上是互相依存，其实却成为"主仆关系"，如此看似"互相依存"，其实仍与平等性矛盾，并不符合环保哲学应有的胸襟。

因此，个人认为，中国哲学所强调的"互为主体性"精神便非常重要，此亦朱子所谓"人人有一太极，物物有一太极"，以及华严宗所谓："处处都是华严界，个中那个不毘卢。"此中更具开阔的仁心与慧心，所以深值体认与弘扬。

以下即再分述这五项的特性。

一、同球共济性

泰勒教授认为，对自然界应有的第一项认知，便是"把人类看成是地球生命社区的一分子"(Humans as Member of the Earth's Community of Life)[23]，这种观念上承李奥波，到今天已经成为通称的"地球村"(global village)观念，其中涵义非常亲切。

尤其，泰勒在此所讲，比李奥波更为周全一点，主要是他能把人类与地球，更明确地看成是同一个"生命体"，不仅将人类与地球视为同一个"社区"，还更进一步能视为"有生命的社区"。这就很接近中国所说"同舟共济"的精神，在此则可称为"同球共济"。根据泰勒，所有生命均在"同球"生存，因而必须"共济"，互补互济，才能共进共荣。

泰勒何以会有这种主张呢？值得强调的是，西方哲学长处在于，分析与论证过程很有条理。他是一步一步分析所得的结论，所以其中过程便很值重视。在中国，虽然很早就有人与天地万物应"合为一体"的观念，但为什么人应与天地万物合为一体？其中论证并没有精细过程,这就是中国哲学很可从西方哲学借镜之处。

泰勒教授曾经列举五项理由,说明为什么人类与地球为"同一社区的生命体",颇值引申阐述。

第一,根据泰勒分析,人类地球与社区中的其他成员——也就是一切非人类,都必须要为了生存与福祉,面临生理和物理上的一定需求。因而,大家在很多方面都是息息相关。有些需求人类可以提供,但有些地方只有其他万物可以提供,所以中间必须互通有无,另外还有些地方需要人与万物共同合作,才能共同受惠。简单地说,人与万物的"共济",是为了共同的利益——合则共同得利,分则相互伤害。所以,泰勒基本上仍然是以"利益"为出发点,分析人对自然万物应有的认知,这也正是西方当代环保思考的特性之一。

第二,根据泰勒看法,人类与"非人类",通通各有内在的潜能。如果要完成实现这些潜能,便需要有很多条件支持其发展,而这些并不是人类所能单独完成的。人类对其中部分固然可以自己做,但也有部分则要借重"非人类"的存在,才能继续发展。同样情形,"非人类"的万物,很多地方也要依靠人类保护,才能进一步地发展。所以本项重点在于不只为了"生存",另外为了"发展",人类仍然需要其他自然万物合作,因而同样形成"利害与共"的互动关系。

第三,泰勒认为,通常人类强调,应拥有自由意志、自主性,以及社会上的自由。事实上,这三种常见的自由,也可应用在地球上很多"非人类"。比如自由意志,不能说生物界就没有;另如人类有自主性,但动物在某种程度上也有;还有人类在社会上有追求自由的欲望,但动物同样也有。所以从这些共同性,也足以肯定人与其他非人类为"同一社区的生命体"。

笔者认为,除了上述三种自由之外,还有第四种自由,同样可适用于人类与非人类,而且可能更为重要。

这第四种自由,超乎社会的自由,也超乎自由意志,以及自主性,那就是要实现内在潜能所应拥有的自由。

泰勒并没有很明确地指出这一种自由。笔者认为,应可称此为"追求高尚理想的自由"(freedom for high ideals),也就是追求不断上进,精益求精、日新又新、以止于至善的自由。这比原先的自由意志还更高了一层。

因为,自由意志有些可能还只是初级与本能的自由,但追求高尚理想,则融合了自由抉择、睿智判断以及坚忍毅力等因素。这种高级的自由能力,同样也存在于地球不少生物上,所以不能忽视此一共同处。

另外,在第四项中,泰勒特别强调,我们不可忘记,虽然人类在这个地球上,也有几千年的文明历史,然而,若从整个地球的历史来看,则人类还只是新搬进来的"住客"。在人类历史之前,地球其他万类生命早已经存在了几万年甚至几千万年,乃至几亿年。因而人类并没有权利任意毁损地球这个共同居所,否则不但形成"恶客",也会造成万物"公害",长久以往也会自寻毁灭。这一项理念能跳出人类自我中心而立论,非常公平客观,也非常发人深省。

第五,泰勒强调,我们要能特别警惕一项重要的事实——那就是人类不能够没有其他非人类的存在,但许多其他"非人类"的存在却可以没有人类。这一点很重要。因为今天如果人类没有猪、牛、鸡、鸭、羊等肉类,没有绿色蔬菜、鱼类或水果,则一般民生明显会立刻受到严重打击。但是这些大自然中的生物植物,却可以没有人类,仍然活得很悠然自在。甚至人类全部消失了,它们也还是活得好好的。正因为如此,人类更应该多加警惕,因为,人类所求于其他生物万类的部分,很可能远超过它们所求于人类。因而今后人类更应自我节制,不能任意狂妄自大,破坏自然。

以上即泰勒的论证,他分别从不同角度,阐述人与地球万物同命运的原因,从而形成"天地万物为一体"的共同生命社区,的确很有启发性,对中国哲学也更有充实与弘扬的重要功能。

二、互相依存性

根据泰勒教授,第二项特性为"互相依存"(The Natural World As a System of Interdependence),也就是将整个自然世界看成是一个交融互摄、互相依存的系统。

这项特性非常接近于中国哲学,不但与儒家的"旁通"极为相符,也与道家的"彼是相因"非常类似,尤其深符华严宗所讲的"圆融""无碍"等观念。我们也可以分析并归纳泰勒的论点如下。

首先,泰勒认为,所有自然界的生物和它们生存的环境,乃是一种

“内在关联的客体和事件”(Inter-connected objects and events)[24]。他这里所讲的客体(objects)和“事件”(events),也很接近于华严宗所讲的“理”和“事”,其中的“理”,就是讲万物各种客体之间的次序,而“事”就是各物之间的互动关系。

泰勒在此,只简单地提到“内在关联性”(Inter-connected),但在华严宗哲学中,就更为精细周全了。本书第五章曾提到,华严宗对此中的“内在关联性”,不只谈到互存性、互依性,另外更讨论到互摄性、交涉性、相在性、相资性等等,并形成整体普遍圆融无碍的思想体系,肯定整个大自然均为相互融贯的大有机体,因而远比泰勒的理论深厚与完备。

此中精神,在儒家哲学中即称为“旁通统贯”,在道家哲学中则称为“道通为一”,用语虽不同,但中心思想均可说完全一致。我们若能透过中西比较的研究眼光,便能惊讶于其中殊途同归的神妙。

另外,泰勒还曾经特别举出佛罗里达州沿海一种鸟类的生态为例证,说明在陆、海、空的三度空间中,海水生态、海边森林以及树上鸟类相互影响;综合其中各种依存关系,均为环环相扣,缺一不可,从而证明自然万物之间,很多均为融贯互摄,物物相关。可说也正是为“机体主义”提供了极为具体的科学证明。

事实上,泰勒所提例证,还只是美洲一个地方性的个案,如果我们细心放眼大自然,诸如此种证明,几乎处处可见。所以,泰勒也扩而充之,认为整个自然界,不分海陆空的动物或植物,均为“整体生命”,不可分离孤立。他称此为充满内在关联的“生态系统”(Ecosystem)[25],代表其中的任何一环如果受到损伤或破坏,便会环环相连,影响整体生态。这也正好如同骨牌理论一样,任何一环倒下,整体的平衡也会一一倒下,终至整体崩溃。

所以,泰勒也承继李奥波的看法,特别重视生态必须要有稳定性(Stability)、整合性(Integrity)和平衡性(equivalent)[26]。

根据泰勒的研究,这三种性质,任何一个若被破坏,就会变成恶性循环,并回过头来伤害原来同一地球的其他生命。其中例证,大至于“臭氧层”被破坏、“温室效应”、整个地球气候反常、各地酸雨为害,小至于工业污染、垃圾公害、水土流失等等,原先均因人类点点滴滴为害地球而起,后来却回过头来形成对人类本身的危害。这是用惨痛的经验教训，证明了生态系统息息相关，因而更提醒人类，必须重视对整体生态的公德心与责任感。

因此，泰勒特别强调一句名言，在整体考量的生态系统里面，地球上“没有任何一个生命的社区，是可以孤立存在的”（No life community associated with a particular ecological system is an isolated unit）[27]。

有些人或以为地球那么大，每一个人所住的空间环境却那么小，中间怎么会有关联？殊不知此中直接或间接，通通均有关系。

如果美国或俄国，在空中做了一次超级核子试爆，其辐射尘便会随风而飘，不但影响美国与俄国本土，也会随着风向气流，影响其他国家，甚至会从西半球飘到东半球，只是程度不同而已。各国多次经验证据显示，此中影响与关联的确存在。此所以东西方很多人士一再强调反对核子试爆，并一再要求列强裁减核子武器与相关军备。近年来经各界的努力，可说已有相当成绩，也充分证明此中相互依存的关联性。

另外，我们试看，伊拉克科威特之战，看似远在中东的事件，但却立刻影响到全球石油能源供应以及各种油价，并且直接间接影响到各国民众生活一般物价、股票市场、乃至于各地的经济发展。这个活生生的例子，更明显证明了今日地球“共为一体”，彼此密切相连这种情形，不但在政治经济上如此，在生态与环保上同样如此。

换句话说，整个地球仿佛一个整体的村子，这个村子如果发生任何疾病，所有居民都应发挥“守望相助”的精神。否则如果有一家发生了流行性疾病或者火灾，而大家不共同抢救，立刻就会蔓延到别家或全村。同样情形，如果某家水沟被污染了，闭塞了，大家不去关心，立刻也会影响下一家，乃至全部村民。凡此种种，均显示其中“同为一体”的特性。

泰勒在此讲得很中肯，自然界本身就是一个“统一的完整大生命体”[28]，这就相当于中国哲学所讲“和谐的统一”。“一”与“多”中间不但互相融贯，而且深具内在的和谐性。这也再次证明，中国哲学与生态环保很能会通之处。

因此，如果我们真能做到中国哲学所说的“大其心”，并且以此超越人类自我中心的自然观，那就很可以把原来只用在人类的伦理学，扩大到对整个自然界，真正做到同情万物，尊敬生命，并且深体物物相关、处处相环的重要道理,充分爱护万物,尊重自然。这不但是当今环保哲学的中心理念,也正是中国哲学的主要特性,深值共同努力,发扬光大。

三、内在目的性

针对第三项特性,泰勒教授强调,“任何个别的机体生命,都是以目的为中心的生命”(Individual Organisms as Teleological Centers of Life)。换句话说,每一个体生命,都有一种“内在目的性”,正因有这种内在目的性,所以才有生命动力,推动其向前,向上,并共同往整个宇宙的终极理想迈进。

他这种看法,受到亚里士多德的深刻影响。西方哲学在亚里士多德时,除了分析事物“四因”外,并曾强调,所有万物的存在,都有某种程度的“内在目的性”(entelechia),而整个地球在大宇长宙之中,也自有其内在的目的性。

这种内在的目的性,并不一定是直线型的,很多情形正如方东美先生所说,是一种“迴线型”(Curvi-liner)的进程,生生不息[29],运转而无穷。例如,整个地球除了不断在自转,并绕太阳在他转,它能维持这样正常而平衡的迴线运转,以此善养大地众生,并在整个宇宙大海的众多星球之中,能够以此无穷运转,善尽它的本分,也正可说是在尽它整体的一种“内在目的性”。

因此,针对这种“内在目的性”,我们不必把它看成一定是从甲地到乙地的直线,尤其并不一定要走到另外一个世界,而是在努力过程中善尽其责,尽其在我,就能充分自我实现内在目的性。怀海德强调“历程哲学”,肯定“历程”(process)里面就有“实在”(reality),成为其重要名著《历程与实在》的中心思想[30],即为此等深意。这不但对生态环保哲学很有启发,与中国《易经》的生生哲学也极能相通。

另外,著名环保学者谢德-弗烈(K. S. Shrader-Frechette)也曾在近著《环境伦理学》中明白强调,“现代人均应为道德人”[31]。究其原因,除了肯定人人应以悲悯心胸提升灵性外,更清楚指出,唯有对生命未来深具方向感,才能真正完成自我实现。不但人类本身如此,人对自然万物应同样有此理念。此中真谛,也可说完全近似。

除此之外,泰勒教授又认为,每一个别小物体,即为一个“有机的生命体”(Individual organisms)[32]。美国著名环保学家缪尔(John Muir)曾有句名言:“在大自然中,没有任何部分可以割裂,因为每一相关的部分,即自成完整的和谐单位。”[33]此中精神可说完全相通,而且完全相当于中国哲学所讲,每一物均为一太极。

换句话说,对于自然万物,若从整体宇宙星海的观点去看,那属于一种“宏观”(Macro-viewpoint),生生而条理,若从个别生物的机体构造去看,则是属于“微观”(Micro-viewpoint),同样具有内在生命目的,因而不论宏观或微观,都共同肯定自然万物深具内在目的性。

所以,泰勒曾经特别指出,若从现在最新的有机化学、微生物学来看,也可以进一步了解,每一个细胞,或者每一个分子,都形成每一个生命机体的基本架构。而这些基本架构,基本上都有其特定内在目的。

这种情形,也好像我们人的身体一样。天生人类,不论哪一种器官,都应有它的一定功能,只是有些还不一定被充分了解而已,这也是一种内在目的性。即使如盲肠或扁桃腺,有些人可能觉得“反正无用,切除亦好”,但近年也有医学新报告证明,盲肠有淋巴系统仍可能具抗癌作用,扁桃腺则可能系防止气管感染的第一道防线。人体如此,物体犹如小太极,也同样如此,所以均不能任意切除或破坏,否则平常看起没有用,但到重要关头,却很可能有大用。这种一定的用途就是它的“内在目的性”,不能任意毁弃,否则就会影响整体平衡。

另如中医,基本上是以“阴阳平衡”的道理,肯定人体也是一太极,因而强调“培元固本”的重要,以及“盈虚消长”的医理,所以非不得已,不愿动刀切除人体器官,自毁本身元气,便是这种精神。美国麻省理工学院曾经出版一本重要著作《中医的理论基础》(The Theoretical Foundation of Chinese Medicine)[34],内容主要也是阐述人体生态平衡的精神,同样深值参考。

换句话说,我们如果能够了解“生命周期”(Life cycles)的观念,那么就很能够了解生命内在组织各种互动的关系。有了这种体认,便能够同样体会到,在大自然万物之中,每一个体的生命,都有其一定的功能,这种生命功能就是其独特的内在目的,这些独特目的,都是无可取代的,所以不能轻易破坏。

因此,泰勒教授曾经特别指出,所谓“机体主义”的特性,就是承认：

每一个体生命，都是无可取代的独特生命[35]。

事实上，不但我们对人类生命应如此体认与尊重，对于万物生命也应如此肯定。唯有肯定此一信念，才能承认自然万物均各有其无可取代的生存权利——正同每一个人均具有人权一样。我们对人类既不能草菅人命，破坏人权，对万物也一样，不能任意摧残“物命”，践踏“物权”！

另外泰勒也曾强调，机体主义的本质，也是一种“以目的论为中心的生命观”(a teleological center of life)。他并以此肯定，每一个体生命，为了要实现其潜能，均有其独特的生命目的。例如人有人的潜能，去充分完成其内在目的性。而人体中每一内在的五脏结构，也都有其功能去完成此目的。所以扩而充之，万物每一个体也是同样情形，均不能任意地破坏，以免影响整体平衡，此中便有一种整体“融贯”(coherence)的关系。

因此，泰勒曾经指出，“机体主义”明确肯定，所有内在组织的功能，都能相互融贯，也都是互为整体，然后共同形成生命有机体，一起朝向其生命理想迈进。这就形成他所谓“以目的论为中心的活动观”，这与中国哲学也完全不谋而合，深值重视。

四、一往平等性

泰勒教授所说第四项，是肯定自然界万物平等的特性，用其术语来说，便是“否认人类的优越性”(The Denial of Human Superiority)[36]，也就是并不承认人类高于其他生物，可以驾凌万物，役使自然。

泰勒在此曾经明确批评，西方文明传统之中，从前总是认为人类比动物高贵，动物又比植物高贵，然而，这种观念已经到了必须省思与重新修订的时候了。

所以，他曾一一分析，人类凭什么条件，可以说比其他动物更高级？此中论证过程，颇为精细，也深值参考。[37]

第一项，泰勒指出，人类很多个别的能力，均不及其他的动物。比如说人类飞行的能力，远不及鸟类，奔跑的能力，又不及很多动物，至于爬树能力，人类不如猴子，钻地洞的能力，又不如地鼠，而游泳也不如鱼类。所以综合而言,不论比起天上飞的、地上爬的、海里游的各种生物,人类有很多能力都不如。他甚至指出,很多植物,本身还有内在的结构可行光合作用,而人类连这一点都做不到。那人类凭什么能自认为一定比它们强?

当然,或有人讲,人有"思想能力"。法国哲学家巴斯噶(Pascal)即持此说。他认为,人很脆弱,如同芦苇一样,但却是"会思想的芦苇"。问题是,很多动植物显然比脆弱的"芦苇"要坚强。而且,即使就"会思想"这一点,人类又何以知道其他动物都不会思想?

或有人说,"人有理性",但是,难道动物就完全没有理性吗?如果专门以理性来比理性,则有些动物的聪明理性,可能还要超过人们。更何况,人类用聪明理性所发明的各种武器,不但危害大自然的动植物,也一再残害人类自己,证明聪明与理性可以为善,但也可以为恶。那么拥有这种理性能力,整体分析来看,又如何能证明一定比动物高明?

美国幽默大师马克·吐温(Mark Twain)曾经有段分析,非常发人深省:

> 人类能够知道对错,这证明他在智力上,比其他生物优越,然而人类却会去做错事,这又证明他在道德上,比其他不会做错事的生物要低劣。[38]

换句话说,即使人有理性,也不能以此论证比其他动物高明,有时反而更低劣。

或又有人说"人有精神",这个当然比较中肯,但人若没有变成猴子,怎么知道猴子生活圈里,便没有它们的"精神"?又怎么知道其他动物在它们族群之中,没有它们所看重的"精神"?

当然,泰勒的论点,并不在说猴子、鸟类或鱼类,一定又比人类高级。而是在强调,人类不能用自己的标准,认为自己一切都比其他动物更高级。如果持平分析,只能说是长短互见,各有千秋。他是用一种反面论证,说明从前人类自认为比万物高级的理由,其实并不一定正确,因而否认人类比其他生物都高级。

就此而言,此中精神同样与中国哲学很能相通。中国哲学对万物看法,并不硬分何者较强,何者较弱,而是从生命观点,肯定万物"一往平等”,因而应该一视同仁,不能有任何歧视。也就是说从大道或佛眼来看. 不但所有人跟人是平等,皇帝跟乞丐的人格尊严同样是平等,至于人类跟“非人类”,也是同样一往平等。

泰勒教授是从归谬论证的方法,强调从前人们所持的理由并不能成立,所以不能承认人比万物都强。其论证固然较有逻辑性,但归根结底,仍然只是从消极面论证,未能阐述其中积极意义。相形之下,中国哲学则是从正面来讲,积极肯定人跟天地万物均为一体,所以均为平等的生命价值,所以很能互补辉映,深值重视与参考。

另外,泰勒在第二项论证中,特别强调,人类以往自认为比其他万物高明,基本上只是透过本身的标准去看。所以,他认为这是一种并无效力的“循环论证”。这种情形仿佛在说,“我认为自己比你强。”“为什么?”“因为根据我的标准。”这就是一种循环论证——以待证的事物作为推论根据,当然并不能成为有效论证。

所以,如果猴子会讲人话,那猴子也可以问,为什么不用我的爬树标准?或者说,为什么不用超然的第三者标准?如果每一个当事者都用自己的标准,那就成了“老王卖瓜,自卖自夸”,当然不能作为有效结论。

第三项,根据泰勒看法,人类自认比动物高明,中间还犯了“范畴的错误”。比如说,人类自认为比动物“有道德”,但道德本身原来就只适用在人类社会,怎么可以用人类的道德去评价动物?这就叫做“误置范畴的谬误”。

再例如,根据人和人之间的道德,“和平相处”当然是项美德。但是,如果把“和平”拿来要求老虎、猴子,那就不一定是美德。因为它们如果不逞凶斗狠,那就不叫做老虎、狮子,也不叫“百兽之王”了。所以根据泰勒,不能只拿自以为是的范畴,硬套在其他生物上。否则这种结论也并非有效论证。

泰勒并且曾经举例说,这也如同对于一个工程师,对其要求的标准,应该是希望有效率、有生产力。然而,如果把对工程师的标准拿去要求法官,这就完全错了。因为法官不能只讲效率与生产力,一个法官好不好,主要看他是否公正。而不是看他判案是否快速有效率,有时太多生产力,反而对法官是种坏事。反过来说,如果把对于法官要求的“公正”精神,拿去要求工程师设计图案的能力,也是根本文不对题。这就同样是“误置范畴”的谬误。

换句话说，对某一行业类别的道德标准，不能拿去要求另一个行业。同样的情形，对人类这一类别的标准，也不能拿去要求另一类的生物。反之亦然，这也并不是说其他生物比人类道德就要高。此中情形，基本上正如同苹果与橘子一样，根本范畴不同，所以无从比起，不能硬说谁比谁好。

此所以泰勒曾经指出，如果人类硬说比其他生物有道德，那就好像在说，“我们比树有道德”，或者说“我们比石头有道德”，这些话本身就显得荒谬。因为树木、石头根本不在人类适用的道德范围里面。这种比较，不但胜之不武，而且也并没有任何意义。

因此，综合而言，泰勒的结论就是说，人类以往自认比其他生物要高级的理由，实际上都并不成立，也都并没有理性推论的根据。

他还曾特别提到，从希腊哲学到近代笛卡儿，他们一致肯定“理性”的重要，并自认为透过理性分析，比其他动物要高明，因而泰勒也根据理性论证，一一加以驳斥。

此中论证的最重要宗旨，在于人类如果自认高于其他生物，而又真正有其理性根据，那就明显会认为役使万物乃属理所当然，这就明显会破坏环保与生态保育。因此泰勒才特别深入分析，一一否认原先自认为有理的根据。

美国加州柏克莱大学曾印行李根（Tom Regan）的名著，题为《动物权利的个案研究》（*The Case for Animal Rights*），其中同样驳斥从笛卡儿到达尔文自以为是的相关论调，然后明白肯定：“所有动物均为平等”（All animals are equal）[39]。这正如同美国独立宣言开宗明义即称“所有人类生而平等”。李根在此肯定所有“动物生而平等”，可说更进一步，与泰勒很能相通，形成当代西方环保学者的共识，深值重视。

更重要的是，根据中国哲学精神，又说更进一步，肯定“所有植物均生而平等”，乃至于“所有万物均生而平等”，此种胸襟，即使在当代西方环保思想中，仍属极为先进，所以更加深值借镜。

当然，中国文化人以往也认为，“人为万物之灵长”，但是这并不代表“人为万物之主人”，可以驾凌于万物之上，任意役使万物。因为中国哲学虽然认为，人为天地灵秀之气，但并没有否定其他生物也同样具备这种灵性。只不过中国哲学强调人是“天地之心”，所以能够不断地“大其心”,以体认天地万物合一的境界。

因此,就此而言,“人为万物之灵”,代表人类不但不应歧视万物,反而应有更多的同情心与责任感,去爱护自然与保护生态,而不是有更多的特权心与优越感。所以,影响所及,不但不会妨碍环境保护,反而更能以环境保护为己任,更能责无旁贷地全力以赴。

换句话说,如果整个自然万物均生长在“地球村”中,那么人类就好比是此村中的一村之长。他并不是在人格上比其他万物更高,而是在责任上比其他万物都重。所以更应好好照顾这个村子,爱护村中一切万类,这是中国哲学真正的“一往平等”精神,也正是当今应有的环保态度,所以深值重视与弘扬。

此所以龚艾拉(A. S. Gunn)与韦西兰(P. A. Vesilind)合著的《工程师的环境伦理学》(*Environmental Ethics for Engineers*)中,明白提醒工程师们,千万不要成为“人类沙文主义者”(human Chauvinist)[40]——正如同不要成为“男性沙文主义者”一样,另外,也不要成为“类族主义者”(speciesist),正如同不要成为“种族主义者”(racist)一样。[41]此中精神,均在强调人与自然万物均为平等,因而千万不能有任何歧视与偏见,这已形成当今西方环保学者的共识,也正是中国哲学的通性,深值今后共同发扬光大。

五、互为主体性

最后,本文还要再加一项,这在泰勒教授还未曾提到,却是很重要的特性,那就是“互为主体性”(inter-subjectivity),也就是人与万物应相亲相爱,互敬互重,正如同兄弟姐妹一样互为主体。

为什么说,人对万物的关系,应如同兄弟姐妹的“平等关系”,而不是父子或母子的“上下关系”呢?因为根据中国哲学,整个天地创造万物,滋养万类,它们才是地球村的父母,这也正是张载所讲的“乾为天、坤为地”。而人类与万物同样受恩于天地,所以应以孝敬父母般的心情善待天地,至于人类对大自然其他所有生物,则应站在同一层次,以平等心加以尊重。这就是“互为主体”的精义。

换句话说,父母跟子女虽然也要互相尊重,但是,那毕竟仍然属于上下的关系。然而,人和所有“非人类”的存在,在宇宙天地之中,却是互为主体的关系。

因此,根据中国哲学,在环境伦理学的定位中,我们应尊敬天地如父母,至于对所有其他生物,则应如同手足般,相互尊重。

我们之所以要尊重其他生物的存在,是因为它们也有一定的独立主体性,也有彼等内在的生命价值。所以人们唯有先具备这种“互为主体”的观念,才不会把保护环境看成一种施恩的工作。

事实上,根据中国哲学,我们保护动物,并不能自认像家长在喂它们或施恩惠,而应把它们当成独立的生命主体,带着一份平等心,善尽手足之情。此中不能有“德予兽”或“德予物”的观念,因为,那仍然隐含一种驾凌其上的成见。

这种“互为主体性”,在法国存在哲学家马色尔(Gabriel Marcel)著作中,也曾经提到。他在《问题的人》(*The Problematic Man*)[42]以及《存有的奥秘》中均曾指出,[43]唯有透过“互为主体性”,追求圆融(Communion)的世界观,彼此尊重,共享和谐,才能进入“绝对称”——亦即“神”的最高境地。此时就相当于儒家的“天心”,道家的“道心”,乃至佛家的“佛心”。人类要能以此等至广至大的心灵放眼自然,才能真正体悟万物一体,以平等心同情万物。

所以根据马色尔,此中最大奥秘即在能体认万物“互为主体”(inter-subjectivity),唯有如此,才能清除“问题的人”心中困境,以及人与自然的对立两难。虽然马色尔原先系针对存在哲学而发言。也与中国哲学同样深具启发,也与中国哲学很能不谋而合。

此所以孟子曾经强调,真正的仁心,不会有“德予人”的观念,自认为高人一等。例如,对于残疾同胞,不能以自认施舍的心情相待,而应以平等尊重的精神相敬。这种平等精神,运用于政治上,便是民主政治。

像从前帝制时代,称官吏叫“父母官”,但在民主时代却为明显错误。因为民主社会中只有“公仆”,而没有父母官。因此政府与百姓之间,不再是上下的关系,而是平等的关系,这也同样是“互为主体”的关系。唯有如此,互敬互重,分工合作,才是真正全民之幸。

这种观念,同样可以适用于环境伦理学。我们照顾自然万物,保护野生动物,同样不能自认高高在上,是从上而下的照顾。中国哲学强调,应有合天地万物为“一体”之仁心,既然是一体,就没什么上下之分,而应互敬互摄,圆融一体,这才是真正高明的环保之道。

所以,“互为主体性”,也好比太极图里面一阴一阳的关系,彼此并没有主仆或附庸的关系,更没有上下凌驾的关系,而是真正平等、和谐、互融、互重,形成互摄互补的圆融整体。这是中国哲学的重要特性,境界非常深远,却是泰勒教授所未能提到的,所以深值增补说明,提供西方学者参考。

另外,天普大学在1988年出版了一本《环境伦理学》,由罗斯顿(Rolston)所写,他也曾提到类似观点,并辅以亲身经验,同样很值得申论。

罗斯顿在书中,同样强调“机体主义”的重要,而他所谓“机体主义”的精神,主要就是“对于机体生命的责任”(Duties to organic life)[44]。他并举了好几个实例,很可以印证中国哲学所讲的“仁心”。

比如说,他讲在高中做实验的时候,看到实验用的老鼠,在用完之后就被淹死,首先就感到有一种“不忍之心”[45],这种不忍之心,正是中国哲学孟子所强调的“恻隐之心”。另外,他也提到在学校生物学或植物学实验中,经常用幼芽做实验,但用完的幼芽也通通被抛弃。当时他也深觉心中不安。这就与孔子所指的“心安”与否,属于同样精神。凡此种种,均可看出“人同此心”的共通处。

罗斯顿认为,在实验后把老鼠淹死,或把幼芽丢掉,这种行为纵然不一定可称为“残忍”,但是,这起码是无情(callous)[46]。因为,用它之前特别珍惜,唯恐它遗失或生病,但等用完后,却立刻毫无吝惜地丢弃,这真正是很无情!

针对这种无情,该怎么办?罗斯顿在当时并没有答案。但在中国哲学或者佛学上,则有很明显的答案。那就是要把一切无情的万物,都看成是有生命。这在儒家称为“物我合一”,在道家称为“道通为一”,在佛学更称为“无情有性”,均能提供西方学者作为重大参考。

后来,罗斯顿曾经分析此中关键所在,他认为,重点并不是植物本身没有感觉,而是人本身太不敏感,太没有感情。他认为,这才是根本错误。

换句话说,若从客观来讲,固然人们也可以说,植物对被伤害没有什么感觉,并不会因为被丢弃而伤心,但这种情形经常发生,还是因为人类本身太没有感情。

此所以英国大文豪萧伯纳(G. Bernard Shaw)曾经很中肯地提醒

人们：

> 对一切万物生命，最大的罪过并不是憎恨它们，而是觉得它们无所谓，这才是不人道的本质！[47]

另外，著名心理学家荣格（C. G. Jung）也曾提到类似感受，他曾经特别强调：

> 当我在大学中修医学课程时，发现活体解剖真恐怖，真野蛮，而且完全没有必要。[48]

罗斯顿还曾提到，他当时在实验室就感到"很恶心"。若进一步深思这种"恶心"的原因，他认为，乃是出自于"对机体生命的责任感"。[49]事实上这是中国哲学所强调的"善根"，也是所有人们都共有的仁心，更是环境保护与生态保护的重要动力，深值共同体认与弘扬。

这种对机体生命的责任感，不但是"机体主义"的精神特色，也是"互为主体"的精神表现。因为，唯有将小动物（如实验鼠）或植物（如实验用幼苗）都看成具有机体生命的主体，才能真正牵动心中一念之仁。

这种仁心，就超越性而言，足以融贯一切天地万物，就内在性而言，也足以当下激发恻隐之情。所以可说兼具超越性与内在性，而其根本精神，即在肯定物我的"互为主体性"，因而足以真正融合物我为一。罗斯顿教授以自身实例说明此种仁心，事实上也正是今后推动环保运动极重要的热力，深值重视：

林肯总统曾经有句名言：

> 我赞同动物均有权利，就如同人类均有人权一样。这也正是扩充仁心完备之道。[50]

林肯此中精神，正与中国哲学所述"仁心"根本相通，也正是本段所提"互为主体"的胸襟。只不过林肯仅提到动物均有权利，对植物乃至矿物均未提及，相形之下，中国哲学肯定一切万物均应有其平等权利，实在是全世界最为高明而周全的环保哲学，深值西方学者参考与借镜。

第二节　尊重万物的态度

以上分析内容,可称为西方当代对自然的省思,至于有关对万物的看法,泰勒教授也曾归纳出四项重点[51],并冠一总题为“尊重自然的态度”(The Attitude of Respect for Nature),内容颇多发人深省之处。不过他实际上所指,多半为尊重自然中的万物,所以本节标题,可略修正为“尊重万物的态度”。另外笔者认为应再另加第五项,才能更加完备。今特依序分述如下。

一、“万物含善性”(The Concept of the Good of a Being),就是肯定一切万物均具内在善性,不能否定为无生命。

二、“内在价值性”(The Concept of Inherent Worth),就是肯定万物皆具内在价值,不能因大小差异而抹杀。

三、“尊重自然性”(Having and Expressing the Attitude of Respect for Nature),就是肯定对一切万物均应尊重,不能任意贬抑。

四、“终极实在性”(Respect for Nature as an Ultimate Attitude),就是肯定一切众生,不论生物,或无生物本身存在即为终极目的,不能被当作他人工具。

五、另外,笔者认为,还应增加“和谐统一性”,就是肯定万物众生浑然同体,不可割裂,吾人均应存其大同而尊重小异,这才是真正尊重万物众生的最胜义。若用英文讲,即为“和谐统一性”(The Concept of Harmonions Unity)。

以下根据顺序分析,以阐明西方环境伦理思想中另一重要课题——“万物观”,并申论其中与中国哲学相通之处,由此同样可证明中国环保哲学的完备与深厚,的确深值今后东西方共同弘扬。

一、万物含善性

泰勒教授曾经用一个专有名词,称呼万物中的个体特性,叫做“具有内在善性的个体”(entity-having-a-good-of-its-own)[52]。这句话深值重视,因其本身肯定了,万物中每个个体均有它“内在的善性”,正因为它有内在的善性,所以深具生命意义与存在价值,因而人类更应充分尊重。

泰勒曾经在这段分成两种层次,说明“尊重”与“尊敬”的不同。[53]前者因其平等,所以尊重,亦即“肯定性的尊重”(Recognition respect),后者则因其伟大,所以尊敬,亦即“赞扬性的尊重”(appraisal respect),通常系对长辈而言。英文中虽均用“respect”但内容层次与意义并不同。此中区分,若能翻成中文,则很清楚。个人倒认为,若准此而论,则另外还有一种“尊崇”,堪称专对敬神而言,亦即“宗教性的尊重”(religious respect)。

在这三种层次——“尊重”“尊敬”“尊崇”中,我们所称对于万物以及众生的尊重,属于第一层次,亦即“肯定性”的尊重——肯定其生命内在平等地含善,所以加以尊重,这与第二层次对长辈的尊敬,乃至第三层次对神明的崇敬,分寸与意义均不相同。

所以,我们在环保中讲“尊重自然”(Respect for Nature),可说是恰如其分,属于很持平的说法。否则如果讲对自然很“尊敬”,便成太过,若称对自然很“尊崇”,也显然太矫情,甚至成为“拜物教”色彩,均非环保精神的宗旨所在。

要之,我们说“尊重”自然万物与众生,是因为它们均有生命的内在善性和存在价值,所以彼等与人类平等,同样应有天赋权益;但这并不代表它们高于人类,所以并不能说“尊敬”或“尊崇”。儒家讲礼节,礼应有“节”,恰如其分,在此便很有启发作用。

至于所谓“内在善性”,泰勒教授也曾分析出两种不同的型态:一为“内存之善”(the good of a being),二为“外加之善”(the good for a being)[54]。前者代表,肯定自然中每一存在个体均具本有善根,后者则代表,为了另外某一存在个体所做的善事。本文所论内容,尤其就环保意义而言,乃在肯定前者内存的善性。

针对此一肯定,或有人提出一项问题——对于“机器”,是否也应加以尊重?也就是说,机器是否有内存之善?

如果根据泰勒教授,他认为答案应系否定。但根据中国哲学却并不然。因为,即使对于机器,也不能将其排除在自然整体的机体主义之外,而且也不能只站在人类本身功利的角度,认为只因为它对人类有用才有善性,此外并无独立的内存之善。

事实上,我们若能以同情体物的精神设想此项问题,便知机器本身的完成,也融合了很多方面的心血结晶,这就同样有值得尊重之处。

又如机器不论其硬体的精致细密,或背后软体的匠心巧思(如手表),除了实用价值外,本身也另有一种独立的艺术价值与内存的和谐善性,所以同样不容抹杀。

因此,只要我们本身能"大其心",扩大眼界与省思范围来看,便知机械本身同样有其值得珍惜之处,不能只从人类本位实用眼光去看,而轻易否定其内存独立价值。这也正是中国哲学从高处旷观万物的特性,与西方只从平面眼光来看并不相同。

所以,在中国文化传统中,常讲"惜物"为美德,就是这种道理。所谓"惜物",并不只是珍惜其中的应用价值,而是更珍惜其中的生命心血与内在善性。中国有古诗云:"谁知盘中餐,粒粒皆辛苦",就是在提醒人们,这些盘中米粒,都是很多农民,头顶着大太阳,脚踩着烂泥土,一棵棵插秧、又一粒粒收成的。所以我们应该将心比心,设身处地着想,然后才能真正加以珍惜与尊重。

换句话说,能有这种同情的了解,才算符合中国哲学"大其心"的要求,也才真正深具人文精神与环保意识。因为,唯有如此尊重米粒,才算尊重农民的生命,也才算尊重米粒本身的生命。由此可见,中国所说真正"惜物"的精神,并不只是站在功利的立场,认为如果不能珍惜,将来会得报应等等,而是从内心深处,就站在尊重农民生命与米粒生命的立场,诚心加以珍爱。

同样情形,这对机器亦然。真正的环保精神,并不是看它能不能用,才去尊重它,而是因为它代表了多少人的心血结晶,而且其本身也形成了某种型态的生命,所以均应加以珍惜与尊重。

另外,泰勒还曾经分析三种不同的"善"[55],也很值得重视:一是"内存之善"(good of a being),二是"外加之善"(good for a being),三是"人为之善"(doing good to a being)。

本来这三个观念,最早是由一位莱特教授(Von Wright)所区分,他在《善的不同型态》(*The Varieties of Goodness*)这本书中论述甚详[56],因此泰勒特别借用,以分析环境伦理的问题。

泰勒教授的"内存之善"在肯定每一个体本有之善性;"外加之善",则系旁观者从旁认为,如何才对某一个体为善;"人为之善",则系经过人为力量,为某一个体福祉所为之善。就本文与环保立场来说,肯定万有均含善,属于第一种"内存之善",而非第二种及第三种。

因为,就第二种“外加之善”而言,根据环保哲学精神,人类不能只从本身立场,自作聪明地认定,如何才是对万物为善。这是环保思想中非常重要的一环,所以深值澄清说明。

实际上,这也正是道家“无为”的思想——不去干涉万物,也不要自以为是,代替万物决定何者为善。唯有如此,才能充分尊重万物,并让万物能充分展现本身内在的善性,这也才能做到“无为而无不为”。

扩大来讲,这种精神也正是民主思想的最胜义,代表主政者能够信任民众,既不干涉民众,也不强加指导,而能真正让民众发挥雄厚潜力。此即老子所谓:“治大国如烹小鲜”,唯有如此,才不至于折腾民众,而能真正藏富于民,藏智于民。此所以美国里根总统在国会咨文中,曾经特别引述老子此语,以表达其自由化的理念。甚至美国早期总统杰弗逊也曾经强调:“管得最少的政府,才是最好的政府。”凡此种种,均可说不谋而合。

今天我们若就尊重自然与生态保育而言,同样可说,人类对自然万物,包括野生动物、植物、森林等等,应尽量减少干涉与打扰,亦即“管得愈少的政策,才是最好的政策。”

另外,就第三种“人为之善”而论,也是同样情形。很多人自认为是在对动物施善,结果却因过分自我中心,或者缺乏对动物生态的知识,很多时候爱之反而足以害之。所以我们在保护动物与万物生态方面,尤需有此警觉,加强环保知识,不要成为这种“自以为是的人”(self-righter)。

庄子在《马蹄篇》中,就曾经特别以寓言方式指出,伯乐自认为可以识千里马,殊不知反而是摧残了好马。他自认为“我善治马”,因而加诸各种训练。“烧之、剔之、刻之、雒之、连之以羁馽,编之以皁栈”,结果呢?“马之死者十二三矣。”另外,为了驯马,他还更加“饥之、渴之、驰之、骤之、整之、齐之……”在种种折腾之下,“马之死者,已过半矣。”这就反而成了害马。

所以根据庄子,何不真正让它们放诸山林,“龁草饮水,翘足而陆”,以充分发挥马的内在真性呢?此中根本原因,就是伯乐只以人的本身需要为标准,而未能尊重马的内在善性,所以反而成为“圣人之过”。正如同“残朴以为器,工匠之罪”一样。针对这种情形,同样深值人们今后有所警惕与省思,那才能真正有益于环保与生态保育。

另外,泰勒教授强调,每一个体均有其“内在善性”。事实上这种内在善性,正如同庄子所说的内在真性情,必须要能对其善加尊重,对其无欲无私,这才是真正善治天下者。

此所以庄子曾经特别指出,在太上淳朴的时代,本来充满一片和乐景象:

> 山无蹊隧,泽无舟梁,万物群生,连属其乡,禽兽成群,草木遂长。是故禽兽可系羁而游,乌鹊之巢可攀缘而阚。

我们试看庄子所述,是何等恬淡的自然景观!人类既可以与野生动物和乐相处,共同遨游,小朋友也可以爬到树上,天真地观看鸟巢。人与自然,能够如此亲近,人对万物,也能如此和睦相处,这在工业化社会中,已经成为可遇不可求的情形,然而也提醒人们,仍应是大家尽力而为的目标。因为,唯有尽量促使工业化不要破坏自然,才是真正人类文明之福,也才是自然万物之幸!

二、内在价值性

针对“价值”一词,泰勒教授也曾经分成三种型态,“inherent worth”“intrinsic value”以及“inherent value”[57]。

这三种型态在中文内不容易充分表达,如果勉强中译,或可分别译成“内在价值”“本身所值”以及“内在所值”。

根据泰勒的看法,第一项“价值”(worth),才代表万物独立自主的性质,其他两项所说,均仅代表“所值”(value),代表旁观者对万物从旁的评估,这可能因为本身利害与立场不同而大不相同,因而并非真正独立的价值。

同样情形,就环保立场来说,本文所强调的价值内容,系指第一项,亦即肯定万物均有其独立自主的本有价值,那是一种与生俱来的内在价值,不待他人从旁评定,更非依附他人才存在的工具价值。

自然界有些独特的动物,因为新奇才被人类豢养玩赏,有些动物甚至被杀来进补,这些不但都很残忍,违反仁心,而且明显只将动物看成工具性的价值。这就根本破坏了环保哲学的精神。

例如,中国国宝级的娃娃鱼,或者高山中的梅花鹿,它们之所以可贵,并不因为可以供人玩赏或进补,而是本身就有内在独特的天生价值。它们既不因为人类觉得很有价值,而更增进其价值,也不会有一天被人类认为没有价值,而失去其价值。根据环保哲学精神,它们自己本身就有内在可贵的生命价值。

这就很像孟子所讲的精神“人人有贵于己者”,不假外求。这种精神不但适用于人类,也适用于物类。所以我们在此同样也可以讲,“物物有贵于己者”。即使是一块小石头,看起来不起眼,但是它本身也有独立的内在价值!

又如,一位天生并不很健全的小孩,对于别人可能没有价值,但对他母亲却很有价值,因为,毕竟是骨肉连心。如果人类眼中所看万物,都能如同天下父母心一样,并不只从其表面是否美丽、是否有用,来界定其有无价值,而就因为其生命与自己骨肉相连,能肯定其有价值,这才真正做到了“合天地万物为一体”的仁心。

所以,中国哲学所谓“物我合一”,并非一句空话,而是真正能如同骨肉连心一般,将外物看成与自己生命紧密相连。唯有如此,才算真正同情体物,也才算真正具有环保的仁心。

换句话说,如果每个人都能把一己之心,扩大成为天下父母一般的心,或扩大成为宗教的心——如同佛陀的心,或神的心一样,则自然万物中每一个体,不论美丑、不论大小,因为仍然是佛性、神性的一部分,所以均应承认其有生命内在价值,不容任意抹杀!

当然,如果要能做到这一点,那么,人的精神境界与胸襟,就要能不断提升,像佛陀或天心一样,这才是真正悲智双运的“菩萨”心肠。

这从西方最新的“生态神学”看来,因为在神的眼光中,一切万物都是由神所创造,所以没有高低之分。在中国哲学来讲,儒家以天心看万物,道家以道心看万物,佛家以佛心看万物,均认为万物属于天体流行,大道贯注,或者佛性充满,因而也没有高低之分,并且均各有独立的内存价值,不能因为部分世人认为一时有价值,才算有价值。

因此,根据环保精神,所有万类都和人类一样,有其内在的先天价值,不需要以人类的自我中心加评价,才算是有价值。它们既不是相对的价值,也不是依附的价值,而是深具绝对性、独立性的完满自足价值。

这与中国哲学内孟子所讲“大丈夫”的独立精神人格很能相通。为什么大丈夫的人格很值得尊重?就因为大丈夫有一种顶天立地的内在价值,这是一种"人人有贵于己者"的独立价值,若能充分发挥,就代表"富贵不能淫,贫贱不能移,威武不能屈。"——并不因为当了官才有价值,更不是因为受到某人欣赏才有价值。而且"得其志,与民由之,不得其志,独行其道"。这代表大丈夫本身具有独立的风骨与价值,不受任何权势所影响。更何况,"赵孟之所贵,赵孟能贱之。"他人所加价值,并非真正价值所在。根据孟子,这种"风骨"与良知一样,本为人人秉天所生,内在所贵于己者。

针对这种天生的内在价值,孟子又称之为"天爵",以别于一般世俗的"人爵",因为并非靠他人肯定才有价值。今日社会风气认为"有价值"的名车、名衣、名表、名鞋……等等物品,其实都只代表"价格",而并非真正"价值"。因为很多都是他人从外哄抬的结果,其本质顶多只能算相对性与依附性的价值,在不同的地区,或不同的时候,可能连一点价值都没有!

所以孟子所提的"天爵"观念便很重要,这同样可以应用在自然万物上,代表万物与人类也一样,先天便有内在独立价值,不待人类外加才存在。孟子在此所强调"人人有贵于己者"的精神,应用在环保哲学上,即可称为"物物均有贵于己者",这对于生态保育,尤其深具启发意义,深值体认与弘扬。

三、尊重自然性

根据泰勒教授看法,如果有人问,今后立身处世的正确万物观应该是什么?他认为,一言以蔽之,就是要有一种"尊重自然"的态度,作为立身处世的根据。这不但是学理上的信念,同时要能身体力行,充分在生活中表达出来。这对今后全民的环保教育,深具启发意义,也与中国哲学强调"知行合一"的精神,极能相通。

针对此等尊重自然的态度,泰勒又分成四项重点,加以阐释。[58]第一项叫做"价值判断的态度"(the valuational attitude),第二项叫做"目的性态度"(the conative attitude),第三项叫做"实践性态度"(practical attitude),第四项叫做"效果性态度"(affective attitude)。

以下特分述其中精神,并且同样增补第五项:"谦逊性态度"(humble attitude)。

首先,第一项,是"价值判断"的态度。根据泰勒教授,这代表对于一切万物,能够透过某种价值判断或者价值体系,作为尊重保护自然的根据。这可说是针对“价值中立论”对治的药方,深值重视。

至于价值体系本身应采用哪一种,则可见仁见智,殊途而同归,但总以肯定万物本身价值为根本精神。

比如说,红树林被公认很有价值,因为它本身在自然界已经很稀少,不但很有内在价值,而且已经濒临灭绝,所以非常值得保存下来,但并不因为它对现代人类有实用价值。

另外,又例如秃鹰——也就是美国国徽上的野生动物,如今竟然也面临灭种,像这些濒临绝种的动植物,如果再不精心保护,等过一段时间,就真的会从这个地球消失！试想,这是何等可惜又可怕的事情?

所以,尽力保护濒临灭绝的动植物,既不是为了功利目的,也不是为了美观目的,而纯粹为了维护其繁衍,不致因为人类的破坏而招致灭绝,因此特别应该加以尊重。这正如同灭人家族或灭人国族,均为极大的不道德与罪行。同样情形,对于物种灭绝,也应受到严重的共同谴责。因为,维护种族生命,本身就是很重要而独立的价值体系。

第二项,叫做“目的性态度”,这代表什么呢?就是因为要达到某种目的,或者要完成某种目标,而对某些自然生命特别加以尊重与保护。

比如说,对于“原野保护区”的设置,通常具有一定目的;另外对于“国家公园”的设置,也有一定目的——或者是为了保持原野森林不受污染破坏,或者是为了保护区中生态自然发展,或者是为了给都市人们保留休憩空间。不论哪一种,虽然看来仍属功利目的,但至少并非为了私心,也并未以破坏自然为代价,反而能以保护自然生命为目的,所以这种态度就仍然值得肯定。

第三项,叫做“实践性态度”,也就是为了实践某种理性而尊重自然。这就相当于康德所讲的“实践理性”(practical reason)。

例如,本文前面曾经透过理性分析,谈到五项环境伦理原则。如果人们能够力行这些理性分析所得的环境伦理,便是深具“实践理性”的态度。

再比如说,根据前述环境伦理,人类不应将万物视为工具,而应尊重自然生命的内在价值。因此,对于象牙或虎皮的兜售,便应明确拒绝。女士们对于貂皮或兔皮大衣,也应不再引以为荣,对于珍禽异兽,同样应该拒绝进食。如果整个社会风气均能如此站在爱护动物立场，真正实践理性反省下的环境伦理，那才能真正落实生态保育与环境保护工作，整个社会也才算真正理性的文明社会！

第四项，叫做“效果性态度”，也就是，有些人即使不能透过理性反省而保护生态或爱护环境，但仍然能诉诸本能的良心，达到保护环境的“效果”，这也同样是尊重自然的一项因素。

例如，有人如果感到吃乳鸽，心中不安，这就触动了心中之仁。如果有人在很清洁的公园中乱丢纸屑，心中感到不安，也是同样牵动了心中之仁。如果有人乱排废水，乱丢垃圾，心中总觉不安，同样是激发了心中之仁。凡此仁心，并非深刻理性分析下的产物，而是人心本有的善根，正如同孟子所说，见孺子将落井，立刻怵然心动一般。人人如果能将这种“仁心”充分善养修持，并且发扬光大，不要一曝十寒，转念即过，同样可称保护生态与尊重万物的重要动力。

这种恻隐之心，不分中外，也不分古今，超越种族，也超越国界，此所以，“保护地球”的呼声，已经形成当今各国环保共识。莫斯科的雷布诺（M. Rebrov）曾在1989年，特别印行一本著作，名称就叫——《拯救地球》（*Save Our Earth*）[59]。其中特别把地球称为“我们的地球”，代表这种关心应超乎国界，也超乎意识形态，形成全人类的共同任务。因为——“我们只有一个地球”（We All Share One Earth）[60]。此中精神，同样深值重视与弘扬！

以上四种态度，分别代表当代西方尊重自然万物的几种心态，第一种是“评价之心”，代表价值判断的心态；第二种是“功利之心”，代表从目的着眼的心态，第三种是“理性之心”，代表力行理性的心态；第四种则可称“恻隐之心”，代表诉诸良知的心态，这些均与中国哲学的孟子与阳明先生极为接近。

事实上，泰勒教授在此的分析，也很接近佛学里面从小乘讲到大乘的层次。其中对于环保工作，很有启发。

因为根据小乘的讲法，首先在强调这个世界充满“苦”，以此警惕一些麻木沉沦的人，不要执迷于贪念私心，否则必会惹祸上身。在环保工作上，这就好像对一些麻木不仁的人，如果跟他讲环境伦理学的哲理，并无多大效果，因而只能跟他强调，如果继续破坏环境，必会害到自己或者贻害子孙。虽然严格说来，这还是功利的讲法，也仍然是以人类为中心的价值观，层次并不很高，不过，对一群醉生梦死的人，刚开始也只有这样——只有先给予当头棒喝，才能立刻惊醒他们。

另外，对于知识分子或更重视理性省思的人，如此讲法便不一定能令其满足。因而便需更深一层，透过各种理性分析，肯定万物含生、均具内在价值，而且物物相关，必须以平等心相对待。到了更高层次，便更需直指人心，如同禅宗一般，不立文字，而明心见性，直接激发本有之仁心（亦即佛心）。

当然，中国佛学最高的境界，就是融三乘于一乘，能灵活融贯上述各种方法。这对环保的教育工作，尤具启发意义——也就是融合上述三种方法，灵活交互运用，然后环保的社教功能，才有更大效果！

当然，泰勒教授很明显并不曾读过中国佛学与哲学，但其分析环保心态的层次，却很能够殊途同归，由此也充分证明东西哲学很可相映生辉之处。

另外，根据中国哲学，最高层的人生观，是最谦虚的人生观。此亦《圣经》所说："愈成熟的稻穗，愈向下垂。"这种人生观对于看待自然万物的态度，也非常具有启发意义。

此所以中国《易经》六十四卦，唯有"谦"卦，六爻皆吉。而其卦象则为"地在山下"[61]。通常山恒应在地上，而今却在山下，此即象征"谦"的美德。尤其，若谦到最高点，绝不会自认为谦，而能将"谦"亦谦之，此即易经所谓"谦谦"的最高德性。

人与人之间的相处，"谦谦"堪称最成熟的智慧。人与万物相处，也是同样情形。此即笔者认为，另行应增补的第五项态度——谦逊的态度。

根据这种态度，人类保护自然生命，就不会自认为有恩于自然，人类保护万物与生态，也不会自认为有德于万物与生态；而是真正能以谦逊之心，面对一切自然万物，从内心深处诚恳地加以尊重与关爱。这种对万物"谦逊"乃至"谦谦"的精神，才是真正环保人士应有的最高修养。

美国的"国家公园之父"缪尔，曾经提到人类对自然万物的无知，非常发人深省：

在森林之中，有多少动物心脏正流着热血，在扑通扑通地跳

> 着，又有多少牙齿与眼睛在闪闪发亮着，更有多少动物与我们亲切相关，也正与我们一样在忙碌生活。然而，我们却几乎对它们一无所知！[62]

事实上，人类不仅对森林中的大小动物几乎一无所知，对于原野中、大海中、天空中的各种万物，同样“几乎一无所知”，如此看来，人类还能不以谦逊态度，尽心去了解自然万物，从而尊重自然万物吗？

所以，综合而言，人类对自然万物的应有态度，第一项是“评价之心”，第二项是“功利之心”，第三项是“理性之心”，第四项是“恻隐之心”，到最高第五项，则是“谦逊之心”。今后社会人心若能透过环保教育，普遍具有如此体认，相信才是促进环保成功的真正关键！

四、终极实在性

以上所论各项，均系用伦理的眼光与态度，来看自然万物，因此而得到尊重自然万物的结论。本节所要强调的重点，在于不仅用伦理的眼光，更用一种“终极关怀”的宗教性眼光来看万物，从而得到尊重与爱护万物的结论。

像田力克（Paul Tillich）就曾认为，宗教的本质，乃是“终极的关怀”（Ultimate concern），也就是对终极实在的关怀。另外怀德海在《创进中的宗教》（*Religion in the Making*）中也特别强调，宗教的本质，乃是一种“专注的诚恳”（penetrating sincerity）[63]。凡此种种，都并不只停在伦理道德的层次，而是进入更高的宗教层次。

此中精神，也正如同祁克果（Kierkegarrd）所说的人生三层次，首先为“感性”的层次，其次为“伦理的”层次，最高则为“宗教的”层次。

事实上，不但人生层次可以如此划分，我们对环保态度的层次也可同样作此划分——也就是首先由感性层次，因为厌恶空气污染、河川污染、环境污染等等，兴起环保之心。然后第二层，即为伦理层次，因为肯定本身有此责任，或因打抱不平而挺身保护自然万物。另外，到了第三层则为宗教层次，也就是因为关心万物的终极实在，故而能以弘扬环保为天职，这才进入环保的最胜义。

泰勒教授于此也曾进一步分析出四项原则，值得重视。今特一一分述如下。

第一项,是宗教性的看法。根据这种态度,今后对万物的看法,就不能只停留在西方中世纪某些窄义的基督神学。因为这种神学认为,神的天国不在此世,而在另一他世,所以对此世并不在意,并且认为此世万物本来就是为了供养人类而存活的,然对这种情形,今后甚值推广"生态神学"[64],重新弘扬"上帝是爱"的精神,以扩大关爱自然一切万物,充分结合生态保育与环保观念;唯有如此,才更能符合新时代的人类与自然需要。

例如,英国教会全国大会早在1970年因为深具此等省思后,便曾特别针对以往对动物的错误行为,率先提出检讨性的宣言,可说深符这种新时代的神学精神:

> 我们让动物为我们工作,为我们载重,为我们娱乐,为我们赚钱,也为我们累死。在很多地方,我们利用它们,却都毫无感念与悲悯,也毫不关心,真是充满自大与自私。人类常常把快乐建筑在其他万物痛苦之上,人道精神因而荡然无存。[65]

除此之外,隶属基督教的奎克教会(Quakers),也曾明白宣示,其新精神乃是:

> 让仁慈的精神能够无限伸展,让仁慈能够对上帝创造的一切万物均表现关爱与体贴。[66]

像此等精神,能够无限扩大仁心,对"上帝创造的一切万物",均能表现关爱与体贴,即属于"终极性关怀",堪称更能符合"上帝是爱"的宗教精神,所以深值重视与弘扬。

事实上,除了新基督教义有此省思外,很多其他宗教对于万物生命,也都有同样精神的关怀。例如印度教便曾明白强调:

> 什么叫做宗教?悲悯一切万物生命,就是宗教。[67]

印度教义中,并曾经清楚指出:"君子应该扩大其心,悲悯万物,甚至包括最卑微的动物,如同月光普照,绝不私藏。"[68]此中精神,不但深符现代环保思想,与中国哲学的环保精神也可说完全相通。

另如回教中,同样也有句名言,强调应以人道之心爱护动物,因为:

它们不只是地球上的动物,也不只是用双翼飞的生物,它们如同你们一样,也是人类。[69]

这种胸襟,同样代表对万物的终极关怀与悲悯仁心,所以也深值重视。

综合而言,本文在此所讲对万物的宗教态度,并非单指哪一教派,而是通指各大宗教共同的"仁爱"精神。因为,人类有了这种精神,才能真正同情万物,尊重生命,并且以悲天悯人的胸襟,不辞辛劳,保护万物。这也才是对"终极实在"关怀的落实之道。此中精神,正因其能关怀万物的终极实在,并非只是关心自己眼前的近利,所以才能坚忍不拔地为保护自然万物而奋斗,这也正是今后环保工作亟需的精神毅力!

此所以连大科学家爱因斯坦也曾经特别强调,凡是能从私心的束缚中超脱出来,具备廓然大公的胸襟,不再只顾自我中心的人,就是深具"宗教情操"的人。事实上,这种胸襟,不仅深具宗教情操,也深具最高的宇宙性感应(cosmic feeling),所以对于环境保护与生态保育,均能充分肯定与全力推动!

另外,第二项,便是科学式的看法。

真正的大科学家和科学主义者,胸襟是不一样的。像爱因斯坦即公认为大科学家,但他并未抹杀宗教思想,反而有些肤浅的科学主义者,误认为科学万能,而想以此否认宗教。殊不知这种科学主义把自然万类看成是没有生命的物质存在,这种观点即使在科学最新发展中也已推翻。真正伟大的科学最高峰,如前所述,本与哲学、宗教的最高峰都能会通。此等会通统贯的心灵,便能以生命眼光来看万物,正是尊重万物与促进环保的极重要动力!

还有第三项,就是美学的看法。

"美学"常被称为"哲学的皇冠",因其最能诉诸感性,打动人心。此所以西方"美学之父"鲍嘉敦(Baumgarten)曾经特别定义美学为"感性的知识",以别于逻辑学所强调"理性的知识"。[70]

此地所谓"感性"的知识,特别系指扣紧感情与人性而言,所以比起一些严肃干枯的哲学,便更能深入人心,产生热力。尤其中国美学,通常以宣扬万物含春之生意为基本宗旨,此中精神特色,正如庄子所说,“圣人者,原天地之美,而达万物之理。”所以更能以欣赏自然的眼光,作为保护万物的精神动力。

此所以丰子恺曾经强调,中国的“艺术心”即广大的同情心,他并特别指出,其为合“万物一体”之同情心[71],“与天地造化之心同样深广,能普及于有情、非有情的一切物类”[72],这就完全能结合艺术与环保,旁通而无碍,深值东西方共同重视。

另如英国大诗人华兹华斯,也曾经很清楚地强调同样精神。他呼吁人们能够“带着一颗同情的心”,亲近自然,以真正了解自然,珍惜万物生命:

> 让大自然成为你的老师,
> 大自然可以带来的学问,无限优美,
> 然而,我们自以为是的知识,却扭曲了万物之美,
> 很多生物并且为了解剖而死……
> 上前来吧,带着一颗同情的心,
> 仔细观察自然,珍惜自然万物的生命。[73]

除此之外,梁任公也曾认为,

> 密斯忒阿特(艺术),密斯忒赛因士(科学),他们哥儿俩有一位共同的娘。娘什么名字?叫做密斯士奈其。翻成中国语,叫做“自然夫人”。[74]

这一段话,可说很生动地指出了“艺术”“科学”均同源于“自然”的道理。

换句话说,科学因为研究自然而产生,艺术则因亲近自然而产生,所以说两者的共同母亲都是“自然”。由此更充分可见从艺术美学同样可以爱护自然、保护万物的哲理。

不仅如此,黑格尔在《美学》第二卷中也曾中肯地指出,“艺术的起源,与宗教的联系最为密切。”为什么呢?此中原因,即因为艺术深具超越精神,很能提神太虚而俯之,所以与宗教的心灵也很能会通。这种“大其心”的超越精神,最能合天地万物为一体,不但是中国哲学的主要精神,同样也正是当今环保工作极重要的精神修养。

由此充分证明,艺术美学的眼光,也足以共同贯通科学、自然与宗

教,尤其中国美学以宣畅大自然的气韵生动为特色,同样是今后推动环保、爱护万物的极要动力,所以也深值东西方共同体认与弘扬!

另外,泰勒所提到的第四项,则为快乐主义的眼光。

这种快乐主义,并不是指纵欲主义,也不是指物质享受主义,而是指追求精神的喜悦,能够在大自然中心旷神怡,浑然忘我。因而,一个人虽然并不了解美学原理,却也能由此本能的精神喜悦,兴起保护自然与爱护万物的精神自觉。

根据泰勒这段论点,如果看到一大片绿油油的草原,或者一大片可爱的野花,心中能够顿感舒坦,或心胸顿觉开朗,都可以帮助爱护自然。尤其,若在拥挤的都市里忽然看到一大片绿地,眼睛也会顿觉一亮,心中也会明显为之舒畅。凡此种种心灵上的快乐,也足以帮助促进环保工作。

在美国著名的环保人士中,除了衷心拥抱大自然的缪尔外,很值得推介全心热爱大自然的老罗斯福总统(Theodore Roosevelt),他除了担任总统成就巨大以外,一生也热心奔走,保护大自然,其睿智、仁心与胆识,同样深受钦佩。他之所以如此热爱大自然,据其自述,正是因为在大自然中深感心灵的欣悦与充实。因而在他著名演讲中,回忆其热爱大自然的一生时,最后曾经特别强调:

> 我对自然历史的兴趣,对事业成就并无多大助益时,却对我一生心灵的欣悦,具有无穷的鼓舞。[75]

这种“物我合一,其乐无穷”的精神境界,不但很能提升精神灵性,从而提升生活品质,更能促进生态保育与环保工作,所以今后特别深值弘扬光大。

综合上述所说,不论透过宗教的眼光、科学的眼光、美学的眼光或快乐主义的眼光,都可说殊途而同归,共同得到结论——应该诚心尊重自然,并且尽力爱护万物。这对今后的环保教育工作,提供了很多重要的努力方向,的确深值大家重视与力行。

除此之外,西方当代环保学者分析“尊重万物的态度”,个人认为,还应增加最高一项,即为“和谐统一性”。透过此项,即能深体自然万物的本质——和谐统一,所以也值得专门申论。

例如华特曼夫妇(Laura and Guy Waterman)曾经共同写过一本书

《边远区域之伦理》(*Backwoods Ethics*),其重点在特别针对露营者与徒步旅行者,探讨应有的环境关怀。最后在总结中,他特别呼吁人们,应提倡一种“原野精神”(The spirit of wildness),也就是除了注重生态保育外,更应保持一种昂然面对荒野、怡然面对困境以及毅然面对挑战的精神。[76]一言以蔽之,就是通过“物我合一”,从原野生命的启发中,提升人类本身的精神意志。这可说是人类向大自然学习励志的极佳例证。

此中精神,也是从另一种新途径,印证中国哲学“合天地万物为一体”的和谐统一特色,所以同样深值重视。

以下即就“和谐统一”的精神特色专门申论说明。

第三节　和谐统一的众生观

泰勒曾经将其对众生的看法,笼统称为“伦理体系”(The Ethical System)[77],然后列出四项重要的原则。笔者认为,本段不但可以同样增加第五项,而且还应总称其题目为“和谐统一的伦理体系”,才算更为周全及真切。今特以此说明当代西方的众生观,并作为本节标题。

事实上,泰勒这四项原则,也正可用中国伦理学所说的“八德”来融通。一般人通常认为,只有在人类社会中才合用“八德”,其实,我们若扩大来讲,便知对一切万类众生也都合用。这八德如果再由深具“和谐统一性”的中和精神加以统贯,同样可以构成相当完备的环境伦理学。

泰勒归纳,对于万类众生的四项伦理原则,[78]可以分述如下:

第一,“不危害的原则”(The Rule of Nonmaleficence),用佛家的语言来说,就是“不杀生”的原则,这同时也代表了儒家“仁爱”的精神。

第二,“不干扰的原则”(The Rule of Noninterference),这相当于道家的精神。泰勒强调“不干扰”即“不插手”(hands off),同时也可以说近乎“和平”的精神。

第三,就是“忠信的原则”(The Rule of Fidelity),这也正如同儒家所说“忠”义与诚“信”的精神。

第四,“补偿性的正义”(The Rule of Restitutive Justice),就是维护公道、打抱不平的精神,这也相当于中国伦理中公平与公义的精神。

除了上述四项之外,笔者认为,另外还可以增加第五项,亦即“孝悌的原则”(The Rule of Filial Piety)。这种精神源自中国浓厚的家庭观念与孝道精神,为西方社会所缺乏,因而也深值增补论述。

以下即根据这五项原则,结合具体生态保育的问题,进一步说明当代西方环保思想的众生观。

第一项,“不杀生”的原则。

这个原则非常清楚,代表不要去残杀任何的生命体。既不要去摧毁任何一种动植物,使其有灭种的危险,也不要去抑制任何生物的生存发展。

泰勒曾经强调,人类在此最严重的错误,就是去杀害一些对我们并无伤害的生物,或是去杀害一些并不妨碍我们生活的万类众生。

换句话说,如果有些动物会危害人类,那么人类为了自卫,或本身的生存,而不能不杀害,就没有话讲。但本文所讲的“不杀生”,却是不要去杀那些对人类无害的生物,尤其不要去捕杀那些快要灭绝的动植物。这种立场,可说是保护野生动物,以及保护自然生态的基本要义:不要杀生。

此所以俄国文豪托尔斯泰曾经明确呼吁:

> 一个人如果期勉自己迈向宗教生活,他第一项禁律便是:不能伤害动物。[79]

此中精神,正是人人均可身体力行的第一要项——不要伤害动物,也不要伤害植物。只要人人均能有此共识,化为行动,那就可以成为生态保育的重要动力!

第二项,更进一步,“不要干扰”的原则。

泰勒强调,不论从生态平衡的角度,或从生物族类的发展来看,人类都应该和万物众生和平相处,共存共荣。人类若能不去干扰它们,它们自然也不会来干扰人类。这很符合道家的精神,同样也很符合美国杰弗逊总统自由主义的精神。

尤其,我们若从“自由”的内容来看,则“自由”至少有两种型态,一种是“免于什么的自由”(free from something),一种是“完成什么的自由”(free to something),前者仍属于消极性的——如“免于恐惧的自由”“免于匮乏的自由”“免于污染的自由”……等,俾能从恐惧、匮乏与污染之中挣扎出来。但后者则属积极性,也就是能迈向高尚理想,足以完成生命潜能的自由。

准此而论,人类便应特别注意,首先不能对动物们设下各种限制,加以诱杀,例如,不应在原始森林里设下陷阱,让虎、豹子、花鹿、猩猩掉下去,让他们生活在恐惧之中。也不应让动物们匮乏挨饿。当然,更不能让人类及万物共同处在污染的恐惧中。

其次,人类更应尽心尽力,帮助它们完成生命潜能,并且引此为己任,唯有如此,才算真正力行了“自由”在环保上的各层深义。

俄国存在主义小说家陀思妥耶夫斯基(F. M. Dostoevsky)曾经清楚地强调一段名言,可说为此作了很好的呼吁:

> “爱护动物……不要扰乱它们的欣悦,不要袭击它们,不要剥夺它们的幸福,更不要违背上帝的意旨。人类不要自认可以骄傲,而对动物有优越感……它们是无辜的,而你们,以及你们自称的伟大,却亵渎了地球,留下了劣行!”[80]

另外,丰子恺《护生画集》第一集中有段名诗,深具道家与佛学特色,也深符环保精神,在此完全可以相通,同样深值重视:

> 人不害物,物不惊扰,犹如明月,众星围绕。

第三项,就是忠信的原则。

针对忠信的原则,泰勒曾经特别具体提到,有三种违背忠信的行为很要不得。[81]一种是打猎(hunting),一种是设陷(traping),还有一种就是钓鱼(fishing)。

泰勒认为,这三种行为都是欺骗行为。根据人类伦理,人与人之间应该讲究相互信任,相互忠诚,那么,根据环境伦理,人与万类众生也应如此。因为,既然野生动物和人一样平等,有其生命的尊严和内在的价值,那么怎能如此欺骗动物?根据泰勒,如此设计伤害动物,简直形同谋杀的行为。尤其,人类都有不忍之心,就打猎而言,怎么忍心见动物们在前恐慌奔驰地逃命,而后面却有一大堆人类在狩猎取乐?

此所以早在罗马时期大哲西塞罗(M. T. Cicero,前106—前43)便曾经有段感慨深刻的名言,很值得现代人深思:

> 我曾经去参观对野生动物的狩猎,连续五天,每天两次——的确都很壮观。然而,对一位有文化水准的人而言,当他看到人

类被野兽撕裂,或动物被巨矛刺穿,他怎么可能还有乐趣可言?[82]

因而,西塞罗紧接着强调:

> 实在说来,打猎的结果,只有令人油然而生悲悯之心,而且深深感觉,动物与人类同样,都应具有生命尊严,不能抹杀。[83]

西塞罗在盛行人与人格斗的罗马时代,即已有此反省,呼吁人们对动物都不能如此残忍,诚然不愧人文大师风范。然而,试观如今世界各地,仍有不少狩猎风尚,并且以此为乐,实在深值人们重新省思!

除此之外,在泰勒教授所说上述三种情形,第二种的设陷,其本身便明显违背忠信、出卖诚实。人若可以对他人设陷,则他人也可以对其设陷。如此循环狡诈,将永无宁日。尤其野生动物并未危害人类,如果人类仗着自己聪明,误用聪明拿来设陷,诱杀野生动物,不但明白违背忠信原则,而且违背人道精神。

而且,所谓设陷与钓鱼,都有一个共同特色——用饵。也就是用某种东西来引诱,不论是用肉类来引诱狮子、老虎,或是用蚯蚓来引诱鱼类,若从环境伦理来看,本身通通违背了诚信原则。不但胜之不武,即使它们上钩了,对人类并没有增加任何荣耀,反而是种耻辱。

根据泰勒教授,这种行为本质上就是一种背弃的行为。人跟人之间,如果彼此设计陷害,形成背弃、背叛,是极大的罪恶,人跟自然众生之间同样也应有此自觉。尤其人们在肯定众生平等之后,特别值得对此反省。

丰子恺在《护生画集》第一集中,也曾明白称钓鱼为"诱杀"。其师弘一大师并曾为该幅漫画配诗如下,此中精神与环保完全相通,同样深值重视:

> 水边垂钓,闲情逸致,是以物命,而为儿戏,刺骨穿肠,于心何忍,愿发仁慈,常起悲悯。

马一浮先生在《护生画集》第一集的序文中,曾经提到,该画集乃是"以画说法",促使大家明了一切万物"软动飞沈莫非己也,山川草木莫非身也",从而弘扬护生爱物之心,其中深意,均与生态保育完全相符,深值体认与弘扬!

第四项,就是公义的原则。

泰勒教授认为，这种原则，最重要的具体内容，即在人类应为自己以往的行为赎罪。因为，这么多年来，人类对自然界的万类众生，不晓得制造了多少不公平的伤害，也不晓得违背了多少次的公义原则。这正如同从前白种人对有色人种曾经有很多歧视与压迫的情形。因而必须尽早补救与补偿，才能符合真正的“公义”。

所以，泰勒在此特别强调，若从人种而言，各人种应一律平等。若从政治而言，各民族应一律平等。若从环保而言，则众生各类也应一律平等。因为，其中“每一个体均深具生命意义，不应只被视为工具而已。”[84]

所以，一律平等的众生观和一律平等的关怀心，两者是密切相关的。根据中国环保哲学，在此最重要的信念便是——自然众生中，每一个存在本身就是一个道德目的，绝不能够被当做他人或他物的工具。在此原则下，人类非但不能把其他人当做是自己的工具，也不能把其他任何生物当做自己工具，否则就是违背正义原则，公义原则。

在民主政治中，卢梭首倡“社会契约论”(social contract theory)，对于促进法治很有贡献。如今本此精神，我们也或可以订出一种新的契约，那就是“环境契约论”(Environmental contract)，由各文明国相互约定——对所有的野生动物不能滥捕、滥杀，对所有万物众生也不能任意设陷加害，那才能真正对生态保育作出更大贡献！

因为，既然自然界里面万类的生命价值与尊严都是平等的，那人类就应以平等心充分尊重它们。至于人类对于以往万类众生所做的很多伤害，也应如同“国家补偿法”一样，尽量透过各种法令来补偿，此即通称“补偿性的正义”。

西方法界有句谚语，非常中肯，“迟来的正义，已经不是正义”。同样情形，人类以往对万物众生犯了很多罪过，如今补偿，本已嫌迟，如果再不加紧脚步，则更为迟来的正义，恶行影响将更深远，所以，归根结底，再也不能轻忽怠慢了！

最后，第五项，个人认为，还可加上一项“孝悌”的原则。

因为，根据中国哲学，应把天地当做是我们的父母，并以孝敬父母一样的诚心奉养。所以，我们对地球的保护，都应尽心尽力，好像是对父母的照顾一样。这才算是真正力行了对地球的敬意。

孔子论孝，最重要的就是“敬”意。此其所以说“犬马皆能有养，无敬,何以称孝?"正因父母对子女充满养育之恩,所以子女对父母除了以行动奉养外,还应心存敬意。以这种孝敬父母之心来孝敬地球,正可说是"尊重自然"之中,最为亲切的心态与精神。

尤其,"孝"是对父母,"悌"则是对手足。所谓手足,就是对万类众生,要能有民胞物与的精神。任何万物被伤害,就如同自己手足受伤害一样。这种精神,不论"孝"与"悌",在西方传统文化中都相当缺乏,除了像约翰·缪尔等极少数环保大哲能体悟外,其他几乎全无此等观念。但这在中国文化却是极其"情深义重"的特色,最能真切表现出对地球与众生的真正心意,所以深值西方借镜与效法。

综合而言,以上所论各项西方当代众生观,均共同指向一种通性——那就是肯定自然万物众生都是整体融贯,平等含生。

所以泰勒教授认为,所有上述特性,"共同建立成一个有秩序而又相互连贯的价值系统。"[85]事实上,这也正是中国哲学儒、道、释与新儒各家所共同肯定的融贯机体主义,也是戴震所说"生生而条理"的特性。中国佛学所谓:"众生平等,皆有佛性",精神同样可以相通。一言以蔽之,正是最高境界的"和谐统一"精神,由此充分可见东西方会通之处。

另外,泰勒教授曾经根据人与人之间应有的价值系统,归纳出四项重点,然后再把这四项运用在人与万物众生之间,也很值得进一步申论。[86]

第一项原则,在人与人之间,"没有任何人可以驾凌于他人之上"。因为每一个人都有同样的立足点来实现自我——这也正是孙中山先生所讲的"真平等",所以,每一个人都应该得到平等的关怀与体贴。

准此立论,人对万类众生也应该如此,所有的万类和人类,也都应该享有一体平等的权益。既然所有万类众生都深具同样平等的生命价值,所以每一个体也都应得到平等的关怀与体贴。

第二项原则,"没有任何人可以被当作另一人的工具"。因为,人人都有同样的内在价值,所以每一个人的生命本身就是目的。人类本身如此,同样情形,人对一切万类众生也应如此,不能把万类众生当作是工具。

准此立论,象牙雕刻虽然很珍贵,虎皮地毯也很华丽,但通通要牺牲很多大象与老虎生命,形同只把这些动物当成"工具",所以就是不道德而应受到谴责的行为。

第三项原则，根据前面两项，显然人人皆有平等的内在价值，那么，“如何充分实现这种内在价值”，就是其生命的终极目的。这不但在人类如此，在一切万类众生也应如此。

因而，准此立论，人类对于万类众生也应尽量保护，对其生存的环境，以及幸福的提升，也应关怀。然后才能真正保障万类众生，充分完成彼等潜能，达到彼等生命目的，这才是真正的“善”。

第四项原则，在于明白肯定“凡能保护他人及完成其生命理想的行为”，才能符合道德的原则。这不但对人类是如此，同样情形，对万类众生也应如此。

准此立论，人类不但消极方面，不应残杀众生、虐待众生，或破坏生态，积极而言，更应保护众生、关爱众生，以完成所有万类众生的生命理想。唯有如此，才算真正符合环境伦理的道德原则。

以上是从消极与积极面，申论人对万类众生应有的四项态度。笔者认为，除此之外，另外还可再加上第五项，那就是对“幸福”的追求。泰勒教授对此分析还不够周延，所以仍值增补申论。

根据泰勒教授的分析，人类对本身族群幸福的标准，可以分成三项，[87]一是“人类繁荣”（Human flourishing），也就是能不能促使人类繁荣。二是“自我实现”（Selfactualization），也就是能不能促使人类生命自我实现，三是“真正的快乐”（true happiness），也就是能不能促进人类真正快乐。

准此立论，泰勒所说三项标准，也同样可以平等用于万类众生，作为人类善加保护的重要标准与方法。

比如说，人类若要对熊猫善尽保护，便同样可用上述三项问题来分析——如何才能增进其整体繁衍？如何才能促进其实现潜能？如何才能增进其快乐？凡此种种，首先便应对万物有深入了解。也就是应重视科学性的知识，这倒是中国哲学很需借镜之处。

因为，中国文化虽然深深重视应“合天地万物为一体”的仁心，但如何跟熊猫合为一体？熊猫如果水土不服，日渐病瘦，该怎么医治？熊猫如果濒临灭种，又很难生育，该如何促进交配成功？凡此种种，就更需充分了解专业知识。

然而，对于“真正的快乐”，到底是什么，泰勒却未曾深入分析，并且也多少染有西方本有的功利色彩。因而中国哲学于此便很有启发性的贡献。

例如,孟子对于“快乐”的看法,便深具特色,很值得重视。

孟子说得好:“君子有三乐,而王天下不与焉。”我们同样可以从中引申出万类众生之乐。

在孟子来说,一方面父母、兄弟、亲人通通无故,平安便是福,这是第一乐。然后自己心安理得,凡事问心无愧,仰不愧于天,俯不怍于人,这是第二乐。另外,“得天下英才而教育之”。能够欣见人才成器,贡献良多,则是第三乐。至于其他所有的名利、富贵、权位,都不在“喜乐”之内。这种精神,正是人人可行而且深具意义的人生哲学。

同样情形,我们也可将这种精神应用到万类众生,并且刚好可以对治西方偏重功利的病弊。

西方哲学虽然也很重视“喜乐”问题,对于“happiness”的分析讨论也很多,但往往会落入功利主义的色彩。例如英国功利主义(Utilitarianism)宣称:“最大多数的最大幸福”(The greatest happiness of the greatest number),就是“善”,但对于“幸福”——亦即喜乐,仍然往往偏重物质性的享乐,究其本质很容易功利化,不但无助于人类身心,而且明显因为纵欲役物,而会导致破坏环境,影响生态。

相形之下,中国哲学所认为的“喜乐”,便极具环保的启发意义。因为中国哲学所讲的“喜乐”是不假外求的,并不是透过功利肯定才有喜乐,也不是仰赖外力评价才算肯定。此即所以孔子强调“人不知而不愠,不亦君子乎?”孟子所讲的“君子三乐”,更没有一项是靠外力所肯定。到庄子更清楚,完全能精神独立,“独与天地相往来”,而且能充分做到“举世誉之而不加欢,举世毁之也不加沮”。凡此种种,都充分代表,其重点在强调内在价值的独立性与自主性。一个人只要能尽其所能,全力行仁,便已能充分掌握内在的喜乐之钥。

这种内在的喜乐,同样可以应用在万类众生。所以只要人类能充分保障万物本身的自由发展,绝不损害其族群,也不扭曲其成长,更不任意破坏其环境,这种看似“无为”的行为,却最能保障万类众生中的喜乐,这也才是生态保育最基本的应有态度。

尤其,孟子强调“自反而缩,虽千万人吾往矣”,这种基于仁心与正义所产生的道德勇气,今后对于保护生态工作,特别值得东西方共同重视与弘扬。

例如,西方近年有一部电影叫做《迷雾森林十八年》,其中便叙述了此种深具道德勇气的感人精神。其大意叙述一位美国女记者接受国家地理杂志的邀请,深入非洲,去作一篇有关野生巨熊的报道。于是她亲自深入蛮荒,拍摄有关巨熊的多种作息照片。

刚开始,巨熊群很排斥她,但也并不会无故去残害她,所以她便耐心地等待,原来只是从旁拍摄,后来开始细心观察巨熊的生活习性,甚至学习它们的叫声与爬姿,如此尽心尽力,真正做到了中国哲学所说"同情体物",所以终能打成一片,彼此都产生了深厚感情,就像一家人一样。这位女记者后来甚至定居非洲,并为保护这群巨熊不被猎杀,经常挺身而出,费尽心血,其中过程非常温馨感人。

然而,本片结局却是以悲剧收场。因为不法商人为了牟利而屠杀巨熊,以熊头、熊皮卖到欧美富家,作为虚荣的装饰品,所以视此女记者为眼中钉,终于在月黑风高的一个深夜,趁黑杀害了她,令她饮恨非洲,牺牲于巨熊山居之中。

这部影片非常发人深省,也非常震慑人心。乍看之下,或有人会觉得这位女记者太傻,为何千里迢迢,深入不毛,只为了了解这些蛮荒动物,后来甚至因为挺身保护而殉身牺牲。殊不知,这正代表了人性中极为高贵情深的一面。一方面她很细心地透过多种技巧,以同情的了解,摸清巨熊的各种本性,堪称很有智慧。二方面她能本着万物平等的仁心,克服种种困难,为巨熊请命,可说充分发挥"物我合一"、同体一命的仁爱精神,三方面她明知可能危险,仍然义无反顾,一再仗义执言,坚定反对猎杀巨熊,最后终于"杀身成仁",更可说充分发挥了大勇,也将其生命提升到与正气浩然同流。整部过程,堪称极为感人的环保教育典范,这种兼具"智、仁、勇"的精神,也正是今后环保工作亟须弘扬的精神动力!

最后,有关当代西方的"众生"观,还有根本的两项问题值得分析。那就是一切万类,是否均含有生命,均可称为"众生"?又是否均有内在目的?

根据泰勒的分析与举证,不论人类或者其他万类,若从微生物或生物学、生理学的观点,都可以证明其中各有"内在目的性"。另外对于植物,或者不像动物一样活跃的生物,虽然它们看起来没有思想意识,甚至可能只是单细胞的存在,也不一定能觉察到环境的影响。但是,它们仍然有各自生存的内在目的性。

例如,一棵树、一朵花,如果能够充分而饱满地成长,不要中途被人拔掉破坏,那就算实现了其生存的内在目的性。所以,就算它没有生命意识,没有思想精神,但是,若从生物学或植物学观点,它照样也在某种程度上具有实现潜能、完成生存目的的意义。因而也都应肯定其有某种生命意义。

此所以泰勒教授强调:

> 一切有机体的生命,不论它有没有意识,都是以目的为中心的生命,它们都是具有统一性、融贯性与条理性的系统,分别以目标为导向而活动,以保护并且维系其生命机体的存在和发展。[88]

这种特性,可说正是以最新科学的发展,印证中国哲学的“机体主义”精神,并且能够相互辉映,深值重视。

另外,泰勒还曾指出,万类生命还都有其“独特的生命周期”,也就是说,其内部组织均能相互呼应,彼此含摄,一体融贯,这也正是华严宗机体观的重要内容。泰勒以最新的生物学、生理学、微生物学,乃至于植物学,得出这种结论,很能够证明华严宗环境伦理学的重要性与正确性。

当然,我们若从更求完善的立场来看,则泰勒的论点,仍有不够完备与矛盾之处,值得深入加以评论。

例如,除了动物、植物之外,其他看似没有生命的存在物——如石头,是否也在众“生”之内,是否也有“内在目的性”?

泰勒对此认为,在全世界石头之中,没有两块是完全一样的,这代表其中有个体差异性,但他认为无论是从物理学的角度,或者是从生命的感觉来看,石头都没有“目的论”可言。因为石头并没有其内在求善的潜能,也没有所谓“幸福”可言,更缺乏追求生命理想或幸福的内在观念,所以并没有“内在目的性”。

泰勒在此的毛病,在于仍然只从某种科学唯物论的角度来看石头,以致只能从片面感觉,或物理表象来论断,而缺乏从整体宇宙观来看的慧眼。

相形之下,我们若能从华严宗的佛眼来看,则能肯定一种佛性无所不在的法满世界，这个法满世界，固然包含了动物、植物，即使对石头这类的无生物，照样也都融贯在内。因此肯定其也应该同享众“生”应有的尊严。

中国有句成语“顽石点头”，此中便意味着石头不只有生命，更同样有灵性。因此甚至顽石都能在佛法中点头，这就明显超越了科学唯物论的眼光，并不是只以孤立、片面的肉眼来看万物，而是以统合融贯的法眼来看。

换句话说，对于石头，如果只孤立地以石观之，当然并没有生命，然而根据中国哲学，如果能以天心观之（儒家），或以道心观之（道家），或以佛心观之（佛家），则肯定生生之德充塞一切万物（儒家），大道融贯万类，无所不在（道家），或者众生平等，均有佛性（佛家）；因而即使对石头，不论哪一家，均同样肯定其有生命与灵性。此中深蕴尊重众生、保护万类的精神，深具重大启发，很能弥补当代西方环保思想在“众生观”方面的不足之处。

另如在中国著名小说《红楼梦》中，贾宝玉的“宝玉”原先是块石头，因为石头也有灵性，所以能通人性，并且还代表了一连串缠绵悱恻的人间真情至性，一块石头而能成为“性情中人”的名字，其中象征意义便代表石头不仅是石头，早已具有生命意义了。

所以，中国传统的山林艺术中，庭园布置常以“奇石”为材料，就是肯定石头中也有其生命，它们不但有独立的内在生命价值，而透过不同形状或不同纹路，对于启发人心灵性，更有其重大意义。

或有人说，若从客观来讲，石头毕竟没有生命，只不过对人心主观来讲，好像有生命。殊不知此一问题并不能成立，因为这种划分恰恰堕入了“主客二分”的毛病。但中国哲学向来强调主客合一，向来肯定大化生机普遍融贯万类众生，因而，举凡一切草、木、虫、鱼、鸟、兽甚至石头，均深含生意，并能浑然合为一体。因此，即使对于石头，也不能任意摧毁它，这就是尊重“众生”的重要根据！

美国“国家公园之父”约翰·缪尔，因为经常深入各大山森林与原野，所以也很能体认此中精神。他曾经明确地强调：

> 这整个原野看来如此充满盎然生意，如此亲切充满人性。即使每个石头，都看似在倾诉说话，与我们就像兄弟手足一般，息息

相关。难怪当我们每思及此，便觉得拥有共同的父母亲。[89]

缪尔能将石头看成像在说话，而且视如兄弟手足一般，跟人类拥有共同的父母亲，这在西方可以称得上异数，与中国的张载却很能相通。亦即张载所谓“乾为父，坤为母”“民胞物与”的情境，并且极能符合本文前述，应以“孝悌”精神善待天地与万物众生。中西哲人能够在此不谋而合，的确深值重视与弘扬！

综合而言，石头看起来好像没有生命，但这只是从孤立片面的唯物眼光去看，如果能从真正天心、大道或佛性去看，或如张载以“民胞物与”的精神去看，或如王阳明以“合天地万物为一体”的仁心去看，或以缪尔拥抱大自然的环保胸襟去看，则无论石头、流沙、土壤、荒野、恶地……通通都包含在“众生”之中，因而同样含有生命。

此所以美国威斯康辛大学曾出版缪尔的传记与思想，并明白称其为“原野之子”。全书扉页更曾引述缪尔一句名言，深具启发意义：

山脉乃是人类的生命泉源，也是河川、冰河、肥沃土壤的泉源。[90]

这句话以象征手法肯定，人类与河川、冰河、肥沃土壤全是来自同一泉源——山脉，因而以此肯定，人与所有这些万物均浑然成为一体。这也正是中国哲学的共同精神所在。缪尔以不同方式，表达了同样心得，充分可见中西哲人殊途同归之处，深值今后继续发扬光大。

或有人称，这只是哲学性或宗教性的态度，而非科学性的态度。然而如前所述，即使在科学领域中，科学唯物论也只是早期的发展，其中很多错误，在如今最新的各种科学发展中，均已经大大修正。所以我们若能以最新的生命科学、价值科学或深度生态学来看，则同样可以肯定，一切万类不但均含生意，而且均含内在价值与目的。

此所以著名的绿色和平哲学中曾经明白宣称，“生态学”的发展，具有重大的突破意义，很能启发人心：

这个简单的字眼——“生态学”，却代表了一个革命性观念，与哥白尼天体革命一样，具有重大的突破意义。哥白尼告诉我们，地球并非宇宙中心；生态学同样告诉我们，人类也并非这一星球的中心。生态学并告诉我们，整个地球也是我们人体的一部

> 分,我们必须像尊重自己一样,加以尊重。我们也应像感同身受一样,去为自然万类生命着想……不论对鲸鱼、海豹、森林、海洋,均应如此。……生态学广阔无边之美,真正提醒我们,应如何去了解与欣赏众生之美。[91]

本文所说,人类并非地球的中心,并肯定整个地球是我们人体的一部分,因而应尊重地球如尊重自己,而且对于万物众生,“应像感同身受一样,去为自然万类生命着想”,凡此种种,正是中国哲学“物我合一”的重要精神,也很能打破西方以往“主客二分”的毛病。由此也再可证明,中国哲学对工作深具重要启发,正如同生态学一样,具有“重大的突破意义”,所以深值东西方共同弘扬!

准此立论,我们还可以发现泰勒教授另外一项自我矛盾。那就是他一方面既已肯定生态学的主张,认为整个地球是一个大的生命体,另一方面却又把其中的一部分——例如石头等,排除在此生命体之外。

更何况,如果人类认为所有石头均没有生命,也没有内在目的性,就可能任意乱丢,或随意破坏,那同样会破坏景观,并且破坏平衡,因而影响整体自然的内在关联。泰勒既然明确肯定自然万物的内在关联性,当然就不能否定石头等类存在也在其中。所以归根结底,我们仍应视其为地球大生命体的一分子,而不能排除于外。由此也可以再次证明,中国哲学才是更加周全与完善的环保哲学。

此所以早在 1954 年,克罗奇(Joseph Wood Krutch)就曾主张,我们对自然界态度的最大毛病,便是“缺乏爱心,缺乏感觉,缺乏了解”[92],而他所说的范围,除了“动物、植物”之外,明白包括了“土壤与岩石”,他并曾反复强调:“我们人类只是其中一部分。”这种见解,才真正符合生态学的精神,也才真正符合中国哲学的机体主义精神。

另外,在 1981 年,邢彼得(Peter Singer)也曾经明白呼吁,应及早将人类的伦理性关心,扩大到动物、植物,乃至于山川以及“岩石”[93]。凡此种种,均可看出,真正深刻而完备的环保哲学,应该连岩石也看成有生命、有目的。

除了石头之外,泰勒教授认为机器也是没有生命,没有感情的,因而也没有所谓的“内在目的性”。

不过,若从中国哲学来看却并不如此。因为机器若从其功能来看,本来就各有其一定目的。除了本文前述论点之外,此处值得再强调,任何机器也都需要保养、需要保护,然后才能顺利完成功能。这种保护与爱护机器的心态,与保护生命与爱护自然的心态应无二致。有人爱车如命,有人爱飞机模型如命,有人爱电脑也如命,同样代表"物我合一"的情形,同样均可称为明显例证。

同样情形,我们不但对机器应善加爱护,对能源也要同样保护。不能说电力没有感情、没有生命,便可以不加爱惜,或者不断浪费。一个人若浪费电力,看似有限,但若累积多数的众人浪费,便会造成整体电源的短缺。一旦电源短缺,就会影响到工业用电,工业用电若受到影响,就会提高物品成本,或减弱生产能力,而这些又会影响众生的生活物价与物资供应。所以,这中间同样有一种物物相关的循环,也同样可以看出环环相扣的关系,也再次可以证明,其中深具"机体主义"的融贯性与依存性,也正符合生态学所说的情形。

所以,虽然泰勒教授认为机器没有生命,但是,我们若有中国哲学素养,便知仍然不能将其排除在生命的有机体之外。否则一旦它遭受各种破坏,直接间接照样会影响人类生活。我们由此,也可以看出中国哲学"机体主义"无所不包的重要性与正确性。

另外,泰勒教授也曾经提到,看自然界万物众生,有两个重要的角度,一是从客观性来看,一是从整体性来看,这种二分法同样也有问题。

笔者认为,综合而言,"整体性"固然很重要,但"客观性"却应有其分寸。因为就众生观而言,如果过分客观,反而会变成片面的唯物主义。

像刚刚所提石头,如果人们以过分客观的角度去看,那么石头便会成为完全没有生命与感情。所以这个时候就应从"整体性"去看,然后才能如同中国哲学的机体主义一样,真正以融贯互摄的整体眼光,体认"物我合一"的精神,从而肯定万物均可称为"众生",这才是万物观的最高境界。唯有如此,也才能如同最新的生态学所说;知道"如何真正了解与欣赏众生之美",这也正与庄子所说"圣人者原天地之美而达万物之理"完全相通。

或有人称,讲整体性便无法讲客观性,讲客观性便失去整体性。

然而,如此截然的二分对立,本身正好犯了"恶性二分法"的毛病,并且违背了机体主义的精神,深值警惕。这也再次提醒我们,必须深具中国哲学的素养,才能在分析论证之中,真正以"互补互融"超越"二元对立"的相互排斥。这同样可以证明,了解中国哲学,对于建构完善的环保哲学,是一项非常重要的基本素养。

同样情形,我们也可在小罗斯顿(Holmls Rolston III)所著的《原野哲学》(*Philosophy Gone Wild*)中发现。该著作副标题明白指出,系以研究"环境伦理学"为主,其优点同样在能肯定一切万类均含生,甚至称众生为"生命之流"(The River of Life)[94],堪称与中国哲学所说大化流行、融贯众生很能相通,然而,若论及价值判断的方法,则该书仍然依旧未能跳出西方传统"主客二分"的窠臼。因而再次可以印证,西方当代环保学者,深值向中国哲学多多借镜,然后才能真正建构完整而圆融的环境伦理学。

总而言之,经过以上论述,我们充分可见,西方当代最新的环境伦理思想,很多在基本上均与中国哲学的"机体主义"完全相符。但若深入分析,便知其中仍有一些不足之处,所以仍然有赖从中国哲学撷取灵感与启发;然而另一方面,西洋环保学者的论证方式与科学例证,对于中国文化环保精神,却也很有补充与佐证的功用。因此,今后如何共同合作,互通有无,进而共同弘扬,切实力行,相信正是促进全球环保工作更为重要的关键所在!

最后,本文愿进一步强调,中国文化除了在哲学思想上深具环保精神外,在很多民间经典里,同样充满温馨感人的生态保育故事。丰子恺曾经特别发心完成六集《护生画集》,呼吁世人共同爱护万物众生,其中很多素材取自民间真实故事,不但极能表现中国文化温厚护生的精神,也与当代西方环保思想极能不谋而合,同样深值东西方共同弘扬。所以本文愿特别引述其中数项为例,并以同样心志呼吁世人共同护生。

首先,丰子恺在最后一集——也就是第六集中,画了一幅"认母气"。其中内容系根据《感应类钞》,引述眉州一位中药商,为了取用药材,将一蝙蝠捕杀,碾成粉末。后来突见几只小蝙蝠围集其上,连眼睛都还未睁开,只因"识母气而来",因而,该中药商"一家为之洒泪"[95]。

这幅画的精神,不只在“护生”,尤其在“护心”——呼吁世人“护持悲悯之心”,真正将心比心,爱护万物众生,所以对于今后生态保育工作,深具重大启发意义。

另外,根据此中同样精神,丰子恺早在第一集中,就曾画了一幅“母之羽”,叙述母鸡被人宰割后,羽毛散落一地,小鸡仍在旁环守。旁文并由弘一大师特别题诗如下,深值体认其中悲悯之心:

> 雏儿依残羽,殷殷恋慈母。母亡儿不知,犹复相环守。念此亲爱情,能勿凄心否!?[96]

另外,丰子恺又曾根据《圣师录》,画了一幅“鸳鸯殉侣图”,其旁文字说明,[97]明朝期间,江苏盐城纵湖一位渔夫,看到鸳鸯群飞,因此猎杀了其中雄者,准备烹而食之,结果却见其雌者一直追随,飞鸣不去,等渔夫打开釜锅时,立刻俯冲飞下,投入汤中而死!

这一段精神,明显提醒世人,应该体认鸟类不但有生命,更同样有深厚感情,其中鸳鸯的重情重义,甚至超过很多人类的无情无义,所以绝不能任意摧残。

另外,丰子恺与泰勒一样,认为钓鱼代表“诱杀”,非常违背人心与忠信。此所以他曾经画了一幅钓鱼图,称其为“残酷的风雅”,并且亲自作诗一首,也很发人深省:

> 重纶称风雅,鱼向雅人哭。
> 甘饵藏利钩,用心何恶毒。
> 穿颚钻唇皮,用刑何残酷,
> 风雅若如此,我愿为庸俗。[98]

除此之外,丰子恺也与泰勒教授一样,反对猎杀动物。所以他也根据《职分论》,叙述一则外国真实故事。指出一位猎人爱德华,在海边猎杀了一只亚基鸟,正准备弯身去捡,忽见另有两只飞落海滩,“竟将此鸟衔去”。因此,“爱德华感之,终身罢猎”。[99]

丰子恺为了强调,小鸟生命也是生命,所以把这幅画名字就叫“救命”,的确发人深省,更可看出其中肯定万物均为众生的仁心。

总而言之,护生之心正是悲悯众生之心,也是同情体物之心,更是生态保育之心。这种精神正如同陆象山所说,不分东西方或南北方,也不分古代现代,“此心同也,此理同也。”所以深值弘扬与力行。

相信,只要今后有更多的仁人志士,不分年龄、不分性别、不分职业、也不分程度,均能本此“护生”之心,共同努力,爱护万物,保育众生,那才是真正大自然之幸,也才是全人类之福!

附　注

① Aldo Leopold. “A Sand County Almanac”. N. Y. , Oxford University Press, 1948, especially see the essay “The Land Ethic”.

② Ibid.

③ Rachel Carson. *Silent Spring*, Houghton Miffiin Co. , Boston, 1987. 25th ed. p. 277.

④ G. Perkins Marsh, *Man and Nature*, The Belknap Press of Harvard University Press, originally published in l864, 2nd ed. in 1965, especially see Chap. 2. 3. 4. 5.

⑤ Kenneth E. Goodpaster, “From Egoism to Environmentalism,” in K. E. Goodpaster & K. M. Sayre, eds. , *Ethics and Problems of the 21th Century*, University of Notre Dame Press, 1979; pp. 24—32.

⑥ Rachel Carson, *Silent Spring*, preface.

⑦ Thomas Berry, “The Dream of the Earth,” Sierra Club Books, 1990, p. 6 & Newsweeks' Book Review.

⑧ R. Elliot & A. Gare, (eds. ,) *Environmental Philosophy: A Collection of Essays*, Pennsylvania State University Press, 1983. , pp. 183—196.

⑨ S. Udall, *The Quiet Crisis and the Next Generation*, Peregrine Smith Books, Salt Lake City, 2nd. ed. 1988, xii—xiii.

⑩ Holmes Rolston, *Environmental Ethics*, Temple University Press, 1988, especially Chap. 3. 5. 6.

⑪ K. S Shrader—Frechette, *Environmental Ethics*, The Boxwood Press, 1988, especially Chap. 4. 5. 6.

⑫ D. J. Paustenbach, *The Risk Assesssment of Environmental Hazards*, Wiley-Interscience Publication, John Wiley & Sons, N. Y, 1989, especially Sec. G.

⑬ S. Fox, *The American Conservation Movement*, The University of Wisconsin Press, 1985, especially pp. 103—291.

⑭ D. Van Deveer & C. Pierce, *People, Penguins and Plastic Tress*, Wadsworth Publishing Co., Belmont Cal. 1986, especially pp. 24, 32, 51, 83.

⑮ Paul R. Portney, ed. "Public Policies for Environmental Protection", *Resources for the Future*, Washington D. C. 1990. 本书各章均以分析技术性问题为主要，例如对空气污染、水污染、废弃物处理、毒性物质处理等，占去绝大篇幅，并未讨论人对自然万物应有的根本观念与态度，因而难免形成“头痛医头，脚痛医脚”之弊，对其书名也有未尽周全之处。

⑯ 本季刊由美国乔治亚大学创刊于 1979 年，迄今（1990 年年底）出版四十八卷，对环保问题涉猎相当完整，公认为当今世界极具权威的环保期刊；唯因每篇论文的篇幅限制，影响对环境伦理学的完整建构工作，甚为可惜。

⑰ Paul W. Taylor, *Respect for Nature: A Theory of Environmental Ethics*, Princeton University Press, 1986. p. 99.

⑱ Ibid., p. 101.

⑲ Ibid., P. 116.

⑳ Ibid., p. 119.

㉑ Ibid., p. 129, 原文系用反面语句，"The Denial of Human Superiority".

㉒ Ibid., p. 101.

㉓ Ibid., p. 116.

㉔ Ibid., p. 117.

㉕ Ibid., p. 118.

㉖ Ibid., p. 117.

㉗ Ibid., p. 117.

㉘ 参见方东美先生所著 *The Chinese View of Life*, Linkin Press, 2nd ed. Taipei. 1978, p. 24.

㉙ A. N. Whitehead, Process and Reality, The Free Press, Macmillan Publishing Co. N. Y., 1987, p. 60 其中明白肯定“每个实存物都是‘生’

的历程。”

㉚ K. S. Shrader-Frechette. *Environmental Ethics*, The Box wood Press. 4th ed, Cal. 1988, p. 66.

㉛ Paul. W. Taylor, *Respect for Nature*, p. 119.

㉜ John Muir, *A Thousand-Mile Walk to The Gulf*, 1916, 164.

㉝ *The Theoretical Foundation of Chinese Medicine*. The MIT Press, 1978. Chap. 2.

㉞ Paul W. Taylor, Respect for Nature, p. 120.

㉟ Ibid., p. 129.

㊱ Ibid., pp. 129—135.

㊲ Mark Twain, "What is Man", in *The Extended Circle*, ed. by Wynne-Tyson, Paragon House, N. Y., 1989, p. 383.

㊳ Tom Regan. *The Case for Animals Rights*, University of California Press, Berkeley, 1983. p. 239.

㊴ A. S. Gunm & P. A. Vesilind, *Environmental Ethics for Engineers*, Lewis Publishers. Inc, 3rd ed. Michigan, 1988, p. 21.

㊵ Ibid., p. 21.

㊶ Gabriel Marcel, *The Problematic Man*, Paris, 1967, Chap. 3.

㊷ Gabriel Marcel, *La Mystere de Ietre*, Paris, 1951, Chap, 1.

㊸ Holmes Rolston III, *Environmental Ethics*, Temple University Press, 1988, p. 94.

㊹ Ibid., pp. 94—95.

㊺ Ibid., p. 95.

㊻ Bernard Shaw, "The Devils' Disciple", in *The Extended Circle*, p. 325.

㊼ C. C. Jung, "Collective Works", also in *The Extended Circle*, p. 147.

㊽ Abraham Lincoln, "Complete Works", also in *The Extended Circle*, p. 179.

㊾ Paul W. Taylor, *Respect for Nature*, pp. 59, 71, 80, 90.

㊿ Ibid., p. 60.

(51) Ibid.

(52) Ibid. ,p. 61.

(53) Ibid.

(54) Ibid.

(55) Ibid.

(56) Ibid.

(57) Mikhali Rebrov, *Save Our Earth*, Mir Publishers, Moscow, 1989.

(58) Ibid. ,p. 168.

(59) 《易经》"谦"卦象传曰:"地中有山,谦。君子以衰多益寡,称物平施。"

(60) John Muir, "The Wild Parks and Forest Reservations of the West", *Atlantic Monthly*, Jan. 1898, 25.

(61) A. N. Whitehead, *Religion in the Making*, N. Y. , 1926. p. 15.

(62) "生态神学"英文为"Eco-theology",代表重新从生态眼光解释基督神学,在西方极受重视,唯仍在发展中,成果仍待观察。

(63) National Assembly of the Church of England, "Report by the Board for Social Responsibility", in *The Extended Circle*, p. 51.

(64) Ibid. ,p. 89.

(65) Ibid. ,p. 121.

(66) Ibid.

(67) Ibid. ,p. 139.

(68) 请参 A. Baumgarten, *Philosophical Thoughts on Matters Connected with Poetry*, 1735. 其中首次出现"美学"(Aesthetics)一词。

(69) 丰子恺《美与同情》,收入《丰子恺论艺术》,台北丹青公司,1988 年再版,第 130 页。

(70) 同上书,第 129 页。

(71) W. Wordsworth. "the Tables Turned", in *The Extended Circle*, pp. 416—417.

(72) 梁任公《饮冰室文集》,卷三八。

(73) Theodore Roosevelt, *Wildnerness Writings*, Gibbs M. Smith Inc. , Salt Lake City, 1986. p. 292.

(74) Lauwa and Guy Waterman, *Backwoods Ethics*, Stone Wall Press, 3rd ed. , Washington D. C. 1979. pp. 155—156.

⑦⑤ Paul W. Taylor, *Respect for Nature*, p. 169.

⑦⑥ Ibid., pp. 172. 173. 179. 186.

⑦⑦ L. N. Tolstoy, The First Step, in *The Extended Circle*, p. 376.

⑦⑧ F. M. Dostoevsky, *The Brothers Karamazov*, Ibid., p. 71.

⑦⑨ Paul W. Taylor, *Respect for Nature*, p. 71.

⑧⓪ M. T. Cicero, *Letters to Friends*, Ibid., p. 51.

⑧① Ibid.

⑧② 丰子恺《护生画集》,台北新文学出版社,1981 年出版,第一集,第 62 页。

⑧③ Paul W. Taylor, *Respect for Nature*, p. 187.

⑧④ Ibid., p. 192.

⑧⑤ Ibid., p. 78.

⑧⑥ Ibid., p. 64.

⑧⑦ Ibid., p. 122.

⑧⑧ John Muir, *My First Summer in the Sierra*, 1911, 319.

⑧⑨ Linnie Marsh Wolfe, *The Life of John Muir: Son of The Wilderness*, The University of Wisconsin Press, 2nd ed., 1937. vi.

⑨⓪ Cf. Wynne-Tyson, *The Extended Circle*, p. 107.

⑨① Cf. R. F. Nash, *The Rights of Nature*, the University of Wisconsin Press, 1989, p. 55.

⑨② Ibid., p. 121.

⑨③ Holmes Rolston Ⅲ, *Philosophy Gone Wild*, Prometheus Books, N. Y., p. 610.

⑨④ 丰子恺《护生画集》,第六集,第 11—12 页。

⑨⑤ 同上书,第一集,第 7—8 页。

⑨⑥ 同上书,第六集,第 29—30 页。

⑨⑦ 同上书,第三集,第 73 页。

⑨⑧ 同上书,第一集,第 45—46 页。

结 论

总结本书上列各章论述,可以证明,今后全球环保工作的最大动力,就是中国哲学所说的仁心胸襟,是一种肯定万物含生、相互依存、物物相关、环环相扣的“机体主义”,也就是“对一切万物的无限悲悯”。

相信,唯有人人充分发挥这种仁心胸襟,才算充分尽到了人在天地之间应有的生命责任;也唯有如此,真正同情体物,有广大无边的悲悯博爱,人类才能真正做到物我合一,并且促进万物共同完成生命潜能,那才是整个宇宙生命的最高境界与终极理想!

大科学家爱因斯坦(A. Einstein,1879—1955)在晚年写给他女儿丽舍的信中,曾经强调一段名言,非常发人深省:“直到最后,我才明白宇宙中一切能量的源泉,竟是爱!”

他并进一步地说明:“爱是一种生命力”“爱是地心引力,因为爱能让人们互相吸引”“爱是能量”“这个驱动力——爱,让我们生命充满意义!”“如果我们想拯救这个世界,和每一个居住在世界上生灵,爱是唯一的答案!”

爱因斯坦所说“爱”,正是中国儒家所说“仁心”,合天地万物为一体的仁心!也是道家所说“大道”以及佛家所说“大爱”“慈悲心”。充分可见,东西方伟大的心灵,均能殊途同归,为人类未来出路,找到同样的光明!

事实上,这种精神远在古希腊先苏格拉底时期就已存在

例如,齐诺(Zeno,335 B. C.)便曾强调:“人生目的,便是与自然和谐相处”[①]。只可惜,这种精神在西方一直未能充分发展,直到如今环境危机四起,愈来愈加严重,才又重新警惕,加以反省。

此所以美国环保专家柯立斯(Will Curtis)曾经出版《事物的本性》(*The Nature of Things*)一书,其中序文首先便引述齐诺上列名言,然后以各种实例说明,人类应如何与自然万物和谐相处[②]。究其根本,仍在强调,应有一种同情万物的悲悯心灵。

这种体认,到近代西方才逐渐受到重视,进而成为重要思潮。此所以培根(Francis Bacon)曾经强调:

> 最高贵的灵魂,乃是最广阔的悲悯精神。褊狭与堕落的心灵,虽然会认为悲悯与其无关,但伟大的心灵却永远以悲悯为怀。[3]

根据培根,这种"最广阔的悲悯精神",足以扩大关怀到各种动物、植物与万物。这正与中华文化张载所说:"大其心以体天下之物"的精神相通,充分可见东西方哲人不谋而合之处。

另外,叔本华也曾经提倡同样精神,并且明白指出:

> 对一切万物无限的悲悯,乃是对纯正伦理行为最明确、也最肯定的保证。[4]

史怀哲也深具同感,因而也曾明白提醒世人:

> 我们的文明缺乏人道的感觉。我们号称人类,却远不够人道![5]

因此,他曾特别强调:

> 任何宗教或哲学,如果不能肯定尊重生命,便不是真正的宗教或哲学。[6]

由此可见,不论中外古今,真正伟大心灵,均曾明确强调,应将关爱对象扩充到人类之外,真正以"大其心"的精神,尊重一切山川、河流、草木、鸟兽、鱼类等万物生命![7]唯有如此,才能帮助它们生命免于受苦受难,并且更积极地帮助它们完成生命潜能。这种情操,中外皆通,古今皆然,的确深值今后大力弘扬与共同力行!

至于今后环保工作,应该保持何种指导原则,才能合乎理性,不致陷入极端?泰勒教授(P. W. Taylor)在《尊重自然》(*Respect for Nature*)一书中,曾经提出五项原则[8],笔者认为相当中肯,但仍应再增补一项,以更周全,虽然此部分属于"术"的层次,但仍应综合结论如后:

1. "自卫安全的原则"(The Principle of Self-defense);
2. "合理比例的原则"(The Principle of Proportionality);
3. "犯错最少的原则"(The Principle of Minimum Wrong);

4．“公平分配的原则”(The Principle of Distributive Justice)；

5．“补偿正义的原则”(The Principle of Restitutive Justice)；

6．个人认为，应再增加一项，便是“和平法治的原则”(The Principle of Peaceful Legality)。

今后如何根据前瞻性眼光，培养正确的环保共识？个人认为，根据前述各种分析，也可归纳共识如后：

1．“环保意识”与“环保知识”并重；

2．“群众运动”与“个人力行”并重；

3．“外在法治”与“内在自觉”并重；

4．“人类文明”与“自然权益”并重；

5．“今生”与“来世”同样重要。

真正的环保精神，不但尊重人类生命，同样也尊重自然万物一切生命。因而能把自然万物看成与人类同样重要，肯定它们不但同样有生命尊严，并且同样也有子子孙孙。而它们的子子孙孙，也与人类的子子孙孙同样重要，也应拥有同样尊严与权益！

此所以美国环保科学专家韦勒(Jonathew Weiner)曾经发表著名的十大畅销书之一《地球星球》(*Planet Earth*)，其中特别呼吁世人，重视保护地球！另外，他早在1990年即出版了一本名著《论未来一百年》(*The Next One Hundred Years*)，一一说明目前地球所受的各种环境污染，在未来一百年内，会到如何严重程度！其结论是：人类如果“现在”再不立刻力谋改进，届时“一切均已太迟”[9]，不论万物的后代，或人类的后代，均将同遭重大劫难！这种前瞻性的警惕，尤其深值重视！

因此展望未来，人类唯有真正体认种种环境的重大危机，全心全力立刻改进，并且真正“大其心以体万物”，才能做到儒家所说：“赞天地之化育而与天地参。”[10]

尤其，人类更应深知，不但这一代应该和谐地参赞天地化育，而且世世代代——与其他所有万物的世世代代——也都应该和谐共处、化育并进，这才是真正雍容恢宏的伟大胸襟！

综上总论，本书若能因此唤醒中外民众，共同拓展悲悯心灵，“大其心，以体天下之物”，并且激发良知良能，肯定“万物含生”，共同形成保护地球环境的正能量，相信将不仅是整体中华民族之福，更是整体全球人类以及地球本身之幸！

附 注

① Will Curtis, *The Nature of Things*, The ECCO Press, N. YH., 1984, Preface, ix

② Ibid, especially, pp. Chap. 1—6.

③ Francis Bacon, "Advancement of Learning", Quoted from *The Extended Circle*, ed. by Wynne-Tyson, Paragon House, N. Y., 1989, P. 7.

④ A. Schopenhauer, "On The Basis of Morality", Quoted from *The Extended Circle*, p. 309

⑤ Albert Schweitzer, Letter to Aida Flemming, 1959, Quoted from *The Extended Circle*, p. 315.

⑥ Ibid, p. 513.

⑦ 张载《正蒙·大心篇》,"大其心,则能体天下之物"。

⑧ P. W. Tayler, *Respect for Nature*, Princeton University Press, 1986, p. 264, 269, 280, 291, 304.

⑨ Falk & Brownlow, *The Greenhouse Challenge*, Penguin Books, N. Y., 1989, PP. 237—258.

⑩ 《中庸》,二十二章。